移动机器人的SLAM与VSLAM方法

张国良 姚二亮 著

西安交通大学出版社
XI'AN JIAOTONG UNIVERSITY PRESS

内容简介

本书主要介绍移动机器人的自主定位和环境创建技术，即同时定位与地图创建(SLAM)。首先介绍了传统基于激光的SLAM方法，而后阐述了基于视觉的SLAM方法(VSLAM)，并对VSLAM的各个部分进行了深入探讨。其中，第1章介绍了移动机器人中的关键技术，并引入同时定位与地图创建的概念。第2章对SLAM中常用的传统滤波方法、刚体运动表示和位姿表示方法进行了详细阐述。第3章讲解了基于激光传感器的经典SLAM方法，并针对存在的问题展开了进一步的研究。第4章介绍了常用的相机模型，而后从数学上描述了基于视觉的SLAM方法及其优化方法，并对VSLAM中的重要概念进行了讲解。第5章从代码层面详细地剖析了一种经典的VSLAM实现方法，有助于读者深入理解VSLAM的完整流程。第6章从视觉定位的精确性和鲁棒性出发，介绍了VSLAM中视觉里程计的不同设计方法。第7章则讲解了VSLAM中闭环检测的改进办法。针对存在错误闭环的问题，第8章介绍了不同的鲁棒优化方法。第9章从地图的表示方式和实用性出发，介绍了地图的表征方法。

本书可作为各理工科大学机器人、无人机、航空航天无人系统等相关专业的本科高年级教材与研究生教材和重要参考书籍，又可作为大学教师教授相关课程的参考书。

图书在版编目(CIP)数据

移动机器人的SLAM与VSLAM方法/张国良，姚二亮著.
—西安：西安交通大学出版社，2018.6(2021.3重印)
ISBN 978-7-5693-0605-7

Ⅰ.①移… Ⅱ.①张…②姚… Ⅲ.①移动式机器人-研究 Ⅳ.①TP242

中国版本图书馆CIP数据核字(2018)第092760号

书　　名 移动机器人的SLAM与VSLAM方法
著　　者 张国良　姚二亮
策划编辑 屈晓燕　贺峰涛
文字编辑 季苏平

出版发行 西安交通大学出版社
(西安市兴庆南路1号　邮政编码710048)
网　　址 http://www.xjtupress.com
电　　话 (029)82668357　82667874(发行中心)
(029)82668315(总编办)
传　　真 (029)82668280
印　　刷 西安日报社印务中心

开　　本 787 mm×1092 mm　1/16　**印张** 19.125　**字数** 462千字
版次印次 2018年9月第1版　2021年3月第5次印刷
书　　号 ISBN 978-7-5693-0605-7
定　　价 60.00元

读者购书、书店添货或发现印装质量问题，请与本社发行中心联系、调换。
订购热线：(029)82665248　(029)82665249
投稿热线：(029)82664954
读者信箱：754093571@qq.com

前言

近年来，机器人技术发展迅速，尤其随着最近两三年人工智能技术的强力推进，人们对未来的期待开始变得急切。但事实上，在机器人领域和人工智能领域都还有许多问题尚未解决或仍在探索中。如何实现机器人对未知环境的感知和理解、准确地完成自身定位，是一个研究了很久，但与人们期望尚颇有距离的领域。

对人类而言，在一个局部未知环境实现对环境地图的创建和自定位是一件容易的事。进而人类还能轻易找到可通行路径，实现路径规划和自主移动；通过不断的积累，人类能够完成对周边更广阔区域的地图构建，并完成定位、导航、规划、决策和运动。

在没有地图和定位信息的条件下，移动机器人最初的研究思路是实现对特定目标的相对定位，在此基础上实现对特定目标的跟踪，其自主运动的能力是非常有限的，距离像人一样独立工作的能力还非常远。想要如同人一样独立自主运动，机器人就需要具有自主建立地图和定位的能力。

在未知环境中，机器人通过配置的传感器（声纳、激光、视觉等设备）所获得的只是环境某一方面的观测数据。要从这些数据中获取环境地图和自身定位的信息，需要进行大量的计算处理。如果在运动过程中进行连续观测，其数据处理的难度和计算量将是爆发式增长的。采用 SLAM 方法可以解决这类问题。

SLAM 是 Simultaneous Localization And Mapping 的缩写，是指在一个未知环境中，依靠机器人携带的激光、视觉等传感器和处理器，同时完成对所处环境的地图创建和自身在地图中的定位。SLAM 为移动机器人的规划和决策提供了前提条件，是机器人具有“自主”运动能力的基础。

SLAM 的重要特征之一是 Simultaneous，即“同时”完成地图创建和在地图中的定位。环境地图的建立依赖于机器人的定位信息，而机器人的定位信息又依赖于传感器对环境地图的反馈，因此需要“同时”对定位信息和环境地图进行估计，实现两者的联合统一。

前期的 SLAM 研究主要集中在基于激光传感器的环境地图建立和定位。随着计算机视觉的发展和机器人任务空间的拓展，基于视觉传感器的 VSLAM 受到了广泛的关注。VSLAM 应当是 SLAM 的一个分支，但因为近年 VSLAM 的进展和取得的成果非常重要，又具有极为广阔的应用前景，人们经常将 VSLAM 作为一个独立的名词，并进一步拓展了其研究内容。因此，本书将 VSLAM 与 SLAM 并称，在前 3 章描述 SLAM，以此为基础，在后 6 章描述 VSLAM。

需要指出，SLAM 是在“未知环境”这一条件下展开研究的。从应用场景与应用对象而言，在很多情况下，同时完成地图创建与定位并没有绝对的必要性。例如，当前大多数的无人驾驶技术，是基于已有地图的；当前大多数的机器人巡检等场景，只需要在第一次应用时建立地图；当前大多数的家庭应用机器人，事实上并没有建立好地图。或者说，在这些场景中，直接应用 SLAM 技术，要么是还不成熟或者不能完成，要么是代价太高而不必要。换一种说法，SLAM 的广泛应用，是在传感器技术和数据处理能力得到进一步大幅提高的条件下，或是在火星探索、地下未知领域等特定场景下，等等。从这个角度而言，SLAM 是属于不远的未来的。

目前，许多大学都增设了机器人相关的课程或者专业，在教学和科研中，需要能够反映机器人感知与导航技术最新理论与技术的教材或教学参考书籍。本书系作者及研究团队近年教学、科研工作的综合成果，在简要描述了 SLAM 方法、令使用者有总体把握的基础上，重点对近三年以来迅速发展的 VSLAM 方法进行了较为全面的介绍，并对其前端视觉里程计、优化估计、闭环检测、建图的方法与技术进行了深入而具体的讲解。本书具有良好的理论与工程相结合的特点，可作为各理工科大学机器人、无人机、航空航天无人系统等相关专业的本科高年级教材与研究生教材和重要参考书籍，亦可作为大学教师教授相关课程的参考书。

衷心感谢作者研究团队汤文俊、徐君、李永锋、李维鹏、林志林等为本书做出的卓越贡献，衷心感谢西安交通大学出版社和屈晓燕、贺峰涛等编辑为本书付出的辛勤劳动。

SLAM 和 VSLAM 都还处在快速发展中，许多理论和技术都还在不断地完善和更新，加之作者水平有限，本书有任何不妥之处，恳请读者予以批评指正。

著　者

2018 年 3 月

目　录

第1章　概　述

移动机器人研究的主要目标是使机器人在复杂环境下实时安全地完成任务，其研究内容涉及到机器人控制、机器人定位、机器视觉与目标识别、任务规划与执行、多传感器信息处理与融合以及多机器人协作等领域；同时移动机器人还可以作为研究其他领域如人工智能等的平台。在移动机器人物理结构之上建立的智能计算能力和移动能力，使其能够完成通用仪器不能完成的任务，在危险环境和极端环境甚至能够超过只配备简单工具的人。

微电子技术和嵌入式计算的发展，使得将机器人的移动性和自动性整合到一个系统成为可能。自主移动机器人成为当前机器人研究与应用领域的重要方向，也是机器人技术发展的必然趋势。自主移动机器人是一类能够通过传感器感知环境和自身状态，依靠自身携带的能源，实现在有障碍物的环境中面向目标的自主运动，从而完成一定作业功能的机器人系统。当前研究者所称的移动机器人，其意义已经基本上被默认为自主移动机器人。

随着机器人技术广泛而深入地进入到人类生活的各个层面，机器人研究领域的关键技术与发展方向越来越受到科学组织与政府部门的关注与重视。2006年，美国全球科技评估中心(WTEC)与美国国家科学基金(NSF，National Science Foundation)、美国航空航天局(NASA，the National Aeronautics and Space Administration)和美国政府国家生物医学图像与生物工程研究所(National Institute of Biomedical Imaging and Bioengineering of the United States Government)合作，出版全球机器人研究考察报告"*WTEC PANEL ON ROBOTICS*"，列出了机器人技术研究与发展中共同面对的4个领域的基础性挑战课题与关键主题：

(1)机械结构与移动性(Mechanisms and Mobility)；

(2)能源与推进力(Power and Propulsion)；

(3)计算与控制能力(Computation and Control)；

(4)传感器与导航(Sensors and Navigation)。

从运动学的角度看，移动机器人本质上是一个在三维空间中的运动载体。运动载体导航与定位的理论与技术在总体上都适用于移动机器人的导航与定位。但在运动空间、传感器配置、计算与控制能力以及任务分配上，机器人的传感器与导航研究显然具有其不同的一面。SLAM及VSLAM正是近二十年来移动机器人传感器与导航领域的重点与热点。

1.1　从SLAM到VSLAM

1.1.1　未知环境下的同时地图创建与自定位

未知环境中的机器人自主导航技术已成为机器人的一项关键技术。在机器人导航理论和方法的研究中，已知环境下的导航方法已取得了大量的研究和应用成果。对未知环境中的导航也开展了一些研究，并提出了若干方法，但还有许多关键理论和技术问题有待解决和完善。SLAM 是近年来开展的关于机器人的一项关键技术，它为工作于未知环境的机器人提供环境地图和自身定位信息，作为导航的前提条件。

SLAM 问题可以描述为：机器人在未知环境中从一个未知位置开始移动，在移动过程中根据位置估计和传感器数据进行自身定位，同时建造增量式地图。

移动机器人实现定位的前提是已经具有准确的地图；而在未知环境中，需要机器人具有自主创建地图的能力，而创建地图的前提是机器人能够确定自己的位置。这本身是一个“鸡一蛋”问题。

在直观思考中，人们常常隐含地采用一种事实并不存在的上帝视角对待机器人创建地图与定位问题。即：认为只有需要，机器人既可以观测到全局信息，如图 1.1(a)所示；又能同时观测到局部信息，如图 1.1(b)所示；也能同时观测到细节信息，如图 1.1(c)所示。

(a)　　(b)　　(c)

图 1.1　上帝视角的观测场景

如果机器人确实能同时观测到全局、局部和细节信息，那么机器人的建图、定位、导航，以及规划、控制等都不是问题。但在当前的技术条件下，绝大多数时候，传感器系统能够给予机器人的信息通常只能如图 1.2 所示。

图 1.2　机器人观测场景

也就是说，机器人只能通过某种观测器观测到其附近的局部信息。而同时能够观测到全局、局部和细节的上帝视角，通常来说是不存在的。

因此，SLAM，即机器人在未知环境中的同时地图创建与自定位，要求机器人在不借助外界观测器的情况下，只是通过自身的移动和观测，建立周边未知环境的地图信息，并实现在地图中的定位。关于这个概念，一个通俗的比方是：在一个几乎完全陌生的城市里，一个人打着手电走夜路。

这个概念当然地去掉了全球卫星定位系统这一类外部信息源的支持（显然，在月球上，在火星上，在地下洞库等许多场所，不可能有全球定位系统给出定位信息）。这个人必须一步一步地记住他经历的环境，并在已经经历过的环境中确定自己的位置。他在建立这个陌生环境的地图并同时实现定位的过程中碰到的所有问题，移动机器人在 SLAM 过程中都会碰到。研究者认为，只有解决了这个问题，机器人才能够真正地走向“自主”移动。这个概念如此重要，以至于 SLAM 被很多研究者视为机器人研究的“圣杯”。

1.1.2 SLAM 的基本状况

SLAM 的基本方法是，机器人利用自身携带的视觉、激光、超声等传感器，识别未知环境中的特征并估计其相对传感器的位置，同时利用自身携带的航位推算系统或惯性系统等传感器估计机器人的全局坐标。将这两个过程通过状态扩展，同步估计机器人和环境特征的全局坐标，并建立有效的环境地图。这些方法能够有效而可靠地解决中等尺度下的二维区域模型，例如一个建筑物的轮廓或一个局部室外环境。目前已有研究者在继续扩展区域尺度，提高计算的有效性，进而求取三维地图。

SLAM 问题最早是由 Smith 和 Chesseman 提出的。他们采用扩展卡尔曼滤波器增量式地估计机器人位姿和地图特征标志位置的后验概率分布。随后，许多学者开始研究基于扩展卡尔曼滤波器的 SLAM 算法（EKF SLAM）。其中一些学者改进了 EKF SLAM 算法的实时性能，以处理大数据量的地图标志关联问题，但是基于扩展卡尔曼滤波器的 SLAM 算法仍然存在计算复杂度大、滤波精度不高等的问题。为此，Murphy 和 Doucet 等人提出了有效解决 SLAM 问题的 Rao-Blackwellized 粒子滤波器（RBPF）算法，将 SLAM 问题分解为对机器人路径估计和对环境中 n 个路标点的状态估计，一般分别采用粒子滤波器和扩展卡尔曼滤波器进行求解。之后，Montemerlo 等人在 2002 年首次将 Rao-Blackwellized 粒子滤波器应用到机器人特征地图的 SLAM 中，并命名为快速同时定位与地图创建（FastSLAM）算法。该方法融合了扩展卡尔曼滤波和粒子滤波的优点，在降低计算复杂度的同时，相比 EKF SLAM 又具有较好的鲁棒性。从此，利用粒子滤波方法解决机器人 SLAM 问题成为了研究的一个热点。其中，Grisetti 等则研究了基于栅格地图的 RBPF SLAM 算法，命名为 Gmapping 算法，并将其应用到了实体机器人中。更为重要的是，Gmapping 算法得到了国内外学者的一致认同和广泛应用，成为粒子滤波 SLAM 方法的代表性算法。

Lu 与 Milios 首先提出基于图优化的 SLAM 方法（Graph SLAM）。与滤波方法不同的是，Graph SLAM 是一种完全 SLAM 算法，利用了之前所有时刻的机器人状态信息和观测信息，能够以全局的视角优化机器人行走路径。然而受限于计算方法，Lu 与 Milios 提出的 Graph SLAM 算法无法满足实时要求。但是，随着高效求解方法的出现，Graph SLAM 方法成为当前 SLAM 研究的热点。Kaess 等提出了一种增量式的 Graph SLAM 算法 iSAM（Incremental Smoothing and Mapping），通过利用之前计算的雅可比矩阵，增量式地更新当前时刻的雅可比矩阵来达到增量式 SLAM 算法的实效性。从此，iSAM 算法成为增量式 Graph SLAM 的一个代表性算法。在 iSAM 算法的基础上，许多学者对 SLAM 问题进行了深入研究。其中，Thomas 等人进行了机器人闭环探索方面的研究，Huang 等人则进行了多机器人 SLAM 方面的研究，并提出了 Unscented iSAM 算法。另外，Grisetti 等则提出一种分层优化的增量式 Graph SLAM 算法——Hog-Man(Hierarchical Optimization for Pose Graphs on Manifolds)，通过对节点拓扑进行归类、分层处理，使得在增量式过程中可以只对图结构的框架进行修正，从而提高了运算速度。Toro 算法使用随机梯度下降方法寻找节点拓扑的最优配置，并采用树结构的描述方式更新局部区域的节点配置，使得算法复杂度只与机器人探索范围有关，减小了机器人多次闭环运动时 SLAM 计算的复杂度。Kuemmerle 等提出了一种通用图优化算法框架 g^2o，使得研究学者们使用少量代码就能够高效实现不同类型的 Graph SLAM 算法，加快了 Graph SLAM 算法研究进度。另外，基于 SLAM 的图描述结构，Walcott 等研究动态环境下 SLAM 算法的鲁棒性，Carlevaris 等与 Huang 等则研究了终生建图中地图的压缩算法，以加强长时间、大环境下机器人 SLAM 的性能鲁棒性。

早期的 SLAM 方法主要是基于激光传感器的，本书将其称为经典 SLAM。经典的 SLAM 方法，尤其是以激光传感器为核心传感器的 SLAM 方法，已经得到了较为广泛的应用。目前在电力检测、石油化工行业、市政安全管理等环境下投入应用的移动机器人，其核心传感器或基本传感器都是激光传感器。

1.1.3 VSLAM 的基本状况

随着 SLAM 技术的逐渐发展，基于视觉的 SLAM 算法——VSLAM，逐步成为了当前研究的热点。2002 年，牛津大学 Andrew Davison 采用里程计获取机器人位姿的先验信息，从双目视觉拍摄的图像中提取 KLT 特征点用作地图特征路标，用扩展卡尔曼滤波算法进行地图和机器人车辆位姿的同步更新，成功进行了一次小范围的 VSLAM 实验。2010 年，微软公司推出了 3D 传感器 Kinect，凭借其良好的性能和低廉的价格，Kinect 在机器人领域得到了广泛的应用，使用 Kinect 获取的图像、深度作为感知信息的 SLAM 算法成为新的潮流。其中，德国 Freiburg 大学提出了基于图像、深度数据流的 RGB-D SLAM 算法，采用 SURF 特征点进行匹配，当发现存在闭环时采用 Hog-Man 算法进行全局优化，达到了较好的效果。

VSLAM 主要分为两部分：前端——视觉里程计(Visual Odometry, VO)和后端——闭环优化(Loop Closure)。视觉里程计用于计算连续两帧图像的位姿变换。由于位姿变换存在误差，运动轨迹较长后，具有显著的累计误差。闭环检测，又称回环检测，是指机器人识别曾到达场景的能力。如果检测成功，可以显著地减小累积误差。在基于图优化的 VSLAM 中，由闭环检测带来的额外约束，可以使优化算法得到一致性更强的结果，明显提升机器人的定位精度。2015 年以来，研究者将微惯性导航组合(IMU)引入传感器信息源。IMU 能够获得传感器本体的三轴角速度和线加速度信息，具有不受外界环境影响的优势，但测量数据会随时间变化发生漂移。因此，视觉和惯性器件获取的信息具有很强的互补性，可以提高 SLAM 的鲁棒性。相应地，基于视觉和 IMU 信息的前端称为 VIO(Visual Inertial Odometry)，很多研究者将其称为 VISLAM。这是 SLAM 研究的一个重要的新方向。

近年来，VSLAM 的研究如火如荼，新的算法与思路层出不穷。本书在此对一些主要的算法进行简要的梳理。

1.1.3.1 基于特征点法的 SLAM 算法

基于特征点法的 VSLAM 算法对获取的图像提取特征点，如 SIFT，SURF，FAST，ORB。其中，SIFT 特征具有很好的鲁棒性和准确性，已经成功应用于场景分类、图像识别、目标跟踪以及三维重建等计算机视觉领域，且取得了很好的实验结果。SURF 是在 SIFT 的基础上通过格子滤波来逼近高斯，极大地提高了特征检测的效率。FAST 可以快速地检测图像中的关键点，关键点的判断仅仅基于若干像素的比较。通过对比检测候选关键点和邻域内某一圆圈像素点的灰度值，如果圆圈上拥有连续的超过 3/4 的像素点的灰度值均大于(或小于)中心候选关键点的灰度值，则候选点为关键点。ORB 是 Oriented FAST and Rotated BRIEF 的简称，即 ORB 在 FAST 特征的基础上，借鉴 Rosin 的方法，增加了对特征方向的计算。另外，ORB 采用 BRIEF 方法计算特征描述子，使用 Hamming 距离计算描述符之间的相似度，具有匹配速度快的特点。得到提取的特征后，采用描述子匹配的方式得到特征点对应关系，而后通过最小化图像间的重投影误差，得到图像间的位姿变换关系。

SOFT 算法通过对特征点的严格筛选，获得具有可靠信度的特征点对应后，使用 5 点法估计帧间旋转，最小化重投影误差来估计帧间平移。Buczko 则提出使用自适应的重投影误差阈值来剔除匹配异常点，使得算法不使用 BA 的情况下具有良好的定位精度，特别是在相机高速运动情况下保持较高的准确度。典型的基于特征点法的 SLAM 系统主要有 MonoSLAM，PTAM，ORB-SLAM2。

MonoSLAM 是由 Davison 等发明的第一个成功基于单目摄像头的纯视觉 SLAM 系统，如图 1.3 所示。这种方法将相机的位姿状态量和稀疏的路标点位置作为优化的状态变量，使用扩展卡尔曼滤波更新状态变量的均值和协方差矩阵，通过连续不断的观测减小状态的不确定性，直到收敛到定值。由于使用的是小场景中稀疏的路标点，状态变量的维数限定在较小的范围，这种方法能够达到实时性要求。

图 1.3 MonoSLAM

PTAM 是首个基于关键帧 BA(Bundle Adjustment)的单目 VSLAM 系统，如图 1.4 所示。相对于 MonoSLAM，PTAM 并不采用传统的滤波方法作为优化的后端，而采用非线性优化获取状态量估计，减少了非线性误差积累，达到更好的定位效果。另外，PTAM 创新性地将相机的位姿跟踪和地图创建通过双线程的形式同时进行，及时用更精确的建图结果帮助相机位姿跟踪。

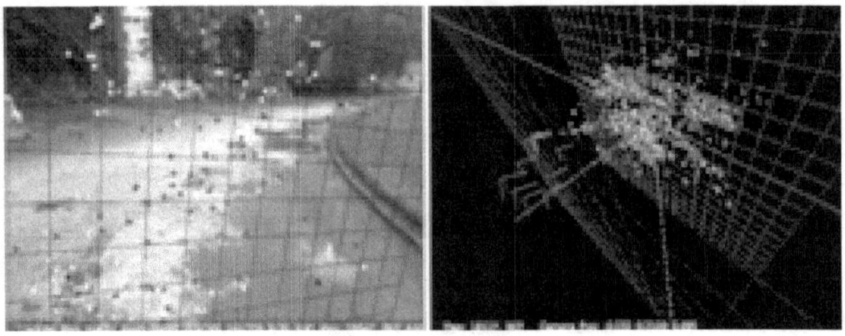

图 1.4　PTAM

根据 PTAM 将跟踪和地图构建分为两个并行线程实现实时 BA 的主要思想、关于闭环检测的方法、Strasdat 等关于尺度感知闭环方法和大尺度环境的局部相互可见地图的思想，Mur-Artal 等构建了 ORB-SLAM 系统以克服 PTAM 的局限性。其功能结构图如图 1.5 所示。该算法主要分为三个线程：跟踪线程、局部建图线程和闭环线程。ORB-SLAM2 选用了 ORB 特征，基于 ORB 描述量的特征匹配和重定位，比 PTAM 具有更好的视角不变性，并且加入了循环回路的检测和闭合机制，以消除误差累积。此外，新增三维点的特征匹配效率更高，因此能更及时地扩展场景。该系统所有的优化环节均通过优化框架 g^2o 实现。

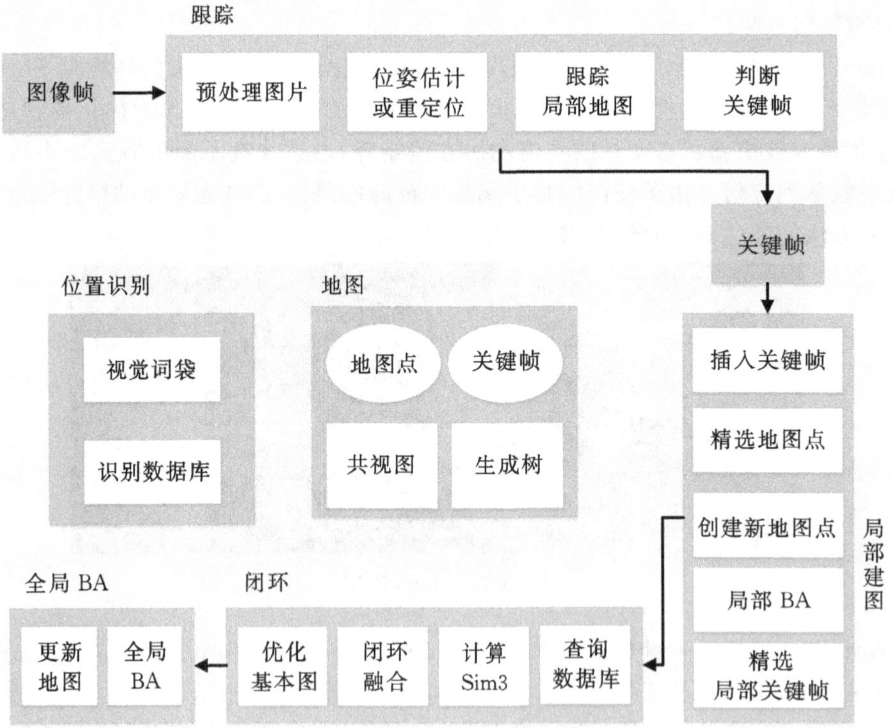

图 1.5　ORB-SLAM2

1.1.3.2　基于直接法的 SLAM 算法

基于直接法的 SLAM 算法直接对图像的像素光度进行操作，避免对图像提取特征点，通过最小化图像间的光度误差，计算图像间的位姿变换，通常在特征缺失、图像模糊等情况下有更好的鲁棒性。典型的的基于直接法的 SLAM 算法有 DVO,LSD-SLAM 和 DSO。

DVO 算法使用 RGB-D 作为传感器,利用迭代最小二乘算法,最小化相邻两帧图像所有像素的光度误差,并对误差进行分析,而后使用 t 分布作为误差函数项的权重,在每次最小二乘迭代过程中,更新 t 分布参数,避免具有较大误差的像素点对定位算法的影响。

LSD-SLAM 使用直接图像配准方法和基于滤波的半稠密深度地图估计方法,在获得高精度位姿估计的同时,实时地重构一致、大尺度的 3D 环境地图,该地图包括关键帧的位姿图和对应的半稠密深度图,如图 1.6 所示。LSD-SLAM 系统能够在 CPU 上实时实现,甚至作为 VO 还能够在主流的智能手机上实现。LSD-SLAM 的两个主要贡献是:①构建大尺度直接单目 SLAM 的框架,提出新的感知尺度的图像配准算法来直接估计关键帧之间的相似变换;②在跟踪过程中结合深度估计的不确定性。相比特征点法,该方法能够更加充分地利用图像信息。在闭环方面,使用 FABMAP 进行闭环检测和闭环确认,用直接跟踪法求解所有相关关键帧的相似变换,完成闭环优化。此外,Engel 等将单目摄像机扩展到立体摄像机和全方位摄像机,分别构建了 Stereo LSD-SLAM 和 Omni LSD-SLAM。

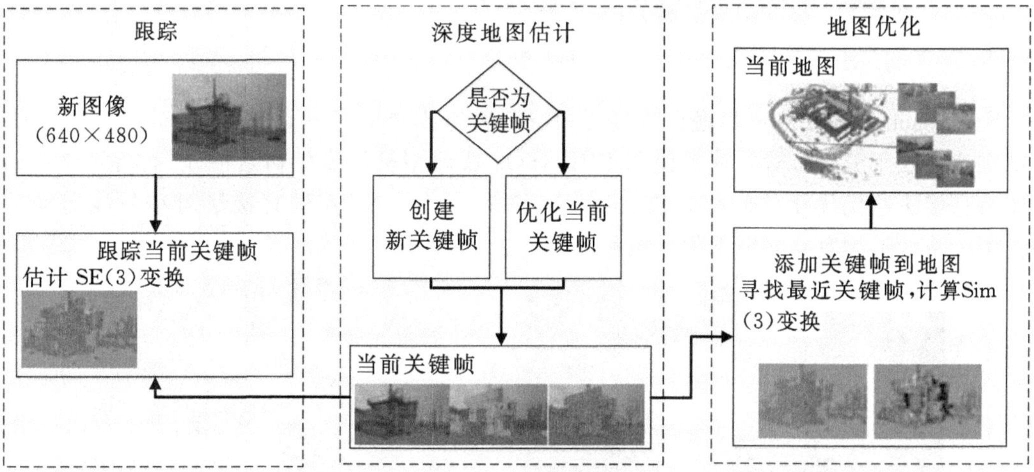

图 1.6　LSD-SLAM

DSO 是一种基于稀疏点的直接法视觉里程计,不包含回环检测、地图复用的功能,建立的稀疏地图如图 1.7 所示。该方法考虑了光度标定模型,并同时对相机内参、相机外参和逆深度值优化,具有较高的精确性。相比于 LSD-SLAM,该方法采用更加稀疏的图像像素点,具有更高的实时性。

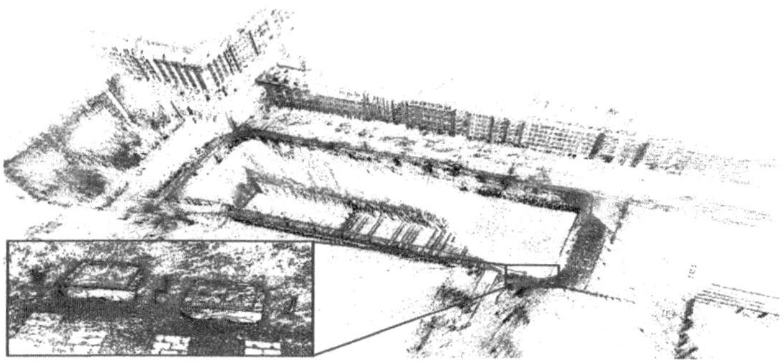

图 1.7　DSO

1.1.3.3 融合特征点与直接法的 SLAM 算法

SVO 是一种半直接的单目视觉里程计算法。该方法在估计运动时不需要使用耗时严重的特征提取算法和鲁棒的匹配算法，直接对像素灰度进行处理，获得高帧率下的亚像素精度；使用显式构建野值测量模型的概率构图方法估计 3D 点，建立特征一致性和获得摄像机位姿初始化估计后，该算法则仅仅使用点特征，因此，称为“半直接”的方法。构建的地图点野值少、可靠性高，提高了细微、重复性和高频率纹理场景下的鲁棒性，并成功应用于微型飞行器中，在 GPS 失效的环境下能够估计飞行器的状态。图 1.8 所示为真实环境下的无人机定位图。

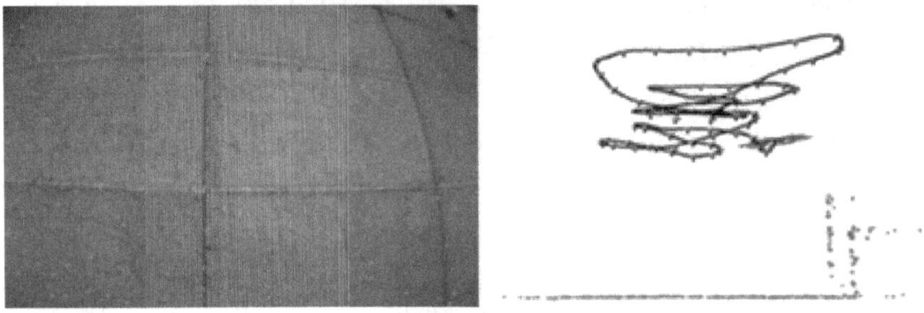

图 1.8　SVO

Krombach 提出一种简单融合直接法和特征法的 SLAM 算法，该算法基于特征法 LIBVISO2 和直接法 LSD-SLAM，首先使用 LIBVISO2 获取相机位姿的初始估计，而后将该初始估计作为直接法迭代优化的的初始值，进行 LSD-SLAM 算法，克服直接法对小基线运动的限制。图 1.9 所示为室内环境下无人机运动轨迹。

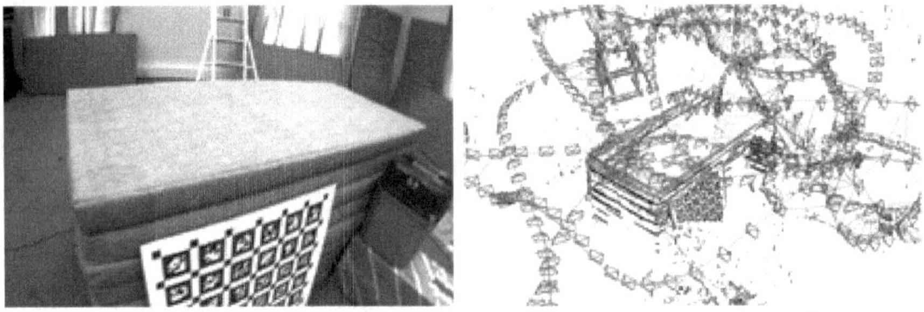

图 1.9　LIBVISO2＋LSD-SLAM

1.1.3.4 融合视觉和惯导信息的 SLAM 算法

融合 IMU 和视觉信息的里程计称为 VIO(Visual Inertial Odometry)。IMU 在 VIO 中的作用主要分两种：辅助两帧图像完成特征跟踪，在参数优化过程中提供参数约束项。

GAFD (Gravity Aligned Feature Descriptors)使用重力方向和特征点方向的差辅助特征匹配。首先使用 IMU 得到两帧之间的旋转矩阵，利用该旋转矩阵预测像素点的位置变化，而后优化 8 个参数得到像素点位置。然而，该方法只考虑了帧间的旋转运动，没有对帧间的平移运动做出处理，并且需要使用 GPU 加速才能得到较高的处理帧率。进一步，为了减小计算量，可以只优化 2 个参数，得到像素点位置。

从 IMU 信息和视觉信息的耦合方式上看，VIO 分为松耦合方式和紧耦合方式。松耦合方式分别使用 IMU 信息和视觉信息估计相机运动，再将得到的两个运动姿态信息进行融合。

松耦合的处理方式计算量较小,但没有考虑传感器测量信息的内在联系,导致精度受限。紧耦合方式将 IMU 信息和相机姿态联合起来建立运动方程和观测方程,进行状态变量的估计。相比松耦合方式,紧耦合方式具有参数精度高的优点,但算法计算量较大。

从优化方法上看,VIO 主要分为两种方法:滤波方法和非线性优化。由于运动模型和观测模型均具有非线性,目前滤波方法主要采用 EKF(Extended Kalman Filter)方法,利用上一时刻状态估计当前时刻状态。非线性优化方法将滑动窗口内的状态变量作为优化变量,使用 GN(Gauss Newton),LM(Levenberg Marquart)等算法求解变量,可以有效减少积累的线性化误差,提高位姿估计精度,但存在计算量大的劣势。

VI ORB-SLAM 是在 ORB-SLAM 的基础上,融合了 IMU 预积分算法,提出的一种基于单目视觉传感器和惯性器件的 SLAM 算法,这是一种基于非线性优化的紧耦合方法。该算法在重复场景下,能够利用之前得到的环境地图点优化相机位姿,得到准确的相机位姿和环境地图。但是,由于在相机跟踪过程中需要提取特征点,使用视觉观测和 IMU 观测进行非线性优化,算法计算量较大。

1.1.3.5 动态场景下的 SLAM 算法

在动态场景下,基于信度地图的 SLAM 算法使用双目传感器获取当前视野环境的深度,通过在每帧更新地图点的信度值,判断地图点是否属于动态点。浙江大学 CAD&CG 国家重点实验室计算机视觉组于 2013 年研发了 RDSLAM,该系统在吸收 PTAM 的关键帧表达和并行跟踪/重建框架的基础上,采用 SIFT 特征点和在线的关键帧表达与更新方法,可以自适应地对动态场景进行建模,从而能够实时有效地检测出场景的颜色和结构等变化并正确处理。此外,RDSLAM 对传统的 RANSAC 方法进行了改进,提出一种基于时序先验的自适应 RANSAC 方法,即使在正确匹配点比例很小的情况下也能快速可靠地将误匹配点去掉,从而实现复杂动态场景下的摄像机姿态的实时鲁棒求解。另外,可以基于 RGB-D 数据,使用 K 均值聚类将场景中的物体分为不同类别,并将每个分类看做刚体,从而简化计算每个类别的场景流,将场景中的物体分为静态物体和动态物体,在计算相机定位时,剔除动态物体的影响。同样,基于 RGB-D 相机,可以首先基于 RANSAC 算法计算两幅图像之间的单应,对上一帧图像进行校正变换,再与当前帧进行差分,得到初步的运动像素点,而后使用矢量量化的深度图像对场景物体进行分割,利用粒子滤波对前景进行跟踪,最后将剔除运动前景的结果交给 DVO 进行 SLAM。

此外,SLAM 算法中的闭环检测、使用多种特征的 SLAM 算法、语义 SLAM 算法都是当前 VSLAM 研究的重点并取得重要进展。闭环检测(Loop Closure Detection)本质上是一个数据关联问题,即判断当前时刻机器人是否位于已经访问过的环境区域,其作为 SLAM 问题的关键环节和基础问题,对消除机器人位姿估计的累积误差,降低地图不确定性至关重要。基于点特征的 SLAM 算法仍然是目前的主流研究方向,然而也有部分学者开始研究多种特征在 SLAM 中的应用。语义信息能够辅助相机定位,并能够为闭环检测提供约束。这些研究工作对 VSLAM 的推进具有重要作用。

1.2 SLAM 与 VSLAM 的主要内容

SLAM 是一个涵盖范围更广的概念。从传感器区分的角度而言,VSLAM 是指基于视觉传感器的 SLAM 算法，是目前最主流的研究方向；经典 SLAM 的主要传感器是（但不限于）激光雷达。激光 SLAM 比 VSLAM 起步早，在理论、技术和产品落地上都相对成熟，是目前最稳定、在实际应用中最主流的定位导航方法。一直以来，不管是产业界还是学术界，对激光 SLAM 和 VSLAM 到底谁更胜一筹，谁是未来的主流趋势这一问题，都有不同的看法和见解。从成本上，激光传感器的价格相对较高，但随着技术的发展，低成本激光雷达也纷纷出现在市场上。VSLAM 主要是通过摄像头来采集数据信息，其成本要低很多。从应用场景上，看起来，VSLAM 在室内外环境下均能开展工作，应用场景要丰富很多，但是对光的依赖程度高，在暗处或者一些无纹理区域是无法进行工作的，事实上能够真正投入应用的 VSLAM 还非常少见。而激光 SLAM 似乎只能被应用在室内，但事实上由于其适应性，在电力巡检、石化行业、市政安保等环境下投入应用的基本都是激光 SLAM。从地图精度看，激光 SLAM 在构建地图的精度可达到 2cm 甚至更高，大家常用的基于 Kinect 的 VSLAM 地图构建精度约为 3cm。从未来发展看，激光 SLAM 与 VSLAM 都可能会有广阔的研究与应用空间，甚至在某些情况下的传感器配置、信息处理、优化算法和闭环方法上还会相互交叠和融合。因此，不宜将激光 SLAM 与 VSLAM 截然分割。正是从这个角度而言，本书在第 2，3 章介绍经典 SLAM 方法及其改进，而在第 4～9 章介绍 VSLAM 方法。

1.2.1 SLAM 的主要内容与难点

现有的 SLAM 算法依然存在很大的缺陷，例如系统的非线性、数据关联、环境特征描述等问题，这些对探索高效完美的 SLAM 解决方法都是至关重要和必须要解决的难题。SLAM 研究的难题主要涉及以下几个方面：

（1）维数爆炸。维数爆炸问题一方面是由于 SLAM 系统状态是由移动机器人位姿状态和环境特征位置状态构成的联合状态，即在 SLAM 研究中，需要同时对机器人位姿和环境特征位置进行估计。在二维状态空间中，机器人位姿状态包含 3 个变量，每一个环境特征位置状态包含 2 个变量。如果环境中存在 n 个特征，那么状态变量的总数是 $2n+3$ 个，SLAM 问题需要处理的状态维数也就成了 $2n+3$ 维。在真实环境中，特别是在大范围环境中，特征数量一般是很大的，因此，随着被机器人观测到的特征数量的持续增加，SLAM 问题的维数也急剧增加，并最终会导致维数爆炸问题。另一方面是由于真实环境中的实体特征均是高维的，移动机器人需要采用一定的方式对其进行有效描述，在此过程中需要处理大量的传感器数据。从统计学观点来看，每个数据均是 SLAM 问题的一个维度。在不同的地图描述方式下，需要处理的数据量是不同的。例如，采用几何特征地图描述环境所需处理的数据量便远远大于拓扑地图。因此，在真实环境中，特别是在大范围环境中，采用的地图表征方式不合适也会引起维数爆炸问题。

（2）计算复杂度。降低 SLAM 算法的计算复杂度一直是 SLAM 研究的热点和关键问题。如果 SLAM 算法的计算复杂度过高，则会增加机器人处理传感器数据的时间，使算法无法满足实时性的要求。因此，研究如何降低 SLAM 算法的计算复杂度便显得尤为重要，特别是在大范围复杂的环境中。引起 SLAM 算法计算复杂度过高的原因很多，例如，前文提到的维数爆炸问题、数据关联问题等。因此，研究者一方面研究更好的地图表征方式来降低计算复杂度；另一方面从 SLAM 问题的联合状态入手，提出了一系列改进的 SLAM 算法。例如，Montemerlo 等人提出了 FastSLAM 算法，首先对机器人位姿进行独立估计，而后基于此进行环境特征位置估计，降低了计算复杂度；在此基础上提出的基于稀疏信息矩阵的 SLAM 解决方案，通过对信息矩阵进行稀疏化，提高了计算复杂度；在此进一步提出的基于关联子地图的 SLAM 解决方法，通过将全局地图划分为若干子地图，而后对每个子地图进行独立的估计，从而提高了计算复杂度。

(3)数据关联。数据关联是指将传感器观测量与已创建地图中存在的特征量进行匹配，以完成新特征的检测、特征的匹配和地图的匹配等。简单地说，数据关联的目的是把新的传感器数据有效地融入已创建地图中，数据融入之后，数据关联的结果将不能改变。那么，一旦某一时刻的任意一个特征的数据关联出现错误，将对整个 SLAM 算法造成毁灭性的失败。因此，数据关联对于 SLAM 研究至关重要。另外，数据关联的计算量也很大。如果假设在某一时刻，已创建地图中包含的特征数量为 n ，该时刻的特征观测量为 m ，因为第 i 个环境特征有 n 个匹配可能性，那么数据关联的计算复杂度则为 $\prod_{i=1}^{m} n_i$ 。环境复杂度越高，数据关联的计算复杂度也将越高。同时，移动机器人的定位误差是造成数据关联失败的重要原因之一。

(4)噪声处理。噪声处理是 SLAM 研究中的重要环节和难题之一。因为在非线性非高斯的移动机器人系统中，存在的噪声种类很多且不可知，并且传感器观测也会带来测量噪声，传感器不同，其测量噪声也不同。此外，所有的这些噪声之间是彼此相关的。SLAM 系统噪声的存在为机器人的运动模型和传感器的观测模型带来了不确定性。目前已有的大多数 SLAM 算法将所有噪声假设成高斯白噪声，这样虽然降低了噪声处理的难度，但也会引入较大的误差，导致 SLAM 算法状态估计的失败。

(5)动态环境问题。目前，SLAM 问题的研究大多数在小范围静态环境中进行，因为在这样的环境中，特征状态是始终不变的，环境未知因素很少，一方面降低了数据关联的难度，另一方面由于处理信息量不是很大，从而提高了运算效率。然而，真实的环境却是存在很多动态特征的，研究动态环境中的 SLAM 问题是不可回避的。动态环境意味着环境是不断变化的，这增加了数据关联的难度，同时系统和环境的未知因素大幅增加，会严重降低 SLAM 系统的运行效率。

(6)"绑架"问题。机器人的"绑架"问题是指由于车轮滑动、车体碰撞等原因，使机器人的位姿状态突然发生改变，而机器人无法感知到这些改变，从而造成了 SLAM 结果的彻底失败。另外，由于里程计累积误差过大等原因造成的机器人无法识别已创建的环境地图，也会造成机器人"绑架"问题。解决"绑架"问题的实质是将原本已失效的机器人定位和地图创建重新有效，这对于 SLAM 研究来说是一个难点。

(7)粒子退化问题。在对 FastSLAM 算法的研究中发现，大多数粒子在经历数次迭代计算之后会趋于发散，权值趋于零，不但对后面的状态更新已失去意义，而且增加了计算负担。这便是粒子退化问题，而且该问题是不可避免的，因为由 Kong-Liu-Wang 定理可以知道，粒子的重要性权值的无条件的方差会随着时间的推移而不断增加。

1.2.2 VSLAM 的主要内容与难点

VSLAM 是与计算机视觉、计算机图形学、多传感器数据融合以及机器人控制等学科紧密结合的综合技术，因此 VSLAM 并不是单个的算法，而是一个整体的概念。它是一个完整的系统，需要各种算法相互配合来完成。一个完整的 VSLAM 系统至少包含特征检测、帧间配准、闭环检测和地图构建等几个部分，这些部分也成为了 VSLAM 中的主要研究点。目前，VSLAM 存在亟待解决的问题主要如下：

1.2.2.1 特征检测

特征检测是 VSLAM 中最为基础而又至关重要的一部分，后续的帧间配准和闭环检测都是在特征检测的基础上进行的。图像的特征提取一般要考虑 5 个特性：鲁棒性、重现性、显著性、高效性和准确性。目前，多数点特征只能在部分特性上表现良好，而其他特性上表现不足。在选取特征点类型时需要兼顾 5 大特性，只有总体性能高，才能获得比较好的帧间配准结果。

在现有特征点类型中，SIFT 特征具有很好的鲁棒性和准确性，已经成功应用于场景分类、图像识别、目标跟踪以及三维重建等计算机视觉领域，且取得了很好的实验结果。SURF 是在 SIFT 的基础上通过格子滤波来逼近高斯，极大地提高了特征检测的效率。SenSurE 在特征的准确性、鲁棒性和重现性上均表现出良好的特性，且在检测效率上相较于 SIFT 有明显的提高。

特征检测是计算机视觉领域中一个比较基础性的问题，已经研究多年，相对比较成熟，出现了很多优秀的点特征，但是仍存在鲁棒性和高效性相矛盾的问题。寻找一个检测时间短且鲁棒性好的特征点类型仍是特征检测领域的难点问题。

1.2.2.2 帧间配准

帧间配准就是根据前后两帧数据之间的对应关系，建立两帧数据之间的相对变换，从而将两帧数据转换到同一坐标系下。其中，用于校准的数据称为模型帧，新获得的数据或者成为被校准的数据称为数据帧。帧间配准在 VSLAM 中主要扮演着位姿估计的角色，是 VSLAM 前端的核心部分，也是整个 VSLAM 系统的重要环节。

帧间配准中常用的算法有随机采样一致性算法（Random Sample Consensus，RANSAC）、迭代最近点算法（Iterative Closest Point，ICP）及其衍生出来的改进算法。RANSAC 算法是一个迭代算法：先随机从对应点集中选取三对对应点，而后通过最小化函数误差求得相对变换，直到最大迭代次数。该算法优点是计算速度快，缺点是精度不高。ICP 算法通过迭代地对数据帧和模型帧进行点集关联和变换求解，从而获得较高精度的相对变换。ICP 算法是帧间配准的经典算法，但是其对初始值依赖性大，且计算速度较慢，因此很多学者对 ICP 算法进行了改进，产生多种改进算法。

VSLAM 中的帧间配准环节本质上就是依靠视觉信息完成机器人的连续位姿估计，Nister 将单独的这一步工作称为视觉里程计（Visual Odometry，VO）。自 2004 年由 Nister 提出以来，基于视觉里程计的 VSLAM 算法引起学者的广泛关注。其中，Kerl 等人提出的基于光一致性假设的视觉里程计方法（Dense Visual Odometry，DVO），提高了位姿估计的精度和鲁棒性。Huang 等人借鉴立体视觉里程计流程设计了一套基于 Kinect 的视觉里程计系统（Fast Odometry from Vision，FOVIS），其仅利用深度信息对相机位姿进行快速估计。Dryanovski 等人提出了一种帧到模型（Frame-to-model）的视觉里程计方法（Fast Visual Odometry，FVO），实现了数据集和模型集的快速配准。

现在的帧间配准算法主要还是采取帧到帧（Frame-to-frame）的配准模型在连续关键帧间进行配准。一方面，基于这种模型的配准算法虽然精度较高，但配准速度较慢，实时性差，需配置高性能的 CPU；另一方面，帧间配准随着时间的推移会存在较大的累积误差，导致机器人定位失败。因此，实时性和累积误差仍是当前 VSLAM 中帧间配准的重点和难点问题。

1.2.2.3　闭环检测

由于定位算法往往只给出两次观测之间的运动，使得 VSLAM 定位与惯性器件一样，具有累积误差。然而，如果机器人能识别自己曾去过的地方，就可以大幅消除累积误差，使得估计的运动轨迹和地图变得准确。VSLAM 中完成这个任务的环节叫做闭环检测。

闭环检测，又称回环检测，是指机器人识别曾到达场景的能力。如果检测成功，可以显著地减小累积误差。在基于图优化的 VSLAM 中，由闭环检测带来的额外约束，可以使优化算法得到一致性更强的结果。图 1.10 表示了闭环检测对地图一致性的影响。

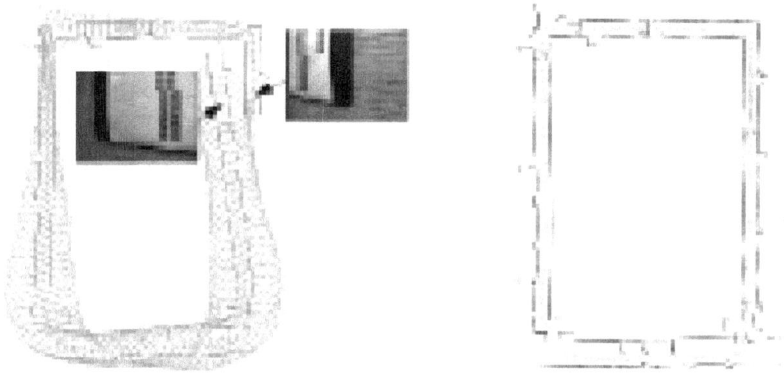

(a)无闭环检测地图　　(b)闭环检测后地图

图 1.10　闭环检测对地图一致性影响对比

闭环检测实质上是一种检测观测数据相似性的算法。对于 VSLAM，多数系统采用目前较为成熟的词袋模型(Bag-of-Words, BoW)。词袋模型把图像中的视觉特征(SIFT, SURF 等)聚类，然后建立词典，进而寻找每个图中含有哪些“单词”(word)。也有研究者使用传统模式识别的方法，把回环检测建构成一个分类问题，训练分类器进行分类。近几年，在 BoW 的基础上衍生出多种改进算法并取得了较好的闭环检测效果。

然而，闭环检测在 VSLAM 中属于一个难点问题，其难点主要有两个方面：

难点 1：闭环检测的评价要求高，需要达到几乎 100% 的准确率。这是因为错误的检测结果可能使地图变得很糟糕。这些错误分为两类：①假阳性(False Positive)，又称感知歧义(Perceptual Aliasing)，指事实上不同的场景被当成了同一个；②假阴性(False Negative)，又称感知变异(Perceptual Variability)，指事实上同一个场景被当成了两个。感知歧义会严重地影响地图的结果，通常是希望避免的。一个好的回环检测算法应该能检测出尽量多的真实回环。研究者常常用准确率-召回率曲线来评价一个检测算法的好坏。其中，准确率表示检测出的正确闭环数占检测闭环总数的百分比，召回率表示检测出的正确闭环数占真实闭环总数的百分比。

难点 2：数据规模大。在进行闭环检测时，通常的方法是将当前帧数据与历史帧数据进行逐一比较。随着时间的推移，历史帧数据不断增多，数据规模不断扩大，因此检测的时间则随之变长，极大地影响了 VSLAM 的实时性。

现有方法中很难在闭环检测的实时性和准确率上达到兼顾，闭环检测的实时性和准确率仍是闭环检测亟需解决的问题。

1.2.2.4　地图构建

地图构建的首要问题在于地图描述。地图描述是指地图模型的选择方式，研究如何使用紧凑、方便的表达方式是该问题争论的焦点。VSLAM 系统不仅可以构建二维地图，而且可以构建三维地图，因此 VSLAM 的地图描述类型更加多样。目前不同类型的地图各有侧重点，应用于不同的场合。主要类型有以下几种：

1)度量地图(Metric Map)

度量地图强调精确地表示地图中物体的位置关系。度量地图的具体形式可分为稀疏形式(Sparse Map)与密集形式(Dense Map)。稀疏形式主要指由路标组成的地图，而密集形式主要指占据网格地图(Grid Map)。稀疏路标图主要用于早期研究，由于计算性能的限制，机器人的运动非常缓慢，地图的规模也相对较小。目前常用的是密集型的网格地图。通常把地图按照某种分辨率分割成许多个小块，以矩阵(对应二维情形)或八叉树(对应三维情形)来表示。一个格点含有占据、空闲、未知三种状态，以表达该格内是否有物体。这种类型的地图可以直接用于各种导航算法，如 A^*，D^* 等，因此许多 SLAM 研究者偏好于建此类地图。但是，度量地图需要存储每一个格点的状态，耗费大量的存储空间，而且多数情况下地图的许多细节部分是无用的。另一方面，大规模度量地图会出现严重的一致性问题，例如很小的一点转向误差，就会导致两间屋子的墙出现重叠。

2)拓扑地图(Topological Map)

相比于度量地图的精确性，拓扑地图将地图表达为一个图(Graph)：$G=\{V,E\}$，因而更强调地图元素的独立性，以及元素之间的连通关系。它弱化了地图对精确位置的需要，忽略地图的细节问题，是一种比较紧凑的地图描述方式。然而，拓扑地图不擅长表达具有复杂结构的地图。如何对地图进行分割形成节点与边，又如何使用拓扑地图进行导航与路径规划，仍是有待研究的问题。

3)语义地图(Semantic Map)

语义地图的研究者希望给地图上的元素添加标签信息，从而使得地图的含义更加丰富，使智能机器人与人类的交互更加自然。建立语义地图的关键在于地图元素的识别与分类，本质上是一个在线学习的模式识别问题。该方向的研究工作出现较晚，目前多数研究者正致力于场景识别(Place Recognition)的问题中。

4)混合地图(Hybrid Map)

由于上述地图表达方式各有优劣，因而有研究者认为应该构建带层次模型的地图，混合使用不同的表达方式来处理地图。其核心思想是，在小范围内，用度量地图表达局部结构；在大范围内，又用拓扑地图表达各个小地图之间的连通关系。此类方法有成功的案例，但由于技术复杂，不易推广。

许多 VSLAM 算法主要用于构建三维地图来为机器人三维空间导航服务。三维地图中使用度量地图的居多。目前度量地图中常见的三维地图表示方法有点云地图(Point Cloud Map)、高程地图(Elevation Map)和立体占用地图(Volumetric Occupancy Map)等。其中，点云地图存储了所有的空间点坐标，其对硬盘和内存的消耗均较大，且对于机器人来说不易区分障碍和空闲的区域，不适用于机器人导航。高程地图只存储每一栅格的表面高度，有效克服了点云地图高消耗的缺点，但其无法表示环境中的复杂结构，因此多适用于室外导航。立体占用地图多是基于八叉树构建的，其类似于二维地图中的栅格地图，使用立方体的状态（空闲、占用、未知）来表示该立方体中是否有障碍。图1.11显示了三种地图的表示效果。

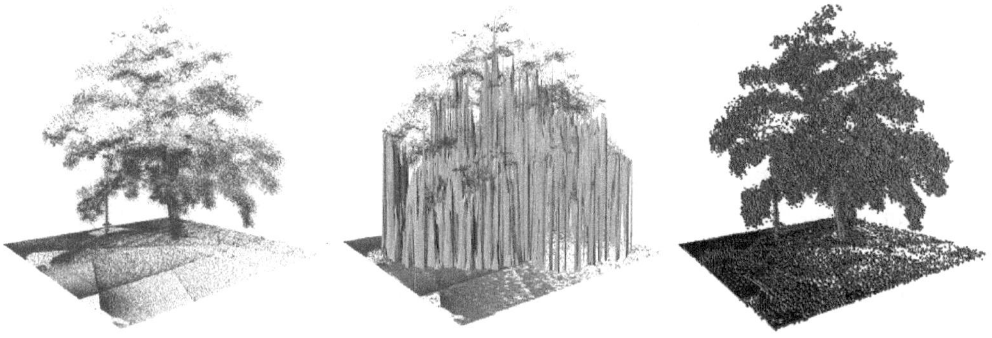

(a)点云地图 (b)高程地图 (c)立体占用地图

图1.11 三种地图表示效果

在众多三维地图中，立体占用地图更适合于室内导航。在近几年立体占用地图的研究中，Octomap作为一种典型的基于八叉树的地图表示方法，建立了体素的占用概率模型，提高了地图的表示精度，且其地图压缩方法极大地减少了地图对内存和硬盘的需求，代表了当前三维地图表示方法中的较高水准。Schauwecker等人在Octomap的基础上提出了一种基于可见性模型和传感器深度误差模型的鲁棒Octomap并应用于基于双目立体相机的VSLAM中，有效克服了传感器深度误差对地图精度的影响，并通过与Octomap比较体现了所提方法的有效性。

目前多数三维地图仍是面向导航的，因此三维地图的精度将影响到机器人导航的性能。如何构建高精度的三维导航地图依然是当前大部分学者研究的一个重点，对于机器人导航具有重要的意义。

1.3 近年SLAM与VSLAM研究的几个方向

1.3.1 直接法与特征法融合问题

直接法相对于特征点法，由于不需要提取图像特征，具有执行速度较快，并且对图像的光度误差和图像模糊鲁棒性较高的优点，但同时存在几何噪声时算法性能下降较快，对大基线运动的鲁棒性较差，环境地图点复用困难，以及闭环检测和优化困难等缺点。因此，需要开展对融合算法的研究，利用两者优点实现更加快速、鲁棒的相机定位。

1.3.2 SLAM中IMU辅助的特征匹配

图像间准确的特征跟踪是SLAM的重要方面，当前采用IMU和视觉信息融合进行机器人定位时，主要利用IMU信息作为代价函数的误差项，进行相机位姿参数的优化。而IMU作为提供设备运动信息的设备，能够获得相机运动信息，可以用来指导图像间特征跟踪，从而在相机运动剧烈时，为特征匹配提供先验信息，提高特征匹配的成功率和正确率。

1.3.3　动态场景下 SLAM 的定位精度

目前大多数的 SLAM 算法假设环境中的物体不发生改变，而在实际应用中，这种假设往往不成立。动态物体对 SLAM 算法的定位产生较大的负面影响。虽然多数 SLAM 算法采用了 RANSAC 或者鲁棒核函数减少动态环境对算法的影响，但在实际的测试中，还难以满足定位精度。部分具有处理动态场景的 SLAM 也没有在公开数据集上测试算法性能，分析在不同情况下的定位精度，或者基于特定的 RGB-D 传感器信息，具有一定的局限性。因此，有必要对动态环境进行考虑，研究更具有实用性的 SLAM 算法。

1.3.4　利用语意信息辅助 SLAM 定位

将语义结合到 SLAM 算法中是充满挑战又很有意义的事情，语义是构建更大、更好的 SLAM 系统所必不可少的。当谈及语义时，多数 SLAM 领域的研究人员往往陷入视觉词袋模型之中，没有新的思想将语义信息结合到优秀的 SLAM 算法中，结合语义到 SLAM 的研究尚处于起步阶段。

1.3.5　长期 SLAM 问题

在小范围环境下，SLAM 算法可以正常运行；然而，当机器人在野外大范围环境长时间运行时，随着时间的增长，算法的计算时间和内存消耗会无限制消耗，最终导致 SLAM 算法无法运行。需要精心设计 SLAM 算法，使得其计算量和内存消耗保持在有限的、可接受范围内。

1.3.6　多机器人 SLAM 问题

多机器人协作 SLAM 系统具有更好的容错能力，例如，当环境恶劣或运动过于激烈导致数据关联失败时；而且，该系统能够以更快的速度构建更高精度的 3D 环境地图，能够执行更加多样化的任务。相对于单个机器人 SLAM，多机器人协作 SLAM 的研究还有很多问题有待探索研究，如多机器人之间任务的规划和调度、通信拓扑和地图融合等。对单个机器人的传感器数据、位姿信息和地图数据进行融合，将会获得效率更高、鲁棒性更好和精度更高的 SLAM 系统。

第 2 章　经典 SLAM 方法的架构

经典的 SLAM 方法使用滤波对机器人姿态和地图进行状态估计。首先利用激光测距系统、摄像机系统等环境感知设备获取环境数据并提取环境特征，将观测的特征数据与已存在的地图和人工信标进行数据关联，得到相应的观测值；其次使用里程计、电子罗盘、微惯性系统等本体状态感知设备得到机器人运动模型；联合观测值和运动模型，使用扩展卡尔曼滤波（Extended Kalman Filter, EKF）等非线性滤波方法进行机器人姿态和地图状态的估计；最后与 GPS 和人工地图进行对比校验，检查状态估计的准确性。经典 SLAM 架构如图 2.1 所示。

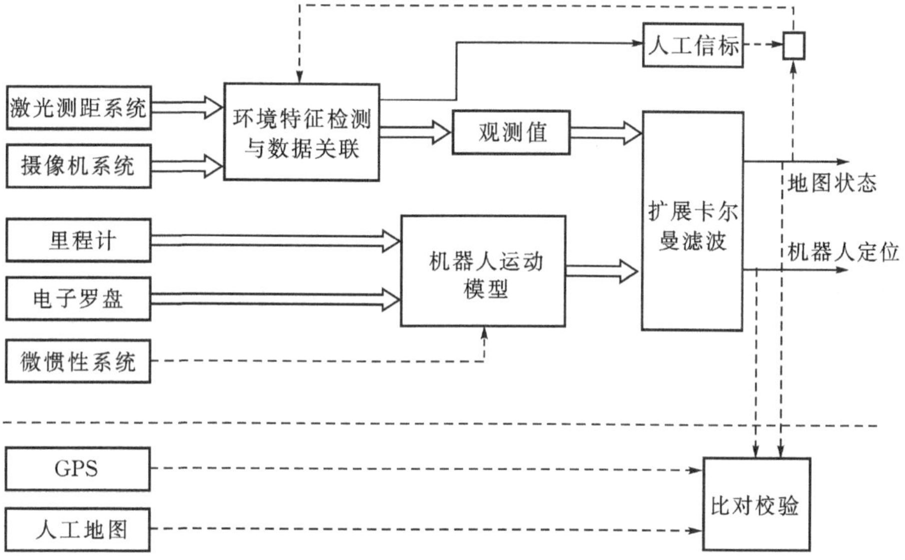

图 2.1　经典 SLAM 架构

本章首先论述 SLAM 问题的概率模型，这是运用滤波估计方法解决 SLAM 问题的理论基础；然后逐一介绍所用到的系统模型；再次分析 SLAM 算法的一致性问题，介绍检验 SLAM 算法结果一致性的标准——归一化估计方差；最后，重点对 EKF-SLAM 算法和 FastSLAM 算法两种基本的 SLAM 解决方法进行系统分析和仿真实验，对两种算法的估计精度和一致性进行验证和对比。

2.1　SLAM 问题的描述

首先分别介绍 SLAM 问题的概率模型和移动机器人系统模型，这是后续工作的基础。

2.1.1 SLAM 问题的概率模型

移动机器人在一个未知环境中向目标移动，同时其自身携带的传感器对环境进行持续观测，如图 2.2 所示。

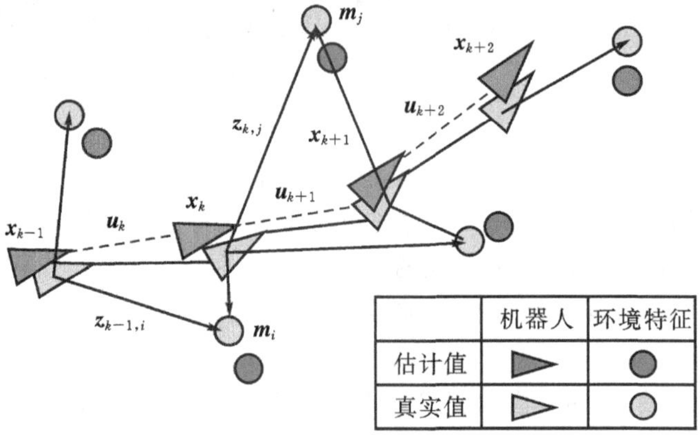

图 2.2　SLAM 问题概率模型描述

在 k 时刻，图中各符号定义见表 2.1。

表 2.1　符号定义表

符号	定义
$\boldsymbol{x}_k$	移动机器人位姿状态向量
$\boldsymbol{u}_k$	控制向量，驱使移动机器人从 $k-1$ 时刻的状态达到 k 时刻的状态
$\boldsymbol{m}_i$	第 i 个静止环境特征的位置状态向量
$\boldsymbol{z}_{ik}$	k 时刻，移动机器人对第 i 个静止的环境特征进行的一次观测

各集合定义见表 2.2。

表 2.2　集合定义表

集合	定义
$\boldsymbol{X}_{0:k}=\{\boldsymbol{x}_0,\boldsymbol{x}_1,\cdots,\boldsymbol{x}_k\}=\{\boldsymbol{X}_{0:k-1},\boldsymbol{x}_k\}$	移动机器人位姿状态的历史信息
$\boldsymbol{U}_{0:k}=\{\boldsymbol{u}_0,\boldsymbol{u}_1,\cdots,\boldsymbol{u}_k\}=\{\boldsymbol{U}_{0:k-1},\boldsymbol{u}_k\}$	控制输入的历史信息
$\boldsymbol{m}=\{\boldsymbol{m}_1,\boldsymbol{m}_2,\cdots,\boldsymbol{m}_n\}$	所有静止环境特征位置状态的集合
$\boldsymbol{Z}_{0:k}=\{\boldsymbol{z}_0,\boldsymbol{z}_1,\cdots,\boldsymbol{z}_k\}=\{\boldsymbol{Z}_{0:k-1},\boldsymbol{z}_k\}$	所有观测的集合

将概率方法引入对 SLAM 问题的研究，SLAM 问题便可以描述为：在 k 时刻，移动机器人位姿和环境特征位置组成的联合状态的概率分布是条件于观测历史信息 $\boldsymbol{Z}_{0:k}$、控制输入历史信息 $\boldsymbol{U}_{0:k}$ 和移动机器人的初始位姿状态 $\boldsymbol{x}_0$ 的概率分布，即

$$P(\boldsymbol{x}_k,\boldsymbol{m}\mid\boldsymbol{Z}_{0:k},\boldsymbol{U}_{0:k},\boldsymbol{x}_0)\tag{2.1}$$

因此，SLAM 问题可以这样来解决：假设已知 $k-1$ 时刻的联合状态概率分布为 $P(\boldsymbol{x}_{k-1},\boldsymbol{m}\mid\boldsymbol{Z}_{0:k-1},\boldsymbol{U}_{0:k-1})$，结合 k 时刻的观测 $\boldsymbol{z}_k$ 和控制输入 $\boldsymbol{u}_k$，由贝叶斯定理，便可计算得到

k 时刻的联合状态概率分布 $P(\boldsymbol{x}_k,\boldsymbol{m}|\boldsymbol{Z}_{0:k},\boldsymbol{U}_{0:k})$ 。但是,计算过程中需要用到机器人运动模型和环境特征观测模型来分别描述控制输入和传感器观测对 SLAM 结果带来的影响。

2.1.1.1　环境特征观测模型

SLAM 问题的环境特征观测模型的数学描述为:在 k 时刻,当移动机器人位姿 $\boldsymbol{x}_k$ 和环境特征位置 $\boldsymbol{m}$ 都已知时,机器人作一次观测 $\boldsymbol{z}_k$ 的概率,即

$$P(\boldsymbol{z}_k|\boldsymbol{x}_k,\boldsymbol{m}) \tag{2.2}$$

可以看出,移动机器人的位姿和传感器对环境特征位置的观测具有相关性。

2.1.1.2　机器人运动模型

SLAM 问题中机器人运动模型的数学描述为:移动机器人位姿状态转移的概率分布,即

$$P(\boldsymbol{x}_k|\boldsymbol{x}_{k-1},\boldsymbol{u}_k) \tag{2.3}$$

可以看出,移动机器人的状态转移被认为是马尔科夫过程,在此过程中移动机器人 k 时刻的位姿状态 $\boldsymbol{x}_k$ 只取决于 $k-1$ 时刻的位姿状态 $\boldsymbol{x}_{k-1}$ 和 k 时刻的控制输入 $\boldsymbol{u}_k$,不依赖于环境地图估计和传感器观测。

至此,运用概率方法解决 SLAM 问题可以归结为由时间更新(预测)和观测更新(修正)两个步骤构成的递归过程:

1)时间更新

$$P(\boldsymbol{x}_k,\boldsymbol{m}|\boldsymbol{Z}_{0:k-1},\boldsymbol{U}_{0:k},\boldsymbol{x}_0)=\int P(\boldsymbol{x}_k|\boldsymbol{x}_{k-1},\boldsymbol{u}_k)\times P(\boldsymbol{x}_{k-1},\boldsymbol{m}|\boldsymbol{Z}_{0:k-1},\boldsymbol{U}_{0:k-1},\boldsymbol{x}_0)\,\mathrm{d}\,\boldsymbol{x}_{k-1} \tag{2.4}$$

2)观测更新

$$P(\boldsymbol{x}_k,\boldsymbol{m}|\boldsymbol{Z}_{0:k},\boldsymbol{U}_{0:k},\boldsymbol{x}_0)=\frac{P(\boldsymbol{z}_k|\boldsymbol{x}_k,\boldsymbol{m})P(\boldsymbol{x}_k,\boldsymbol{m}|\boldsymbol{Z}_{0:k-1},\boldsymbol{U}_{0:k},\boldsymbol{x}_0)}{P(\boldsymbol{z}_k|\boldsymbol{Z}_{0:k-1},\boldsymbol{U}_{0:k})} \tag{2.5}$$

为了 SLAM 结果的一致性,式(2.4)和式(2.5)没有忽略移动机器人的位姿状态和环境特征位置状态的观测相关性,即没有将 SLAM 问题中的定位和地图创建简单地拆分为两个独立的问题,亦即

$$P(\boldsymbol{x}_k,\boldsymbol{m}|\boldsymbol{Z}_{0:k},\boldsymbol{U}_{0:k},\boldsymbol{x}_0)\neq P(\boldsymbol{x}_k|\boldsymbol{Z}_{0:k},\boldsymbol{U}_{0:k},\boldsymbol{m})P(\boldsymbol{m}|\boldsymbol{Z}_{0:k},\boldsymbol{U}_{0:k},\boldsymbol{X}_{0:k}) \tag{2.6}$$

不过,SLAM 问题的概率模型还不仅仅如此简单。

首先,SLAM 问题中机器人位姿状态估计误差和环境特征位置状态估计误差之间存在相关性。从图 2.2 中可以看出,机器人是在不断移动的情况下进行环境特征的持续观测的,对于环境特征来说,观测源自始至终只有移动机器人一个。由于系统误差等原因,机器人的定位不可能达到绝对精确,从而导致每一次的环境特征位置估计都是会存在误差的。其次,环境特征位置状态估计误差之间也存在相关性。每一时刻环境特征位置的更新都是基于前一时刻的观测信息,从而使前一时刻环境特征位置状态的估计误差被引入了更新之中,最终导致了前后两个时刻之间的环境特征位置估计误差之间的相关性。同时,随着观测次数的不断增加,这种相关性会存在于所有环境特征之间,并且呈单调上升趋势。整个过程可以用一张网络图进行直观形象的诠释,如图 2.3 所示。

在图 2.3 中,将环境特征位置状态估计误差之间的相关性用可以增粗的直线表示,直线越粗,表明相关性越强。所有的相关性构成了一个可以随观测次数增加而增强的网络。可以看出,当机器人在环境中不停移动进行持续观测时,这种相关性就会持续增强;并且,当某一环境特征被观测到或位置状态被更新时,造成的相关性的变化会传遍整个网络。同时,在整个过程

中，移动机器人位姿状态的估计也是和整个网络相关的。

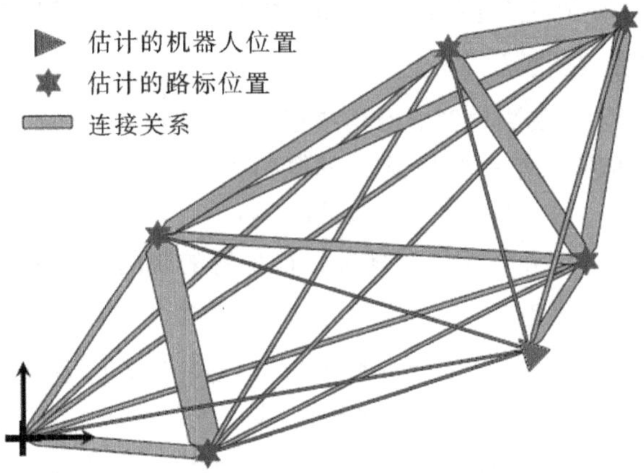

图 2.3 特征估计误差相关性示意图

2.1.2 机器人系统模型

移动机器人系统模型和环境的相关模型是实现各种 SLAM 算法的基础。本节将对各种模型进行定义，包括坐标系统模型、移动机器人位姿模型、里程计模型、移动机器人运动模型、环境地图模型、传感器观测模型、环境特征动态模型、环境特征增广模型、传感器噪声模型和系统噪声模型等，为后续的 SLAM 问题研究打下基础。

2.1.2.1 坐标系统模型

在移动机器人 SLAM 问题研究中，主要用到两种坐标系统：极坐标系统和笛卡尔坐标系统。声纳、激光等距离方向传感器大多采用极坐标系统。移动机器人位姿 $\boldsymbol{x}=(x,y,\theta)^{\mathrm{T}}$ 、环境特征位置 $\boldsymbol{m}_i=(x_i,y_i)$ 和传感器位置 $\boldsymbol{x}_s=(x_s,y_s)$ 通常采用笛卡尔坐标系统。

在 SLAM 问题研究中，主要的坐标系通常有三种：全局坐标系 $X_WO_WY_W$、机器人坐标系 $X_RO_RY_R$ 和传感器坐标系 $X_SO_SY_S$，有时也会将传感器坐标系统统一到机器人坐标系中，如图 2.4 所示。

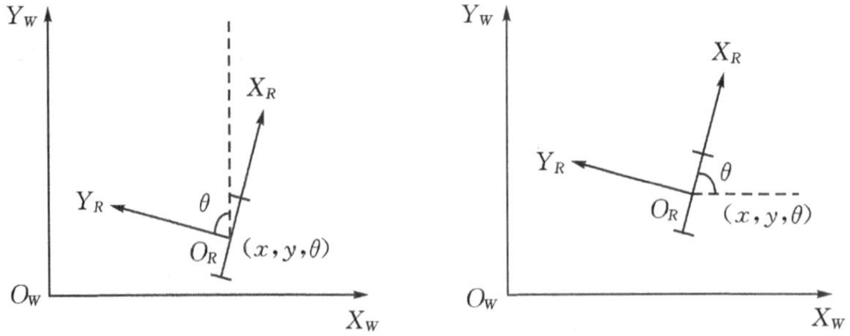

图 2.4 坐标系统模型

2.1.2.2 机器人位姿模型

机器人的位姿用一个三维状态向量 $(x,y,\theta)^{\mathrm{T}}$ 表示，包括其在全局坐标系中的位置 (x,y) 和姿态角 θ 。姿态角 θ 即为机器人的运动方向，用机器人坐标系的 Y_R 轴或 X_R 轴与全

局坐标系的 Y_W 轴或 X_W 轴之间的夹角表示，如图 2.4 所示。其方向可以定义为：以 Y_W 轴或 X_W 轴为 0°，沿逆时针方向为正，沿顺时针方向为负，姿态角的范围在 $-180^\circ \sim +180^\circ$ 之间。

2.1.2.3　里程计圆弧模型

里程计是机器人普遍携带的位移传感器，通常用于机器人的航迹推算。它的工作原理是首先通过其内部的编码盘检测出机器人车轮移动的距离，然后假设机器人在极短的时间间隔内的运动轨迹是一段直线或圆弧，最后结合相关的几何近似方法计算出机器人在这段时间内的位姿状态变化。为了更好地逼近机器人的实际运动轨迹，所以通常假设其运动轨迹是一段圆弧，得到的模型称为里程计圆弧模型，这将在 3.1.1 节作详细阐述。

2.1.2.4　移动机器人运动模型

运动模型描述了在控制输入 $\boldsymbol{u}_k$ 和噪声干扰 $\boldsymbol{v}_k$ 等因素的作用下，移动机器人的位姿状态 $(x_k, y_k, \theta_k)^{\mathrm{T}}$ 是怎样随时间发生变化的过程，通常可以用一个非线性的离散时间差分方程表示：

$$\begin{bmatrix} x_k \\ y_k \\ \theta_k \end{bmatrix} = f[\boldsymbol{x}_{k-1}, \boldsymbol{u}_k, \boldsymbol{v}_k, k] = \begin{bmatrix} x_{k-1} + \dfrac{\Delta D_k}{\Delta\theta_k}[\cos(\theta_{k-1} + \Delta\theta_k) - \cos\theta_{k-1}] \\ y_{k-1} + \dfrac{\Delta D_k}{\Delta\theta_k}[\sin(\theta_{k-1} + \Delta\theta_k) - \sin\theta_{k-1}] \\ \theta_{k-1} + \Delta\theta_k \end{bmatrix} + \boldsymbol{v}_k \tag{2.7}$$

其中，ΔD_k 为机器人在 ΔT 时间内的运动圆弧长度；$\boldsymbol{v}_k$ 为系统噪声，用来表示机器人运动过程中，传感器的误差漂移、轮子的滑动和系统建模等引起的误差。由此可以看出，式(2.7)所示的移动机器人运动模型是一个马尔科夫过程。

在理想情况下，一个移动机器人的运动模型应该准确地描述机器人的运动，得到机器人位姿状态的动态变化过程。然而，用有限的参数进行系统建模不可能完全表达系统的动态变化过程，同时传感器数据和车体的运动都带有噪声，给机器人的运动模型带来了不确定性。因此，要完整描述机器人的运动，必须采用一个高度复杂的非线性函数，这为定位算法的实现带来了难度。在实际应用中，通常采用一个简化的运动模型来近似。为了更好地逼近机器人的实际运动轨迹，常用的运动模型是基于里程计圆弧模型建立的。

2.1.2.5　环境地图模型

典型的环境地图表示方法有栅格地图、几何地图、拓扑地图和混合地图等。

早期的栅格地图创建方法是基于声纳的，如图 2.5 所示。栅格地图的思想是将环境划分为一系列栅格，给每个栅格分配一定的概率，该概率表示栅格被障碍物占据的概率。其优点是易于维护和创建，但计算量会随着环境的复杂度增加而快速增加，影响创建地图的实时性。

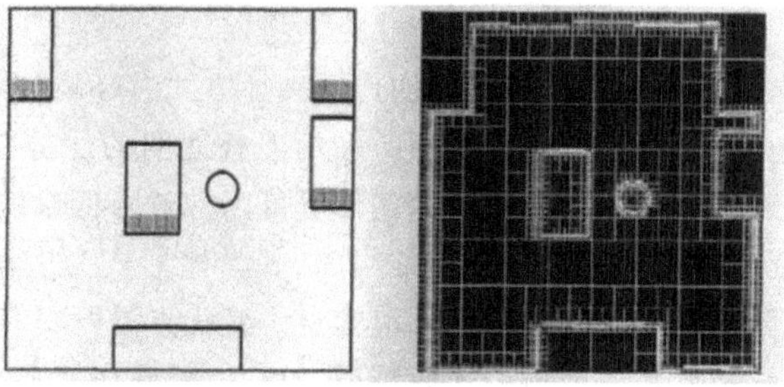

图 2.5　栅格地图

基于几何特征的地图创建方法如图 2.6 所示。几何地图的思想是用一系列的点、线、面等几何特征来表征地图。其优点是直观形象，便于做路径规划和导航，但其对传感器要求较高，并只适用于高度结构化的环境。

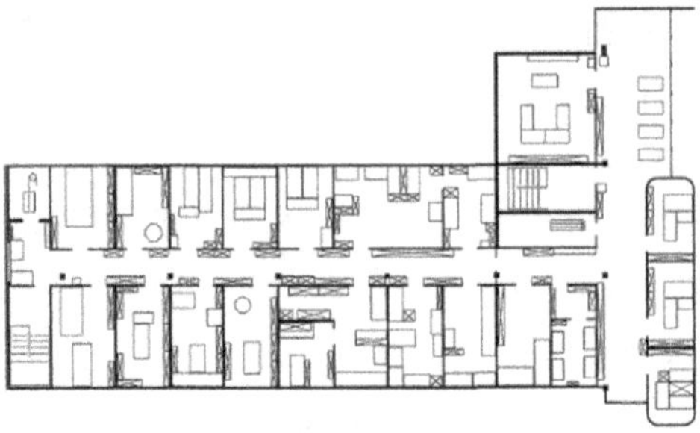

图 2.6 几何地图

拓扑地图创建方法如图 2.7 所示。拓扑地图的思想是将环境表示成节点和连接线，其中节点表示环境中的标志性物体，如门、障碍物等，连接线表示节点之间的连通路径。其优点是可以表征环境的连通特征，但由于缺少环境的几何特征，对环境中的相似元素的表示会不清楚。

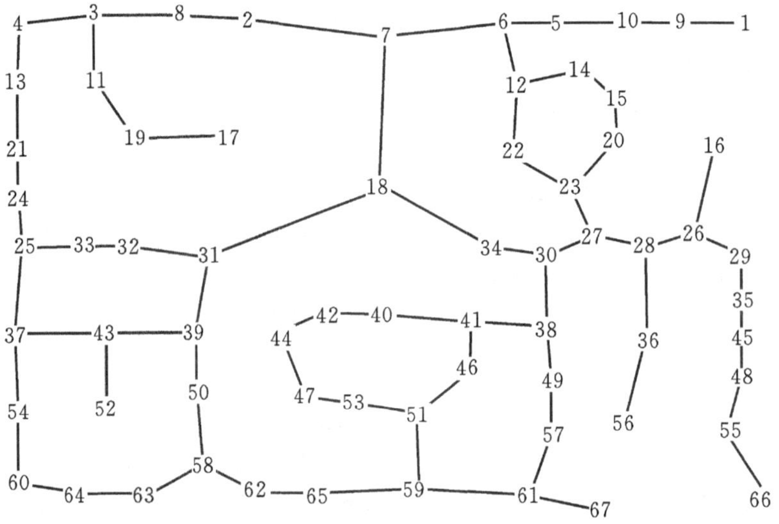

图 2.7 拓扑地图

混合地图的思想是结合两种或多种不同的地图表征方式对环境信息进行描述，包括几何-栅格地图、几何-拓扑地图和栅格-拓扑地图等。采用混合地图的优势在于使不同地图之间相互弥补各自的缺陷，在确保局部地图一致性的条件下可以有效降低系统的累积误差。其中，几何特征和拓扑特征的混合地图表征方式是最常用的，其具体形式为应用拓扑特征表示全局范围的整体环境，用几何特征表示局部范围的环境信息。其优点是既具备了环境的几何特征，便于做路径规划，又直观形象且具备环境的连通特征。但是，地图中几何描述向拓扑描述的转化是难点。

2.1.2.6 传感器观测模型

传感器观测模型描述的是传感器所观测到的环境特征位置状态与机器人的全局位姿坐标之间的关系，通常也是用一个非线性离散时间差分方程来表述：

$$\boldsymbol{z}_k = \boldsymbol{h}(\boldsymbol{x}_k, \boldsymbol{m}_i) + \boldsymbol{w}_k \tag{2.8}$$

其中，$\boldsymbol{w}_k$ 为观测噪声，用来描述测量噪声和模型本身的误差等；$\boldsymbol{m}_i = (x_i, y_i)$ 为观测到的第 i 个环境特征的全局位置坐标。

当前移动机器人最常用的观测传感器是激光传感器，采用的观测坐标系是极坐标系，因此观测量 $\boldsymbol{z}$ 是所观测到的环境特征相对于机器人的极距离 ρ 和方向角 φ，由此得到的观测模型为

$$\boldsymbol{z}_k = \begin{bmatrix} \rho_k \\ \varphi_k \end{bmatrix} = \begin{bmatrix} \sqrt{(x_k - x_i)^2 + (y_k - y_i)^2} \\ \arctan \dfrac{y_k - y_i}{x_k - x_i} - \theta_k \end{bmatrix} + \boldsymbol{w}_k \tag{2.9}$$

如果环境特征的表征方式不同，那么得到的观测模型的具体形式也有所不同，在 3.2 节中将介绍一种基于线段特征的观测模型。

2.1.2.7 环境特征动态模型

环境特征的动态模型描述了环境特征位置状态随时间的变化。如果环境特征的表征方式不同，那么其动态模型也不同。一般情况下研究的是静态环境中的 SLAM 问题，因此所涉及到的环境特征都是静止的。以环境点特征 $\boldsymbol{m}_i = (x_i, y_i)$ 为例，其动态模型可以表示为

$$\begin{bmatrix} x_{i,k} \\ y_{i,k} \end{bmatrix} = \begin{bmatrix} x_{i,k-1} \\ y_{i,k-1} \end{bmatrix} \tag{2.10}$$

而 3.2 节中将涉及到环境线段特征的动态模型。

2.1.2.8 环境特征的增广模型

移动机器人在运行过程中，观测到一个新的环境特征时，就要把所观测到的新环境特征加入到系统的状态向量中。这个新的环境特征在地图中的表示量是关于移动机器人当前位置和观测量的向量函数，即

$$\boldsymbol{m}_{i,k}^{\text{new}} = \boldsymbol{g}(\boldsymbol{x}_k, \boldsymbol{z}_{k,i}) + \boldsymbol{w}_k \tag{2.11}$$

假设 k 时刻的观测量表示为 $[\rho_k, \varphi_k]$，机器人的位姿状态为 $(x_k, y_k, \theta_k)^{\mathrm{T}}$，则新的环境特征在全局地图中表示 $\boldsymbol{m}_i = (x_i, y_i)$ 为

$$\boldsymbol{m}_{i,k}^{\text{new}} = \begin{bmatrix} x_i \\ y_i \end{bmatrix} = \begin{bmatrix} x_k + \rho_k \cdot \cos(\varphi_k + \theta_k) \\ y_k + \rho_k \cdot \sin(\varphi_k + \theta_k) \end{bmatrix} + \boldsymbol{w}_k \tag{2.12}$$

随着机器人的运行，观测到更多新的环境特征，如果把该新的环境特征加入到系统状态向量中，此状态向量称作增广的状态向量。

2.1.2.9 传感器噪声模型和系统噪声模型

移动机器人的自主定位与导航必须以可靠的传感器检测到的信息为基础。但是，由于环境的复杂性以及传感器自身的限制，传感器所观测的信息受到多种复杂因素的干扰，就会产生不同程度的不确定性。观测信息的不确定性必然会导致环境模型的不确定，同样，当依据观测模型和传感器信息进行决策时也具有不同程度的不确定性。因此，有必要建立系统的噪声模型，从而提高传感器观测信息的有效性。最常用的噪声模型是高斯噪声模型。

2.1.3 SLAM 算法的一致性

一致性是评价一种估计算法的基本条件之一，如果估计算法是不一致的，那么由此得到的状态估计的精度也是未知的，即这种估计算法是不可靠的。移动机器人 SLAM 问题归根结底是一个对移动机器人位姿状态和环境特征位置进行非线性估计的问题，各种 SLAM 算法归根结底是估计算法，因此，SLAM 算法的一致性是 SLAM 问题的基本问题之一，是 SLAM 技术能够有效应用的基础。换句话说，最优的可靠的 SLAM 算法必须在足够长的时间内保持其自身的一致性，这样才能获得比较精确的移动机器人位姿状态和未知环境的一致性概率地图。

假设 SLAM 算法在 k 时刻的状态真值为 $\boldsymbol{x}_k$，估计值为 $\hat{\boldsymbol{x}}_{k|k}$，估计误差为 $\tilde{\boldsymbol{x}}_{k|k}$，即

$$\tilde{\boldsymbol{x}}_{k|k} = \boldsymbol{x}_k - \hat{\boldsymbol{x}}_{k|k} \tag{2.13}$$

由此得到估计误差的协方差矩阵

$$\boldsymbol{P}_{k|k} = \boldsymbol{E}[\tilde{\boldsymbol{x}}_{k|k}\tilde{\boldsymbol{x}}_{k|k}^{\mathrm{T}}] \tag{2.14}$$

如果下列条件

$$\begin{aligned} &\boldsymbol{E}[\tilde{\boldsymbol{x}}_{k|k}] = \boldsymbol{0} \\ &\boldsymbol{E}[\tilde{\boldsymbol{x}}_{k|k}\tilde{\boldsymbol{x}}_{k|k}^{\mathrm{T}}] \leqslant \boldsymbol{P}_{k|k} \end{aligned} \tag{2.15}$$

满足，则认为 SLAM 算法是一致的。

通常情况下，采用归一化估计方差 NESS(Normalized Estimation Error Squared)来检验 SLAM 算法的一致性，定义

$$\mathrm{NEES} = \varepsilon_k = \tilde{\boldsymbol{x}}_{k|k}^{\mathrm{T}}\boldsymbol{P}_{k|k}^{-1}\tilde{\boldsymbol{x}}_{k|k} \tag{2.16}$$

当系统噪声近似为线性高斯分布时，ε_k 服从自由度为 d 的 χ^2 分布，其中

$$d = \dim(\boldsymbol{x}_k) \tag{2.17}$$

则判断 SLAM 算法是否一致的问题转化为统计检验的问题，临界点 $\chi^2_{d,1-\alpha}$ 可根据自由度 d 及所给定的显著性水平 α，由 χ^2 分布表中查得，其中 $1-\alpha$ 称为置信水平。

NEES 是一种加权距离，当采用 n 次 Monte-Carlo 实验时，需要用到平均的 NEES，即 MNEES(Mean NEES)来检验 EKF-SLAM 算法的一致性，即

$$\mathrm{MNEES} = \frac{1}{n}\sum_{i=1}^{n}\mathrm{NEES}_i \tag{2.18}$$

则 SLAM 算法符合一致性要求需满足下式

$$\mathrm{MNEES} \leqslant \frac{1}{n}\chi^2_{n,d,1-\alpha} \tag{2.19}$$

由于移动机器人 SLAM 问题是一个非线性估计问题，不可能为它设计一个满足一致性要求的滤波器，评价 SLAM 算法的一致性只能用实验的方法。对于两种最常用的 SLAM 算法——EKF-SLAM 算法和 FastSLAM 算法，近几年已经有学者采用实验的方法对它们的一致性进行了研究，分析造成它们不一致的原因，进而提出对这些缺陷进行必要改进的方法，从而提高算法的一致性。

2.2 EKF-SLAM 算法

卡尔曼滤波算法主要用于进行数据处理和变量估计，是一种最优估计理论，被成功地应用

于空间技术，潜艇和飞行器的导航和定位，火力控制系统等方面。就实现形式而言，卡尔曼滤波算法实质上是一套由数字计算机实现的递归算法，每个递归周期中包含对被估计量的时间更新和观测更新两个过程。因此，卡尔曼滤波算法很早就被用于解决移动机器人的定位和地图创建问题的研究，并且可以应用于 SLAM 问题的研究。

Smith，Self 和 Cheeseman 等人在 20 世纪 80 年代首先将卡尔曼滤波思想严格地引入到移动机器人 SLAM 研究领域并提出概率地图的概念。他们指出 SLAM 问题中的移动机器人位姿估计和环境特征位置的估计不是相互独立的，而是高度相关的，必须建立包含移动机器人位姿状态和环境特征位置状态的联合状态向量。有文献已经论证出如果不这样做，将会导致创建地图失败和移动机器人位姿估计的不一致。

卡尔曼滤波算法只适用于具有高斯白噪声的线性系统，而 SLAM 问题中的移动机器人运动模型和传感器的观测模型均是高度的非线性系统模型，并且系统噪声和观测噪声都不是高斯白噪声，因此通常采用扩展卡尔曼滤波(EKF)算法。

2.2.1　扩展卡尔曼滤波算法

与卡尔曼滤波算法一样，EKF 算法也包含预测和更新两个阶段。假设在 k 时刻，将 SLAM 问题中的机器人运动模型和环境特征观测模型分别表述如下：

运动模型

$$\begin{cases} \boldsymbol{x}_{k+1} = \boldsymbol{f}[\boldsymbol{x}_k, \boldsymbol{u}_k, \boldsymbol{v}_k, k] \\ \boldsymbol{v}_k = \boldsymbol{N}(\boldsymbol{0}, \boldsymbol{Q}_k) \\ \boldsymbol{E}[\boldsymbol{v}_i \boldsymbol{x}_j^{\mathrm{T}}] = \boldsymbol{0} \, \forall \, i, j \\ \boldsymbol{E}[\boldsymbol{v}_i \boldsymbol{v}_j^{\mathrm{T}}] = \boldsymbol{Q}_i \boldsymbol{\delta}_{ij} \end{cases} \tag{2.20}$$

观测模型

$$\begin{cases} \boldsymbol{z}_k = \boldsymbol{h}[\boldsymbol{x}_k, \boldsymbol{w}_k, k] \\ \boldsymbol{w}_k = \boldsymbol{N}(\boldsymbol{0}, \boldsymbol{R}_k) \\ \boldsymbol{E}[\boldsymbol{w}_i \boldsymbol{x}_j^{\mathrm{T}}] = \boldsymbol{0} \, \forall \, i, j \\ \boldsymbol{E}[\boldsymbol{w}_i \boldsymbol{w}_j^{\mathrm{T}}] = \boldsymbol{R}_k \boldsymbol{\delta}_{ij} \\ \boldsymbol{E}[\boldsymbol{w}(i) \boldsymbol{v}^{\mathrm{T}}(j)] = \boldsymbol{0} \, \forall \, i, j \end{cases} \tag{2.21}$$

其中，$\boldsymbol{v}_k$ 为系统噪声；$\boldsymbol{Q}_k$ 为系统噪声方差阵；$\boldsymbol{w}_k$ 为观测噪声；$\boldsymbol{R}_k$ 为观测噪声协方差阵。假设 $\boldsymbol{v}_k$ 和 $\boldsymbol{w}_k$ 均是高斯白噪声，且相互独立。

2.2.1.1　预测阶段

EKF 算法假设过程模型和观测模型是局部线性的，即 $\boldsymbol{v}_k$ 和 $\boldsymbol{w}_k$ 是很小的，则

$$\hat{\boldsymbol{x}}_{k|k} \approx \boldsymbol{E}[\boldsymbol{x}_k \mid \boldsymbol{Z}^k] \tag{2.22}$$

同时，EKF 算法将运动模型线性化采用的方法是将系统状态方程在 $\hat{\boldsymbol{x}}_{k|k}$ 处展开成泰勒级数并省略二阶以上项，则在 $k+1$ 时刻

$$\boldsymbol{x}_{k+1} \approx \boldsymbol{f}[\hat{\boldsymbol{x}}_{k|k}, \boldsymbol{u}_k, \boldsymbol{0}, k] + \nabla \boldsymbol{f}_x \tilde{\boldsymbol{x}}_{k|k} + \nabla \boldsymbol{f}_v \boldsymbol{v}_k \tag{2.23}$$

其中

$$\nabla \boldsymbol{f}_x = \left.\frac{\partial \boldsymbol{f}}{\partial \boldsymbol{x}}\right|_{\hat{\boldsymbol{x}}_{k|k}, \boldsymbol{u}_k}, \quad \nabla \boldsymbol{f}_v = \left.\frac{\partial \boldsymbol{f}}{\partial \boldsymbol{v}}\right|_{\hat{\boldsymbol{x}}_{k|k}, \boldsymbol{u}_k}$$

首先进行预测估计

$$\begin{aligned}\hat{\boldsymbol{x}}_{k+1|k} &= \boldsymbol{E}[\boldsymbol{x}_{k+1}|\boldsymbol{Z}^k] \\ &\approx \boldsymbol{E}[\boldsymbol{f}[\hat{\boldsymbol{x}}_{k|k},\boldsymbol{u}_k,\boldsymbol{0},k]+\nabla\boldsymbol{f}_x\tilde{\boldsymbol{x}}_{k|k}+\nabla\boldsymbol{f}_v\boldsymbol{v}_k] \\ &= \boldsymbol{f}[\hat{\boldsymbol{x}}_{k|k},\boldsymbol{u}_k,\boldsymbol{0},k]\end{aligned} \tag{2.24}$$

预测估计误差为

$$\tilde{\boldsymbol{x}}_{k+1|k} = \boldsymbol{x}_{k+1} - \hat{\boldsymbol{x}}_{k+1|k} \approx \nabla\boldsymbol{f}_x\tilde{\boldsymbol{x}}_{k|k}+\nabla\boldsymbol{f}_v\boldsymbol{v}_k \tag{2.25}$$

预测估计误差协方差为

$$\begin{aligned}\boldsymbol{P}_{k+1|k} &= \boldsymbol{E}[\tilde{\boldsymbol{x}}_{k+1|k}\tilde{\boldsymbol{x}}_{k+1|k}^{\mathrm{T}}] \\ &\approx \nabla\boldsymbol{f}_x\boldsymbol{P}_{k|k}\nabla\boldsymbol{f}_x^{\mathrm{T}}+\nabla\boldsymbol{f}_v\boldsymbol{Q}_k\nabla\boldsymbol{f}_v^{\mathrm{T}}\end{aligned} \tag{2.26}$$

观测模型线性化为

$$\boldsymbol{z}_{k+1} \approx \boldsymbol{h}[\hat{\boldsymbol{x}}_{k+1|k},\boldsymbol{0},k]+\nabla\boldsymbol{h}_x\tilde{\boldsymbol{x}}_{k+1|k}+\nabla\boldsymbol{h}_w\boldsymbol{w}_{k|k+1} \tag{2.27}$$

预测观测为

$$\begin{aligned}\hat{\boldsymbol{z}}_{k+1|k} &= \boldsymbol{E}[\boldsymbol{z}_{k+1}|\boldsymbol{Z}^k] \\ &\approx \boldsymbol{E}[\boldsymbol{h}[\hat{\boldsymbol{x}}_{k+1|k},\boldsymbol{0},k]+\nabla\boldsymbol{h}_x\tilde{\boldsymbol{x}}_{k+1|k}+\nabla\boldsymbol{h}_w\boldsymbol{w}_{k+1}] \\ &= \boldsymbol{h}[\hat{\boldsymbol{x}}_{k+1|k},\boldsymbol{0},k]\end{aligned} \tag{2.28}$$

其中

$$\nabla\boldsymbol{h}_x = \left.\frac{\partial\boldsymbol{h}}{\partial\boldsymbol{x}}\right|_{\hat{x}_{k|k}},\quad \nabla\boldsymbol{h}_w = \left.\frac{\partial\boldsymbol{h}}{\partial\boldsymbol{w}}\right|_{\hat{x}_{k|k}}$$

2.2.1.2 更新阶段

首先计算观测新息

$$\begin{aligned}\boldsymbol{V}_{k+1} &= \boldsymbol{z}_{k+1} - \hat{\boldsymbol{z}}_{k+1|k} \\ &= \nabla\boldsymbol{h}_x\tilde{\boldsymbol{x}}_{k+1|k}+\nabla\boldsymbol{h}_w\boldsymbol{w}_{k+1}\end{aligned} \tag{2.29}$$

新息协方差为

$$\boldsymbol{S}_{k+1|k} = \boldsymbol{E}[\boldsymbol{V}_{k+1}\boldsymbol{V}^{\mathrm{T}}{}_{k+1}] = \nabla\boldsymbol{h}_x\boldsymbol{P}_{k+1|k}(\nabla\boldsymbol{h}_x)^{\mathrm{T}}+\boldsymbol{R}_{k+1} \tag{2.30}$$

卡尔曼增益为

$$\boldsymbol{K}_{k+1} = \boldsymbol{P}_{k+1|k}(\nabla\boldsymbol{h}_x)^{\mathrm{T}}(\boldsymbol{S}_{k+1|k})^{-1} \tag{2.31}$$

状态更新为

$$\hat{\boldsymbol{x}}_{k+1|k+1} = \hat{\boldsymbol{x}}_{k+1|k}+\boldsymbol{K}_{k+1}\boldsymbol{V}_{k+1} \tag{2.32}$$

$$\boldsymbol{P}_{k+1|k+1} = (\boldsymbol{I}-\boldsymbol{K}_{k+1}(\nabla\boldsymbol{h}_x))\boldsymbol{P}_{k+1|k} \tag{2.33}$$

至此,EKF 算法的一个循环结束,将进入下一次循环,依次往复,其流程如图 2.8 所示。

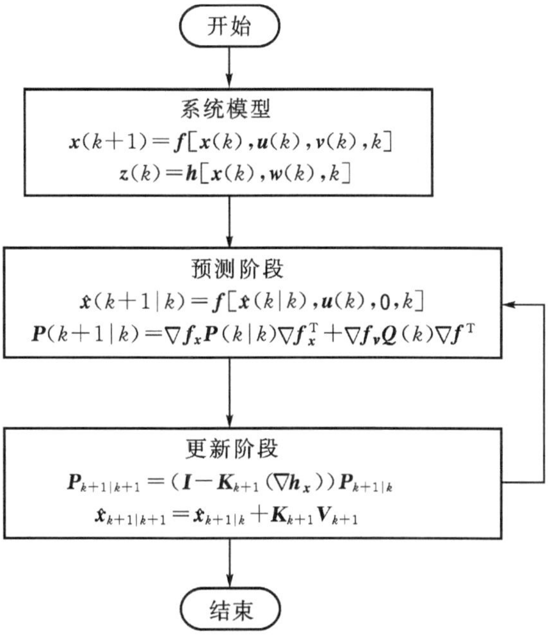

图 2.8　EKF 算法

2.2.2　EKF-SLAM 算法和一致性

因为移动机器人位姿估计和环境特征位置估计的相关性不能忽略，EKF-SLAM 算法中的系统状态向量必须是包含移动机器人位姿状态 $\boldsymbol{x}_k$ 和所有环境特征位置状态 $\boldsymbol{m}_i$ 的联合状态向量 $\boldsymbol{X}_k^{xm}$

$$\boldsymbol{X}_k^{xm} = [\boldsymbol{x}_k^{\mathrm{T}}, \boldsymbol{m}_{1,k}^{\mathrm{T}}, \boldsymbol{m}_{2,k}^{\mathrm{T}}, \cdots, \boldsymbol{m}_{n,k}^{\mathrm{T}}]^{\mathrm{T}} = \begin{bmatrix} \boldsymbol{f}[\boldsymbol{x}_k, \boldsymbol{u}_k, \boldsymbol{v}_k, k] \\ \boldsymbol{m}_k^{\mathrm{T}} \end{bmatrix} \tag{2.34}$$

k 时刻的状态估计 $\hat{\boldsymbol{X}}_{k|k}^{xm}$ 和估计协方差 $\boldsymbol{P}_{k|k}^{xm}$ 为

$$\hat{\boldsymbol{X}}_{k|k}^{xm} = [\hat{\boldsymbol{x}}_{k|k}^{\mathrm{T}}, \hat{\boldsymbol{m}}_{1,k|k}^{\mathrm{T}}, \hat{\boldsymbol{m}}_{2,k|k}^{\mathrm{T}}, \cdots, \hat{\boldsymbol{m}}_{n,k|k}^{\mathrm{T}}]^{\mathrm{T}} \tag{2.35}$$

$$\boldsymbol{P}_{k|k}^{xm} = \begin{bmatrix} \boldsymbol{P}_{k|k}^{xx} & \boldsymbol{P}_{k|k}^{x1} & \cdots & \boldsymbol{P}_{k|k}^{xn} \\ \boldsymbol{P}_{k|k}^{1x} & \boldsymbol{P}_{k|k}^{11} & \cdots & \boldsymbol{P}_{k|k}^{1n} \\ \vdots & \vdots & & \vdots \\ \boldsymbol{P}_{k|k}^{nx} & \boldsymbol{P}_{k|k}^{n1} & \cdots & \boldsymbol{P}_{k|k}^{nn} \end{bmatrix} = \begin{bmatrix} \boldsymbol{P}_{k|k}^{xx} & \boldsymbol{P}_{k|k}^{xm} \\ \boldsymbol{P}_{k|k}^{mx} & \boldsymbol{P}_{k|k}^{mm} \end{bmatrix} \tag{2.36}$$

其中，$\boldsymbol{P}_{k|k}^{xx}$ 和 $\boldsymbol{P}_{k|k}^{mm}$ 分别为移动机器人的位姿估计协方差和环境特征位置估计协方差；$\boldsymbol{P}_{k|k}^{xm}$ 和 $\boldsymbol{P}_{k|k}^{mx}$ 均为移动机器人位姿估计和环境特征位置估计的交叉协方差。

2.2.2.1　预测阶段

状态预测

$$\hat{\boldsymbol{X}}_{k+1|k}^{xm} = \boldsymbol{E}[\boldsymbol{X}_{k+1}^{xm} | \boldsymbol{z}_k] \approx \begin{bmatrix} \boldsymbol{f}_v[\hat{\boldsymbol{x}}_{k|k}, \boldsymbol{u}_k, \boldsymbol{0}, k+1] \\ \hat{\boldsymbol{m}}_k^{\mathrm{T}} \end{bmatrix} \tag{2.37}$$

预测协方差阵

$$\begin{aligned} \boldsymbol{P}_{k+1|k} &= \boldsymbol{E}[(\boldsymbol{X}_{k+1}^{xm} - \hat{\boldsymbol{X}}_{k+1|k}^{xm})(\boldsymbol{X}_{k+1}^{xm} - \hat{\boldsymbol{X}}_{k+1|k}^{xm})^{\mathrm{T}}] \\ &= \nabla \boldsymbol{f}_x \cdot \boldsymbol{P}_{xx} \cdot \nabla \boldsymbol{f}_x^{\mathrm{T}} + \nabla \boldsymbol{f}_u \cdot \boldsymbol{Q}_{k+1} \cdot \nabla \boldsymbol{f}_u^{\mathrm{T}} \\ &= \begin{bmatrix} \nabla \boldsymbol{f}_{vx} \boldsymbol{P}_{xx} \nabla \boldsymbol{f}_{vx}^{\mathrm{T}} + \nabla \boldsymbol{f}_{vu} \boldsymbol{Q}_{k+1} \nabla \boldsymbol{f}_{vu}^{\mathrm{T}} & \nabla \boldsymbol{f}_{vx} \boldsymbol{P}_{xm} \\ (\nabla \boldsymbol{f}_{vx} \boldsymbol{P}_{xm})^{\mathrm{T}} & \boldsymbol{P}_{mm} \end{bmatrix} \end{aligned} \tag{2.38}$$

其中，$\nabla \boldsymbol{f}_x$，$\nabla \boldsymbol{f}_u$ 分别为 $\boldsymbol{f}[\cdot]$ 相对于联合状态向量 $\boldsymbol{X}^{xm}$ 和控制输入向量 $\boldsymbol{u}$ 的雅克比矩阵，即

$$\nabla \boldsymbol{f}_x = \left.\frac{\partial \boldsymbol{f}}{\partial \boldsymbol{x}}\right|_{\hat{X}^{xm},u} = \begin{bmatrix} \nabla \boldsymbol{f}_{vx} & \boldsymbol{0}_{n_v \times n_m} \\ \boldsymbol{0}_{n_m \times n_v} & I_{n_m \times n_m} \end{bmatrix} \tag{2.39}$$

$$\nabla \boldsymbol{f}_u = \left.\frac{\partial \boldsymbol{f}}{\partial \boldsymbol{u}}\right|_{\hat{X}^{xm},u} = \begin{bmatrix} \nabla \boldsymbol{f}_{vu} \\ \boldsymbol{0}_{n_m \times n_u} \end{bmatrix} \tag{2.40}$$

其中，$\nabla \boldsymbol{f}_{vx}$，$\nabla \boldsymbol{f}_{vu}$ 分别为 $\boldsymbol{f}_v[\cdot]$ 相对于移动机器人位姿状态向量 $\boldsymbol{x}$ 和控制输入向量 $\boldsymbol{u}$ 的雅克比矩阵，即

$$\nabla \boldsymbol{f}_{vx} = \left.\frac{\partial \boldsymbol{f}_v}{\partial \boldsymbol{x}}\right|_{\hat{x},u},\quad \nabla \boldsymbol{f}_{vu} = \left.\frac{\partial \boldsymbol{f}_v}{\partial \boldsymbol{u}}\right|_{\hat{x},u} \tag{2.41}$$

则预测观测为

$$\hat{\boldsymbol{z}}_{k+1} = \boldsymbol{h}[\hat{x}_{k+1|k}, \boldsymbol{0}, k+1] \tag{2.42}$$

2.2.2.2 更新阶段

观测新息

$$\boldsymbol{V}_{k+1} = \boldsymbol{z}_{k+1} - \hat{\boldsymbol{z}}_{k+1} \tag{2.43}$$

新息协方差

$$\boldsymbol{S}_{k+1|k} = \boldsymbol{E}[\boldsymbol{V}_{k+1} \boldsymbol{V}^{\mathrm{T}}{}_{k+1}] = \nabla \boldsymbol{h}_x \boldsymbol{P}_{k+1|k} (\nabla \boldsymbol{h}_x)^{\mathrm{T}} + \boldsymbol{R}_{k+1} \tag{2.44}$$

卡尔曼增益

$$\boldsymbol{K}_{k+1} = \boldsymbol{P}_{k+1|k} (\nabla \boldsymbol{h}_x)^{\mathrm{T}} (\boldsymbol{S}_{k+1|k})^{-1} \tag{2.45}$$

状态更新

$$\hat{\boldsymbol{X}}_{k+1|k+1}^{xm} = \hat{\boldsymbol{X}}_{k+1|k}^{xm} + \boldsymbol{K}_{k+1} \boldsymbol{V}_{k+1} \tag{2.46}$$

$$\boldsymbol{P}_{k+1|k+1} = (\boldsymbol{I} - \boldsymbol{K}_{k+1}(\nabla \boldsymbol{h}_x))\boldsymbol{P}_{k+1|k} \tag{2.47}$$

2.2.2.3 状态扩展

给定当前的系统状态和对应于某个新环境特征的观测量，新的环境特征是系统当前状态和对应于它的观测值的函数。对应于该环境特征的初始化状态向量为

$$\boldsymbol{m}_{i,k+1}^{\mathrm{new}} = \boldsymbol{g}(\boldsymbol{x}_{k+1}, \boldsymbol{z}_{k+1,i}) = \begin{bmatrix} x_i \\ y_i \end{bmatrix} = \begin{bmatrix} x_{k+1} + \rho_{k+1} \cdot \cos(\varphi_{k+1} + \theta_{k+1}) \\ y_{k+1} + \rho_{k+1} \cdot \sin(\varphi_{k+1} + \theta_{k+1}) \end{bmatrix} + \boldsymbol{w}_{k+1} \tag{2.48}$$

新特征加入到状态向量中，得

$$\boldsymbol{X}_{k+1,\mathrm{new}}^{xm} = \begin{bmatrix} \boldsymbol{X}_{k+1}^{xm} \\ \boldsymbol{m}_{i,k+1}^{\mathrm{new}} \end{bmatrix} = \begin{bmatrix} \boldsymbol{x}_k \\ \boldsymbol{m}_k^{\mathrm{T}} \\ \boldsymbol{m}_{i,k+1}^{\mathrm{new}} \end{bmatrix} \tag{2.49}$$

$$\boldsymbol{P}_{k+1,\text{new}}=\begin{bmatrix}\boldsymbol{P}_{xx} & \boldsymbol{P}_{xm} & \boldsymbol{P}_{xx}\cdot\nabla\boldsymbol{g}_x^{\mathrm{T}}\\ \boldsymbol{P}_{xm}^{\mathrm{T}} & \boldsymbol{P}_{mm} & (\nabla\boldsymbol{g}_x\cdot\boldsymbol{P}_x)^{\mathrm{T}}\\ \nabla\boldsymbol{g}_x\cdot\boldsymbol{P}_{xx} & \nabla\boldsymbol{g}_x\cdot\boldsymbol{P}_{xm} & \nabla\boldsymbol{g}_x\cdot\boldsymbol{P}_{xx}\cdot\nabla\boldsymbol{g}_x^{\mathrm{T}}+\nabla\boldsymbol{g}_z\cdot\boldsymbol{R}\cdot\nabla\boldsymbol{g}_z^{\mathrm{T}}\end{bmatrix}\tag{2.50}$$

其中，$\nabla\boldsymbol{g}_x$，$\nabla\boldsymbol{g}_z$ 分别为相对于移动机器人位姿状态向量 $\boldsymbol{x}$ 和观测值 $\boldsymbol{z}$ 的雅克比矩阵。

$$\nabla\boldsymbol{g}_x=\left.\frac{\partial\boldsymbol{g}}{\partial\boldsymbol{x}}\right|_{\boldsymbol{x}_{k+1\mid k+1},\boldsymbol{z}_{k+1}}=\begin{bmatrix}1 & 0 & -\rho_{k+1}\sin(\varphi_{k+1}+\theta_{k+1})\\ 0 & 1 & \rho_{k+1}\cos(\varphi_{k+1}+\theta_{k+1})\end{bmatrix}\tag{2.51}$$

$$\nabla\boldsymbol{g}_z=\left.\frac{\partial\boldsymbol{g}}{\partial\boldsymbol{z}}\right|_{\boldsymbol{x}_{k+1\mid k+1},\boldsymbol{z}_{k+1}}=\begin{bmatrix}\cos(\varphi_{k+1}+\theta_{k+1}) & -\rho_{k+1}\sin(\varphi_{k+1}+\theta_{k+1})\\ \sin(\varphi_{k+1}+\theta_{k+1}) & \rho_{k+1}\cos(\varphi_{k+1}+\theta_{k+1})\end{bmatrix}\tag{2.52}$$

至此，EKF-SLAM 算法的一个循环结束，将进入下一次循环，依次往复，其流程如图 2.9 所示。

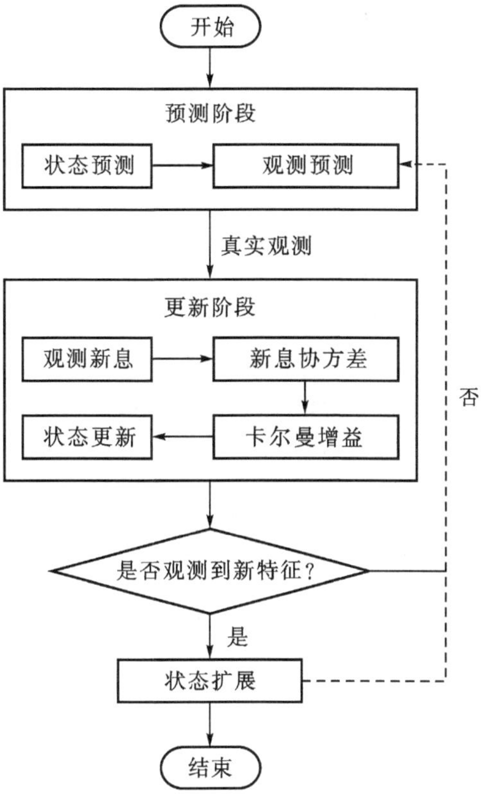

图 2.9　EKF-SLAM 算法流程

对 EKF-SLAM 算法一致性进行实验研究最早始于 Julier 和 Uhlmann 的工作，他们指出 EKF-SLAM 算法的不一致是不可避免的，只要 EKF-SLAM 算法运行足够的时间，它就会出现不一致的现象。因此，在实验中，必须在较长的运行时间内来考察 EKF-SLAM 算法的一致性。在他们研究的基础上，Bailey，Nieto 和 Guivant 等人指出定向误差的不确定性才是导致 EKF-SLAM 算法不一致的根本原因，其不一致之所以不可避免是因为定向误差的标准差会随着时间的推移进行累积，在超过一定的阈值限度之后，算法便开始出现不一致的现象。这个阈值很小，只有 $1^\circ\sim2^\circ$。同时，U. Frese 指出线性化误差也是导致 EKF-SLAM 算法不一致的重要原因。

2.3　FastSLAM 算法

EKF-SLAM 算法在处理不确定信息方面具有优势，但主要存在两个缺陷：一是它将机器人系统近似成高斯系统，并对其进行粗糙的线性化处理，存在较大的误差；二是它的计算复杂度太高，是环境特征数目的二次方，即 $O(M^2)$，无法应用于大范围环境。因此，人们开始寻求更好的 SLAM 解决方法。

由于受到 Thrun 等人创建概率地图实验研究的影响，Montemerlo 等人提出了 FastSLAM 算法。FastSLAM 算法以粒子滤波(Particle Filtering，PF)算法为基础，可以直接将移动机器人系统作为非线性非高斯系统进行处理，而不用像 EKF-SLAM 算法那样将其近似看作高斯系统并作粗糙的线性化处理。

采用粒子滤波算法来解决移动机器人 SLAM 问题，主要有三个方面的原因：

(1)粒子滤波算法是通过递推产生一系列带权值的样本(粒子)来表示状态变量或参数的后验概率，并以此来进行贝叶斯推理，因此可以直接适用于像移动机器人这样的非线性非高斯系统，而不用做任何的近似线性化处理。

(2)粒子滤波算法是基于贝叶斯理论框架下的，贝叶斯估计是一种随机性估计方法，它将系统状态和测量信息都看成是随机变量，这符合移动机器人 SLAM 问题的实际情况。

(3)SLAM 过程模型和观测模型是一种概率似然模型，模型中的随机变量是已知或未知的。在运动模型中，涉及系统在 $k+1$ 时刻的未知状态和 k 时刻的已知状态；而在观测模型中，涉及系统状态等未知变量和观测信息等已知变量。将这两种模型运用到实际中，它们就是一个非线性系统的离散时间状态空间模型，如图 2.10 所示。

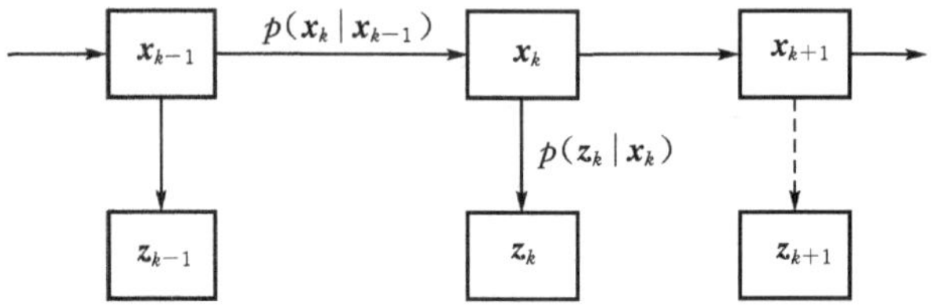

图 2.10　状态空间模型

然而，因为状态空间的高维性会使其无法实行，粒子滤波算法无法直接用于解决 SLAM 问题，所以必须将 Rao-Blackwellised(R-B)分解运用于粒子滤波算法，来降低采样空间的维数，由此得到的新算法记为 Rao-Blackwellised 粒子滤波(RBPF)算法。FastSLAM 算法正是 RBPF 算法运用的一个实例，因此，其又被称为 RBPF-SLAM 算法。

2.3.1　粒子滤波算法

粒子滤波作为一种序列 Monte Carlo 方法，由 Handschin 和 Mayne 于 1969 年首次明确地提出，1993 年经过 Gordon 等人的研究而开始得到足够的重视。这是一种基于贝叶斯估计的非线性滤波方法，通过采样一系列随机样本来近似描述概率密度函数，从而避免了直接求概率密度函数,因此不需要对非线性系统作任何线性化处理,这在处理非高斯非线性时变系统的参数估计和状态滤波方面具有独到的优势。

粒子滤波算法的基础是贝叶斯递推,但要得到系统状态的后验分布概率密度函数,还必须进行序列重要性采样。相对于 EKF 算法,粒子滤波算法具有很大的优势,然而其存在不可避免的粒子退化问题。

下面介绍粒子滤波算法。

2.3.1.1　贝叶斯递推

利用所有测量 $\boldsymbol{z}_{1:k}=\{\boldsymbol{z}_1,\boldsymbol{z}_2,\cdots,\boldsymbol{z}_k\}$ 来估计状态 $\boldsymbol{x}_k$ 概率的贝叶斯方法实际上是在满足一定条件下利用 $\boldsymbol{z}_k$ 来计算 $\boldsymbol{x}_k$ 的后验分布概率密度函数 $p(\boldsymbol{x}_k|\boldsymbol{z}_{1:k})$ 。知道了 $p(\boldsymbol{x}_k|\boldsymbol{z}_{1:k})$,就能通过其条件期望给出基于测量 $\boldsymbol{z}_{1:k}$ 的状态 $\boldsymbol{x}_k$,即

$$\hat{\boldsymbol{x}}_k=\boldsymbol{E}(\boldsymbol{x}_k|\boldsymbol{z}_{1:k})=\int\boldsymbol{x}_k p(\boldsymbol{x}_k|\boldsymbol{z}_{1:k})\mathrm{d}\,\boldsymbol{x}_k \tag{2.53}$$

贝叶斯定理:基于测量 $\boldsymbol{z}_{1:k}$ 的状态 $\boldsymbol{x}$ 的后验分布密度正比于 $\boldsymbol{x}$ 的先验值与观测似然度之乘积,即

$$p(\boldsymbol{x}|\boldsymbol{z})\propto p(\boldsymbol{x})p(\boldsymbol{z}|\boldsymbol{x}) \tag{2.54}$$

预测和更新组成了递推贝叶斯估计

$$p(\boldsymbol{x}_{k-1}|\boldsymbol{z}_{1:k-1})\xrightarrow{\text{预测}}p(\boldsymbol{x}_k|\boldsymbol{z}_{1:k-1})\xrightarrow{\text{更新}}p(\boldsymbol{x}_k|\boldsymbol{z}_{1:k}) \tag{2.55}$$

预测方程

$$p(\boldsymbol{x}_k|\boldsymbol{z}_{1:k-1})=\int p(\boldsymbol{x}_k|\boldsymbol{x}_{k-1})p(\boldsymbol{x}_{k-1}|\boldsymbol{z}_{1:k-1})\mathrm{d}\,\boldsymbol{x}_{k-1} \tag{2.56}$$

其中, $p(\boldsymbol{x}_k|\boldsymbol{x}_{k-1})$ 为转移概率函数。根据式(2.54),得更新方程

$$p(\boldsymbol{x}_k|\boldsymbol{z}_{1:k})=c_k p(\boldsymbol{x}_k|\boldsymbol{z}_{1:k-1})p(\boldsymbol{z}_k|\boldsymbol{x}_k) \tag{2.57}$$

其中, $c_k=(p(\boldsymbol{z}_k|\boldsymbol{z}_{1:k-1}))^{-1}$ 是归一化因子。结合式(2.57)和式(2.58),得

$$p(\boldsymbol{x}_k|\boldsymbol{z}_{1:k})=c_k p(\boldsymbol{z}_k|\boldsymbol{x}_k)\int p(\boldsymbol{x}_k|\boldsymbol{x}_{k-1})p(\boldsymbol{x}_{k-1}|\boldsymbol{z}_{1:k-1})\mathrm{d}\,\boldsymbol{x}_{k-1} \tag{2.58}$$

要得到后验分布概率密度函数 $p(\boldsymbol{x}_k|\boldsymbol{z}_{1:k})$ 的解析表示,必须要计算式(2.58)中的积分,但这对于非线性非高斯的系统是很难实现的。粒子滤波算法通过引入序贯重要性采样算法来得到 $p(\boldsymbol{x}_k|\boldsymbol{z}_{1:k})$ 的有效近似。

2.3.1.2　序贯重要性采样(Sequential Importance Sample, SIS)

为了对后验分布进行递推形式的估计,需要将重要性采样写成序列形式,即序列重要性采样,它是一种基本的粒子滤波算法。在这种情况下,每当有新的测量可以利用时,重要性采样中的重要性权值都需要进行更新。

引入重要性函数 $q(\boldsymbol{x})$,并从中采样 N 个独立同分布样本来估计后验概率,同时给每个样本加上一个重要性权值。下面推导权值的更新方程。首先定义重要性权值

$$\omega(\boldsymbol{x})=\frac{\text{目标函数}}{\text{建议分布函数}}=\frac{p(\boldsymbol{x})}{q(\boldsymbol{x})} \tag{2.59}$$

因为

$$
\begin{aligned}
p(\boldsymbol{x}_{0:k} \mid \boldsymbol{z}_{1:k}) = p(\boldsymbol{x}_{0:k} \mid \boldsymbol{z}_{1:k-1}, \boldsymbol{z}_k) &= \frac{p(\boldsymbol{x}_{0:k}, \boldsymbol{z}_k \mid \boldsymbol{z}_{1:k-1})}{p(\boldsymbol{z}_k \mid \boldsymbol{z}_{1:k-1})} \\
&\propto p(\boldsymbol{z}_k \mid \boldsymbol{x}_{0:k}, \boldsymbol{z}_{1:k-1}) p(\boldsymbol{x}_{0:k} \mid \boldsymbol{z}_{1:k-1}) \\
&= p(\boldsymbol{z}_k \mid \boldsymbol{x}_k) p(\boldsymbol{x}_k \mid \boldsymbol{x}_{0:k-1}, \boldsymbol{z}_{1:k-1}) p(\boldsymbol{x}_{0:k-1} \mid \boldsymbol{z}_{1:k-1}) \\
&= p(z_k \mid \boldsymbol{x}_k) p(\boldsymbol{x}_k \mid \boldsymbol{x}_{k-1}) p(\boldsymbol{x}_{0:k-1} \mid \boldsymbol{z}_{1:k-1})
\end{aligned} \tag{2.60}
$$

根据式(2.59),得到权值的递推更新方程

$$
\omega_k^{(i)} \propto \frac{p(\boldsymbol{z}_k \mid \boldsymbol{x}_k^{(i)}) p(\boldsymbol{x}_k^{(i)} \mid \boldsymbol{x}_{k-1}^{(i)})}{q(\boldsymbol{x}_k^{(i)} \mid \boldsymbol{x}_{k-1}^{(i)}, \boldsymbol{z}_k)} \omega_{k-1}^{(i)} \tag{2.61}
$$

归一化权值,得

$$
\tilde{\omega}_k^{(i)} = \frac{\omega_k^{(i)}}{\sum_{j=1}^{N} \omega_k^j} \tag{2.62}
$$

2.3.1.3 粒子退化问题

粒子滤波算法在运行过程中,粒子权重的方差会逐渐增大,即一部分粒子的权重会逐渐变大,而另一部分粒子的权重会逐渐变小,这样就导致了粒子滤波算法运行到最后,那些权重小到可以忽略的粒子对于系统估计已经没有什么贡献了,但还是必须花费时间去对它们进行更新。这样一方面会导致计算效率降低,另一方面会导致算法的不稳定,这就是粒子滤波的退化问题。由于在观测被当作随机变量时,重要性权值方差会无条件地随着时间延续而增加,因此粒子退化问题是不可避免的。

粒子滤波算法样本退化的程度可以用有效样本尺度进行衡量。设样本个数为 N,有效样本尺度定义为

$$
N_{\mathrm{eff}} = \frac{N}{1 + \mathrm{var}(\omega_k^{(i)})} \tag{2.63}
$$

由于通常不能得到 N_{eff} 的解析表达式,因此将近似为 $\hat{N}_{\mathrm{eff}}$,即

$$
\hat{N}_{\mathrm{eff}} = \frac{N}{1 + \mathrm{var}(\tilde{\omega}_k^{(i)})} \tag{2.64}
$$

当所有的样本权值相同时,$\hat{N}_{\mathrm{eff}} = N$;但当只有一个样本权值非零时,$\hat{N}_{\mathrm{eff}} = 1$。$\hat{N}_{\mathrm{eff}}$ 的解析式一般是得不到的,但可用一种估计的方法得到 $\hat{N}_{\mathrm{eff}}$ 的表达形式,即

$$
\hat{N}_{\mathrm{eff}} = \frac{1}{\sum_{i=1}^{N} (\tilde{\omega}_k^{(i)})^2} \tag{2.65}
$$

粒子滤波算法的粒子退化问题虽然无法避免,但是可以用两种方法进行缓解:一是重要性函数的选取;二是重采样。

缓解粒子退化问题的第一种方法是选择最好的重要性函数,使得有效样本尺度最大。重要性函数可以选取为

$$
q(\boldsymbol{x}_k \mid \boldsymbol{x}_{0:k-1}^{(i)}, \boldsymbol{z}_{1:k}) = p(\boldsymbol{x}_k \mid \boldsymbol{x}_{k-1}^{(i)}, \boldsymbol{z}_k) \tag{2.66}
$$

代入式(2.61),得

$$
\omega_k^{(i)} \propto \omega_{k-1}^{(i)} \frac{p(\boldsymbol{z}_k \mid \boldsymbol{x}_k^{(i)}) p(\boldsymbol{x}_k^{(i)} \mid \boldsymbol{x}_{k-1}^{(i)})}{p(\boldsymbol{x}_k^{(i)} \mid \boldsymbol{x}_{k-1}^{(i)}, \boldsymbol{z}_k)} = \omega_{k-1}^{(i)} p(\boldsymbol{z}_k \mid \boldsymbol{x}_{k-1}^{(i)}) \tag{2.67}
$$

这要求选取的重要性函数既能从中进行采样,又能计算出权重的值。因此,在实际中为了方便

采样，通常用先验概率密度函数作为重要性函数，即

$$q(\boldsymbol{x}_k \mid \boldsymbol{x}_{0:k-1}^{(i)}, \boldsymbol{z}_{1:k}) = p(\boldsymbol{x}_k \mid \boldsymbol{x}_{k-1}) \tag{2.68}$$

代入式(2.67)，得权重值为

$$\omega_k^{(i)} \propto \omega_{k-1}^{(i)} p(\boldsymbol{z}_k \mid \boldsymbol{x}_k^{(i)}) \tag{2.69}$$

这种方法的优点在于直观简便，但缺点是重要性函数中没有包含最新的观测信息。

缓解样本退化问题的第二种方法是重采样。其思想是通过对粒子的重新选取，遗弃权值小的粒子，而加大权重大的粒子的比例，得到新的粒子集合。这时由于重采样的独立同分布，粒子权值会被归一化为 $\omega_k^{(j)} = 1/N$。然而，由此会产生新的问题——粒子多样化的缺失，即粒子贫化问题。

2.3.1.4 粒子滤波算法流程

第一步：初始化，根据先验分布采样粒子；

第二步：序贯重要性采样；

第三步：输入量测值，并归一化权值；

第四步：重采样；

第五步：根据所得粒子集估计状态统计信息；

第六步：返回第二步，进行下一次迭代。

2.3.2 Rao-Blackwellized 粒子滤波算法

普通的粒子滤波算法直接用于解决 SLAM 问题，将会遇上维数高导致普通的粒子滤波 SLAM 算法运算效率十分低下的问题。因为 SLAM 问题的状态向量包含机器人系统状态和地图状态信息，这是一个高维的向量，普通的粒子滤波在处理高维问题时，需要大量的样本来有效覆盖状态空间，这样会导致算法效率十分低下，所以普通的粒子滤波算法不适合直接用于解决 SLAM 问题，需要对其进行改进。

由于 SLAM 问题的状态空间模型具有一定的结构，可以将其分为两个部分：一部分是移动机器人位姿状态的仿真；另一部分是对于环境特征位置状态的解析运算。Rao-Blackwellized 分解在粒子滤波算法中的成功运用实现了这种想法。

假设 k 时刻移动机器人的联合状态向量为 $\boldsymbol{X}_k = [\boldsymbol{x}_k^R, \boldsymbol{m}_k^f]^{\mathrm{T}}$，运用粒子滤波算法解决 SLAM 问题就是为了得到联合状态向量的后验分布概率密度函数，进而得到移动机器人位姿和环境特征位置。联合状态向量的后验分布概率密度函数为

$$\begin{aligned} p(\boldsymbol{X}_k \mid \boldsymbol{z}_{1:k}) &= p(\boldsymbol{X}_k^R, \boldsymbol{m}_{k,(j)}^f \mid \boldsymbol{z}_{1:k}) \\ &= \frac{1}{p(\boldsymbol{z}_k \mid \boldsymbol{z}_{1:k-1})} p(\boldsymbol{X}_k \mid \boldsymbol{X}_{k-1}) p(\boldsymbol{X}_{0:k-1} \mid \boldsymbol{z}_{1:k-1}) p(\boldsymbol{z}_k \mid \boldsymbol{X}_k) \end{aligned} \tag{2.70}$$

根据贝叶斯定理

$$p(\boldsymbol{X}_{0:k} \mid \boldsymbol{z}_{1:k}) = p(\boldsymbol{X}_{0:k}^R, \boldsymbol{m}_{k,(j)}^f \mid \boldsymbol{z}_{1:k}) = p(\boldsymbol{X}_{0:k}^R \mid \boldsymbol{z}_{1:k}) p(\boldsymbol{m}_{k,(j)}^f \mid \boldsymbol{z}_{1:k}, \boldsymbol{X}_{0:k}^R) \tag{2.71}$$

其中

$$p(\boldsymbol{X}_{0:k}^R \mid \boldsymbol{z}_{1:k}) = \frac{1}{p(\boldsymbol{z}_k \mid \boldsymbol{z}_{1:k-1})} p(\boldsymbol{X}_{0:k}^R \mid \boldsymbol{X}_{0:k-1}^R) p(\boldsymbol{X}_{0:k-1}^R \mid \boldsymbol{z}_{1:k-1}) p(\boldsymbol{z}_k \mid z_{1:k-1}, \boldsymbol{X}_{0:k}^R) \tag{2.72}$$

由式(2.70)和式(2.72)的比较可以看出，通过式(2.71)的分解，式(2.70)中用粒子滤波算法估计联合状态向量的高维问题转变成了只需估计移动机器人位姿状态向量的低维问题，这

样提高了算法的计算效率。然后，基于估计出的移动机器人位姿，便可以采用 EKF 等滤波算法进行环境特征位置状态的闭环解析运算了。

在 Rao-Blackwellized 粒子滤波中，建议分布函数一般取为 $p(\boldsymbol{X}_{0:k}^{R}\mid\boldsymbol{X}_{0:k-1}^{R},\boldsymbol{z}_{1:k-1})$，即

$$q(\boldsymbol{X}_{0:k}^{R}\mid\boldsymbol{X}_{0:k-1}^{R},\boldsymbol{z}_{1:k})=p(\boldsymbol{X}_{0:k}^{R}\mid\boldsymbol{X}_{0:k-1}^{R},\boldsymbol{z}_{1:k-1})\tag{2.73}$$

则

$$\begin{aligned}\omega_k&=\frac{p(\boldsymbol{X}_{0:k}^{R}\mid\boldsymbol{X}_{0:k-1}^{R},\boldsymbol{z}_{1:k})}{p(\boldsymbol{X}_{0:k}^{R}\mid\boldsymbol{X}_{0:k-1}^{R},\boldsymbol{z}_{1:k-1})}\\&=\frac{p(\boldsymbol{X}_{0:k}^{R}\mid\boldsymbol{X}_{0:k-1}^{R})p(\boldsymbol{X}_{0:k-1}^{R}\mid\boldsymbol{z}_{1:k-1})p(\boldsymbol{z}_k\mid\boldsymbol{z}_{1:k-1},\boldsymbol{X}_{0:k}^{R})}{p(\boldsymbol{z}_k\mid\boldsymbol{z}_{1:k-1})p(\boldsymbol{X}_{0:k}^{R}\mid\boldsymbol{X}_{0:k-1}^{R})p(\boldsymbol{X}_{0:k-1}^{R}\mid\boldsymbol{z}_{1:k-1})}\\&=\frac{p(\boldsymbol{z}_k\mid\boldsymbol{z}_{1:k-1},\boldsymbol{X}_{0:k}^{R})}{p(\boldsymbol{z}_k\mid\boldsymbol{z}_{1:k-1})}\end{aligned}\tag{2.74}$$

这里

$$p(\boldsymbol{z}_k\mid\boldsymbol{z}_{1:k-1})=p(\boldsymbol{z}_k\mid\{\hat{\boldsymbol{X}}_{k\mid k-1}^{R},\boldsymbol{X}_{k-1\mid k-1}^{R}\},\boldsymbol{z}_{1:k-1})\tag{2.75}$$

定义预测权值

$$\rho_{k-1}^{(i)}=p(\boldsymbol{z}_k\mid\{\hat{\boldsymbol{X}}_{k\mid k-1}^{R,(i)},\boldsymbol{X}_{k-1\mid k-1}^{R,(i)}\},\boldsymbol{z}_{1:k-1})\tilde{\omega}_{k-1}^{(i)}\tag{2.76}$$

其中

$$\tilde{\omega}_{k-1}^{(i)}=\frac{\tilde{\omega}_{k-1}^{(i)}}{\sum_i\omega_{k-1}^{(i)}}$$

采样之后进行权值更新

$$\begin{aligned}\omega_k^{(i)}&=\frac{p(\boldsymbol{z}_k\mid\boldsymbol{X}_{k\mid k}^{R,(i)},\boldsymbol{z}_{1:k-1})\tilde{\omega}_{k-1}^{(i)}}{\rho_{k-1}^{(i)}}\\&=\frac{p(\boldsymbol{z}_k\mid\boldsymbol{z}_{1:k-1},\boldsymbol{X}_{0:k}^{R})}{p(\boldsymbol{z}_k\mid\{\hat{\boldsymbol{X}}_{k\mid k-1}^{R,(i)},\boldsymbol{X}_{k-1\mid k-1}^{R,(i)}\},\boldsymbol{z}_{1:k-1})}\end{aligned}\tag{2.77}$$

即回归到式(2.74)，其中 $\boldsymbol{X}_{k\mid k}^{R,(i)}$ 是经过采样得到的，即 $\boldsymbol{X}_{k\mid k}^{R,(i)}\sim p(\boldsymbol{X}_{0:k}^{R}\mid\boldsymbol{X}_{0:k-1}^{R},\boldsymbol{z}_{1:k-1})$。

综上所述，RBPF 算法将 PF 算法分解成了两部分：对系统状态的递归估计，建议分布函数取的是系统状态转移概率函数；重要性权值的计算分为预测和更新两个步骤，采样之前进行预测，采样之后进行更新。下面给出 RBPF 算法的流程：

第一步：初始化。

(1)粒子集 $\{\boldsymbol{x}_0^{R,(i)}\}_{i=1}^{N}$，权值 $\omega_0^{(i)}=p(\boldsymbol{z}_0\mid\boldsymbol{x}_0^{R,(i)})$，$\tilde{\omega}_0^{(i)}=\dfrac{\omega_0^{(i)}}{\sum_i\omega_0^{(i)}}$，$i=1,2,\cdots,N$。

(2)基于初始化的移动机器人位姿状态和重要性权值，对环境特征位置进行 EKF 估计，得到 $\hat{\boldsymbol{m}}_{0\mid 0,(j)}^{f,(i)}$。

第二步：k 时刻，基于 $k-1$ 时刻移动机器人位姿状态 $\boldsymbol{X}_{k-1\mid k-1}^{R,(i)}$ 预测 k 时刻状态 $\hat{\boldsymbol{X}}_{k\mid k-1}^{R,(i)}$。

第三步：k 时刻，计算预测重要性权值

$$\rho_{k-1}^{(i)}=p(\boldsymbol{z}_k\mid\{\hat{\boldsymbol{X}}_{k\mid k-1}^{R,(i)},\boldsymbol{X}_{k-1\mid k-1}^{R,(i)}\},\boldsymbol{z}_{1:k-1})\tilde{\omega}_{k-1}^{(i)}$$

并归一化

$$\tilde{\rho}_{k-1}^{(i)}=\frac{\rho_{k-1}^{(i)}}{\sum_i\rho_{k-1}^{(i)}}$$

第四步：k 时刻，从重要性函数 $p(\boldsymbol{X}_{0:k}^{R} \mid \boldsymbol{X}_{0:k-1}^{R}, \boldsymbol{z}_{1:k-1})$ 中进行采样，即

$$\boldsymbol{X}_{k}^{R}\big|_{k}^{(i)} \sim p(\boldsymbol{X}_{0:k}^{R} \mid \boldsymbol{X}_{0:k-1}^{R}, \boldsymbol{z}_{1:k-1})$$

第五步：k 时刻，判断是否需进行重采样。

第六步：k 时刻，计算更新权值

$$\omega_{k}^{(i)} = \frac{p(\boldsymbol{z}_{k} \mid \boldsymbol{X}_{k}^{R}\big|_{k}^{(i)}, \boldsymbol{z}_{1:k-1})\tilde{\omega}_{k-1}^{(i)}}{\rho_{k-1}^{(i)}}$$

并归一化

$$\tilde{\omega}_{k}^{(i)} = \frac{\omega_{k}^{(i)}}{\sum\limits_{m=1}^{N} \omega_{k}^{(i)}}$$

第七步：k 时刻，基于移动机器人位姿状态采样，对地图信息运用 EKF 等算法进行更新，得 $\hat{\boldsymbol{m}}_{k}^{f}\big|_{k,(j)}^{(i)}$。

第八步：k 加 1，返回第二步。

第九步：输出结果。

2.3.3　FastSLAM 算法和一致性

2.3.3.1　FastSLAM 算法原理

FastSLAM 算法的基本思想是运用 RBPF 算法来解决移动机器人 SLAM 问题，即将 SLAM 问题分解为对机器人运动路径的递归估计和基于估计路径的对于环境特征位置的独立估计，亦即将 SLAM 问题分解为定位问题和地图创建问题，其中定位问题采用粒子滤波方法解决，地图创建问题采用扩展卡尔曼滤波方法解决。

概括地说，用一个粒子表示机器人的一条运动路径，在每个粒子中，如果环境特征的个数是已知的，那么每个环境特征的位置都可以用一次 EKF 独立地进行估计，这是 FastSLAM 算法与 EKF-SLAM 等算法的本质区别，如图 2.11 所示。

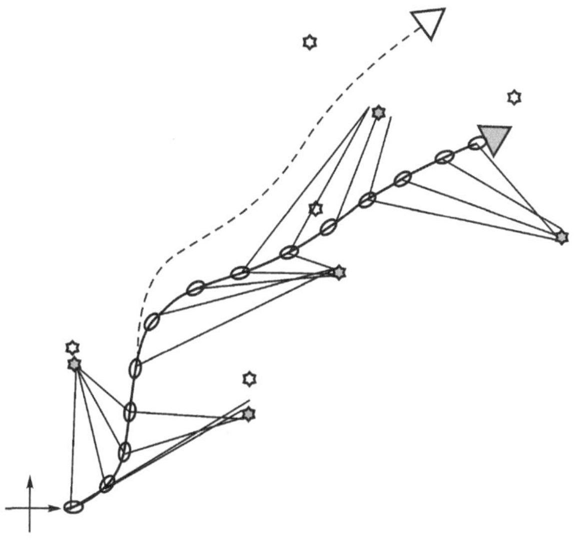

图 2.11　基本原理示意图

用公式表述如下：

$$\begin{aligned} p(\boldsymbol{X}_{1:k}^{R},\boldsymbol{m}\mid \boldsymbol{Z}_{1:k},\boldsymbol{u}_{1:k},n_{1:k}) &= p(\boldsymbol{m}\mid \boldsymbol{X}_{1:k}^{R},\boldsymbol{Z}_{1:k},\boldsymbol{u}_{1:k},n_{1:k})\,p(\boldsymbol{X}_{1:k}^{R}\mid \boldsymbol{Z}_{1:k},\boldsymbol{u}_{1:k},n_{1:k}) \\ &= p(\boldsymbol{X}_{1:k}^{R}\mid \boldsymbol{Z}_{1:k},\boldsymbol{u}_{1:k},n_{1:k})\prod_{i=1}^{n_k} p(\boldsymbol{m}_i\mid \boldsymbol{X}_{1:k}^{R},\boldsymbol{Z}_{1:k},\boldsymbol{u}_{1:k},n_{1:k}) \end{aligned} \tag{2.78}$$

将移动机器人位姿和环境特征位置的估计写成两者的联合后验分布概率，进而表示成两者各自独立后验分布概率的乘积，这样就将 SLAM 问题分解为定位问题和地图创建问题了。

2.3.3.2 FastSLAM 算法实现

假设粒子数为 N，即估计出移动机器人的 N 条路径；环境特征个数为 M，那么每个粒子中便包含 M 个 EKF 滤波器。首先进行粒子采样，设粒子集合为 $\{\boldsymbol{x}_k^{(i)}\}_{i=1}^{N}$，采用 EKF 算法估计产生的移动机器人位姿的后验概率的逼近高斯分布来作为重要性函数[81]，并从中采样，即

$$\boldsymbol{x}_k^{(i)} \sim \boldsymbol{N}(\boldsymbol{\mu}_{\boldsymbol{X}_{0:k}^{R(i)}}^{(i)},\boldsymbol{\Sigma}_{\boldsymbol{X}_{0:k}^{R(i)}}^{(i)}) \tag{2.79}$$

其中，$\boldsymbol{\mu}_{\boldsymbol{X}_{0:k}^{R(i)}}^{(i)}$ 为估计均值，$\boldsymbol{\Sigma}_{\boldsymbol{X}_{0:k}^{R(i)}}^{(i)}$ 为估计标准差。

首先计算重要性函数，通过过程模型预测 k 时刻的机器人位姿

$$\hat{\boldsymbol{X}}_{k\mid k-1}^{R(i)} = f[\boldsymbol{X}_{k-1}^{R(i)},\boldsymbol{u}_k,\boldsymbol{v}_k,k] \tag{2.80}$$

预测观测

$$\hat{\boldsymbol{z}}_k^{(i)} = \boldsymbol{h}(\hat{\boldsymbol{x}}_{k\mid k-1}^{R(i)},\boldsymbol{m}_{n_k}) \tag{2.81}$$

标准差为

$$\boldsymbol{\Sigma}_{\boldsymbol{X}_{0:k}^{R(i)}}^{(i)} = \left[\left(\frac{\partial \boldsymbol{h}}{\partial \boldsymbol{X}_k^{R(i)}}\right)^{\mathrm{T}}(\boldsymbol{Q}_k^{(i)})^{-1}\frac{\partial \boldsymbol{h}}{\partial \boldsymbol{X}_k^{R(i)}}+\boldsymbol{P}_k^{-1}\right]^{-1} \tag{2.82}$$

其中

$$\boldsymbol{Q}_k^{(i)} = \boldsymbol{R}_k + \frac{\partial \boldsymbol{h}}{\partial \boldsymbol{m}_{n_k}^{(i)}}\boldsymbol{\Sigma}_{n_k,k-1}^{(i)}\left(\frac{\partial \boldsymbol{h}}{\partial \boldsymbol{m}_{n_k}^{(i)}}\right)^{\mathrm{T}} \tag{2.83}$$

$\dfrac{\partial \boldsymbol{h}}{\partial \boldsymbol{X}_k^{R(i)}}$ 为观测方程对机器人位姿变量的雅克比矩阵；$\boldsymbol{P}_k$ 为位姿估计误差协方差阵。

均值为

$$\boldsymbol{\mu}_{\boldsymbol{X}_{0:k}^{R(i)}}^{(i)} = \boldsymbol{\Sigma}_{\boldsymbol{X}_{0:k}^{R(i)}}^{(i)}\left(\frac{\partial \boldsymbol{h}}{\partial \boldsymbol{X}_k^{R(i)}}\right)^{\mathrm{T}}(\boldsymbol{Q}_k^{(i)})^{-1}(\boldsymbol{z}_k^{(i)}-\hat{\boldsymbol{z}}_k^{(i)})+\hat{\boldsymbol{X}}_{k\mid k-1}^{R(i)} \tag{2.84}$$

则重要性函数为

$$\boldsymbol{\pi}(\boldsymbol{x}_k^{R}\mid \boldsymbol{X}_{0:k-1}^{R(i)},\boldsymbol{Z}_{0:k}^{(i)},\boldsymbol{u}_k) = \boldsymbol{N}(\boldsymbol{\mu}_{\boldsymbol{X}_{0:k}^{R(i)}}^{(i)},\boldsymbol{\Sigma}_{\boldsymbol{X}_{0:k}^{R(i)}}^{(i)}) \tag{2.85}$$

显而易见，该重要性函数包含了机器人位姿的历史信息和最近的观测信息，缓解样本退化的能力会较强。

然后，计算重要性权值。序贯重要性采样法的核心思想是利用一系列随机样本的加权和表示所需的后验概率密度，得到状态的估计值，重要性权值由此而来。重要性权值按下式计算：

$$\omega_k^{(i)} = \frac{\text{目标函数}}{\text{建议分布函数}} = \frac{P(\boldsymbol{X}_k^{R}\mid \boldsymbol{Z}_{0:k}^{(i)},\boldsymbol{u}_{0:k},n_{0:k})}{\pi(\boldsymbol{X}_k^{R}\mid \boldsymbol{X}_{0:k-1}^{R(i)},\boldsymbol{Z}_{0:k}^{(i)},\boldsymbol{u}_k)} \tag{2.86}$$

由于在 FastSLAM 算法中重要性权值的计算很复杂，所以通常采用已知常用的分布近似计算重要性权值的方法，将其近似成一个高斯分布函数，且该高斯分布的均值为预测观测 $\hat{\boldsymbol{z}}_k^{(i)}$，方差为

$$\boldsymbol{W}_k^{(i)} = \frac{\partial \boldsymbol{h}}{\partial \boldsymbol{X}_k^{R(i)}} \boldsymbol{P}_k^{(i)} \left(\frac{\partial \boldsymbol{h}}{\partial \boldsymbol{X}_k^{R(i)}}\right)^{\mathrm{T}} + \frac{\partial \boldsymbol{h}}{\partial \boldsymbol{m}_{n_k}^{(i)}} \boldsymbol{\Sigma}_{n_k,k-1}^{(i)} \left(\frac{\partial \boldsymbol{h}}{\partial \boldsymbol{m}_{n_k}^{(i)}}\right)^{\mathrm{T}} \tag{2.87}$$

其中，$\frac{\partial \boldsymbol{h}}{\partial \boldsymbol{m}_{n_k}^{(i)}}$ 为观测方程对环境特征位置变量的雅克比矩阵；$\boldsymbol{\Sigma}_{n_k,k-1}^{(i)}$ 为用于表征环境特征估计结果的标准差。

最后进行环境特征的更新。在 FastSLAM 算法中，环境特征的描述也是采用高斯分布的均值 $\boldsymbol{\mu}_{n_k,k}^{(i)}$ 和方差 $\boldsymbol{\Sigma}_{n_k,k}^{(i)}$，其中

$$\boldsymbol{\mu}_{n_k,k}^{(i)} = \boldsymbol{\mu}_{n_k,k-1}^{(i)} + \boldsymbol{B}_k^{(i)} (\boldsymbol{z}_k^{(i)} - \hat{\boldsymbol{z}}_k^{(i)}) \tag{2.88}$$

$$\boldsymbol{\Sigma}_{n_k,k}^{(i)} = \left(\boldsymbol{I} - \boldsymbol{B}_k^{(i)} \frac{\partial \boldsymbol{h}}{\partial \boldsymbol{m}_{n_k}^{(i)}}\right) \boldsymbol{\Sigma}_{n_k,k-1}^{(i)} \tag{2.89}$$

其中

$$\boldsymbol{B}_k^{(i)} = \boldsymbol{\Sigma}_{n_k,k-1}^{(i)} \left(\frac{\partial \boldsymbol{h}}{\partial \boldsymbol{m}_{n_k}^{(i)}}\right)^{\mathrm{T}} (\boldsymbol{Q}_k^{(i)})^{-1} \tag{2.90}$$

FastSLAM 算法流程如图 2.12 所示。

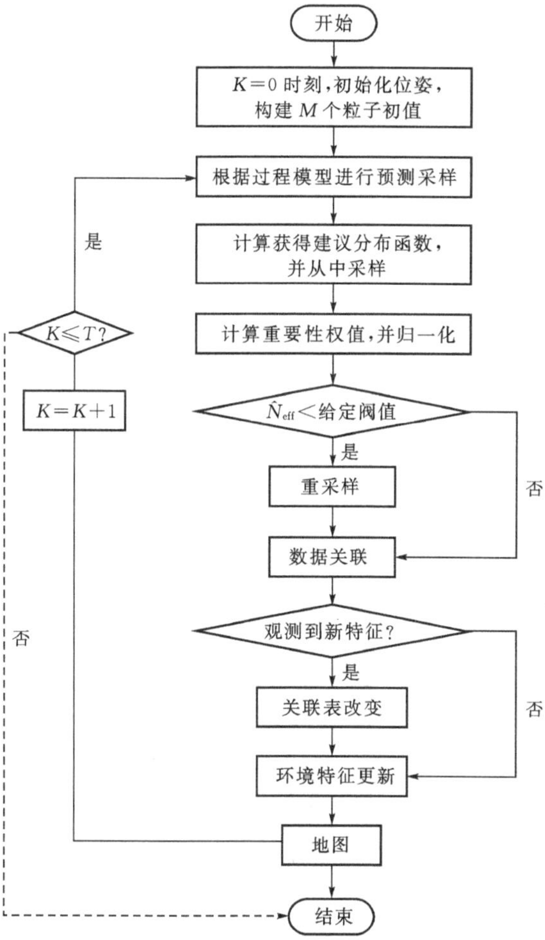

图 2.12　算法流程图

文献表明，样本退化问题会造成 FastSLAM 算法不能在足够长的时间内保持一致性，因为

FastSLAM 算法的问题是位姿估计的历史信息都被记录在了地图估计之中，而不会被忘记。每当重采样时，由于不是每个粒子都会被选，整个位姿历史信息和地图假设都随着没有被选的粒子被永远遗忘了。历史位姿信息的耗尽侵蚀着基于位姿估计的随机地图估计，在重采样之后，一些粒子继承着相同的历史信息，这样就失去了路径的相互独立性和地图估计多样性的单调上升。

同时，由于粒子多样化的耗尽，协方差 $\boldsymbol{P}_k$ 逐渐减小，这样 NEES 就会逐渐增大，最终超出界限，即判定算法出现不一致。

2.4 实验结果与分析

基于统一的机器人运动模型、环境特征观测模型、实验环境、噪声模型和实验参数，进行 EKF-SLAM 算法和 FastSLAM 算法的对比仿真实验，包括算法定位精度、地图创建精度和一致性的对比等。

实验模型：该实验基于传统两轮驱动机器人系统模型进行，运动模型见式(2.7)，环境特征观测模型见式(2.9)。采用的测距传感器为激光传感器，最大探测范围为 8m，分辨率为 0.5°。采用的位移传感器为里程计，用于机器人的航迹推算。

实验环境：仿真实验环境如图 2.13(a)所示，实验范围为 50m×50m，其中星号表示设定的环境特征，曲线表示移动机器人的预设运动轨迹。图中有 96 个静态的未知环境点特征，机器人运动轨迹和环境特征都是人为随机设定的。仿真结果如图 2.13(b)所示，三角形描述的是机器人的位置，实线描述的是机器人真实的运动轨迹。机器人运动时间为 200s。

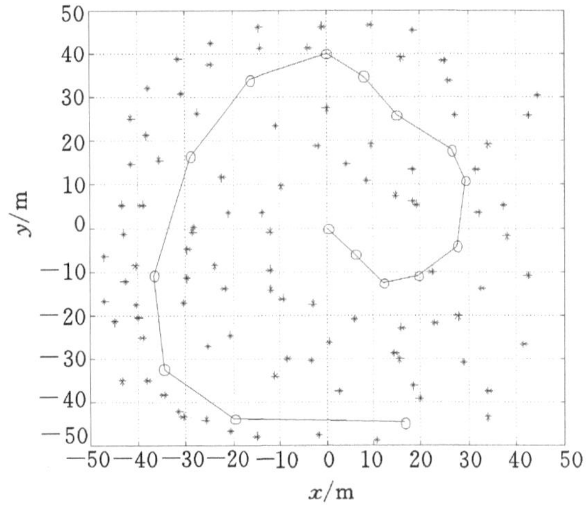

(a)仿真环境

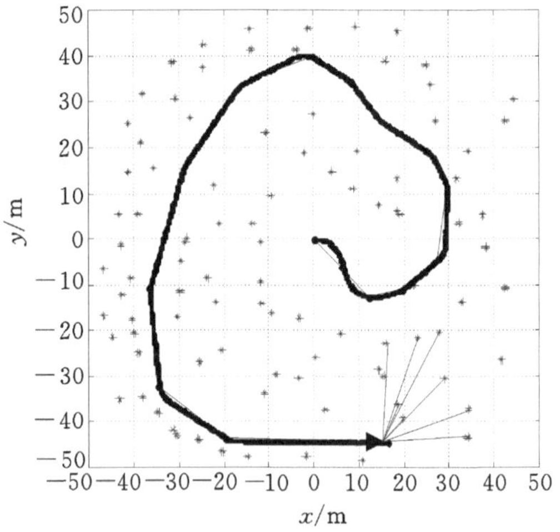

(b)仿真结果

图 2.13 移动机器人 SLAM 仿真环境和结果

噪声模型：移动机器人速度误差标准差为 $\sigma_v = 0.3\text{m/s}$，运动方向角误差标准差为 $\sigma_G = (3.0\pi/180)\text{rad}$，系统噪声矩阵为 $\boldsymbol{Q} = \text{diag}[\sigma_v^2 \quad \sigma_G^2]$；激光传感器测距误差标准差为 $\sigma_r = 0.1\text{m}$，角度测量误差标准差为 $\sigma_\psi = (\pi/180)\text{rad}$，观测噪声矩阵为 $\boldsymbol{R} = \text{diag}[\sigma_r^2 \quad \sigma_\psi^2]$。

实验参数：移动机器人移动速度为 3m/s，控制时间间隔为 0.025s，观测时间间隔为控制时间间隔的 8 倍，FastSLAM 算法中的粒子数为 100。

在图 2.13 所示环境中进行实验，并比较 EKF-SLAM 算法和 FastSLAM 算法的机器人定位误差、任意随机抽取的 25 号环境特征位置估计误差和一致性等性能指标。

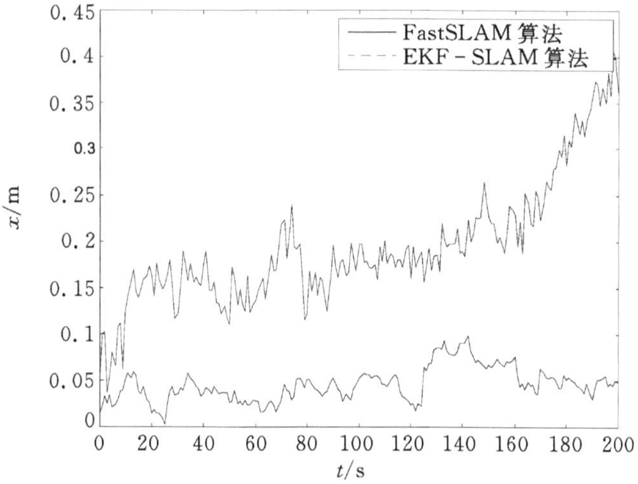

(a)x 方向

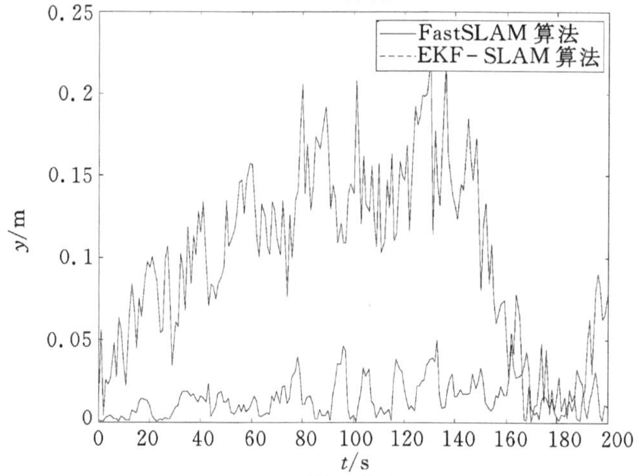

(b)y 方向

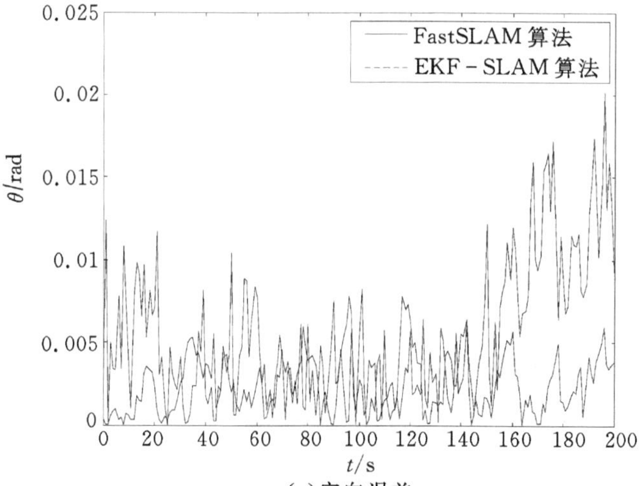

(c)定向误差

图 2.14　定位误差

图 2.14(a)、图 2.14(b)和图 2.14(c)分别是 FastSLAM 算法和 EKF-SLAM 算法的机器人 x 方向、y 方向定位误差和定向误差，不难看出，FastSLAM 算法效果明显优于 EKF-SLAM 算法。

图 2.15(a)和图 2.15(b)分别是 EKF-SLAM 算法和 FastSLAM 算法中的 25 号环境特征位置估计的 x 方向、y 方向误差。不难看出，FastSLAM 算法效果明显优于 EKF-SLAM 算法。

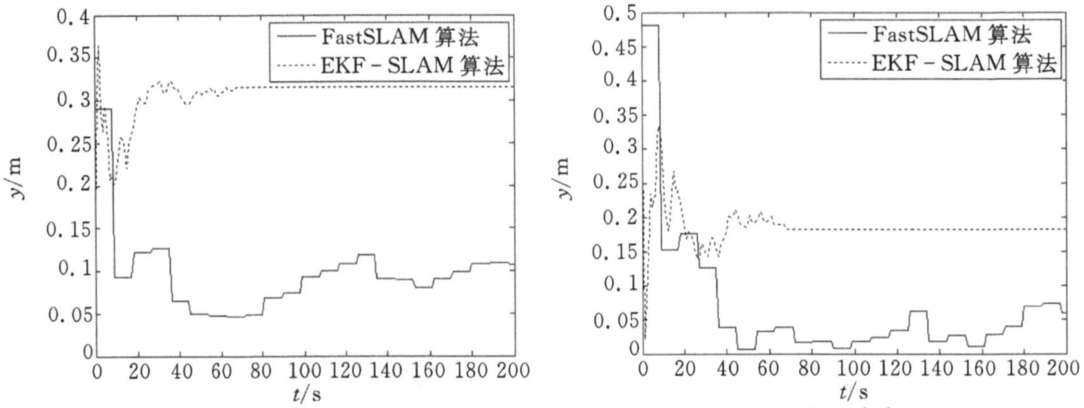

(a)x 方向　　(b)y 方向

图 2.15　25 号环境特征位置估计误差

图 2.16 所示分别为 EKF-SLAM 算法和 FastSLAM 算法的 MNEES 曲线。采用 70 次 Monte-Carlo 实验，取显著性水平为 $\alpha=0.05$，则

$$\text{NEES} = \chi^2_{70,3,0.95} = 244.8$$

那么

$$\text{MNEES} = \frac{1}{70}\chi^2_{70,3,0.95} \approx 3.497$$

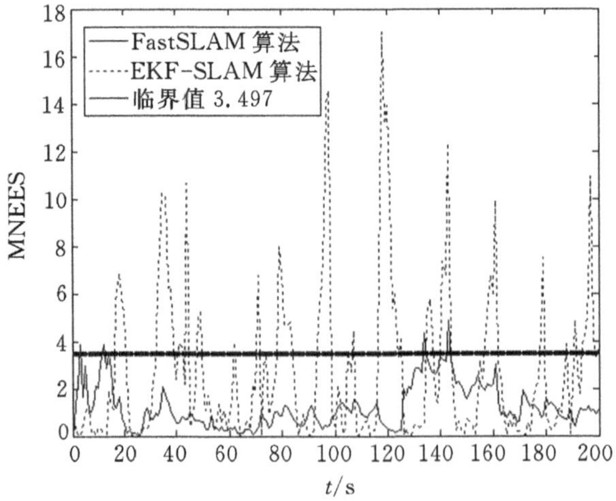

图 2.16　MNEES 曲线

由图 2.16 可以看出，EKF-SLAM 算法的一致性并不稳定，在运行过程中多次出现不一致现象。总地来说，FastSLAM 算法在一致性方面更稳定一些。不过，两种算法最终都趋于了一致。

2.5　EKF-SLAM 算法和 FastSLAM 算法存在的问题

EKF-SLAM 算法和 FastSLAM 算法都是实际解决移动机器人 SLAM 问题的经典算法。其中，EKF-SLAM 算法在理论上为 SLAM 问题的解决提供了可靠的方案，并且关于其收敛特性、地图更新、位置不确定性传播等都有了系统的研究，而 FastSLAM 算法更进一步增强了 SLAM 算法对系统的适应性并扩大了其应用范围。然而，两种算法都存在各自的问题。

对于 EKF-SLAM 算法，首先，扩展卡尔曼滤波器线性化系统方程和观测方程产生的近似误差会导致滤波器的不稳定性和地图的不一致性。其次，假定的模型误差的独立有时候并不一定是有效的。基于两轮驱动机器人运动模型的 EKF-SLAM 算法，不仅在线性化运动模型方程时会产生近似误差，而且其模型本身也是基于较大的几何近似而得到的，存在很大的近似误差，并且这些误差是随着时间进行累积的。运动模型的累积误差增加了 SLAM 系统的不确定性，最终会给 EKF-SLAM 算法的定位、地图创建精度和一致性等方面造成不利影响，甚至导致算法的失败。另外，EKF-SLAM 算法假定的系统噪声服从高斯分布有时候也不一定是有效的。因为机器人的运动噪声不都是高斯分布的，比如运动中发生滑动、碰撞等。在这种随机噪声的情况下，因为此时刻的噪声已不是假设的高斯白噪声，扩展卡尔曼滤波器的预测和更新方程的假设就有了问题，这样会导致机器人“绑架”问题，即机器人在运动过程中发生了滑动、碰撞等情况，而机器人本身并不知道此情况的发生。因此，EKF-SLAM 算法对环境的适应性不强，从而导致其应用受到很大限制。

对于 FastSLAM 算法，首先，其建议分布函数的求取和环境特征位置的估计依然是基于扩展卡尔曼滤波方法的，这样依然会将 EKF-SLAM 算法存在的线性化误差较大的问题也带入 FastSLAM 算法中。其次，粒子滤波可能会造成粒子（样本）有效性和多样性的损失，导致粒子退化问题。因为在重采样阶段，算法会根据该时刻的观测信息，实时更新每个粒子的权值。重要性权值的分布会越来越集中，这时可能出现粒子匮乏现象。即经过几次迭代之后，粒子集的绝大部分权值会分布在极少数的粒子上，其余粒子的权值会很小，可忽略不计。这样使得粒子集合不能有效表达后验概率密度，而且大量的不起任何作用的粒子的更新也浪费了大量的计算资源。另外，相对于扩展卡尔曼滤波器，粒子滤波算法需要用大量的粒子才能很好地近似系统的后验概率密度，计算量较大。移动机器人面临的环境越复杂，描述后验概率分布所需要的粒子数量就越多，计算复杂度就越高。

第3章　经典SLAM方法改进

经典的SLAM方法，尤其是以激光传感器为核心传感器的SLAM方法，已经得到了较为广泛的应用。目前在电力行业智能巡检、石化行业智能巡检、市政检测与管理系统等环境下投入应用的移动机器人，其用于定位与环境建模的核心传感器主要是激光传感器。结合机器人本身的运动特性、环境特征提取、滤波算法等不同方向，研究者在经典SLAM探索与应用中提出了许多改进方法。

3.1　基于三轮驱动运动模型的EKF-SLAM算法

本节在对EKF-SLAM算法常用的两轮驱动机器人运动模型的误差累积进行详细分析的基础上，结合具有全向运动能力的三轮驱动移动机器人平台，建立新的三轮驱动机器人运动模型，并运用到EKF-SLAM算法中。通过对该模型中机器人三个对称分布的车轮速度的解耦，得到新的变量作为模型的控制输入量，避免运动模型的误差累积问题，降低机器人运动模型的不确定性，从而提高EKF-SLAM算法的估计精度和一致性等性能。

3.1.1　两轮驱动移动机器人里程计圆弧模型

图3.1所示为一个典型的两轮驱动移动机器人平台。

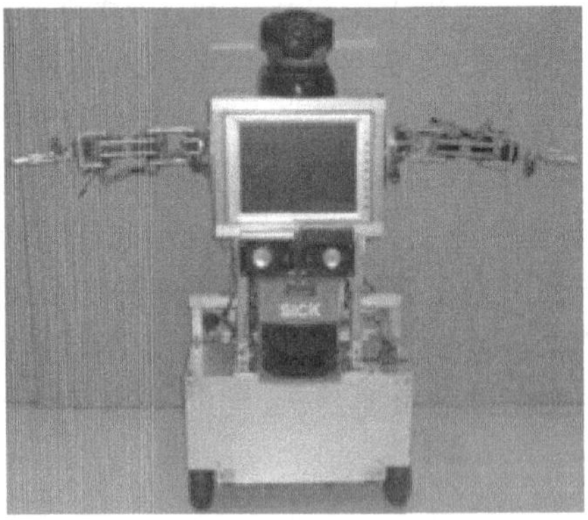

图3.1　两轮驱动移动机器人平台

目前，这种移动机器人的运动模型通常是基于里程计圆弧模型的。这种模型存在的最大问题是在计算移动机器人的运动方向角的变化时采用了两次几何近似，导致每次进行方向角的求取时都引入了近似误差，并造成了误差的累积。因此，这种模型在移动机器人运动较长时间后将失去作用。

对两轮驱动里程计模型和运动模型的分析如下：

移动机器人在运动过程中，由于轮子打滑等原因会导致运动轨迹不是严格的直线，为了很好地逼近移动机器人的实际运动轨迹，假设其在 ΔT 时间内的运动轨迹是一段圆弧。

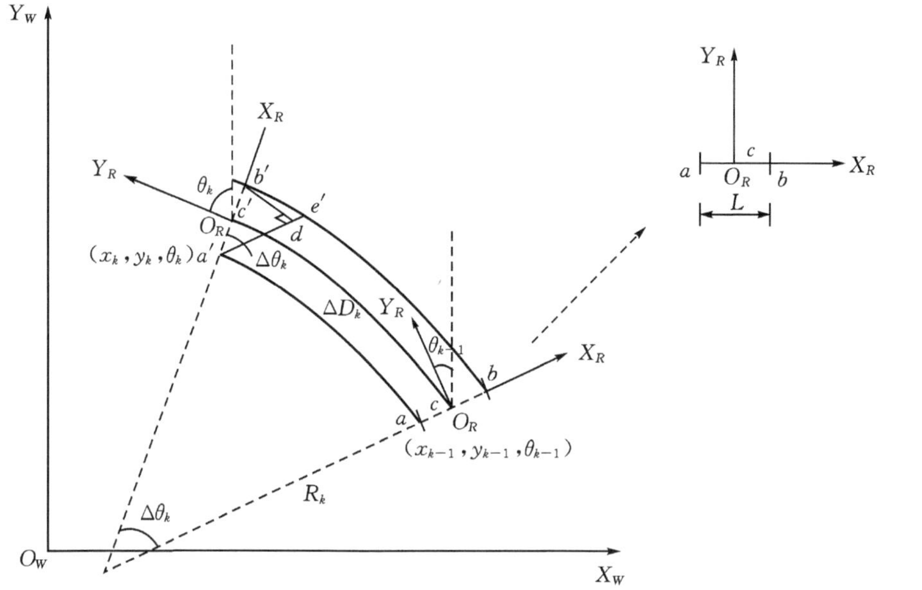

图 3.2　里程计圆弧模型

假设移动机器人在 ΔT 时间内运动了一段圆弧 $\overset{\frown}{cc'}$，位姿状态由 $(x_{k-1}, y_{k-1}, \theta_{k-1})$ 变为了 (x_k, y_k, θ_k)，其中左轮（内轮）运动圆弧为 $\overset{\frown}{aa'}$，右轮（外轮）运动圆弧为 $\overset{\frown}{bb'}$，运动半径为 R_k，轮轴距为 L，如图 3.2 所示。运动圆弧的长度可以根据里程计积分原理计算获取，即

$$\Delta d = 2 \times (N/p) \times \pi r \tag{3.1}$$

其中，Δd 为移动机器人车轮的运动圆弧长度，编码盘为 p 线每转，ΔT 时间内编码盘输出的脉冲为 N，车轮半径为 r。

又假设 ΔD_k 为移动机器人在 ΔT 时间内走过的弧长，则

$$\Delta D_k = |\overset{\frown}{cc'}| = \frac{|\overset{\frown}{aa'}| + |\overset{\frown}{bb'}|}{2} \tag{3.2}$$

同时，由圆弧计算公式可以得到

$$R_k = \frac{\Delta D_k}{\Delta\theta_k} \tag{3.3}$$

为了求出运动半径 R_k，需要求解移动机器人的方向变化角 $\Delta\theta_k$。

作机器人轮轴 ab 的平行线，与圆弧 $\overset{\frown}{bb'}$ 交于点 e'，同时作 bd' 垂直于 ae'，并与 ae' 交于 d'，如图 3.2 所示。显然，在 $\Delta a'b'd'$ 中，$\angle b'a'd' = \Delta\theta_k$，$|\overset{\frown}{a'b'}| = L$，同时可以作第一次几何近似，即用直线近似圆弧

$$|b'd'| \approx |b'e'| \tag{3.4}$$

同时，第二次几何近似用正弦值近似角度，即

$$\angle d' = \Delta\theta_k \approx \frac{|b'd'|}{L} \approx \frac{\overset{\frown}{b'b'} - |\overset{\frown}{a'a'}|}{L} \tag{3.5}$$

由此可以看出，在两轮驱动里程计圆弧模型中，运动方向角的变化是经过两次近似的几何求解方法得到的。这意味着每一次的运动方向角的求取都有必然存在的近似计算误差在累积着，这是造成里程计圆弧模型不能够保证在长时间内有效的重要原因。

3.1.2　两轮驱动移动机器人运动模型

基于前面求取的结果，可以得到两轮驱动移动机器人的运动模型，如图 3.3 所示。

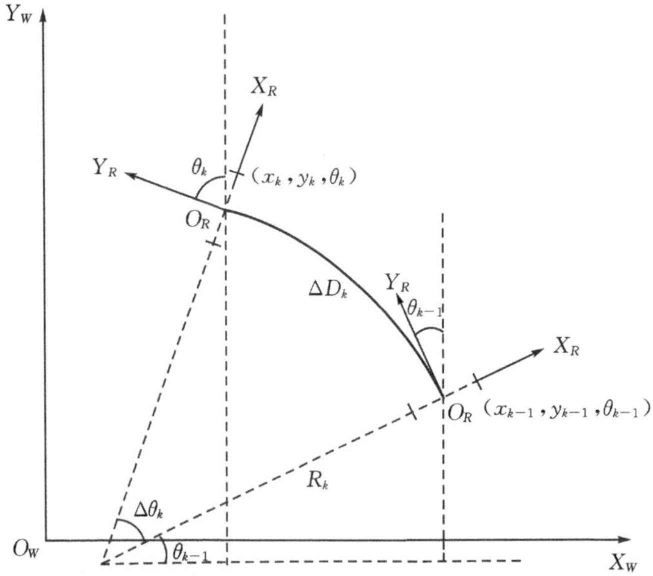

图 3.3　两轮驱动 SLAM 过程模型

由几何关系可知

$$\begin{aligned} x_k &= x_{k-1} + R_k(\cos\theta_k - \cos\theta_{k-1}) \\ &= x_{k-1} + \frac{\Delta D_k}{\Delta\theta_k}[\cos(\theta_{k-1})] \end{aligned} \tag{3.6}$$

同理

$$y_k = y_{k-1} + \frac{\Delta D_k}{\Delta\theta_k}[\sin(\theta_{k-1} + \Delta\theta_k) - \sin\theta_{k-1}] \tag{3.7}$$

又由于

$$\theta = \theta_{k-1} + \Delta\theta_k = \theta_{k-1} + \frac{|\widehat{b'b'}| - |\widehat{a'a'}|}{L} \tag{3.8}$$

因此，基于里程计圆弧模型的两轮驱动运动模型为

$$\begin{bmatrix} x_k \\ y_k \\ \theta_k \end{bmatrix} = f[\boldsymbol{x}_{k-1}, \boldsymbol{u}_k, \boldsymbol{v}_k, k] = \begin{bmatrix} x_{k-1} + \dfrac{\Delta D_k}{\Delta\theta_k}[\cos(\theta_{k-1} + \Delta\theta_k) - \cos\theta_{k-1}] \\ y_{k-1} + \dfrac{\Delta D_k}{\Delta\theta_k}[\sin(\theta_{k-1} + \Delta\theta_k) - \sin\theta_{k-1}] \\ \theta_{k-1} + \Delta\theta_k \end{bmatrix} + \boldsymbol{v}_k \tag{3.9}$$

其中，$\boldsymbol{v}_k$ 为系统噪声，表示由于轮子打滑等未知因素的影响。

由式(3.9)可以看出,移动机器人运动方向角的变化量实质上是两轮驱动运动模型的控制输入之一,该控制输入的累积误差不仅会影响运动方向角求取的精度,也会对移动机器人 x 方向和 y 方向上的位移的求取精度有不利影响。

因此,为了避免产生这些误差,现以三轮驱动移动机器人平台为对象,用其他更好的变量来取代移动机器人运动方向角的变化量 $\Delta\theta_k$,作为运动模型的控制输入,得出新的三轮驱动运动模型,并基于新模型研究 EKF-SLAM 算法,以提高 EKF-SLAM 算法的估计精度和各项性能。

3.1.3　三轮驱动移动机器人里程计模型

图 3.4(a)所示为三轮驱动移动机器人平台。与前面提到的两轮驱动移动机器人平台不同的是,它的底盘有三个对称分布的万向驱动轮,如图 3.4(b)所示。对三个驱动轮的全局线速度进行解耦,可以得到机器人的横、纵向线速度和旋转角速度与三个驱动轮的线速度之间的解耦矩阵。进而,将横、纵向线速度和旋转角速度作为控制输入,从而得到新的移动机器人运动模型。

(a)机器人本体

(b)底层电机和驱动轮

图 3.4　三轮驱动移动机器人

下面先介绍三轮驱动里程计模型,即解耦矩阵是如何求取的。

首先建立一个三维机器人坐标系 $O_R-X_RY_RZ_R$,其原点 O_R 与移动机器人平台底盘的几何中心重合。可以看出,三个驱动轮是相对于原点 O_R 成 $2\pi/3$ 角度对称分布的,如图 3.5 所示。

假设机器人正在做一个逆时针的旋转运动,用 v_x,v_y,ω_z 分别表示移动机器人在 X_R,Y_R 轴方向的全局线速度和绕 Z_R 轴的全局旋转角速度;v_1,v_2,v_3 分别表示三个万向驱动轮 1,2,3 的全局线速度;l 表示轮 1,2,3 的电机轴线方向与机器人坐标系原点之间的直线距离;$\theta_1,\theta_2,\theta_3$ 分别表示轮 1,2,3 电机轴线与 X_R 轴正方向间的夹角,规定逆时针为正,可以很容易求出 $\theta_1=7\pi/6,\theta_2=11\pi/6,\theta_3=7\pi/6$。

以轮 1 为例,如图 3.6 所示,介绍如何将全局线速度 v_1 进行解耦,并用包含 v_x,v_y,ω_z 的数学表达式解析表示。

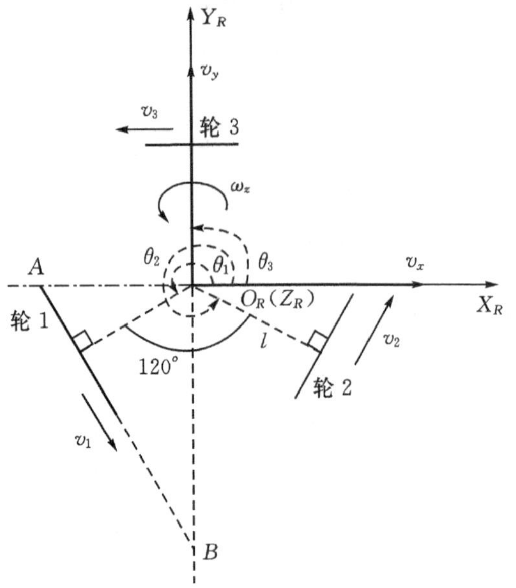

图 3.5　三轮驱动里程计模型

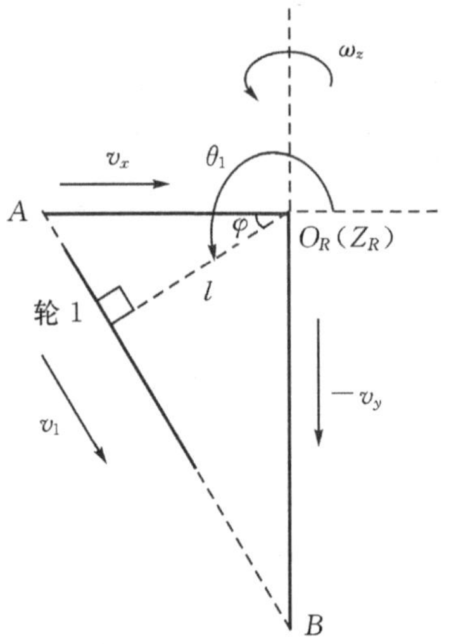

图 3.6　轮 1 速度解耦示意图

在图 3.6 中的$\triangle ABO_R$ 中

$$\varphi = \theta_1 - \pi \tag{3.10}$$

则由几何原理和向量计算原理得

$$\begin{aligned} v_1 &= v_x \sin\varphi - v_y \cos\varphi + \omega_z l \\ &= v_x \sin(\theta_1 - \pi) - v_y \cos(\theta_1 - \pi) + \omega_z l \\ &= -v_x \sin(\pi - \theta_1) - v_y \cos(\pi - \theta_1) + \omega_z l \\ &= -v_x \sin\theta_1 + v_y \cos\theta_1 + \omega_z l \end{aligned} \tag{3.11}$$

同理,可以得到

$$v_2 = -v_x \sin\theta_2 + v_y \cos\theta_2 + \omega_z l \tag{3.12}$$

$$v_3 = -v_x \sin\theta_3 + v_y \cos\theta_3 + \omega_z l \tag{3.13}$$

由式(3.11)、式(3.12)、式(3.13),可以得到三个驱动轮的全局线速度 v_1,v_2,v_3 与 v_x,v_y,ω_z 之间的解析表达式,即

$$\begin{bmatrix} v_1 \\ v_2 \\ v_3 \end{bmatrix} = \begin{bmatrix} -\sin\theta_1 & \cos\theta_1 & l \\ -\sin\theta_2 & \cos\theta_2 & l \\ -\sin\theta_3 & \cos\theta_3 & l \end{bmatrix} \begin{bmatrix} v_x \\ v_y \\ \omega_z \end{bmatrix} \tag{3.14}$$

其中,解耦矩阵即为

$$\begin{bmatrix} -\sin\theta_1 & \cos\theta_1 & l \\ -\sin\theta_2 & \cos\theta_2 & l \\ -\sin\theta_3 & \cos\theta_3 & l \end{bmatrix} \tag{3.15}$$

分别代入 θ_1,θ_2,θ_3 的值,得到解耦矩阵为

$$\begin{bmatrix} 1/2 & -\sqrt{3}/2 & l \\ 1/2 & \sqrt{3}/2 & l \\ -1 & 0 & l \end{bmatrix} \tag{3.16}$$

得到

$$\begin{bmatrix} v_1 \\ v_2 \\ v_3 \end{bmatrix} = \begin{bmatrix} 1/2 & -\sqrt{3}/2 & l \\ 1/2 & \sqrt{3}/2 & l \\ -1 & 0 & l \end{bmatrix} \begin{bmatrix} v_x \\ v_y \\ \omega_z \end{bmatrix} \tag{3.17}$$

根据式(3.17),可以将移动机器人在 X_R,Y_R 轴方向的全局线速度和绕 Z_R 轴的全局旋转角速度作为机器人运动模型的控制输入,进而推导出移动机器人在 ΔT 时间间隔内位姿的变化量,得到新的三轮驱动移动机器人运动模型。

3.1.4　三轮驱动移动机器人运动模型

在两轮驱动移动机器人运动模型中,机器人坐标系中的 Y_R 轴正方向即为移动机器人的运动方向。然而,对于三轮驱动移动机器人平台,由其里程计模型可知,移动机器人运动方向并非 Y_R 轴正方向,而是 v_x,v_y,ω_z 的合速度方向。

定义移动机器人的姿态角 θ 为 X_R 轴正方向与全局坐标系中 X_W 轴正方向之间的夹角,以 X_W 轴为 0°,沿逆时针方向为正,沿顺时针方向为负,姿态角的范围在 −180°～+180°之间。假设机器人在 ΔT 时间间隔内从 A 点运动到 B 点,运动轨迹是一段圆弧,位姿状态由(x_{k-1},y_{k-1},θ_{k-1})变为(x_k,y_k,θ_k),ΔD_k 为由 A 点到 B 点的直线位移,α_{k-1} 为 $k-1$ 时刻移动机器人线速度 V_{k-1} 与 X_R 轴方向线速度 v_x 之间的夹角,β_{k-1} 为 $k-1$ 时刻的弦切角,如图 3.7 所示。

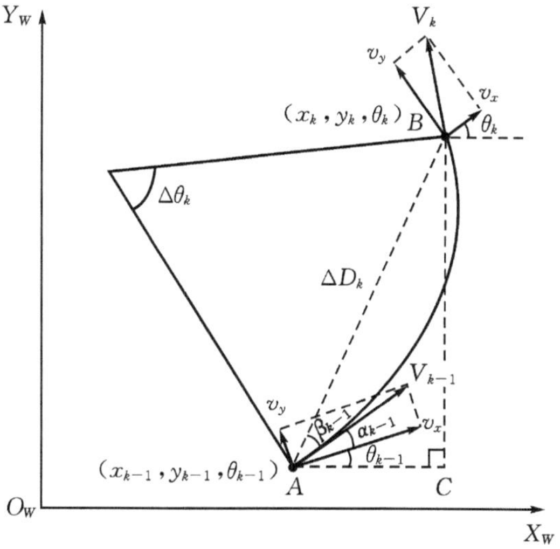

图 3.7　三轮驱动 SLAM 过程模型

由图 3.7 可知

$$V_k = \sqrt{v_x^2 + v_y^2} \tag{3.18}$$

$$\Delta D_k = V \cdot \Delta T_k = \sqrt{v_x^2 + v_y^2} \cdot \Delta T \tag{3.19}$$

并且在 ΔACB 中

$$\angle BAC = \theta_{k-1} + \alpha_{k-1} + \beta_{k-1} \tag{3.20}$$

其中

$$\alpha_{k-1} = \arctan\left(\frac{v_y}{v_x}\right), \beta_{k-1} = \frac{1}{2}\Delta\theta_k \tag{3.21}$$

则由几何关系可知

$$\begin{aligned} x_k &= x_{k-1} + \Delta D_k \cos\angle BAC \\ &= x_{k-1} + \Delta D_k \cos(\theta_{k-1} + \alpha_{k-1} + \beta_{k-1}) \end{aligned} \tag{3.22}$$

$$\begin{aligned} y_k &= y_{k-1} + \Delta D_k \sin\angle BAC \\ &= y_{k-1} + \Delta D_k \sin(\theta_{k-1} + \alpha_{k-1} + \beta_{k-1}) \end{aligned} \tag{3.23}$$

同时

$$\Delta\theta_k = \omega_z \cdot \Delta T_k \tag{3.24}$$

因此，基于三轮驱动的机器人运动模型为

$$\begin{bmatrix} x_k \\ y_k \\ \theta_k \end{bmatrix} = f[\boldsymbol{x}_{k-1}, \boldsymbol{u}_k, \boldsymbol{v}_k, k] = \begin{bmatrix} x_{k-1} + \Delta D_k \cos(\theta_{k-1} + \alpha_{k-1} + \beta_{k-1}) \\ y_{k-1} + \Delta D_k \sin(\theta_{k-1} + \alpha_{k-1} + \beta_{k-1}) \\ \theta_{k-1} + \Delta\theta_k \end{bmatrix} + \boldsymbol{v}_k \tag{3.25}$$

其中，$\boldsymbol{v}_k$ 为系统噪声，表示由于轮子打滑等未知因素的影响。

三轮驱动运动模型的控制输入分别为 v_x，v_y 和 ω_z。当机器人运动任意一段轨迹时，通过三个驱动轮的全局线速度 v_1，v_2 和 v_3 的反馈，由解耦矩阵便可以得到 v_x，v_y 和 ω_z，进而获知移动机器人的位姿状态的变化。

从式(3.24)可以看出，$\Delta\theta_k$ 的求取完全取决于旋转角速度 ω_z，而不依靠任何近似的手段。由于各个时刻的 ω_z 的相互独立性以及 v_x，v_y 和 ω_z 之间的相互独立性，移动机器人姿态角的求取不存在必然的误差累积，并且不会影响到移动机器人位置状态的求取。这意味着只要里程计积分精度足够高，并且诸如轮子打滑等不利的外界因素不是很严重，那么每次 $\Delta\theta_k$ 的获取都是比较精确的，这无疑可以大大提高移动机器人的定向精度，从而可以提高 SLAM 算法的各项性能。

然而，该模型也存在不足的地方。在求取移动机器人的直线运动位移时，采用了曲线无限逼近直线段的近似方法，这是存在误差的。同时，在求取弦切角 β 时，采用的是弦切角为对应圆心角的一半的原理，这里要求移动机器人的运动圆弧轨迹是一段绝对标准的圆弧，然而这在实际情况中是不太可能的，这也存在着误差。尽管基于三轮驱动的移动机器人 SLAM 过程模型也存在缺陷，但这些缺陷都与移动机器人姿态角的求取无关。

3.1.5　实验结果与分析

下面分别基于两轮驱动运动模型和三轮驱动运动模型进行 EKF-SLAM 算法的仿真实验，并在机器人定位精度、地图创建精度和算法一致性等方面进行比较，以验证三轮驱动运动模型的正确性和优越性。

实验模型：传统两轮驱动机器人运动模型见式(3.9)，三轮驱动机器人运动模型见式(3.25)，环境特征观测模型见式(2.9)。采用的测距传感器为激光传感器，最大探测范围为 8m，分辨率为 0.5°。采用的位移传感器为里程计，用于机器人的航迹推算。

实验环境：仿真实验环境如图 3.8(a)所示，实验范围为 40m×50m，其中星号表示设定的环境特征，曲线表示移动机器人的预设运动轨迹。图中有 80 个静态的未知环境点特征，机器人运动轨迹和环境特征都是人为随机设定的。仿真结果如图 3.8(b)所示，三角形描述的是机器人的位置，实线描述的是机器人真实的运动轨迹。机器人运动时间为 175s。

噪声模型：两种移动机器人的速度误差标准差设为 $\sigma_v = 0.3\text{m/s}$，运动方向角误差标准差为 $\sigma_G = (3.0\pi/180)\text{rad}$，则系统噪声矩阵为

$$\boldsymbol{Q} = \text{diag}[\sigma_v^2 \quad \sigma_G^2]$$

激光传感器测距误差标准差为 $\sigma_r = 0.1\text{m}$，角度测量误差标准差为 $\sigma_\psi = (\pi/180)\text{rad}$，则观测噪声矩阵为

$$\boldsymbol{R} = \text{diag}[\sigma_r^2 \quad \sigma_\psi^2]$$

实验参数：实验中，两种移动机器人移动速度均为 3m/s，控制时间间隔为 0.025s，观测时间间隔为控制时间间隔的 8 倍。对于三轮驱动机器人，其驱动轮的电机轴线方向与机器人坐标系原点之间的直线距离 l 为 0.2m。

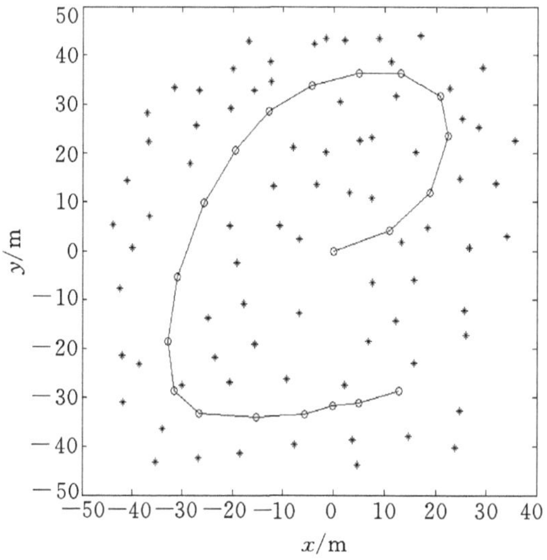

(a)仿真环境

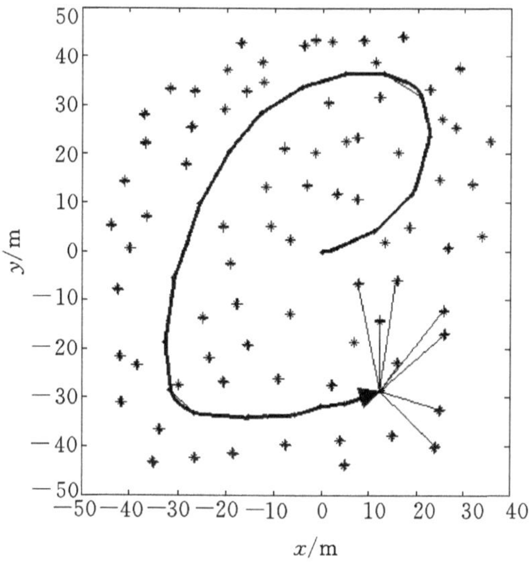

(b)仿真结果

图 3.8　移动机器人 SLAM 仿真环境和结果

在图 3.8(a)所示未知环境中，分别基于两轮驱动 SLAM 运动模型和三轮驱动 SLAM 运动模型对 EKF-SLAM 算法进行测试，分别比较两次仿真中的移动机器人定位精度、地图创建精度和算法一致性效果。

图 3.9(a)所示为两种移动机器人的定位精度对比图。从图中不难看出，基于两轮驱动机器人运动模型的 EKF-SLAM 算法估计的 X_R 方向和 Y_R 方向的最大定位误差都达到了 0.14m，最大定向误差达到了 0.013rad；而基于三轮驱动机器人运动模型的 EKF-SLAM 算法估计的 X_R 方向和 Y_R 方向的最大定位误差大约只有 0.05m 和 0.03m，最大定向误差仅有 0.003rad。另外，从图中容易看出，三轮驱动 EKF-SLAM 算法定位的平均误差远小于两轮驱动 EKF-SLAM 算法。

图 3.9(b)所示为机器人地图创建精度对比图。从图中不难看出，在两轮驱动 EKF-SLAM 算法估计结果中，从第 37 个至第 45 个环境特征位置的估计误差最大达到了 0.1m；而

三轮驱动 EKF-SLAM 算法的估计结果中，最大估计误差只有约 0.042m。同时，容易看出，除了第 1 至第 9 个环境特征，其余由三轮驱动 EKF-SLAM 算法估计的环境特征位置产生的误差均小于两轮驱动 EKF-SLAM 算法。

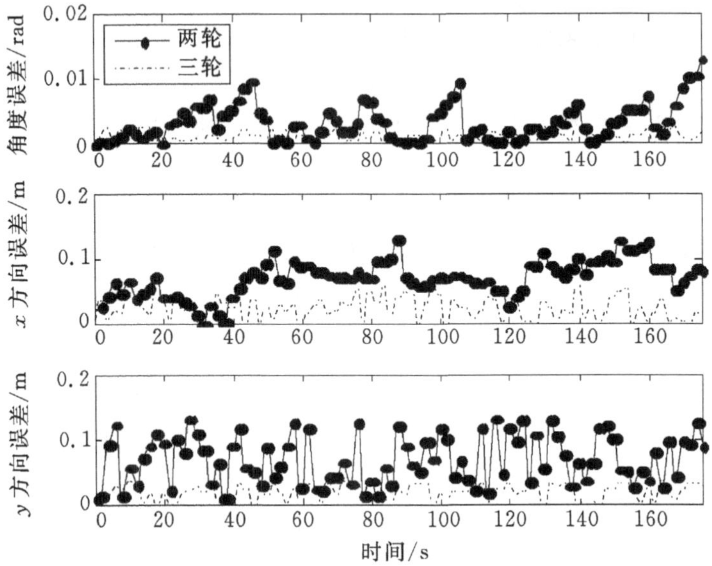

(a)定位误差

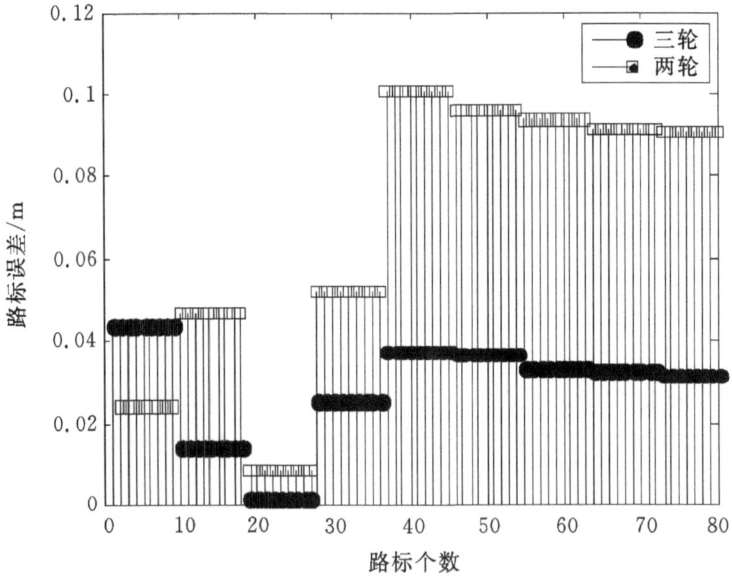

(b)地图创建误差

图 3.9　机器人定位误差和地图创建误差

图 3.10 所示为 EKF-SLAM 算法的 MNEES 曲线。采用 100 次 Monte-Carlo 实验，并取显著性水平为 $\alpha=0.05$，则

$$\text{NEES}=\chi^2_{100,3,0.95}=341.4$$

那么

$$\text{MNEES}=\frac{1}{100}\chi^2_{100,3,0.95}\approx 3.414$$

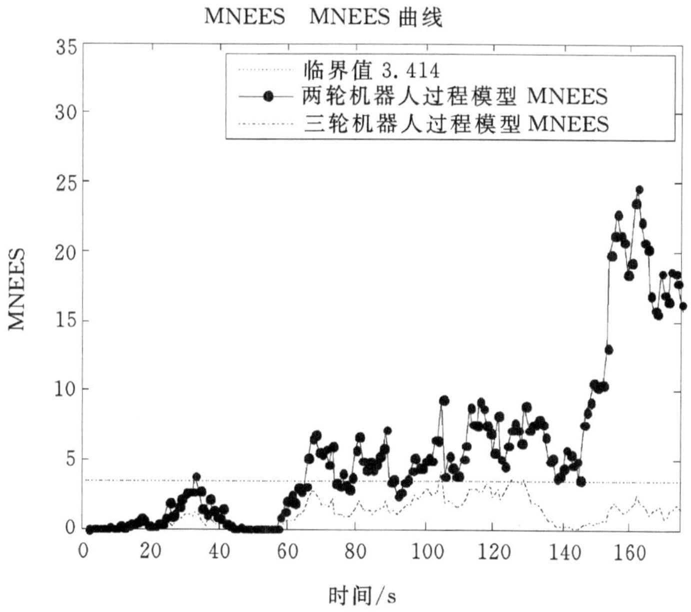

图 3.10 MNEES 曲线

由图 3.10 可以看出，两轮驱动 EKF-SLAM 算法符合一致性的时间仅持续了 63s，而三轮驱动 EKF-SLAM 算法在整个过程中基本符合一致性要求。

表 3.1 所示为以上 EKF-SLAM 算法实验的结果对比。

表 3.1 实验结果对比

指标 / 模型	x 方向定位平均误差/m	y 方向定位平均误差/m	定向平均误差/(°)	2 号环境特征位置估计平均误差/m	一致性持续时间/s
两轮	0.0739	0.0728	0.2679	0.0285	63
三轮	0.0284	0.0169	0.0741	0.0670	>175

以上内容建立了典型的三轮驱动移动机器人平台的运动模型，通过对该模型中三个驱动轮线速度的解耦，引入了新的控制输入变量，避免了 EKF-SLAM 算法常用的两轮驱动机器人运动模型计算机器人姿态角时存在的几何近似误差的累积。最后，EKF-SLAM 算法的仿真实验证明了该运动模型的正确性。

然而，基于三轮驱动机器人运动模型的 EKF-SLAM 算法的仿真实验是在不考虑机器人"绑架"的理想情况下进行的，因此得到了很好的结果。接下来将针对机器人的"绑架"问题，描述基于线段特征匹配的 EKF-SLAM 算法。

3.2　基于线段特征匹配的 EKF-SLAM 算法

移动机器人在运动过程中不可避免地会发生滑动、碰撞等意外情况，这会使机器人位姿发生突变，而这些变化里程计等内部传感器是无法感知的，从而导致机器人定位失败，这便是机器人“绑架”问题。

本节在室内未知结构化环境中，在 EKF-SLAM 算法中引入全程的线段特征匹配跟踪以克服机器人“绑架”问题，同时创建环境的线段特征地图。首先，对逐点搜索线段特征提取算法进行改进，并采用真实的激光数据对改进后的算法进行检验；其次，推导建立线段特征观测模型；最后，推导出 EKF-Line-SLAM 算法的流程，并在真实的环境中进行实验，验证其有效性。

3.2.1　线段特征提取

基于对环境特征提取算法精确性、稳定性和运算速度等方面的要求，采用激光传感器对环境线段特征进行提取。激光传感器测量得到的是环境中障碍物反射回来的一系列点数据，这些数据大部分是冗余的，必须对其进行特殊的处理，从而得到可以被机器人识别和跟踪的特征。选取的特征形式很重要，关系到机器人定位的精确性、可行性、稳定性以及实时性。本节选取线段特征，主要是因为线段特征相比于其他几何特征具有以下三个优点：

(1)直线在室内环境中存在的比较多，一般不用担心没有直线出现。即使某些特殊情况下没有直线，也很容易人工添置一些含有直线的障碍。

(2)从 LMS 激光雷达检测到的原始点中提取直线的算法比较简单，容易实现，程序运行快。在地图中直线特征也容易存储，使系统的实时性提高。

(3)在平面坐标系中只用两条不平行直线就可以完成对机器人定位，而且算法简单。如果有多条直线存在，可以使定位更加可靠。

本节提出的线段特征提取方法的基本思想是：

(1)采用逐点搜索的方法粗略确定线段特征的数目。

(2)依次判断相邻线段是否“同线”，并合并“同线”的线段。

(3)最后利用最小二乘法拟合出更精确的直线参数。

(4)在提取直线的过程中，依据误差传递求取观测误差协方差阵。

在分步介绍之前，首先建立激光传感器的模型和线段模型。

3.2.1.1　激光传感器模型

激光传感器一般由激光器、激光检测器和测量电路组成。它通过激光器产生激光束并按一定的频率和角度分辨率向外发射出去，激光束遇到环境中的障碍物后会按原路返回，并被激光检测器接收，最后由测量电路得出激光束往返的时间，从而计算出障碍物的距离。

如图 3.11 所示，假设 q 点为环境中任意一条线段 L 上的第 i 点，其在机器人坐标系中的位置坐标为 $(x_i, y_i)^{\mathrm{T}}$，激光传感器的分辨率为 δ，q 点与机器人之间的距离和角度分别为 r_i 和 ψ_i，则

$$\begin{cases} x_i = r_i\cos[(i-1)\psi_i] \\ y_i = r_i\sin[(i-1)\psi_i] \end{cases} \tag{3.26}$$

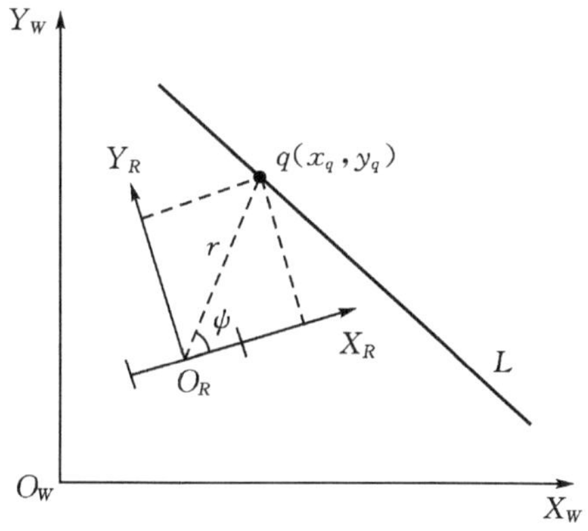

图 3.11　激光传感器模型

用 $\boldsymbol{S}_i = (r_i, \psi_i)^{\mathrm{T}}$ 表示激光传感器输出的任意一点数据，则原始数据的已知方差为

$$\boldsymbol{C}_{\boldsymbol{S}_i} = \begin{bmatrix} \sigma_{r_i}^2 & 0 \\ 0 & \sigma_{\psi_i}^2 \end{bmatrix} \tag{3.27}$$

令 $\boldsymbol{f}_i = (x_i, y_i)^{\mathrm{T}}$，并设 $\boldsymbol{C}_{fs}$ 为激光数据点坐标转换协方差矩阵，则

$$\boldsymbol{C}_{f\boldsymbol{S}_i} = \nabla \boldsymbol{f}_i \boldsymbol{C}_{\boldsymbol{S}_i} \nabla \boldsymbol{f}_i^{\mathrm{T}} \tag{3.28}$$

其中

$$\nabla \boldsymbol{f}_i = \begin{bmatrix} \dfrac{\partial x_i}{\partial r_i} & \dfrac{\partial x_i}{\partial \psi_i} \\ \dfrac{\partial y_i}{\partial r_i} & \dfrac{\partial y_i}{\partial \psi_i} \end{bmatrix} = \begin{bmatrix} \cos[(i-1)\psi_i] & -(i-1)r_i\sin[(i-1)\psi_i] \\ \sin[(i-1)\psi_i] & (i-1)r_i\cos[(i-1)\psi_i] \end{bmatrix} \tag{3.29}$$

3.2.1.2　线段模型

提取环境线段特征时，采用的线段模型是在笛卡尔坐标系中建立的，q 点所在线段 L 的直线方程描述为 $y=ax+b$。设直线的斜率角为 η，机器人坐标系原点与直线的距离为 d，如图 3.12(a)所示。最终参数 a 和 b 进行最小二乘拟合时，需求出拟合参数对应的协方差矩阵。

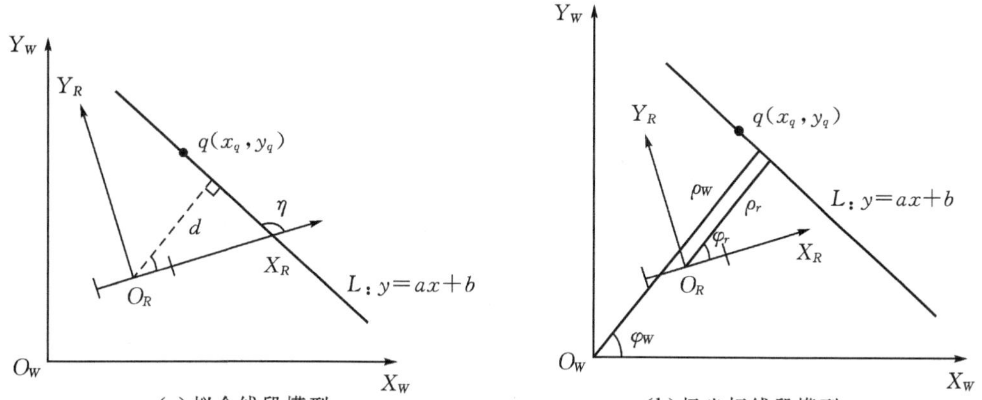

图 3.12　拟合线段模型和极坐标线段模型

当环境线段特征拟合成功之后,对其进行具体应用时,在同一坐标系中,将其转换为用坐标原点与直线的距离 ρ 和原点到直线的垂线与坐标轴横轴之间的夹角 φ 来表示。同时,求出转换参数对应的协方差矩阵。

在机器人坐标系和世界坐标系中,坐标原点与直线的距离分别用 ρ_r 和 ρ_W 表示,原点到直线的垂线与坐标轴横轴之间的夹角分别用 φ_r 和 φ_W 表示,如图 3.12(b)所示。

3.2.1.3 逐点搜索线段

采用逐点搜索的办法大致检测出若干直线。由于激光测距仪测得的每帧数据中的所有数据点都是按角度分辨率有先后顺序的,因此可通过对激光数据点进行逐点搜索,找出所有的环境特征线段。

根据传感器模型通过坐标转换将每一个激光数据点用直角坐标表示,即由式(3.26)可得环境中第 i 个激光数据点的直角坐标 $(x_i, y_i)^{\mathrm{T}}$ 。

假设第 j 条线段特征 $\boldsymbol{L}_j$ 所在直线方程设为 $y=a_jx+b_j$,其上第 i 个激光数据点直角坐标设为(x_{ji}, y_{ji})。同时,为每条提取的线段特征配置计数器 $N_i(i=1,2,\cdots,j,\cdots,n)$,n 为最终提取的线段总数,用于记录第 $N_j=2$ 条线段上的激光数据点个数,并初始化 $N_j=2$ 。设定阈值 δ_1,δ_2。

首先,由第 j 条线段特征的第一数据点(x_{j1,y_j1})和第二数据点(x_{j2}, y_{j2})计算直线参数 a_j,b_j,即

$$a_j=\frac{y_{2j}-y_{1j}}{x_{2j}-x_{1j}},\quad b_j=\frac{x_{2j}y_{1j}-x_{1j}y_{2j}}{x_{2j}-x_{1j}} \tag{3.30}$$

计算第 3 个激光数据点(x_{3j}, y_{3j})与直线 $y=a_jx+b_j$ 的距离 l,得

$$l=\frac{|a_jx_{3j}-y_{3j}+b_j|}{\sqrt{a_j^2+1}} \tag{3.31}$$

然后,通过距离 l 和阈值 δ_1 判断数据点(x_{3j}, y_{3j})是否在直线 $y=a_jx+b_j$ 上。若 $l\leqslant\delta_1$,则判定数据点(x_{3j}, y_{3j})在直线 $l>\delta_1$ 上,同时计数器 N_j 加 1;反之,则需从下一点开始提取新的线段特征。直至当 $l>\delta_1$ 时,记录下计数器 N_j 的最终值。

最后,通过阈值 δ_2 判断第 j 条线段是否存在。若 $N_j\leqslant\delta_2$,说明第 j 条线段上包含的数据点太少,则认为该条线段不存在,同时删去这些点;若 $\delta_2<N_j$,则认为该条线段可能存在并将其保存后删除这些点。

按照上面所述的流程,继续搜索环境中存在的其他线段特征,直至搜索完所有的激光数据点。

3.2.1.4 合并"同线"线段

设定阈值 δ_3 和 δ_4,取任意两条相邻的线段 $\boldsymbol{L}_i$ 和 $\boldsymbol{L}_j$,假设它们的斜率角分别为 η_i 和 η_j,与机器人坐标系原点的距离分别为 d_i 和 d_j。如果两条线段满足

$$|\eta_i-\eta_j|<\delta_3,\ |d_i-d_j|<\delta_4 \tag{3.32}$$

则认为两直线是同方向和共线的。

同时,可以计算得到两条线段正中间的激光数据点,分别设为 $c_i(x_{ci}, y_{ci})$和 $c_j(x_{cj}, y_{cj})$;同时计算出 $\boldsymbol{L}_i$ 和 $\boldsymbol{L}_j$ 的长度,分别设为 l_i 和 l_j。如果满足

$$|c_ic_j|\leqslant|l_i+l_j| \tag{3.33}$$

则认为两条线段是重合的，即可合并为同一条线段。其中

$$|c_i c_j| = \sqrt{(x_{ci} - x_{cj})^2 - (y_{ci} - y_{cj})^2} \tag{3.34}$$

3.2.1.5　最小二乘拟合直线参数

对于线段 $\boldsymbol{L}_j$ 所在的直线 $y = a_j x + b_j$，设它包含的激光数据点总数为 n，利用最小二乘拟合出更精确的直线参数，即

$$a_j = \frac{n\sum_{i=1}^{n} x_{ji} y_{ji} - \sum_{i=1}^{n} x_{ji} \sum_{i=1}^{n} y_{ji}}{n\sum_{i=1}^{n} x_{ji}{}^2 - \left(\sum_{i=1}^{n} x_{ji}\right)^2}$$

$$b_j = \frac{\sum_{i=1}^{n} y_{ji} - a_j \sum_{i=1}^{n} x_{ji}}{n} \tag{3.35}$$

令 $\boldsymbol{L}_i = (a_j, b_j)^{\mathrm{T}}$，拟合直线参数协方差矩阵为 $\boldsymbol{C}_{\mathbf{L}_j f_i}$，则

$$\boldsymbol{C}_{\mathbf{L}_j f_i} = \nabla \boldsymbol{L}_j \boldsymbol{C}_{\boldsymbol{fs}\,i} \nabla \boldsymbol{L}_j^{\mathrm{T}} \tag{3.36}$$

其中

$$\nabla \boldsymbol{L}_j = \begin{bmatrix} \dfrac{\partial a_j}{\partial x_{ji}} & \dfrac{\partial a_j}{\partial y_{ji}} \\ \dfrac{\partial b_j}{\partial x_{ji}} & \dfrac{\partial b_j}{\partial y_{ji}} \end{bmatrix} \tag{3.37}$$

其中

$$\frac{\partial a_j}{\partial x_{ji}} = \frac{\left(ny_{ij} - \sum_{i=1}^{n} y_{ji}\right)\left(n\sum_{i=1}^{n} x_{ji}^2 - \left(\sum_{i=1}^{n} x_{ji}\right)^2\right) - \left(n\sum_{i=1}^{n} x_{ji} y_{ji} - \sum_{i=1}^{n} x_{ji} \sum_{i=1}^{n} y_{ji}\right)\left(2nx_{ji} - 2\sum_{i=1}^{n} x_{ji}\right)}{\left(n\sum_{i=1}^{n} x_{ji}^2 - \left(\sum_{i=1}^{n} x_{ji}\right)^2\right)^2} \tag{3.38}$$

$$\frac{\partial b_j}{\partial x_{ji}} = -\frac{a_j}{n} \tag{3.39}$$

同理可得 $\dfrac{\partial a_j}{\partial y_{ji}}, \dfrac{\partial b_j}{\partial y_{ji}}$。

3.2.1.6　直线参数转换

在对提取的直线进行具体应用时，需要对其参数进行转换，得到机器人与直线的垂线距离 ρ_r 和垂线与 X_R 轴的夹角 φ_r（见图 3.12），即

$$\rho_{r_j} = \frac{|b_j|}{\sqrt{a_j^2 + 1}}, \quad \varphi_{r_j} = \arctan\left(-\frac{1}{a_j}\right) \tag{3.40}$$

令 $\boldsymbol{r}_j = (\rho_{r_j}, \varphi_{r_j})^{\mathrm{T}}$，设参数转换协方差矩阵为 $\boldsymbol{C}_{r_j \mathbf{L}_j}$，则

$$\boldsymbol{C}_{r_j \mathbf{L}_j} = \nabla \boldsymbol{r}_j \boldsymbol{C}_{\mathbf{L}_j f_i} \nabla \boldsymbol{r}_j^{\mathrm{T}} \tag{3.41}$$

其中

$$\nabla \boldsymbol{r}_j = \begin{bmatrix} \dfrac{\partial \rho_{r_j}}{\partial a_j} & \dfrac{\partial \rho_{r_j}}{\partial b_j} \\ \dfrac{\partial \varphi_{r_j}}{\partial a_j} & \dfrac{\partial \varphi_{r_j}}{\partial b_j} \end{bmatrix} = \begin{bmatrix} \mp a_j b_j / (a_j^2 + 1)^{3/2} & \pm (a_j^2 + 1)^{-1/2} \\ (a_j^2 + 1)^{-1} & 0 \end{bmatrix} \tag{3.42}$$

由式(3.28)、式(3.36)和式(3.41),便可得到提取第 j 条线段特征时的观测误差协方差矩阵 $\boldsymbol{R}_j$,即

$$\boldsymbol{R}_j = \boldsymbol{C}_{r_j L_j} = \nabla \boldsymbol{r}_j \boldsymbol{C}_{L_j f_i} \nabla \boldsymbol{r}_j^{\mathrm{T}} = \nabla \boldsymbol{r}_j (\nabla \boldsymbol{L}_j \boldsymbol{C}_{fs_i} \nabla \boldsymbol{L}_j^{\mathrm{T}}) \nabla \boldsymbol{r}_j^{\mathrm{T}} = \nabla \boldsymbol{r}_j [\nabla \boldsymbol{L}_j (\nabla \boldsymbol{f}_i \boldsymbol{C}_{s_i} \nabla \boldsymbol{f}_i^{\mathrm{T}}) \nabla \boldsymbol{L}_j^{\mathrm{T}}] \nabla \boldsymbol{r}_j^{\mathrm{T}} \tag{3.43}$$

至此,对环境线段特征提取算法的推导已经完成,同时给出了激光数据点坐标转换协方差矩阵、拟合直线参数协方差矩阵和参数转换协方差矩阵以及最终的观测误差协方差矩阵。第4节将针对该算法进行仿真实验。接下来介绍线段特征观测模型,作为推导 EKF-Line-SLAM 算法的基础。

3.2.2 线段特征观测模型

$\boldsymbol{L}_j$ 为 k 时刻观测到的环境中任意一条线段特征,其所在直线方程为 $y = a_j x + b_j$,$(\rho_{W_j}^k, \varphi_{W_j}^k)^{\mathrm{T}}$ 即为该线段特征的位置坐标,其中 $\rho_{W_j}^k$ 和 $\varphi_{W_j}^k$ 分别为原点 O_W 与线段 $\boldsymbol{L}_j$ 之间的距离和线段 $\boldsymbol{L}_j$ 法线与 X_W 轴的夹角。k 时刻机器人位姿坐标为 $(x_k, y_k, \theta_k)^{\mathrm{T}}$,$\rho_{r_j}^k$ 和 $\varphi_{r_j}^k$ 分别为机器人与线段 $\boldsymbol{L}_j$ 之间的距离和线段 $\boldsymbol{L}_j$ 法线与 X_R 轴的夹角。δ_k 为 k 时刻 O_W 和 O_R 连线与 X_W 轴的夹角,γ_k 为 k 时刻 O_W 和 O_R 连线的长度,θ_k 为 k 时刻 X_R 轴与 X_W 轴之间的夹角,即为机器人的姿态角,如图 3.13 所示。

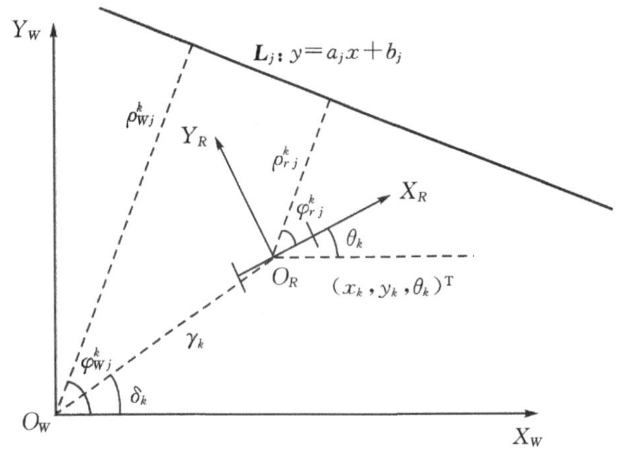

图 3.13 线段特征观测模型

与环境点特征的观测模型一样,环境线段特征的观测模型的观测量 z 依然是线段特征相对于机器人的距离 ρ 和方向角 φ。由图易知,在 k 时刻

$$\gamma_k = \sqrt{x_k^2 + y_k^2}, \quad \delta_k = \arctan(y_k / x_k) \tag{3.44}$$

由此可得

$$\rho_{r_j}^k = \rho_{W_j}^k - \sqrt{x_k^2 + y_k^2}\cos(\delta_k - \varphi_{W_j}^k) = \rho_{W_j}^k - \gamma_k \cos(\delta_k - \varphi_{W_j}^k) \tag{3.45}$$

$$\varphi_{r_j}^k = \varphi_{W_j}^k - \theta_k \tag{3.46}$$

令 $\boldsymbol{x}_k = (x_k, y_k, \theta_k)^{\mathrm{T}}$,$\boldsymbol{L}_{W_j}^k = (\rho_{W_j}^k, \varphi_{W_j}^k)^{\mathrm{T}}$,则由式(3.45)和式(3.46)可得环境线段特征观测模型,即

$$
\begin{aligned}
\boldsymbol{z}_k &= (\rho_{r_j}^k, \varphi_{r_j}^k)^{\mathrm{T}} = \boldsymbol{h}(\boldsymbol{X}_k^{xL}) \\
&= \begin{bmatrix} \rho_{\mathrm{W}_j}^k - \sqrt{x_k^2 + y_k^2}\cos(\arctan(y_k/x_k) - \varphi_{\mathrm{W}_j}^k) \\ \varphi_{\mathrm{W}_j}^k - \theta_k \end{bmatrix} + \boldsymbol{w}_k \\
&= \begin{bmatrix} \rho_{\mathrm{W}_j}^k - \gamma_k\cos(\delta_k - \varphi_{\mathrm{W}_j}^k) \\ \varphi_{\mathrm{W}_j}^k - \theta_k \end{bmatrix} + \boldsymbol{w}_k
\end{aligned} \tag{3.47}
$$

其中，$\boldsymbol{w}_k$ 为观测噪声。

此时，可根据式(3.47)得到线段特征观测模型的雅克比矩阵，即

$$
\boldsymbol{H}_k = \frac{\partial \boldsymbol{h}}{\partial \boldsymbol{X}_k^{xL}} = \begin{bmatrix} H_{x_k} & H_{y_k} & 0 & 0 & \cdots & 1 & H_{\varphi_{\mathrm{W}_j}^k} & \cdots & 0 \\ 0 & 0 & -1 & 0 & \cdots & 0 & 1 & \cdots & 0 \end{bmatrix} \tag{3.48}
$$

其中

$$
H_{x_k} = -\frac{x_k}{\gamma_k}\cos(\delta_k - \varphi_{\mathrm{W}_j}^k) - \frac{y_k}{\gamma_k}\sin(\delta_k - \varphi_{\mathrm{W}_j}^k) \tag{3.49}
$$

$$
H_{y_k} = -\frac{y_k}{\gamma_k}\cos(\delta_k - \varphi_{\mathrm{W}_j}^k) - \frac{x_k}{\gamma_k}\sin(\delta_k - \varphi_{\mathrm{W}_j}^k) \tag{3.50}
$$

$$
H_{\varphi_{\mathrm{W}_j}^k} = \gamma_k \sin(\delta_k - \varphi_{\mathrm{W}_j}^k) \tag{3.51}
$$

3.2.3 EKF-Line-SLAM 算法

针对机器人“绑架”问题，提出在 EKF-SLAM 算法中加入线段特征匹配，并同时创建室内结构化环境的线段特征地图，本节称这种算法为 EKF-Line-SLAM 算法。

3.2.3.1 模型和参数

EKF-Line-SLAM 算法中，采用的是三轮驱动机器人运动模型，环境线段特征观测模型则如式(3.47)所示。

移动机器人在未知的室内结构化环境中移动，同时应用激光传感器对环境线段特征进行提取和观测。机器人在全局坐标系中的位姿状态记作 $\boldsymbol{x} = (x, y, \theta)^{\mathrm{T}}$，环境线段特征在全局坐标系中的位置坐标记作 $\boldsymbol{L}_{\mathrm{W}} = (\rho_{\mathrm{W}}, \varphi_{\mathrm{W}})^{\mathrm{T}}$，传感器的观测量记作 $\boldsymbol{z} = (\rho_r, \varphi_r)^{\mathrm{T}}$，线段特征集合记作 $\boldsymbol{L}_{\mathrm{W}} = \{\boldsymbol{L}_{\mathrm{W}_1}, \boldsymbol{L}_{\mathrm{W}_2}, \cdots, \boldsymbol{L}_{\mathrm{W}_n}\}$。$k$ 时刻联合状态记作

$$
\boldsymbol{X}_k^{xL} = (\boldsymbol{x}_k, \boldsymbol{L}_{\mathrm{W}_1}^k, \boldsymbol{L}_{\mathrm{W}_2}^k, \cdots, \boldsymbol{L}_{\mathrm{W}_n}^k)^{\mathrm{T}} = \begin{bmatrix} \boldsymbol{f}[\boldsymbol{x}_k, \boldsymbol{u}_k, \boldsymbol{v}_k, k] \\ (\boldsymbol{L}_{\mathrm{W}}^k)^{\mathrm{T}} \end{bmatrix} \tag{3.52}
$$

同时，环境线段特征的动态模型为

$$
\begin{bmatrix} \rho_{\mathrm{W}_j}^k \\ \varphi_{\mathrm{W}_j}^k \end{bmatrix} = \begin{bmatrix} \rho_{\mathrm{W}_j}^{k-1} \\ \varphi_{\mathrm{W}_j}^{k-1} \end{bmatrix}, \quad j = 1, 2, \cdots, n \tag{3.53}
$$

环境线段特征的增广模型为

$$
\boldsymbol{L}_{\mathrm{W}_j}^{\mathrm{new}} = \boldsymbol{g}(\boldsymbol{x}, \boldsymbol{z}) + \boldsymbol{w} = \begin{bmatrix} \rho_{r_j} + \gamma\cos(\delta - \varphi_{r_j} - \theta) \\ \varphi_{r_j} - \theta \end{bmatrix} + \boldsymbol{w} \tag{3.54}
$$

k 时刻的状态估计 $\hat{\boldsymbol{X}}_{k|k}^{xL}$ 和估计协方差 $\boldsymbol{P}_{k|k}^{xL}$ 分别记作

$$
\hat{\boldsymbol{X}}_{k|k}^{xL} = [\hat{\boldsymbol{x}}_{k|k}^{\mathrm{T}}, (\hat{\boldsymbol{L}}_{\mathrm{W}_1}^{k|k})^{\mathrm{T}}, (\hat{\boldsymbol{L}}_{\mathrm{W}_2}^{k|k})^{\mathrm{T}}, \cdots, (\hat{\boldsymbol{L}}_{\mathrm{W}_n}^{k|k})^{\mathrm{T}}]^{\mathrm{T}} \tag{3.55}
$$

$$\boldsymbol{P}_{k|k}^{xL}=\begin{bmatrix} P_{k|k}^{xx} & P_{k|k}^{x1} & \cdots & P_{k|k}^{xn} \\ P_{k|k}^{1x} & P_{k|k}^{11} & \cdots & P_{k|k}^{1n} \\ \vdots & \vdots & & \vdots \\ P_{k|k}^{nx} & P_{k|k}^{n1} & \cdots & P_{k|k}^{nn} \end{bmatrix}=\begin{bmatrix} \boldsymbol{P}_{k|k}^{xx} & \boldsymbol{P}_{k|k}^{xL} \\ \boldsymbol{P}_{k|k}^{Lx} & \boldsymbol{P}_{k|k}^{LL} \end{bmatrix} \tag{3.56}$$

其中，$\boldsymbol{P}_{k|k}^{xx}$ 和 $\boldsymbol{P}_{k|k}^{LL}$ 分别为移动机器人的位姿估计协方差和环境特征位置估计协方差矩阵；$\boldsymbol{P}_{k|k}^{xL}$ 和 $\boldsymbol{P}_{k|k}^{Lx}$ 均为移动机器人位姿估计和环境特征位置估计的交叉协方差矩阵。

3.2.3.2 预测阶段

(1)机器人位姿状态预测

$$\hat{\boldsymbol{X}}_{k+1|k}^{xL}=\boldsymbol{E}[\boldsymbol{X}_{k+1}^{xL}\mid \boldsymbol{z}_k]\approx\begin{bmatrix} \boldsymbol{f}_v[\hat{\boldsymbol{x}}_{k|k},\boldsymbol{u}_k,\boldsymbol{0},k+1] \\ (\hat{\boldsymbol{L}}_{W}^{k})^{\mathrm{T}} \end{bmatrix} \tag{3.57}$$

预测协方差阵

$$\begin{aligned} \boldsymbol{P}_{k+1|k} &= \boldsymbol{E}[(\boldsymbol{X}_{k+1}^{xL}-\hat{\boldsymbol{x}}_{k+1|k}^{xL})(\boldsymbol{X}_{k+1}^{xL}-\hat{\boldsymbol{x}}_{k+1|k}^{xL})^{\mathrm{T}}] \\ &= \nabla \boldsymbol{f}_x \cdot \boldsymbol{P}_{xx} \cdot \nabla \boldsymbol{f}_x^{\mathrm{T}}+\nabla \boldsymbol{f}_u \cdot \boldsymbol{Q}_{k+1} \cdot \nabla \boldsymbol{f}_u^{\mathrm{T}} \\ &= \begin{bmatrix} \nabla \boldsymbol{f}_{vx}\boldsymbol{P}_{xx}\nabla \boldsymbol{f}_{vx}^{\mathrm{T}}+\nabla \boldsymbol{f}_{vu}\boldsymbol{Q}_{k+1}\nabla \boldsymbol{f}_{vu}^{\mathrm{T}} & \nabla \boldsymbol{f}_{vx}\boldsymbol{P}_{xL} \\ (\nabla \boldsymbol{f}_{vx}\boldsymbol{P}_{xL})^{\mathrm{T}} & \boldsymbol{P}_{LL} \end{bmatrix} \end{aligned} \tag{3.58}$$

其中，$\nabla \boldsymbol{f}_x$，$\nabla \boldsymbol{f}_u$ 分别为 $\boldsymbol{f}[\cdot]$ 相对于联合状态向量 $\boldsymbol{X}^{xL}$ 和控制输入向量 $\boldsymbol{u}$ 的雅克比矩阵，即

$$\nabla \boldsymbol{f}_x=\left.\frac{\partial \boldsymbol{f}}{\partial \boldsymbol{x}}\right|_{\hat{\boldsymbol{x}}^{xL},\boldsymbol{u}}=\begin{bmatrix} \nabla \boldsymbol{f}_{vx} & \boldsymbol{0}_{n_v\times n_L} \\ \boldsymbol{0}_{n_L\times n_v} & \boldsymbol{I}_{n_L\times n_L} \end{bmatrix} \tag{3.59}$$

$$\nabla \boldsymbol{f}_u=\left.\frac{\partial \boldsymbol{f}}{\partial \boldsymbol{u}}\right|_{\hat{\boldsymbol{x}}^{xL},\boldsymbol{u}}=\begin{bmatrix} \nabla \boldsymbol{f}_{vu} \\ \boldsymbol{0}_{n_L\times n_u} \end{bmatrix} \tag{3.60}$$

其中，$\nabla \boldsymbol{f}_{vx}$，$\nabla \boldsymbol{f}_{vu}$ 分别为 $\boldsymbol{f}_v[\cdot]$ 相对于移动机器人位姿状态向量 $\boldsymbol{x}$ 和控制输入向量 $\boldsymbol{u}$ 的雅克比矩阵，即

$$\nabla \boldsymbol{f}_{vx}=\left.\frac{\partial \boldsymbol{f}_v}{\partial \boldsymbol{x}}\right|_{\hat{x},u},\ \nabla \boldsymbol{f}_{vu}=\left.\frac{\partial \boldsymbol{f}_v}{\partial \boldsymbol{u}}\right|_{\hat{x},u} \tag{3.61}$$

(2)观测预测

$$\hat{\boldsymbol{z}}_{k+1}=\boldsymbol{h}[\hat{\boldsymbol{x}}_{k+1|k},\boldsymbol{L}_{W}^{k},k+1] \tag{3.62}$$

3.2.3.3 特征匹配

在特征匹配之前，首先需要进行 $k+1$ 时刻的实际观测，即

$$\boldsymbol{z}_{k+1}=(\rho_{r_j}^{k+1},\varphi_{r_j}^{k+1})^{\mathrm{T}}\quad(0\leqslant j\leqslant n) \tag{3.63}$$

其次，将 $\boldsymbol{z}_{k+1}$ 按照式(3.54))进行坐标转换，得到

$$\boldsymbol{L}_{W_j}^{k+1}=(\rho_{W_j}^{k+1},\varphi_{W_j}^{k+1})^{\mathrm{T}}$$

再次，设置距离阈值 $\delta_\rho>0$ 和角度 $\delta_\varphi>0$，并将 $\boldsymbol{L}_{W_j}^{k+1}$ 与已存在的特征

$$\boldsymbol{L}_{W}=\{(\rho_{W_1},\varphi_{W_1})^{\mathrm{T}},(\rho_{W_2},\varphi_{W_2})^{\mathrm{T}},\cdots,(\rho_{W_m},\varphi_{W_m})^{\mathrm{T}}\}\quad(m\leqslant n)$$

进行距离和角度的匹配，两者是“或”的关系，即如果满足

$$|\rho_{W_j}^{k+1}-\rho_{W_i}|\leqslant\delta_\rho\quad 或\quad|\varphi_{W_j}^{k+1}-\varphi_{\Omega_i}|\leqslant\delta_\varphi,i=1,2,\cdots,m \tag{3.64}$$

则说明 $k+1$ 时刻观测到的任意第 j 条线段特征与先前时刻地图中的任意第 i 条线段是匹

配的。

3.2.3.4　更新阶段

基于匹配的结果，根据式(3.6.2)计算 $k+1$ 时刻匹配上的线段特征的预测观测值，继而计算观测新息

$$\boldsymbol{V}_{k+1}=\boldsymbol{z}_{k+1}-\hat{\boldsymbol{z}}_{k+1} \tag{3.65}$$

新息协方差

$$\boldsymbol{S}_{k+1\mid k}=\boldsymbol{E}[\boldsymbol{V}_{k+1}\boldsymbol{V}^{\mathrm{T}}{}_{k+1}]=\boldsymbol{H}_{k+1}\boldsymbol{P}_{k+1\mid k}(\boldsymbol{H}_{k+1})^{\mathrm{T}}+\boldsymbol{R}_{k+1} \tag{3.66}$$

卡尔曼增益

$$\boldsymbol{K}_{k+1}=\boldsymbol{P}_{k+1\mid k}(\boldsymbol{H}_{k+1})^{\mathrm{T}}(\boldsymbol{S}_{k+1\mid k})^{-1} \tag{3.67}$$

状态更新

$$\hat{\boldsymbol{X}}^{xL}_{k+1\mid k+1}=\hat{\boldsymbol{X}}^{xL}_{k+1\mid k}+\boldsymbol{K}_{k+1}\boldsymbol{V}_{k+1} \tag{3.68}$$

$$\boldsymbol{P}_{k+1\mid k+1}=(\boldsymbol{I}-\boldsymbol{K}_{k+1}(\boldsymbol{H}_{k+1}))\boldsymbol{P}_{k+1\mid k} \tag{3.69}$$

3.2.3.5　状态扩展

假设机器人在 $k+1$ 时刻观测到的新特征为 $\boldsymbol{L}^{k+1}_{W,\mathrm{new}}$，则根据式(3.54)可得

$$\begin{aligned}\boldsymbol{L}^{k+1}_{W,\mathrm{new}}&=\boldsymbol{g}(\hat{\boldsymbol{x}}_{k+1\mid k+1},\boldsymbol{z}_{k+1})+\boldsymbol{w}_{k+1}\\&=\begin{bmatrix}\rho^{k+1}_{r_j}+\gamma_{k+1}\cos(\delta_{k+1}-\varphi^{k+1}_{r_j}-\hat{\theta}_{k+1\mid k+1})\\ \varphi^{k+1}_{r_j}-\hat{\theta}_{k+1\mid k+1}\end{bmatrix}+\boldsymbol{w}_{k+1}\end{aligned} \tag{3.70}$$

得新的联合状态为

$$\boldsymbol{X}^{xL,\mathrm{new}}_{k+1}=\begin{bmatrix}\hat{\boldsymbol{X}}^{xL}_{k+1\mid k+1} & \boldsymbol{L}^{k+1}_{W,\mathrm{new}}\end{bmatrix} \tag{3.71}$$

得新的协方差矩阵为

$$\boldsymbol{P}^{xL,\mathrm{new}}_{k+1\mid k+1}=\begin{bmatrix}\boldsymbol{P}^{xx}_{k+1\mid k+1} & \boldsymbol{P}^{xL}_{k+1\mid k+1} & \boldsymbol{P}^{xx}_{k+1\mid k+1}\cdot\nabla\boldsymbol{g}_x^{\mathrm{T}}\\ \boldsymbol{P}^{Lx}_{k+1\mid k+1} & \boldsymbol{P}^{LL}_{k+1\mid k+1} & (\nabla\boldsymbol{g}_x\cdot\boldsymbol{P}^{xL}_{k+1\mid k+1})^{\mathrm{T}}\\ \nabla\boldsymbol{g}_x\cdot\boldsymbol{P}^{xx}_{k+1\mid k+1} & \nabla\boldsymbol{g}_x\cdot\boldsymbol{P}^{xL}_{k+1\mid k+1} & \nabla\boldsymbol{g}_x\cdot\boldsymbol{P}^{xx}_{k+1\mid k+1}\cdot\nabla\boldsymbol{g}_x^{\mathrm{T}}+\nabla\boldsymbol{g}_h\cdot\boldsymbol{R}_{k+1\mid k+1}\cdot\nabla\boldsymbol{g}_h^{\mathrm{T}}\end{bmatrix} \tag{3.72}$$

其中

$$\nabla\boldsymbol{g}_x=\left.\frac{\partial\boldsymbol{g}}{\partial\hat{\boldsymbol{x}}_{k+1\mid k+1}}\right|_{(\hat{x}_{k+1\mid k+1},z_{k+1})}=\begin{bmatrix}G_{\hat{x}_{k+1\mid k+1}} & G_{\hat{y}_{k+1\mid k+1}} & G_{\hat{\theta}_{k+1\mid k+1}}\\ 0 & 0 & -1\end{bmatrix} \tag{3.73}$$

$$\nabla\boldsymbol{g}_h=\left.\frac{\partial\boldsymbol{g}}{\partial\boldsymbol{z}_{k+1}}\right|_{(\hat{x}_{k+1\mid k+1},z_{k+1})}=\begin{bmatrix}1 & G_{\varphi^{k+1}_{r_j}}\\ 0 & 1\end{bmatrix} \tag{3.74}$$

其中

$$G_{\hat{x}_{k+1\mid k+1}}=\frac{\hat{x}_{k+1\mid k+1}}{\gamma_{k+1}}\cos(\delta_{k+1}-\varphi^{k+1}_{r_j}-\hat{\theta}_{k+1\mid k+1})+\frac{\hat{y}_{k+1\mid k+1}}{\gamma_{k+1}}\sin(\delta_{k+1}-\varphi^{k+1}_{r_j}-\hat{\theta}_{k+1\mid k+1}) \tag{3.75}$$

$$G_{\hat{y}_{k+1\mid k+1}}=\frac{\hat{y}_{k+1\mid k+1}}{\gamma_{k+1}}\cos(\delta_{k+1}-\varphi^{k+1}_{r_j}-\hat{\theta}_{k+1\mid k+1})-\frac{\hat{x}_{k+1\mid k+1}}{\gamma_{k+1}}\sin(\delta_{k+1}-\varphi^{k+1}_{r_j}-\hat{\theta}_{k+1\mid k+1}) \tag{3.76}$$

$$G_{\theta_{k+1|k+1}} = \gamma_{k+1}\sin(\delta_{k+1} - \varphi_{r_j}^{k+1} - \hat{\theta}_{k+1|k+1}) \tag{3.77}$$

$$G_{\varphi_{r_j}^{k+1}} = \gamma_{k+1}\sin(\delta_{k+1} - \varphi_{r_j}^{k+1} - \hat{\theta}_{k+1|k+1}) \tag{3.78}$$

3.2.3.6 算法流程

Ekf-Line-SLAM 算法流程如图 3.14 所示，它比 EKF-SLAM 算法流程增加了特征匹配的环节。

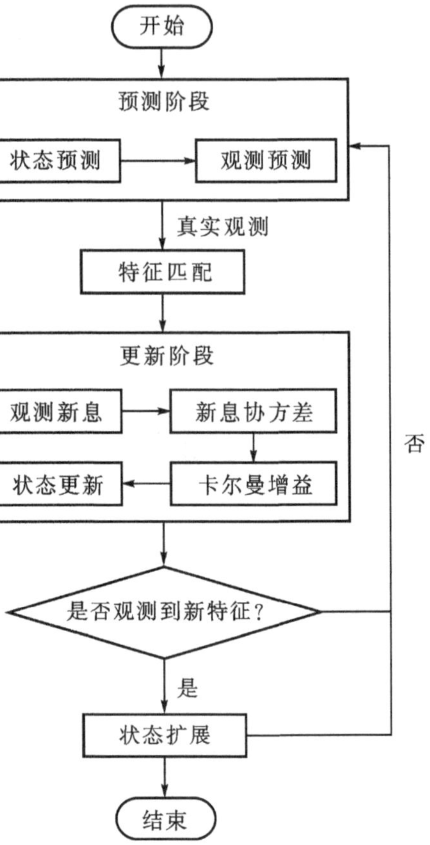

图 3.14 EKF-Line-SLAM 算法流程

3.2.4 线段特征提取实验

线段特征提取实验以图 2.19 所示的三轮驱动移动机器人平台所携带的激光传感器获取环境信息。表 3.2 给出了该激光传感器的主要参数。

尽管激光传感器的最大检测距离可以达到 80m，但基于室内环境范围的约束，以及在实际测试过程中发现环境光线、物体反射率等干扰因素，当测量距离超出 8m 时测量数据错误概率迅速增加。因此，在实验中激光传感器的最大检测距离为 8000mm。在线段特征拟合之前，先按小于最大检测距离原则，滤除激光传感器检测数据中由于物体反射率等原因造成的错误检测数据。

表 3.2　激光传感器主要技术参数

技术参数	参数值
最大探测距离/m	80
视域/(°)	180
角度分辨率/(°)	1/0.5/0.25
波特率/B	500000
响应时间/ms	13/26/53

图 3.15 给出了激光传感器测量得到的三个数据点集例子，其中错误数据已经过滤。其中，图 3.15(a)和图 3.15(b)是在基本相近的位置从不同角度观测得到的数据，所观测环境相对整齐，障碍物较大，数据点具有较好的聚合性；图 3.15(c)对应于一个相对凌乱、障碍物较小且不规整的环境，所观测的数据点也比较凌乱。

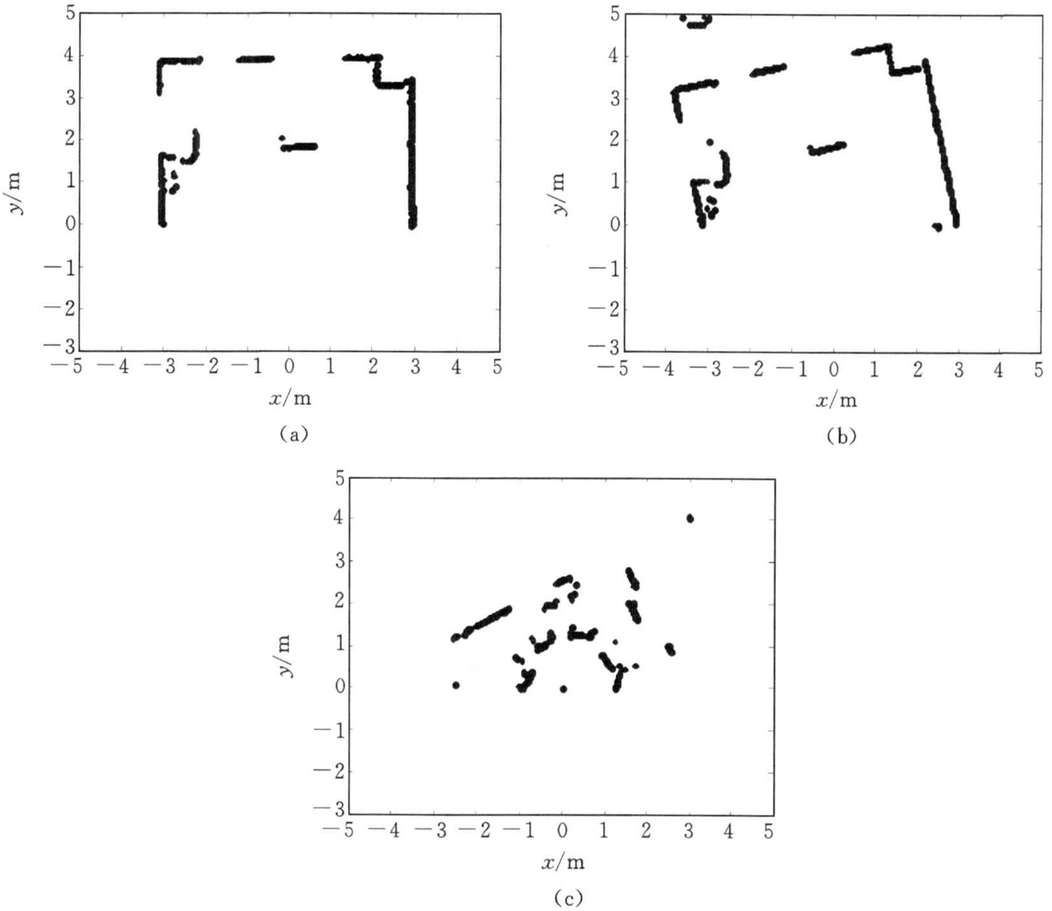

图 3.15　激光传感器测量得到的三个数据点集例子

图 3.16 给出了上述三个数据点集在不同参数 δ_2 下的线段特征提取效果。其中，图 3.16(a)的 δ_2 取值为 5，图 3.16(b)的 δ_2 取值为 10°，图 3.16(c)的 δ_2 取值为 15。各图中的 δ_1 取值为 10mm，δ_3 取值为 30mm，δ_4 取值为 10°。从图 3.16 中可以看出，δ_2 较小时可以提取出环境中存在的所有线段特征，并且拟合得到的线段可以准确地描述环境；δ_2 较大时，描述环境的线段大大减少，但有些环境信息未能得到描述，有时候甚至大部分环境信息都丢失了。参数 δ_1、δ_3 和 δ_4 对线段拟合效果和环境信息描述有一定影响，但其影响小于 δ_2。

从以上结果可以看出，提出的环境线段特征提取算法对环境中存在的线段特征能够很好地进行拟合，可以准确地描述环境，并且可以根据环境复杂程度进行重要参数的调节，以达到最好的实验效果，对环境具有较好的适应性。

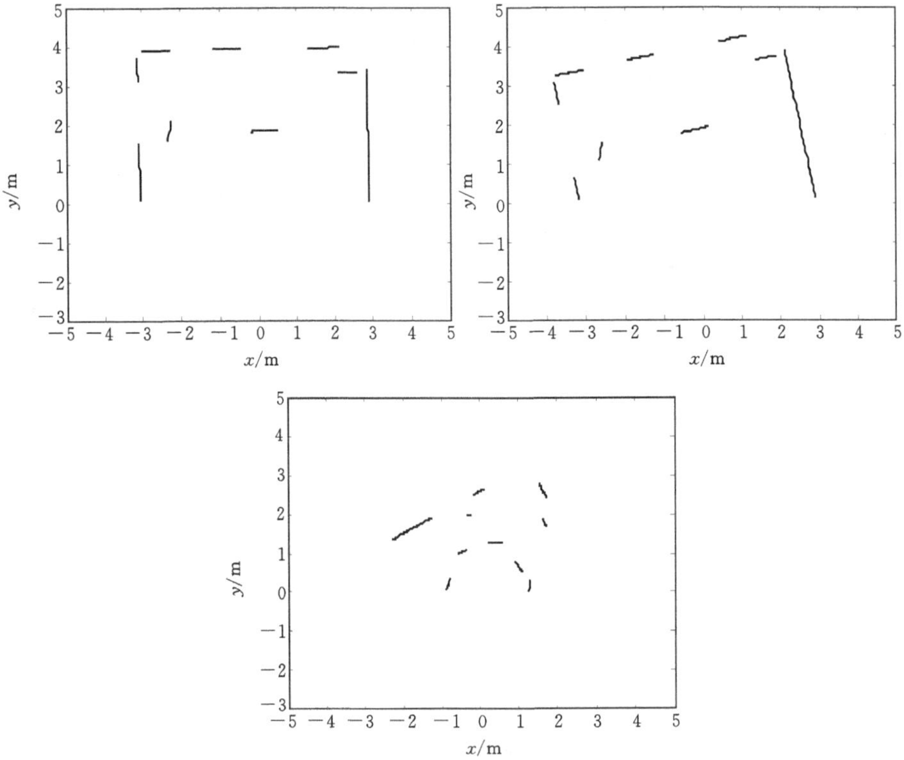

(a)$\delta_2=5$

图 3.16　不同参数 δ_2 对应的线段提取算法效果

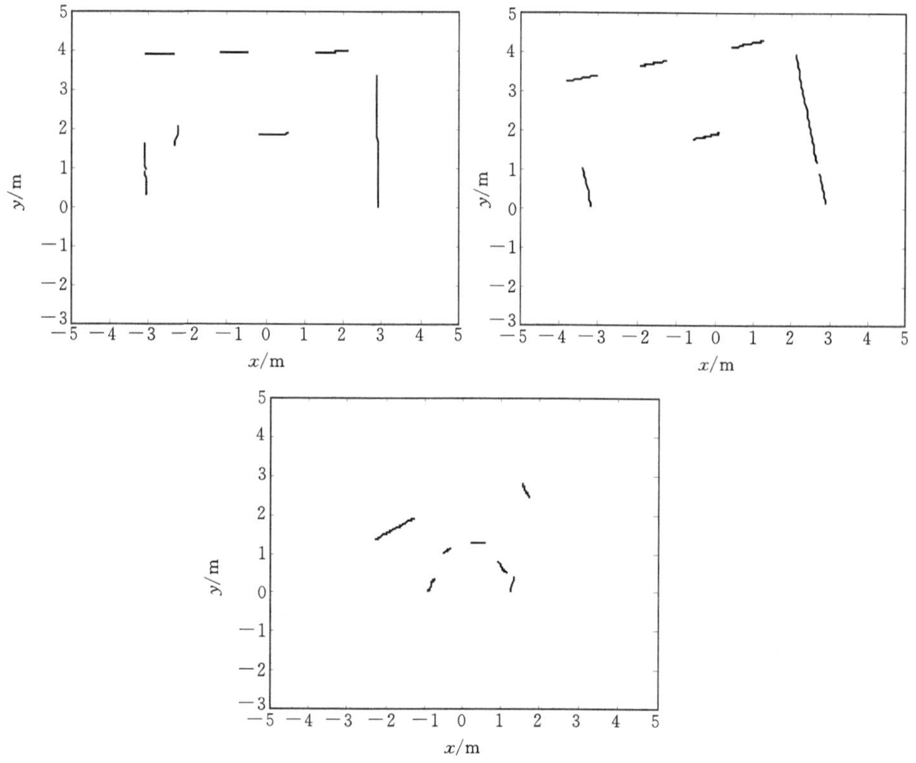

(b)$\delta_2=10$

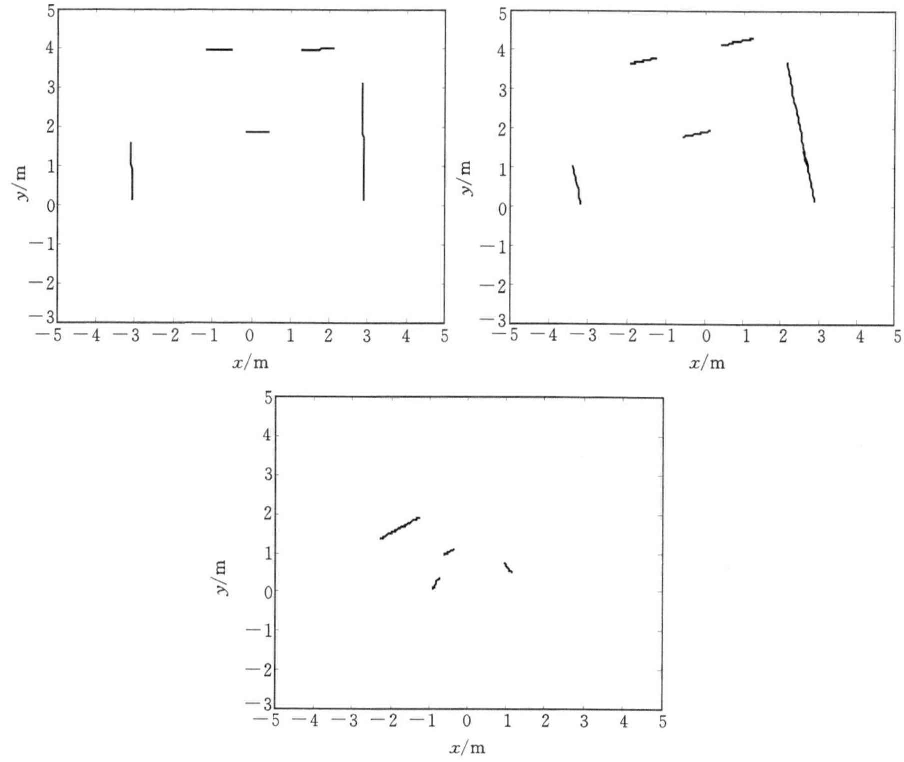

(c)$\delta_2=15$

续图 3.16　不同参数 δ_2 对应的线段提取算法效果

3.2.5　EKF-Line-SLAM 算法实验

3.2.5.1　三轮驱动移动机器人实验平台和传感器

EKF-Line-SLAM 实验依然采用图 3.4(a)所示的三轮驱动移动机器人作为研究平台。该机器人采用集中式控制方案，没有上、下位机之间的通信，简化了数据采集和处理的过程。机器人以一台工控机为控制中心，进行传感器数据的采集、处理和对机器人的控制，如图 3.17(a)所示。

实验中所用的与工控机进行数据通信的传感器包括激光传感器(见图 3.17(b))、底层电机(见图 3.17(b))等。其中，如果在保持激光传感器的角度分辨率为 0.5°和扫描视域为 180°的情况下，要求它与工控机以 RS232 串口(该工控机不支持 RS485 串口)相连，那么激光传感器的波特率最多只能设置为 38400B，工控机接收到一帧完整的激光数据的时间就要达到约 250ms，比 EKF-Line-SLAM 算法离线仿真一个循环的时间还要长。这样便会最终导致实验中激光数据的丢失，使机器人实时创建的地图失真。因此，将激光传感器通过串口管理器(见图 3.17(c))与工控机以网线相连接并进行数据通信，这样激光传感器的波特率便能设置为最大的 5000000B，工控机接收到一帧完整的激光数据的时间被缩短为 90ms 左右，再加上工控机对原始激光数据初步处理的时间，得到的总时间小于 EKF-Line-SLAM 算法离线仿真一个循环的时间，这样就防止了实验中激光数据的丢失。底层电机以串口方式与工控机直接连接并进行通信，反馈的原始数据为编码器数据。

(a)工控机　　(b)激光传感器　　(c)串口管理器

图 3.17　传感器

3.2.5.2　数据采集和处理

在 EKF-Line-SLAM 算法的实验中，应用激光传感器进行环境的探测，即提取环境中存在的线段特征，同时应用底层电机控制进行运动轨迹的推算。因此，实验中需要同时进行采集和处理的数据包括激光数据和底层控制反馈的数据。移动机器人采用手动键盘控制方式进行对环境的巡游，完成探测后将采集的激光数据和底层反馈数据加上时间戳后保存在文件中，再进行离线 SLAM 仿真。探测策略是与 SLAM 相对独立的课题，上述方法不影响对 SLAM 算法的研究。

实验中采用 3.2.1 节介绍的算法进行线段特征的提取，因此线段特征提取需要的是笛卡儿坐标系中的激光数据。为了简化在 EKF-Line-SLAM 算法主程序中的计算，在采集一帧原始激光数据之后，需要依据图 3.11 所示的激光传感器模型对原始数据进行初步的处理，再将最终的笛卡儿激光数据保存在文件中。为了 SLAM 算法中不丢失激光数据，设置笛卡儿激光数据文件的时间间隔为 EKF-Line-SLAM 算法的时间间隔。

同样的，从 3.1 节知道，三轮驱动机器人运动模型的控制量为机器人在 X_R，Y_R 轴方向的全局线速度 v_x，v_y 和绕 Z_R 轴的全局旋转角速度 v_x，v_y，ω_z，因此在得到原始的底层控制反馈数据之后，要将其也进行初步处理并转变为 v_x，v_y，ω_z，同时为了 SLAM 算法中运动轨迹推算的方便，再由它们计算出机器人在 SLAM 算法各段时间间隔内的位移变化量，并最终保存在文件中。

3.2.5.3　软件系统结构和相关模型

EKF-Line-SLAM 算法的编程分为两部分。第一部分在 Visual Studio 2003 编程环境中应用 C++语言编写采集传感器数据并对数据进行初步处理和对机器人进行手动键盘控制的程序，并在机器人的控制中心——工控机中进行运行和操作；第二部分在 Matlab R2010a 编程环境中编写 EKF-Line-SLAM 算法的主体程序，包括导入传感器数据程序模块、线段特征提取程序模块、运动轨迹推算程序模块和 EKF-Line-SLAM 算法程序模块等部分。整个软件系统结构如图 3.18 所示。

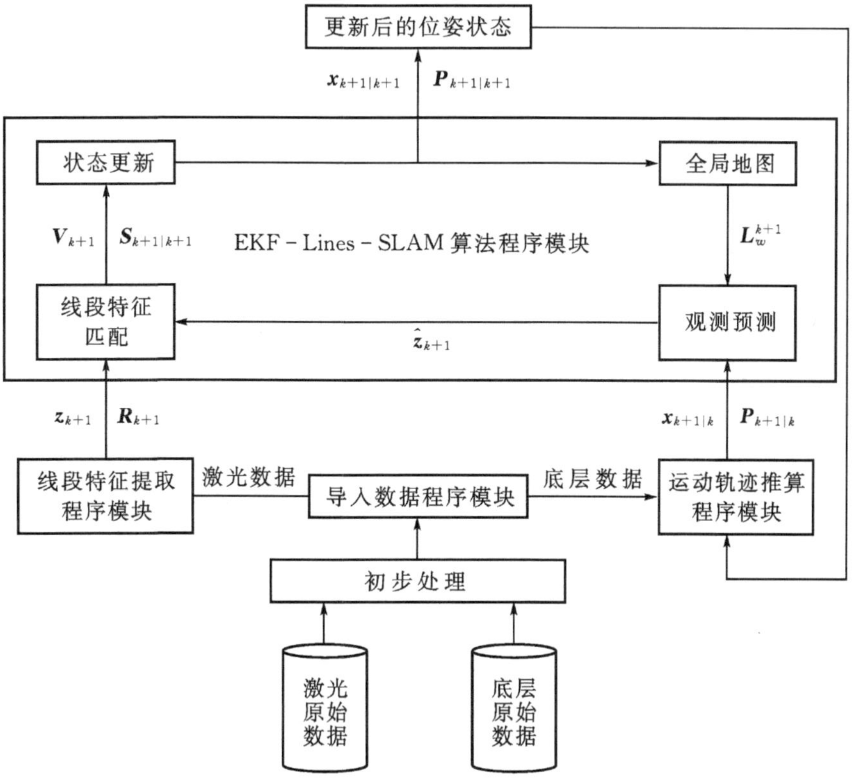

图 3.18　软件系统结构图

在 EKF-Line-SLAM 算法实验中需要用到的主要模型包括激光传感器模型（如图 3.11 所示），三轮驱动机器人运动模型（见式（3.25）），线段特征观测模型（见式（3.47））。

3.2.5.4　实验环境

EKF-Line-SLAM 算法实验的环境如图 3.19(a)所示，其平面图如图 3.19(b)所示。从图中可以看出，实验环境为室内结构化环境，是由隔断和矩形大箱子构成的环形结构，并且包括一个小箱子和一张桌子等结构化障碍以及履带机器人等不规则非结构的障碍物。

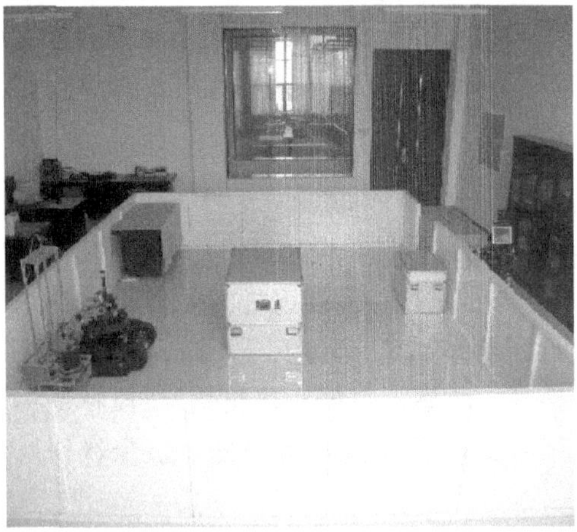

(a)实验环境全景图

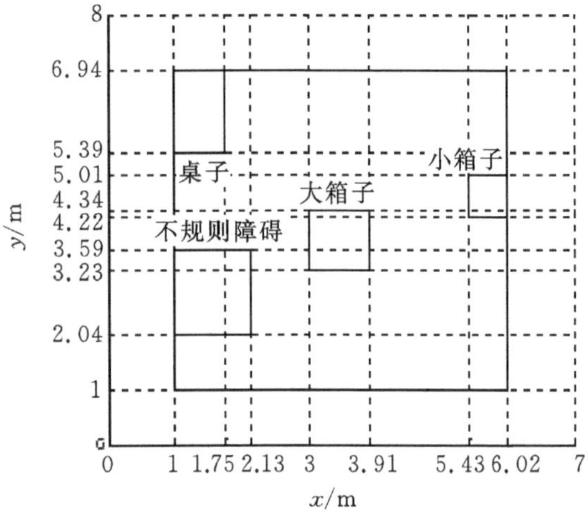

(b)实验环境平面图

图 3.19 实验环境全景图和平面图

3.2.5.5 局部地图创建

首先运用 EKF-Line-SLAM 算法创建实验环境中的某个局部环境的地图，以检验 SLAM 算法的效果。分别选取无不规则障碍和有不规则障碍的局部环境进行实验，分别如图 3.20(a)和图 3.20(b)所示，对应的原始激光数据图如图 3.21(a)和图 3.21(b)所示。机器人创建的局部地图分别如图 3.22(a)和图 3.22(b)所示。在图 3.22(a)和图 3.22(b)的左图中，粗实线为提取的线段特征，“×”为线段端点，虚线为线段所在直线。线段提取算法中 δ_1 取值为 10mm，δ_2 取值为 10，δ_3 取值为 30mm，δ_4 取值为 10°。右图为左图对应的直线地图。

(a)无不规则障碍

(b)有不规则障碍

图 3.20 实验环境的局部

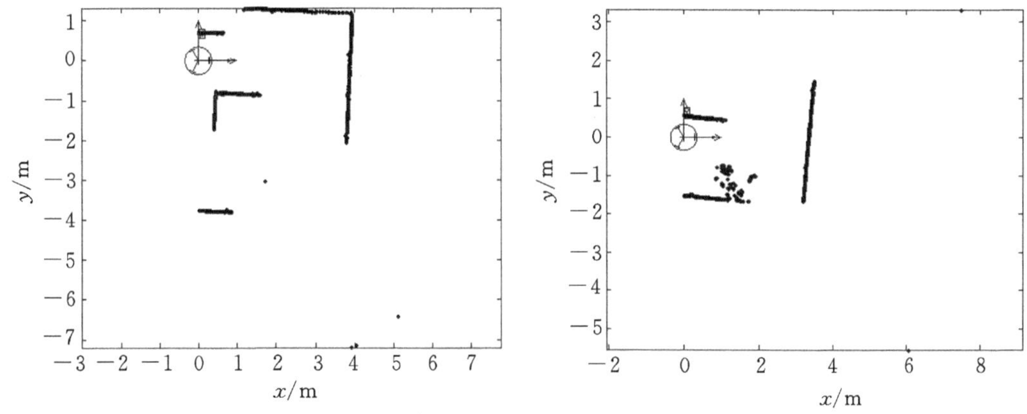

(a)无不规则障碍　　(b)有不规则障碍

图 3.21　局部实验环境原始激光数据图

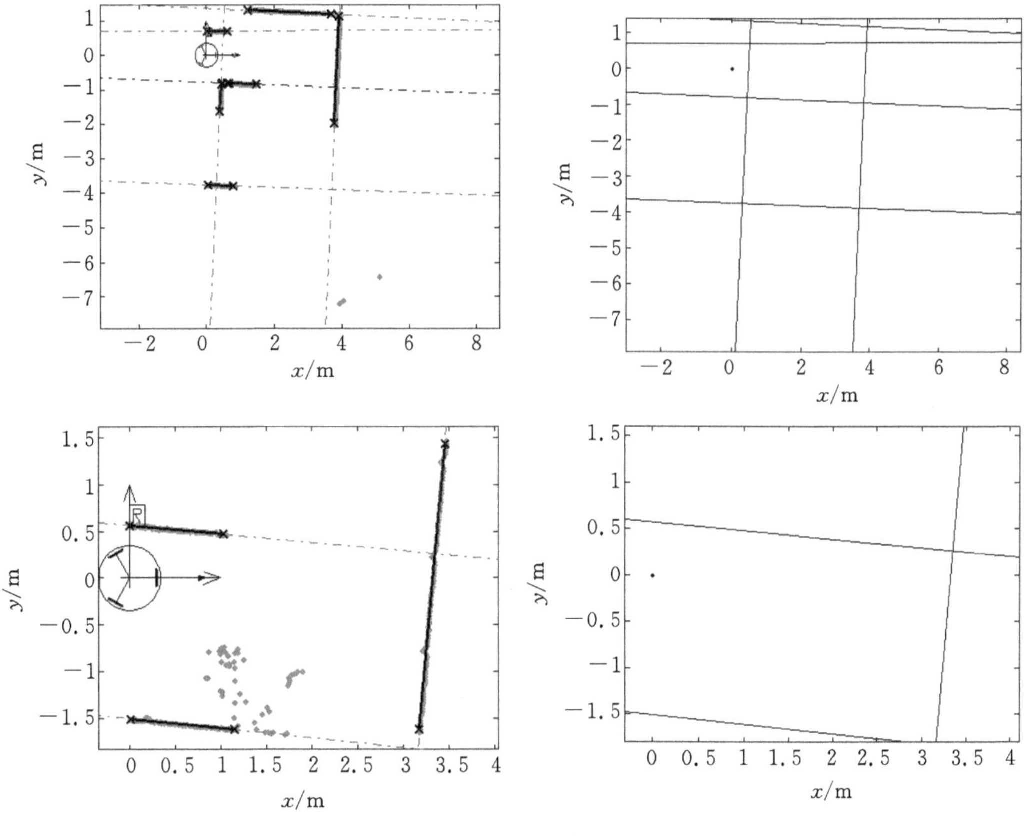

图 3.22　局部地图

3.2.5.6　全局地图创建

在创建全局地图前，首先，运用键盘控制方式使机器人沿着环形通道按图 3.23 所示的路径方向运动一周，探测整个未知环境，获得激光数据和底层控制反馈数据，并绘制原始激光数

据图和机器人运动路径图。其次，将式(3.64)所示的匹配原则改为单一的距离匹配原则，即 $|\rho_{W_j}^{k+1}-\rho_{W_i}|\leqslant\delta_\rho$，得到新的创建线段特征地图的 EKF-SLAM 算法，称为弱匹配 EKF-Line-SLAM 算法。将其运行结果与 EKF-Line-SLAM 算法进行对比，以证明 EKF-Line-SLAM 算法中的线段匹配原则很完备，并能够很好地缓解机器人"绑架"问题。也从另一个侧面说明，没有很好的线段特征匹配或线段特征匹配原则不完备的创建线段特征地图的 EKF-SLAM 算法，在遇到机器人"绑架"问题时将会失败。

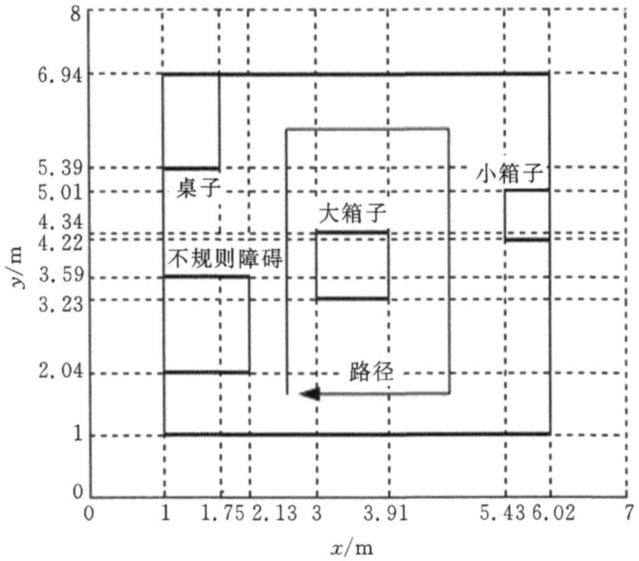

图 3.23　创建全局地图路径图

为了查看 EKF-Line-SLAM 算法对机器人"绑架"问题的缓解效果，首先在机器人未发生"绑架"情况下，将取得的数据分别导入 EKF-Line-SLAM 算法原程序和弱匹配 EKF-Line-SLAM 算法程序进行机器人位姿估计和环境地图创建，比较两种程序的运行结果，证明两种程序的有效性；其次在机器人发生了"绑架"的情况下，将取得的数据导入两种程序进行运行，通过结果对比证明 EKF-Line-SLAM 算法能够很好地缓解机器人"绑架"问题，而线段匹配失败的弱匹配 EKF-Line-SLAM 算法在遇到"绑架"问题时彻底失败。

1)未发生"绑架"情况

在 EKF-Line-SLAM 算法实验过程中，一方面缩短了采样时间，另一方面将机器人的转弯速度设置为很小的值，再加上三轮驱动的稳定性，使机器人在整个运动过程中没有发生"绑架"情况，得到的原始激光数据图和根据底层控制反馈数据得到的机器人运动轨迹如图 3.24 所示。图 3.25(a)和(b)所示分别为 EKF-Line-SLAM 算法和弱匹配 EKF-Line-SLAM 算法根据图 3.24 中数据运行得到的 SLAM 结果图。从图 3.25 中可以看出，两种算法在机器人未发生"绑架"情况下均是有效的，但 EKF-Line-SLAM 算法得到的线段地图更为精确，并且两种算法估计的机器人运动路径也有很大差异。

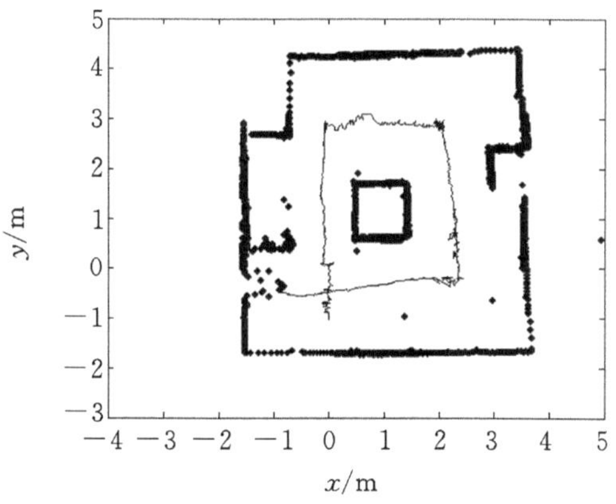

图 3.24　未“绑架”情况原始数据图

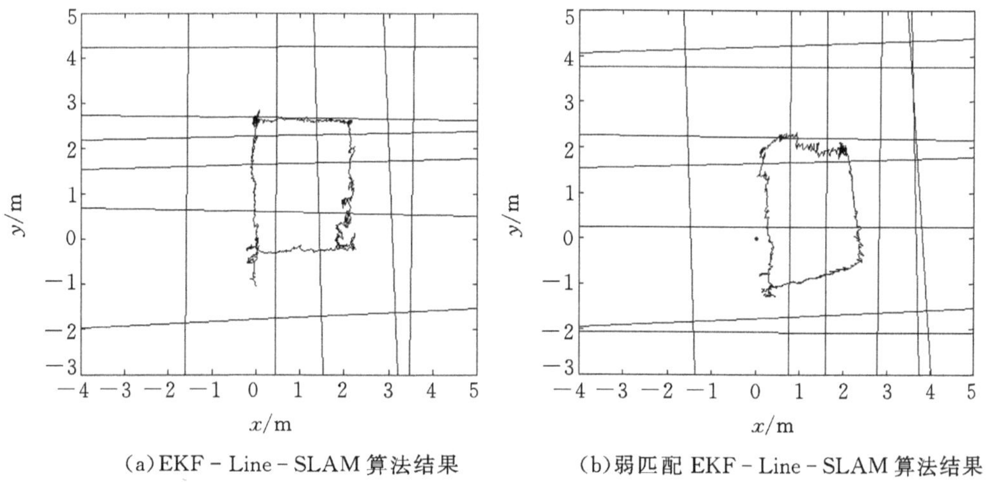
y/m
x/m
(a)EKF - Line - SLAM 算法结果
(b)弱匹配 EKF - Line - SLAM 算法结果

图 3.25　未“绑架”情况 SLAM 结果

图 3.26 所示分别为两种算法对机器人位姿的校正量，从图中可以看出，弱匹配 EKF-Line-SLAM 算法对机器人位姿的校正量比 EKF-Line-SLAM 算法大很多。对比图 3.26 中结果可知，弱匹配 EKF-Line-SLAM 算法在运行过程中产生了较大的失真，导致了定位和地图创建的误差比 EKF-Line-SLAM 算法大很多。

2)发生“绑架”情况

图 3.27 所示为机器人的运动轨迹和原始激光数据图，与未发生“绑架”情况的实验不同，在机器人运动过程中，并没有采取任何手段来防止其车轮的打滑等情况。在实验中，使机器人从坐标约为(0,1)的位置开始沿环形通道运动一周，在机器人运动到坐标约为(1,0)的位置时，利用手动设置，使机器人发生滑动，即被“绑架”，直至回到初始位置。在整个滑动的过程中，里程计无法获取机器人的运动轨迹信息，其真实的运动轨迹大致如图 3.27 中虚线所示。

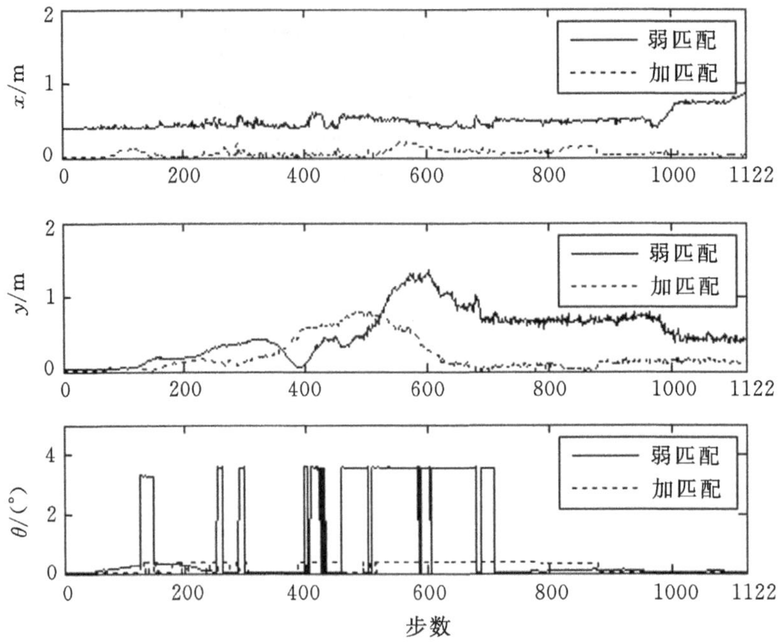

图 3.26 机器人位姿校正量

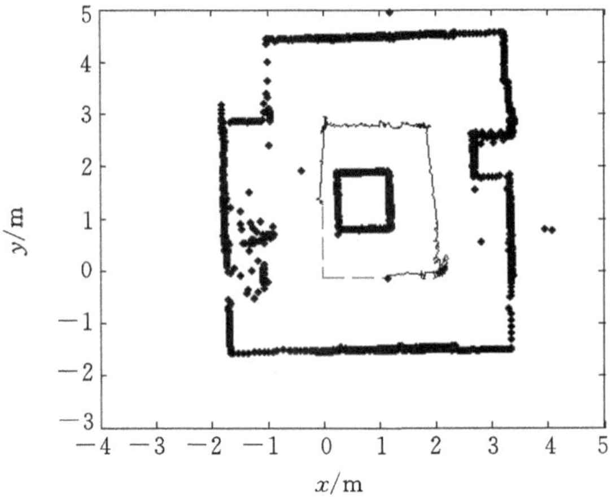

图 3.27 "绑架"情况原始数据图

图 3.28(a)和(b)所示分别为 EKF-Line-SLAM 算法和弱匹配 EKF-Line-SLAM 算法根据图中数据运行得到的 SLAM 结果图。对比图可以看出,在机器人发生严重"绑架"的情况下,弱匹配 EKF-Line-SLAM 算法的运行结果失效,不仅定位结果出错,路径无法闭合,而且所建环境地图严重失真。然而,EKF-Line-SLAM 算法运行结果却比较精确。

图 3.29 所示为弱匹配 EKF-Line-SLAM 算法和 EKF-Line-SLAM 算法运行过程中线段匹配情况的对比。从图中可以看出,在整个过程中,前者的线段匹配情况明显比后者差;并且,机器人出现"绑架"情况是在第 1148 步,此后,前者的线段匹配几乎完全失败,而后者的线段匹配保持了正常。

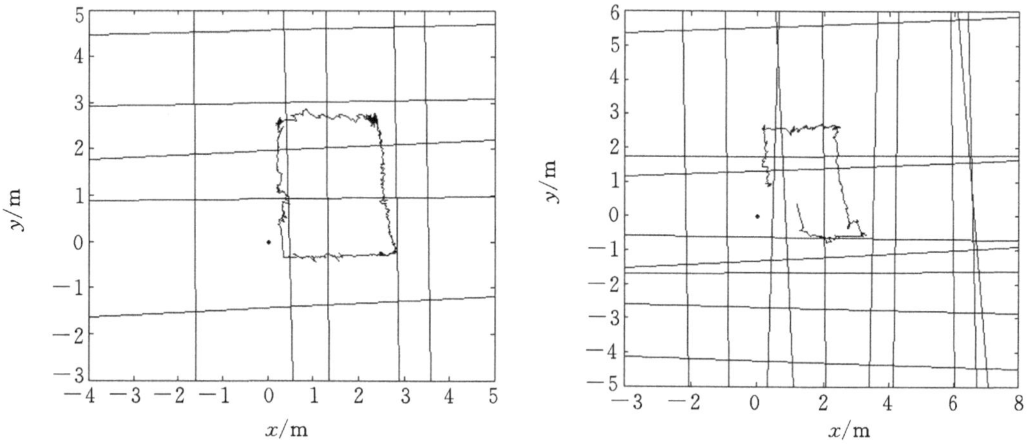

图3.28 “绑架”情况SLAM结果

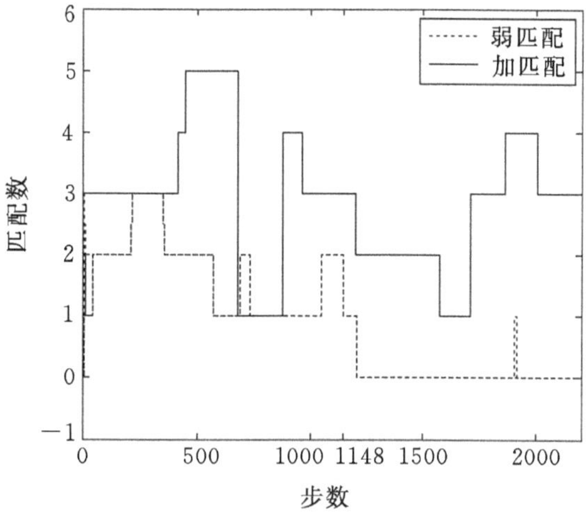

图3.29 线段匹配结果

从3.2.3节的理论推导可以知道,线段匹配的结果直接会影响观测新息的获取,进而影响到新息协方差和卡尔曼增益的计算,并最终反应在联合状态的更新上,这个过程便是式(3.65)至式(3.69)体现的过程。弱匹配EKF-Line-SLAM算法线段匹配的不足,直接导致了它的过大的误差和失效,而拥有好的线段匹配使得EKF-Line-SLAM算法能够克服机器人“绑架”问题。

图3.30所示分别为两种算法对机器人位姿的校正量,与图3.29进行比较,可以看出机器人确实是在1148步之后发生了“绑架”,并且,EKF-Line-SLAM算法在整个过程中对机器人位姿的校正基本正常,在机器人“绑架”过程中的校正量与图2.42中坐标所反应的情况是基本相符的。然而,弱匹配EKF-Line-SLAM算法的校正量不仅在“绑架”之前偏大,而且在“绑架”之后完全失真。

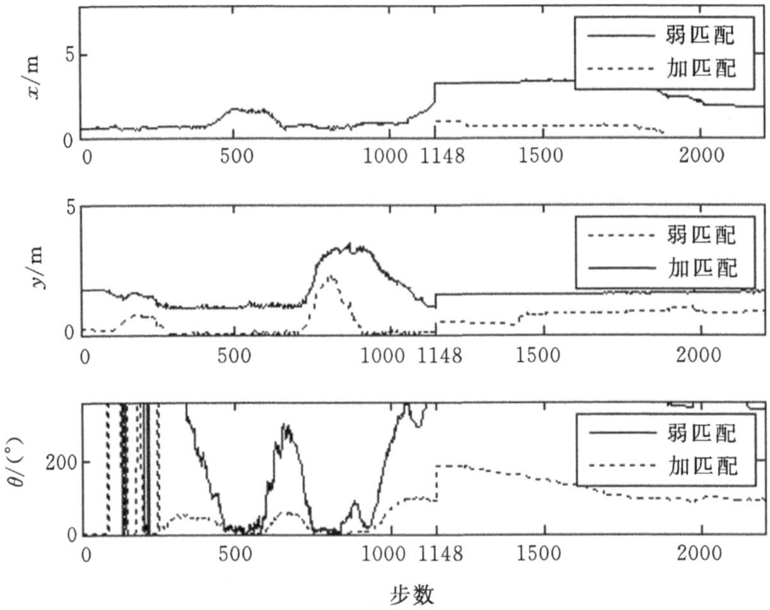

图 3.30　机器人位姿校正量

3.3　改进的 UFastSLAM 算法

EKF-SLAM 算法对机器人系统的处理比较粗糙，并且计算复杂度较大，运用 FastSLAM 算法可以较好地弥补这两个缺陷。然而在 FastSLAM 算法中，建议分布函数的求取和环境特征位置的估计均是基于 EKF 算法的，这样会带来两个问题：一是雅克比矩阵的求解很繁琐且会带来误差，二是非线性函数的线性化处理会产生误差并影响算法的一致性。针对这个问题，Chanki Kim 等提出了 UFastSLAM 算法。该算法提出运用 UKF 算法代替 EKF 算法并很好地融入 FastSLAM 算法中，通过直接对非线性模型进行处理，不仅可以跳过计算雅克比矩阵的步骤，消除 EKF 算法的线性化误差，提高 FastSLAM 算法的精度和一致性，也可以减少必要的采样粒子数。

本节在 UFastSLAM 算法的基础上，针对 FastSLAM 算法的样本退化和贫化问题，通过引进辅助粒子滤波思想，进一步改善 FastSLAM 算法的估计精度和一致性等性能。

3.3.1　UFastSLAM 算法

UFastSLAM 算法的原理主要是基于 UKF 算法的 FastSLAM 算法的改进，究其根本，是将 UKF 算法引入了 RBPF 算法中，即 URBPF 算法，因此其步骤与 FastSLAM 算法一样可分为三步，即建议分布函数的计算，基于采样粒子的环境特征位置估计和重要性权值的计算。首先介绍作为 UFastSLAM 算法基础的 SUT 变换。

3.3.1.1　比例 UT 变换(SUT)

与 FastSLAM 算法不同，UFastSLAM 算法中建议分布函数的求取是基于 UKF 算法的。

UKF 算法是基于 UT 变换的最小方差估计方法，其以 UT 变换为基础，基于卡尔曼滤波的框架，对系统状态进行确定性采样。UKF 算法运用确定性采样得到一组关于机器人位姿状态的 Sigma 点，并以此来获得其估计均值和协方差，从而避免了运用泰勒展开的方式将非线性模型进行线性化时产生的误差。

UT 变换的基本思想是：根据当前时刻的系统状态估计均值 $\hat{\boldsymbol{X}}$ 和协方差 $\boldsymbol{P}$，选择一组点集，即 Sigma 点，利用非线性函数将这些 Sigma 点进行非线性变换，继而得到变换后的点的均值 $\hat{\boldsymbol{X}}'$ 和协方差 $\boldsymbol{P}'$，并运用于采样的每个 Sigma 点，最后得到变换后的点集。其过程如图 3.31 所示。

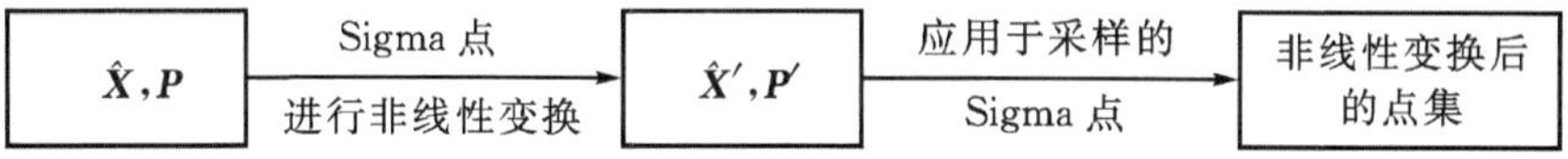

图 3.31　UT 变换示意图

然而在某些情况下，UT 变换后的 Sigma 点的协方差可能不满足半正定阵的要求，UT 变换采样点到中心的距离随系统维数的增加而越来越远，会产生采样的非局部效应。为了解决这一问题，Uhlmann 和 Julier 又提出了 SUT 变换，即比例 UT 变换，最常用的采样策略为 $2n+1$个 Sigma 点对称采样，其中 n 指的是系统状态维数。

3.3.1.2　建议分布函数的求取

在 3.1 节所推导的三轮驱动机器人运动模型的基础上，运用 SUT 变换思想，采用 $2n+1$ 个 Sigma 点对称采样策略，并分为预测和更新两个步骤来进行 UFastSLAM 算法建议分布函数的求取。

首先给出 $k-1$ 时刻对应于第 i 个粒子的联合状态向量 $\boldsymbol{x}_{k-1}^{a[i]}$ 和状态估计误差协方差矩阵 $\boldsymbol{P}_{k-1}^{a[i]}$。为了简化计算，假设观测信息一直不存在，则

$$\boldsymbol{x}_{k-1}^{a[m]} = \begin{bmatrix} \boldsymbol{x}_{k-1}^{[i]} \\ 0 \\ 0 \end{bmatrix} = \begin{bmatrix} x_{x,k-1}^{[i]} \\ x_{y,k-1}^{[i]} \\ x_{\theta,k-1}^{[i]} \\ 0 \\ 0 \end{bmatrix} \tag{3.79}$$

$$\boldsymbol{P}_{k-1}^{a[i]} = \begin{bmatrix} \boldsymbol{P}_{k-1}^{[i]} & 0 & 0 \\ 0 & \boldsymbol{Q}_k & 0 \\ 0 & 0 & \boldsymbol{R}_k \end{bmatrix}_{7\times 7} \tag{3.80}$$

其中，$\boldsymbol{Q}_k$，$\boldsymbol{R}_k$ 分别为控制噪声协方差阵和观测噪声协方差阵。

接下来基于 $k-1$ 时刻的联合状态估计均值和协方差，对 k 时刻机器人位姿状态进行 Sigma 点采样，并进行 SUT 变换，即

$$\begin{cases} \boldsymbol{\chi}_{k-1}^{a[i][0]} = \boldsymbol{x}_{k-1}^{a[i]} \\ \boldsymbol{\chi}_{k-1}^{a[i][m]} = \boldsymbol{x}_{k-1}^{a[i]} + \left(\sqrt{L+\lambda}\boldsymbol{P}_{k-1}^{a[i]}\right)_m, \quad m = 1,2,\cdots,L \\ \boldsymbol{\chi}_{k-1}^{a[i][m]} = \boldsymbol{x}_{k-1}^{a[i]} - \left(\sqrt{L+\lambda}\boldsymbol{P}_{k-1}^{a[i]}\right)_{m-L}, \quad m = L+1,L+2,\cdots,2L \end{cases} \tag{3.81}$$

其中，L 为机器人位姿状态维数，即 $L=3$；$\lambda=\alpha^2(L+\kappa)-L$ 为选择尺度，α 为尺度参数，决定 Sigma 点的遍布范围，取值范围为 $0<\alpha<1$，一般是一个很小的值；$\kappa(\kappa\geqslant 0)$ 是一个比例参数，决定选取的 Sigma 点距离均值为多远合适，由于没有决定性的作用，通常取值为 0；$(\cdot)_m$ 表示矩阵的第 m 列。

值得注意的是，每个 Sigma 点 $\boldsymbol{\chi}_{k-1}^{a[i][m]}$ 都包含机器人位姿状态 $\boldsymbol{\chi}_{k-1}^{[i][m]}$、控制噪声分量 $\boldsymbol{\chi}_{k-1}^{u[i][m]}$、观测分量 $\boldsymbol{\chi}_{k-1}^{z[i][m]}$ 三个部分，表示如下：

$$\boldsymbol{\chi}_{k-1}^{a[i][m]}=\begin{bmatrix}\boldsymbol{\chi}_{k-1}^{[i][m]}\\ \boldsymbol{\chi}_{k-1}^{u[i][m]}\\ \boldsymbol{\chi}_{k-1}^{z[i][m]}\end{bmatrix} \tag{3.82}$$

参照图 3.31，首先基于三轮驱动机器人运动模型将 Sigma 点进行非线性变换，得到 k 时刻机器人位姿状态的估计均值的 Sigma 点 $\bar{\boldsymbol{\chi}}_k^{[i][m]}$，即

$$\bar{\boldsymbol{\chi}}_k^{[i][m]}=\boldsymbol{f}(\boldsymbol{u}_k^{[i]}+\boldsymbol{\chi}_k^{u[i][m]},\boldsymbol{\chi}_{k-1}^{[i][m]})=\begin{bmatrix}\bar{\chi}_{x,k}^{[i][m]}\\ \bar{\chi}_{y,k}^{[i][m]}\\ \bar{\chi}_{\theta,k}^{[i][m]}\end{bmatrix} \tag{3.83}$$

其中，$\boldsymbol{u}_k^{[i]}$ 为 k 时刻控制输入；$\boldsymbol{\chi}_k^{u[i][m]}$ 为 k 时刻控制噪声 Sigma 点。式(3.83)的具体推导过程如下：

由 3.1 节可知，三轮驱动机器人运动模型的控制输入分别为移动机器人在 X_R，Y_R 轴方向的全局线速度和绕 Z_R 轴的全局旋转角速度，即 $[v_{x,k},v_{y,k},\omega_{z,k}]^{\mathrm{T}}$，则 $\boldsymbol{\chi}_{k-1}^{u[i][m]}$ 可以进一步表示为

$$\boldsymbol{\chi}_k^{u[i][m]}=\begin{bmatrix}\chi_{v_{x,k},k}^{u[i][m]}\\ \chi_{v_{y,k},k}^{u[i][m]}\\ \chi_{\omega_{z,k},k}^{u[i][m]}\end{bmatrix} \tag{3.84}$$

控制输入可以进一步表示成

$$\begin{bmatrix}v_{x,k}^{[i]}\\ v_{y,k}^{[i]}\\ \omega_{z,k}^{[i]}\end{bmatrix}=\begin{bmatrix}v_{x,k}^{[i]}+\chi_{v_{x,k},k}^{u[i][m]}\\ v_{y,k}^{[i]}+\chi_{v_{y,k},k}^{u[i][m]}\\ \omega_{z,k}^{[i]}+\chi_{\omega_{z,k},k}^{u[i][m]}\end{bmatrix} \tag{3.85}$$

最后运用运动模型函数将 $\boldsymbol{\chi}_{k-1}^{[i][m]}$ 进行非线性变换，得

$$\bar{\boldsymbol{\chi}}_k^{[i][m]}=\boldsymbol{\chi}_{k-1}^{[i][m]}+\begin{bmatrix}\Delta D_k^{[i]}\cdot\cos(\chi_{\theta,k-1}^{[i][m]}+\alpha_{k-1}^{[i]}+\beta_{k-1}^{[i]})\\ \Delta D_k^{[i]}\cdot\sin(\chi_{\theta,k-1}^{[i][m]}+\alpha_{k-1}^{[i]}+\beta_{k-1}^{[i]})\\ \omega_{z,k}^{[i]}\cdot\Delta T_k\end{bmatrix} \tag{3.86}$$

其中

$$\Delta D_k^{[i]}=\sqrt{(v_{x,k}^{[i]})^2}\cdot\Delta T_k \tag{3.87}$$

$$\alpha_{k-1}^{[i]}=\arctan\left(\frac{v^{[i]}{}_{y,k}}{v_{x,k}^{[i]}}\right) \tag{3.88}$$

$$\beta_{k-1}^{[i]}=\frac{1}{2}\omega_{z,k}^{[i]}\cdot\Delta T_k \tag{3.89}$$

式(3.86)的分解形式为

$$\begin{cases}\bar{\chi}_{x,k}^{[i][m]} = \chi_{x,k-1}^{[i][m]} + \Delta D_k^{[i]} \cdot \cos(\chi_{\theta,k-1}^{[i][m]} + \alpha_{k-1}^{[i]} + \beta_{k-1}^{[i]}) \\ \bar{\chi}_{y,k}^{[i][m]} = \chi_{y,k-1}^{[i][m]} + \Delta D_k^{[i]} \cdot \sin(\chi_{\theta,k-1}^{[i][m]} + \alpha_{k-1}^{[i]} + \beta_{k-1}^{[i]}) \\ \bar{\chi}_{\theta,k}^{[i][m]} = \chi_{\theta,k-1}^{[i][m]} + \omega_{z,k}^{[i]} \cdot \Delta T_k \end{cases} \tag{3.90}$$

至此,式(3.83)的推导完成。

继而利用变换后的 Sigma 点 $\bar{\boldsymbol{\chi}}_k^{[i][m]}$ 进行机器人位姿状态的预测估计。首先计算预测估计均值 $\boldsymbol{x}_{k|k-1}^{[i]}$ 为

$$\boldsymbol{x}_{k|k-1}^{[i]} = \sum_{m=0}^{2L} \omega_g^{(m)} \bar{\boldsymbol{\chi}}_k^{[i][m]} \tag{3.91}$$

预测估计误差协方差 $\boldsymbol{P}_{k|k-1}^{[i]}$ 为

$$\boldsymbol{P}_{k|k-1}^{[i]} = \sum_{m=0}^{2L} \omega_c^{(m)} (\bar{\boldsymbol{\chi}}_k^{[i][m]} - \boldsymbol{x}_{k|k-1}^{[i]})(\bar{\boldsymbol{\chi}}_k^{[i][m]} - \boldsymbol{x}_{k|k-1}^{[i]})^{\mathrm{T}} \tag{3.92}$$

其中,$\omega_g^{[i]}$ 和 $\omega_c^{[m]}$ 分别为 Sigma 点序列的均值及协方差的权值,它们的值为

$$\begin{aligned} &\omega_g^{[0]} = \frac{\lambda}{L+\lambda}, \quad \omega_c^{[0]} = \frac{\lambda}{L+\lambda} + (1-\alpha^2+\beta) \\ &\omega_g^{[m]} = \omega_c^{[m]} = \frac{1}{2(L+\lambda)}, m = 1,2,\cdots,2L \end{aligned} \tag{3.93}$$

式(3.93)中的 β 用于吸收后面时刻的后验分布知识,如果系统状态服从高斯分布,则 β 取 2 为最优。

然后进行观测更新,得到 k 时刻的机器人位姿状态的估计均值 $\boldsymbol{x}_k^{[i]}$ 和协方差 $\boldsymbol{P}_k^{[i]}$。首先通过计算来选取观测 Sigma 点 $\bar{\boldsymbol{\gamma}}_k^{[i][m]}$ 为

$$\bar{\boldsymbol{\gamma}}_k^{[i][m]} = \boldsymbol{h}(\bar{\boldsymbol{\chi}}_k^{[i][m]}, \boldsymbol{u}_{k-1}^{[m]}) + \boldsymbol{\chi}_k^{z[i][m]} \tag{3.94}$$

得到预测观测 $\hat{\boldsymbol{z}}_k^{[i]}$ 为

$$\hat{\boldsymbol{z}}_k^{[i]} = \sum_{m=0}^{2L} \omega_g^{(m)} \bar{\boldsymbol{\gamma}}_k^{[i][m]} \tag{3.95}$$

新息协方差 $\boldsymbol{S}_{k|k-1}^{[i]}$ 为

$$\boldsymbol{S}_{k|k-1}^{[i]} = \sum_{m=0}^{2L} \omega_c^{[m]} (\bar{\boldsymbol{\gamma}}_k^{[i][m]} - \hat{\boldsymbol{z}}_k^{[i][m]})(\bar{\boldsymbol{\gamma}}_k^{[i][m]} - \hat{\boldsymbol{z}}_k^{[i][m]})^{\mathrm{T}} \tag{3.96}$$

交叉协方差 $\boldsymbol{P}_{k|k-1}^{xz[i]}$ 为

$$\boldsymbol{P}_{k|k-1}^{xz[i]} = \sum_{m=0}^{2L} \omega_c^{[m]} (\bar{\boldsymbol{\chi}}_k^{[i][m]} - \boldsymbol{x}_{k|k-1}^{[i]})(\bar{\boldsymbol{\gamma}}_k^{[i][m]} - \hat{\boldsymbol{z}}_k^{[i][m]})^{\mathrm{T}} \tag{3.97}$$

则卡尔曼增益 $\boldsymbol{K}_k^{[i]}$ 为

$$\boldsymbol{K}_k^{[i]} = \boldsymbol{P}_{k|k-1}^{xz[i][m]} (\boldsymbol{S}_{k|k-1}^{[i]})^{-1} \tag{3.98}$$

最后可以得到 k 时刻的机器人位姿状态估计的均值 $\boldsymbol{x}_k^{[i]}$ 和协方差 $\boldsymbol{P}_k^{[i]}$,即

$$\boldsymbol{x}_k^{[i]} = \boldsymbol{x}_{k|k-1}^{[i]} + \boldsymbol{K}_k^{[i]}(\boldsymbol{z}_k - \hat{\boldsymbol{z}}_k^{[i]}) \tag{3.99}$$

$$\boldsymbol{P}_k^{[i]} = \boldsymbol{P}_{k|k-1}^{[i]} - \boldsymbol{K}_k^{[i]} \boldsymbol{S}_{k|k-1}^{[i]} (\boldsymbol{K}_k^{[i]})^{\mathrm{T}} \tag{3.100}$$

至此,便可以利用前面得到的机器人位姿状态估计的均值 $\boldsymbol{x}_k^{[i]}$ 和协方差 $\boldsymbol{P}_k^{[i]}$ 构建一个高斯分布,即 UFastSLAM 算法的建议分布函数,亦即

$$\boldsymbol{x}_k^{[i]} \sim \boldsymbol{N}(\boldsymbol{x}_k^{[i]}, \boldsymbol{P}_k^{[i]}) \tag{3.101}$$

3.3.1.3 环境特征位置的估计

UFastSLAM 算法中运用 UKF 算法替代 EKF 算法进行环境特征位置的估计。首先依然按照 $2n+1$ 个 Sigma 点对称采样的策略进行 k 时刻的 Sigma 点的选取，用 $\boldsymbol{\mu}_{k-1}^{[m]}$ 和 $\boldsymbol{\Sigma}_{k-1}^{[m]}$ 分别表示 $k-1$ 时刻的环境特征位置估计的均值和协方差，并假设环境特征状态向量的维数为 n，则选取 Sigma 点如下：

$$\begin{cases}\boldsymbol{\chi}^{[i][0]} = \boldsymbol{\mu}_{k-1}^{[i]} \\ \boldsymbol{\chi}^{[i][m]} = \boldsymbol{\mu}_{k-1}^{[i]} + \left(\sqrt{(n+\lambda)\boldsymbol{\Sigma}_{k-1}^{[i]}}\right)_m, m = 1,2,\cdots,n \\ \boldsymbol{\chi}^{[i][m]} = \boldsymbol{\mu}_{k-1}^{[i]} - \left(\sqrt{(n+\lambda)\boldsymbol{\Sigma}_{k-1}^{[i]}}\right)_{m-n}, m = n+1,n+2,\cdots,2n\end{cases} \tag{3.102}$$

继而按照与机器人位姿状态估计相似的方法进行环境特征位置的估计。首先对 Sigma 点进行非线性变换，得

$$\bar{\boldsymbol{Z}}_k^{[i][m]} = \boldsymbol{h}(\boldsymbol{\chi}^{[i][m]}, \boldsymbol{x}_k^{[i]}) \tag{3.103}$$

进行预测观测

$$\hat{\boldsymbol{z}}_k^{[i]} = \sum_{m=0}^{2n} \omega_g^{[m]} \bar{\boldsymbol{Z}}_k^{[i][m]} \tag{3.104}$$

新息协方差矩阵为

$$\bar{\boldsymbol{S}}_k^{[i]} = \sum_{m=0}^{2n} \omega_c^{[m]} (\bar{\boldsymbol{Z}}_k^{[i][m]} - \hat{\boldsymbol{z}}_k^{[i]})(\bar{\boldsymbol{Z}}_k^{[i][m]} - \hat{\boldsymbol{z}}_k^{[i]})^{\mathrm{T}} \tag{3.105}$$

交叉协方差阵为

$$\bar{\boldsymbol{\Sigma}}_k^{[i]} = \sum_{m=0}^{2n} \omega_c^{[m]} (\boldsymbol{\chi}^{[i][m]} - \boldsymbol{u}_{k-1}^{[i]})(\bar{\boldsymbol{Z}}_k^{[i][m]} - \hat{\boldsymbol{z}}_k^{[i]})^{\mathrm{T}} \tag{3.106}$$

则计算卡尔曼增益得

$$\bar{\boldsymbol{K}}_k^{[i]} = \bar{\boldsymbol{\Sigma}}_k^{[i]} (\bar{\boldsymbol{S}}_k^{[i]})^{-1} \tag{3.107}$$

最后利用 k 时刻的观测 $\boldsymbol{z}_k$ 进行更新，得到环境特征位置估计的均值 $\boldsymbol{\mu}_k^{[i]}$ 和协方差 $\boldsymbol{\Sigma}_k^{[i]}$，即

$$\boldsymbol{u}_k^{[i]} = \boldsymbol{u}_{k-1}^{[i]} + \bar{\boldsymbol{K}}_k^{[i]}(\boldsymbol{z}_k - \hat{\boldsymbol{z}}_k^{[i]}) \tag{3.108}$$

$$\boldsymbol{\Sigma}_k^{[i]} = \boldsymbol{\Sigma}_{k-1}^{[i]} - \bar{\boldsymbol{K}}_k^{[i]} \bar{\boldsymbol{S}}_k^{[i]} (\bar{\boldsymbol{K}}_k^{[i]})^{\mathrm{T}} \tag{3.109}$$

至此，UFastSLAM 算法的一个循环结束，得到了 k 时刻的机器人位姿状态和环境特征位置状态。

下面介绍环境特征位置状态的初始化问题。

由于是初始时刻，前一时刻环境特征位置估计的均值和协方差都不存在，因此可以利用首次的观测量代替。用 l 表示初始化时环境特征状态向量的维数，$\boldsymbol{\psi}^{[i][m]}$ 为初始化 Sigma 点，$\boldsymbol{R}_k$ 为观测噪声协方差阵，则选取初始化 Sigma 点为

$$\begin{cases}\boldsymbol{\psi}^{[0][m]} = z_1 \\ \boldsymbol{\psi}^{[i][m]} = z_1 + \left(\sqrt{(l+k)\boldsymbol{R}_k}\right)_m, m = 1,2,\cdots,l \\ \boldsymbol{\psi}^{[i][m]} = z_1 - \left(\sqrt{(l+k)\boldsymbol{R}_k}\right)_m, m = l+1,l+2,\cdots,2l\end{cases} \tag{3.110}$$

3.3.1.4 重要性权值的计算

UFastSLAM 算法中重要性权值的计算与 FastSLAM2.0 算法是一样的，均是高斯分布的

形式，而高斯分布的均值是 k 时刻的预测观测。假设高斯分布的标准差为 $\boldsymbol{\Gamma}_k^{[i]}$，其具体形式为

$$\boldsymbol{\Gamma}_k^{[i]} = (\boldsymbol{\Sigma}_k^{[i]})^{\mathrm{T}} (\boldsymbol{P}_k^{[i]})^{-1} \boldsymbol{\Sigma}_k^{[i]} + \bar{\boldsymbol{S}}_k^{[i]} \tag{3.111}$$

则用于计算重要性权值的高斯分布函数为

$$\omega_k^{[i]} = \left| 2\pi \boldsymbol{\Gamma}_k^{[i]} \right|^{-(1/2)} \exp\{-(1/2)(\boldsymbol{z}_k - \hat{\boldsymbol{z}}_k^{[i]})(\boldsymbol{\Gamma}_k^{[i]})^{-1}(\boldsymbol{z}_k - \hat{\boldsymbol{z}}_k^{[i]})^{\mathrm{T}}\} \tag{3.112}$$

3.3.1.5 UFastSLAM 算法流程

根据前文所述，可以得到 UFastSLAM 算法的流程，如图 3.32 所示。

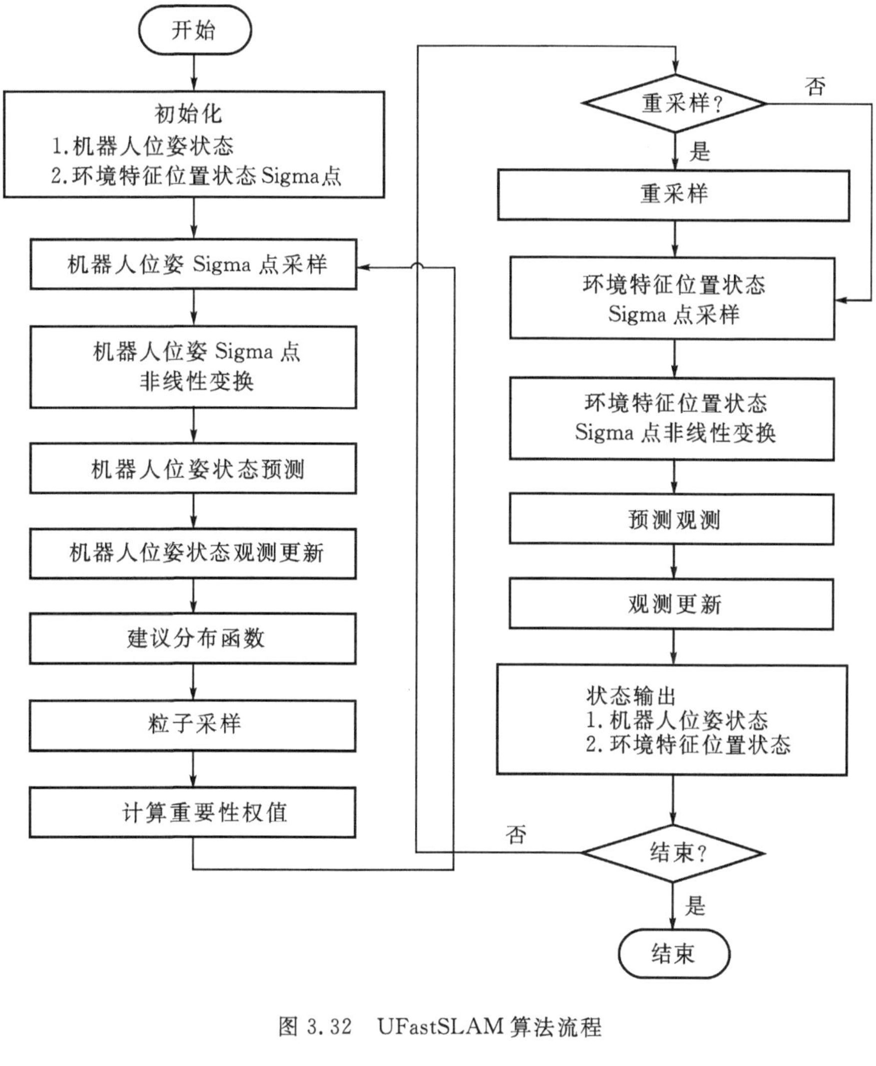

图 3.32　UFastSLAM 算法流程

3.3.2　改进的 UFastSLAM 算法

针对 UFastSLAM 算法的粒子退化和贫化问题，本节提出通过在 UFastSLAM 算法的重采样过程中引入辅助粒子滤波算法的思想来进行缓解。首先介绍辅助粒子滤波算法，然后应用其对无迹粒子滤波(UPF)算法进行改进。

3.3.2.1 辅助粒子滤波(APF)算法

辅助粒子滤波(APF)算法的主要思想是将下一时刻的观测量用于前一时刻的估计，增加观测似然度高的粒子的影响力，即将最近的观测量用于求取建议分布函数。辅助粒子滤波算法以序列重要性采样为基础，引入另一个带有辅助变量 $j^{(i)}(i,j=1,2,\cdots,N)$ 的建议分布函数 $q(\boldsymbol{x}_{k+1},j^{(i)}\mid\boldsymbol{z}_{1:k+1})$，其中 N 为粒子数目。通过在这个建议分布函数中加入下一时刻的似然度函数来增加其可靠性，并从中采样粒子，这样做可以维持似然度大的粒子所占的比例，使得粒子权重在滤波过程中变得更稳定。

普通的粒子滤波的采样方法很简单，往往是从一步转移概率分布中采样，即选择的建议分布函数往往是先验概率密度函数，即

$$q(\boldsymbol{x}_{k+1}\mid\boldsymbol{x}_{0:k},\boldsymbol{z}_{1:k})=p(\boldsymbol{x}_{k+1}\mid\boldsymbol{x}_k) \tag{3.113}$$

这样的采样方法由于没有考虑当前可用的观测信息，因此可能会导致蒙特卡罗方差过高且滤波性能更差。

然而在辅助粒子滤波中，在 k 时刻系统状态 $\boldsymbol{x}_k$ 已知的情况下，首先可以通过计算获得 $\boldsymbol{x}_{k+1}$ 的均值等特征，记为 $\boldsymbol{\mu}_{k+1}^{j^{(i)}}$，即

$$\boldsymbol{\mu}_{k+1}^{j^{(i)}}=\boldsymbol{E}[\boldsymbol{x}_{k+1}\mid\boldsymbol{x}_k^{j^{(i)}}] \tag{3.114}$$

其中，j 为辅助变量，下面会对其具体阐述。其次可以利用 $\boldsymbol{\mu}_{k+1}^{j^{(i)}}$ 近似获取 $k+1$ 时刻的观测似然度函数 $p(\boldsymbol{z}_{k+1}\mid\boldsymbol{\mu}_{k+1}^{j^{(i)}})$，并将其应用于计算建议分布函数，使得建议分布函数包含了最近的观测信息，从而变得更加稳定，进而进行粒子采样；同时进行一次加权来获取新的粒子索引集合，即观测似然度大的粒子索引集合 $\{j^{(i)}\}_{i=1}^N$。最后进行二次加权，并根据二次加权值在新的粒子集合中进行重采样，从而使观测似然度大的粒子保持足够大的比例，使粒子云朝期望方向移动的概率增加。

下面重点介绍辅助粒子滤波算法中建议分布函数的计算，一次加权和二次加权，以及算法流程。

1)建议分布函数的计算

假设 k 时刻粒子集为 $\{\boldsymbol{x}_k^{(i)}\}_{i=1}^N$，权值为 $\tilde{\omega}_k^{(i)}$，在普通的粒子滤波中，后验分布概率密度的获取是由先验分布概率函数通过观测似然度函数作为桥梁，经过更新计算获得的。

在辅助粒子滤波算法中，引进一个辅助变量，即新的粒子索引号 $j^{(i)}$，区别于原有的粒子索引号 i，定义

$$p(\boldsymbol{x}_{k+1},j^{(i)}\mid\boldsymbol{z}_{1:k+1})\propto p(\boldsymbol{z}_{k+1}\mid\boldsymbol{x}_{k+1})\int p(\boldsymbol{x}_{k+1}\mid\boldsymbol{x}_k^{(i)})p(\boldsymbol{x}_k^{(i)}\mid\boldsymbol{z}_{1:k}) \tag{3.115}$$

根据贝叶斯定理可得

$$\begin{aligned}p(\boldsymbol{x}_{k+1},j^{(i)}\mid\boldsymbol{z}_{1:k+1})&\propto p(\boldsymbol{z}_{k+1}\mid\boldsymbol{x}_{k+1},j^{(i)})p(\boldsymbol{x}_{k+1},j^{(i)}\mid\boldsymbol{z}_{1:k})\\&=p(\boldsymbol{z}_{k+1}\mid\boldsymbol{x}_{k+1})p(\boldsymbol{x}_{k+1}\mid j^{(i)},\boldsymbol{z}_{1:k})\\&=p(\boldsymbol{z}_{k+1}\mid\boldsymbol{x}_{k+1})p(\boldsymbol{x}_{k+1}\mid\boldsymbol{x}_k^{(j^i)})p(j^{(i)}\mid\boldsymbol{z}_{1:k})\end{aligned} \tag{3.116}$$

用 $\boldsymbol{\mu}_{k+1}^{j^{(i)}}=\boldsymbol{E}[\boldsymbol{x}_{k+1}\mid\boldsymbol{x}_k^{j^{(i)}}]$ 替换 $\boldsymbol{x}_{k+1}$，得

$$p(\boldsymbol{x}_{k+1},j^{(i)}\mid\boldsymbol{z}_{1:k+1})\propto p(\boldsymbol{z}_{k+1}\mid\boldsymbol{\mu}_{k+1}^{j^{(i)}})p(\boldsymbol{x}_{k+1}\mid\boldsymbol{x}_k^{j^{(i)}})p(j^{(i)}\mid\boldsymbol{z}_{1:k}) \tag{3.117}$$

式(3.117)即为辅助粒子滤波的建议分布函数，其中引进了用 $\boldsymbol{\mu}_{k+1}^{j^{(i)}}$ 近似获取的 $k+1$ 时刻的观

测似然度函数 $p(\boldsymbol{z}_{k+1} \mid \boldsymbol{\mu}_{k+1}^{j^{(i)}})$，即相当于引入了最近的观测信息，增强了建议分布函数的稳定性。

2)一次加权

式(3.117)中的 $p(j^{(i)} \mid \boldsymbol{z}_{1:k})$ 即为 k 时刻的一次加权值，它是通过对辅助粒子滤波算法建议分布函数在 $\boldsymbol{x}_k$ 处进行边缘化得到的。那么通过对式(3.117)在 $\boldsymbol{x}_{k+1}$ 处进行边缘化，便可以得到 $k+1$ 时刻的一次加权值，即

$$p(j^{(i)} \mid \boldsymbol{z}_{1:k+1}) \propto p(\boldsymbol{z}_{k+1} \mid \boldsymbol{\mu}_{k+1}^{j^{(i)}}) p(j^{(i)} \mid \boldsymbol{z}_{1:k}) \tag{3.118}$$

依据式(3.117)进行粒子采样，得到粒子集合 $\{\boldsymbol{x}_k^{(i)}\}_{i=1}^N$，便同时可以从式(3.118)获取新的粒子索引集合 $\{j^{(i)}\}_{i=1}^N$。

3)二次加权

采样之后，为了缓解粒子退化，需进行重采样。辅助粒子滤波算法的重采样是根据二次加权值进行的，分三步进行。

第一步，根据 $k+1$ 时刻的新粒子索引集合 $\{j^{(i)}\}_{i=1}^N$，对 k 时刻的粒子集合 $\{\boldsymbol{x}_k^{(i)}\}_{i=1}^N$ 进行重采样，得到新的粒子集合 $\{\boldsymbol{x}_k^{j^{(i)}}\}_{i=1}^N$，继而计算 $k+1$ 时刻的状态预测值 $\hat{\boldsymbol{x}}_{k+1 \mid k}^{(i)}$，即

$$\hat{\boldsymbol{x}}_{k+1 \mid k}^{(i)} = p(\boldsymbol{x}_{k+1} \mid \boldsymbol{x}_k^{j^{(i)}}) \tag{3.119}$$

同时得到粒子集合 $\{\boldsymbol{x}_{k+1}^{(i)}\}_{i=1}^N$。

第二步，基于粒子状态预测值 $\hat{\boldsymbol{x}}_{k+1 \mid k}^{(i)}$，计算 $k+1$ 时刻的观测似然度函数 $p(\boldsymbol{z}_{k+1} \mid \hat{\boldsymbol{x}}_{k+1 \mid k}^{(i)})$，并按重要性权值计算公式计算二次加权值，即

$$\begin{aligned}
\omega_{k+1}^{(i)} &= \frac{\text{目标函数}}{\text{建议分布函数}} \\
&= \frac{p(\boldsymbol{z}_{k+1} \mid \hat{\boldsymbol{x}}_{k+1 \mid k}^{(i)}) p(\boldsymbol{x}_{k+1} \mid \boldsymbol{x}_k^{(i)}) p(j^{(i)} \mid \boldsymbol{z}_{1:k})}{p(\boldsymbol{z}_{k+1} \mid \boldsymbol{\mu}_{k+1}^{j^{(i)}}) p(\boldsymbol{x}_{k+1} \mid \boldsymbol{x}_k^{(i)}) p(j^{(i)} \mid \boldsymbol{z}_{1:k})} \\
&= \frac{p(\boldsymbol{z}_{k+1} \mid \hat{\boldsymbol{x}}_{k+1 \mid k}^{(i)})}{p(\boldsymbol{z}_{k+1} \mid \boldsymbol{\mu}_{k+1}^{j^{(i)}})}
\end{aligned} \tag{3.120}$$

并进行归一化，得

$$\tilde{\omega}_{k+1}^{(i)} = \frac{\omega_{k+1}^{(i)}}{\sum_{i=1}^{N} \omega_{k+1}^{(i)}} \tag{3.121}$$

至此，二次加权值计算完毕。

第三步，根据式(3.121)的值，并计算有效样本尺度 $\hat{N}_{\text{eff}}$，决定是否进行重采样。

4)辅助粒子滤波算法流程

辅助粒子滤波算法的流程可以分为九步，如图 3.33 所示。其具体步骤为：

第一步：初始化，粒子集 $\{\boldsymbol{x}_0^{(i)}\}_{i=1}^N$，权值 $\tilde{\omega}_0^{(i)} = 1/N$，$i = 1,2,\cdots,N$。

第二步：k 时刻，基于 $\boldsymbol{x}_k$ 计算 $\boldsymbol{\mu}_{k+1}^{j^{(i)}} = \boldsymbol{E}[\boldsymbol{x}_{k+1} \mid \boldsymbol{x}_k^{j^{(i)}}]$，$j = 1,2,\cdots,N$。

第三步：k 时刻，基于 $\boldsymbol{\mu}_{k+1}^{j^{(i)}}$ 计算建议分布函数

$$p(\boldsymbol{x}_{k+1}, j^{(i)} \mid \boldsymbol{z}_{1:k+1}) \propto p(\boldsymbol{z}_{k+1} \mid \boldsymbol{\mu}_{k+1}^{j^{(i)}}) p(\boldsymbol{x}_{k+1} \mid \boldsymbol{x}_k^{j^{(i)}}) p(j^{(i)} \mid \boldsymbol{z}_{1:k})$$

并从中采样。

第四步：k 时刻，计算一次加权 $p(j^{(i)} \mid z_{1:k+1}) \propto p(z_{k+1} \mid \boldsymbol{\mu}_{k+1}^{j^{(i)}}) p(j^{(i)} \mid z_{1:k})$，采样的同时获取新的粒子索引集合 $\{j^{(i)}\}_{i=1}^{N}$。

第五步：预测 $\hat{\boldsymbol{x}}_{k+1}^{(i)} = p(\boldsymbol{x}_{k+1} \mid \boldsymbol{x}_k^{j^{(i)}})$。

第六步：计算二次加权 $\omega_{k+1}^{(i)} = \dfrac{p(z_{k+1} \mid \hat{\boldsymbol{x}}_{k+1}^{(i)})}{p(z_{k+1} \mid \boldsymbol{\mu}_{k+1}^{j^{(i)}})}$，并归一化 $\tilde{\omega}_{k+1}^{(i)} = \dfrac{\omega_{k+1}^{(i)}}{\sum_{i=1}^{N} \omega_{k+1}^{(i)}}$。

第七步：判断是否重采样。

第八步：k 加 1，返回第二步。

第九步：输出结果。

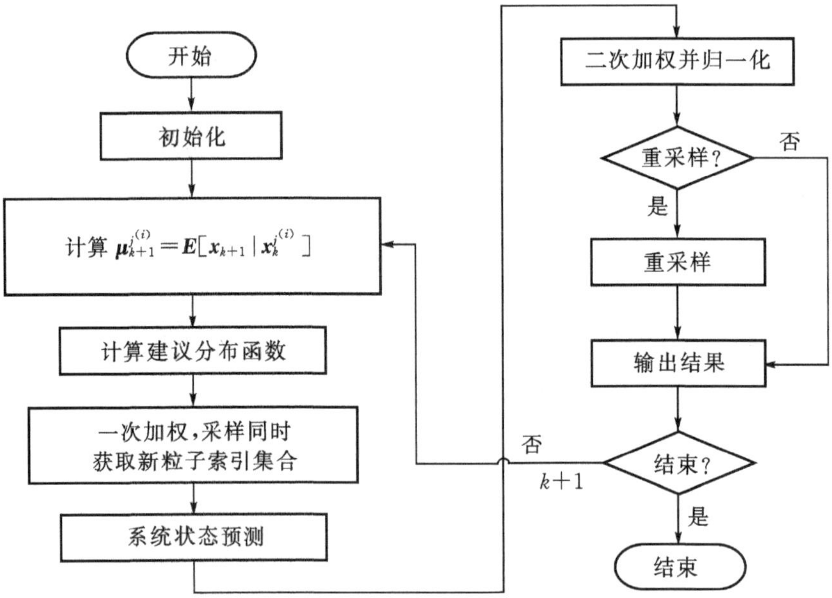

图 3.33　辅助粒子滤波算法流程

3.3.2.2　基于 APF 算法改进的 UFastSLAM 算法

APF 算法最核心的思想就是在 PF 算法的基础上，首先将系统最近的观测信息引入建议分布函数中来提高其稳定性，其次通过采样与一次加权来分别获得粒子集合和新的粒子索引号集合，最后通过二次加权来判断是否需要重采样，以最终达到缓解 PF 算法粒子退化问题的目的。

通过引入 APF 算法思想，依次对 UFastSLAM 算法的建议分布函数的求取和重采样过程进行改进，在保证算法精度的情况下，缓解其粒子退化问题，从而提高其一致性性能。基于 APF 算法改进的 UFastSLAM 算法在环境特征位置的估计和重要性权值的计算等环节与 UFastSLAM 算法都一样，因此下面仅着重介绍其建议分布函数的求取和重采样策略。

设辅助变量为 $j^{(i)}(i,j=1,2,\cdots,N)$，首先基于 $k-1$ 时刻的联合状态估计均值和协方差，进行 k 时刻机器人系统联合状态的 Sigma 点采样。在此过程中，基于 $k-1$ 时刻的联合状态估计均值和协方差引入 k 时刻联合状态的均值等特征，即将式(3.81)中的 $\boldsymbol{x}_{k-1}^{a[i]}$ 替换成

$$\boldsymbol{\mu}_k^{a[j^{(i)}]} = \boldsymbol{E}[\boldsymbol{x}_k^a \mid \boldsymbol{x}_{k-1}^{a[j^{(i)}]}]$$

由于联合状态中同时包括机器人位姿状态和环境特征位置状态，所以需要对两种状态采用不同的方法求取其均值特征。对于机器人位姿状态，采用与APF算法中同样的方法——先利用机器人运动模型进行预测，得到各粒子当前时刻的位姿状态，然后求取其均值作为下一时刻的均值特征；对于环境特征位置状态，因其不参加建议分布函数的求取，故可继续延用上一时刻的状态输出。为了简化计算，依然假设观测信息不存在，由此，式(3.81)可改写为

$$\begin{cases}\boldsymbol{\chi}_{k-1}^{a[i][0]} = \boldsymbol{\mu}_k^{a[j^{(i)}]} \\ \boldsymbol{\chi}_{k-1}^{a[i][m]} = \boldsymbol{\mu}_k^{a[j^{(i)}]} + (\sqrt{(L+\lambda)\boldsymbol{P}_{k-1}^{a(i)}})_m, m=1,2,\cdots,L \\ \boldsymbol{\chi}_{k-1}^{a[i][m]} = \boldsymbol{\mu}_k^{a[j^{(i)}]} - (\sqrt{(L+\lambda)\boldsymbol{P}_{k-1}^{a(i)}})_{m-L}, m=L+1,L+2,\cdots,2L\end{cases} \tag{3.122}$$

其中

$$\begin{aligned}\boldsymbol{\mu}_k^{a[j^{(i)}]} &= \begin{bmatrix}\mu_{x,k}^{[j^{(i)}]} & \mu_{y,k}^{[j^{(i)}]} & \mu_{\theta,k}^{[j^{(i)}]} & 0 & 0\end{bmatrix}^{\mathrm{T}} \\ &= \begin{bmatrix}E[\boldsymbol{x}_{x,k} \mid \boldsymbol{x}_{x,k-1}^{[j^{(i)}]}] & E[\boldsymbol{x}_{y,k} \mid \boldsymbol{x}_{y,k-1}^{[j^{(i)}]}] & E[\boldsymbol{x}_{\theta,k} \mid \boldsymbol{x}_{\theta,k-1}^{[j^{(i)}]}] & 0 & 0\end{bmatrix}^{\mathrm{T}}\end{aligned} \tag{3.123}$$

接下来，对Sigma点进行非线性变换，得到k时刻机器人位姿状态的估计均值的Sigma点$\bar{\boldsymbol{\chi}}_k^{[i][m]}$，此时的$\bar{\boldsymbol{\chi}}_k^{[i][m]}$已经包含了$\boldsymbol{\mu}_k^{a[j^{(i)}]}$所携带的信息。因此，由式(3.94)至式(3.100)可知，k时刻的机器人位姿状态估计的均值$\boldsymbol{x}_k^{[i]}$和协方差$\boldsymbol{P}_k^{[i]}$已经包含了最近的观测信息，从增强了由它们构成的高斯分布函数形式的建议分布函数的稳定性。

下面进行一次加权：

首先根据$p(\boldsymbol{z}_k \mid \boldsymbol{\mu}_k^{a[j^{(i)}]})$计算$k$时刻的观测似然度函数，其次根据式(3.118)计算一次加权，其具体形式为

$$p(j^{[i]} \mid \boldsymbol{z}_{1:k}) \propto p(\boldsymbol{z}_k \mid \boldsymbol{\mu}_k^{a[j^{(i)}]})\tilde{\omega}_{k-1}^{[i]} \tag{3.124}$$

由此，根据式(3.101)进行采样的同时可以由式(3.124)得到新的粒子索引集合。

接下来进行二次加权，即重采样策略：

基于辅助粒子滤波算法改进的UFastSLAM算法的重采样依然是根据二次加权进行的，同样分三步进行。

第一步，根据k时刻的新粒子索引集合$\{j^{(i)}\}_{i=1}^N$，对$k-1$时刻的粒子集合$\{\boldsymbol{x}_{k-1}^{(i)}\}_{i=1}^N$进行重采样，得到新的粒子集合$\{\boldsymbol{x}_{k-1}^{j^{(i)}}\}_{i=1}^N$，继而计算$k$时刻的状态预测值$\hat{\boldsymbol{x}}_{k|k-1}^{(i)}$，即

$$\hat{\boldsymbol{x}}_{k|k-1}^{[i]} = p(\boldsymbol{x}_k \mid \boldsymbol{x}_{k-1}^{[j^{(i)}]}) \tag{3.125}$$

同时得到k时刻的粒子集合$\{\boldsymbol{x}_k^{[i]}\}_{i=1}^N$。

第二步，基于粒子状态预测值$\hat{\boldsymbol{x}}_{k|k-1}^{[i]}$计算$k$时刻的观测似然度函数$p(\boldsymbol{z}_k \mid \hat{\boldsymbol{x}}_{k|k-1}^{[i]})$，根据式(3.120)计算二次加权值，即

$$\omega_k^{[i]} = \frac{p(\boldsymbol{z}_k \mid \hat{\boldsymbol{x}}_{k|k-1}^{[i]})}{p(\boldsymbol{z}_k \mid \boldsymbol{\mu}_k^{[j^{(i)}]})} \tag{3.126}$$

并进行归一化，得

$$\tilde{\omega}_k^{[i]} = \frac{\omega_k^{[i]}}{\sum_{i=1}^N \omega_k^{[i]}} \tag{3.127}$$

至此，二次加权值计算完毕。

第三步，根据式(3.127)的值，并计算有效样本尺度 $\hat{N}_{\text{eff}}$，决定是否进行重采样。

由以上分析可以得到基于 APF 算法改进的 UFastSLAM 算法的流程，如图 3.34 所示。

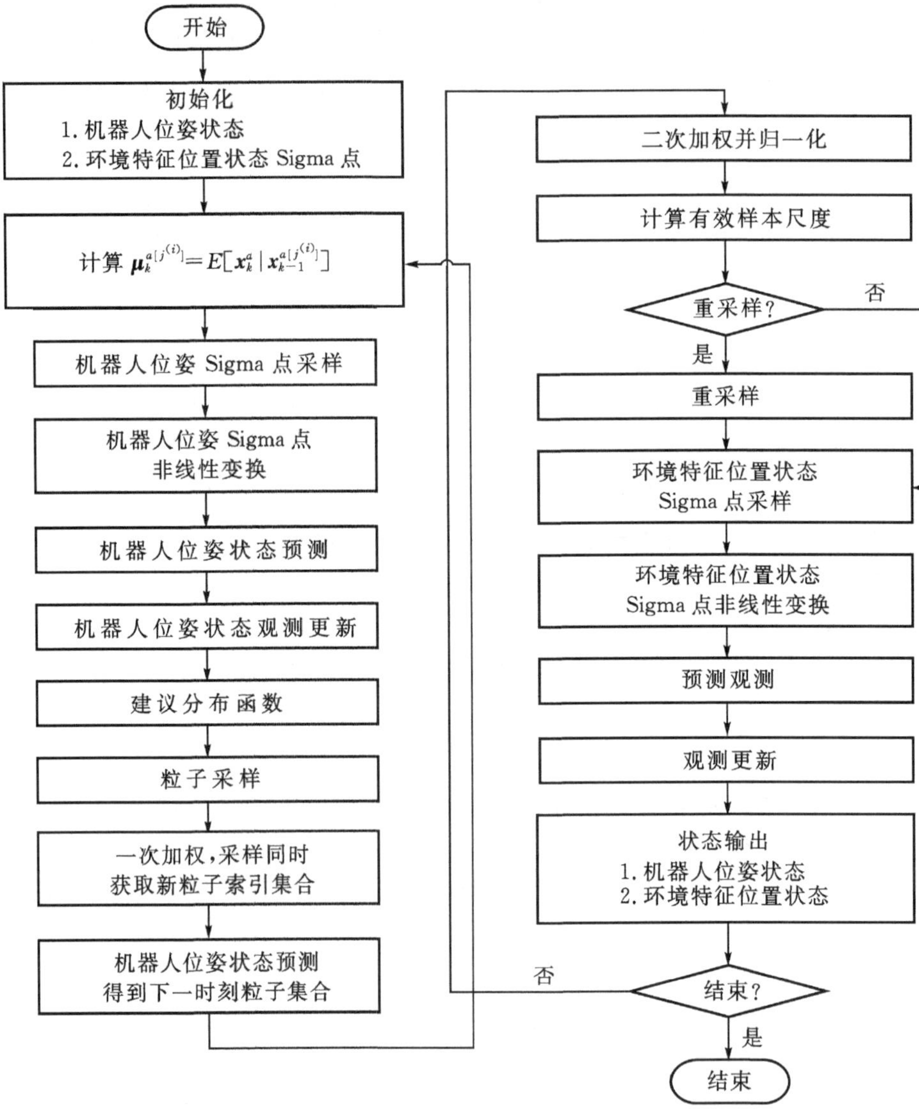

图 3.34 改进的 UFastSLAM 算法流程

3.3.3 实验结果与分析

为了验证 APF 算法和改进的 UFastSLAM 算法在缓解粒子退化问题上的优势，本节分别进行 PF 算法和 APF 算法的对比仿真实验，以及 FastSLAM 算法、UFastSLAM 算法和改进的 UFastSLAM 算法的的对比仿真实验。

3.3.3.1　APF 算法和 PF 算法的对比仿真实验

以一个标准的非线性时间序列模型来检验 APF 算法和 PF 算法的性能。模型为

$$\begin{cases} x_k = \dfrac{x_{k-1}}{2} + \dfrac{25x}{1+x^2} + 8\cos[1.2(k-1)] + v_k \\ y_k = \dfrac{x_{k-1}^2}{20} + w_k \end{cases} \tag{3.128}$$

其中，$x(0) \sim N(0,5)$，$v_k \sim N(0,\sigma_v^2)$，$w_k \sim N(0,\sigma_w^2)$，$\sigma_v^2 = 10$，$\sigma_w^2 = 1$。

图 3.35(a)所示为在粒子数为 100 的情况下，APF 和 PF 算法在没有进行重采样情况下的有效样本尺度 Neff 随时间变化的曲线。从图中可以看出，PF 算法的 Neff 按时间指数下降，而 APF 算法的 Neff 曲线呈跳跃型，并且值比较大。这说明 APF 算法相对于 PF 算法来说，粒子退化问题明显缓解，算法的鲁棒性更强了。

图 3.35(b)所示为在粒子数为 100 的情况下，APF 和 PF 算法的状态估计效果曲线。从图中可以看出 APF 算法的估计效果较好一些。另外，通过计算可知，APF 和 PF 算法的估计均方根误差 RMSE 分别为 2.904 和 11.026。

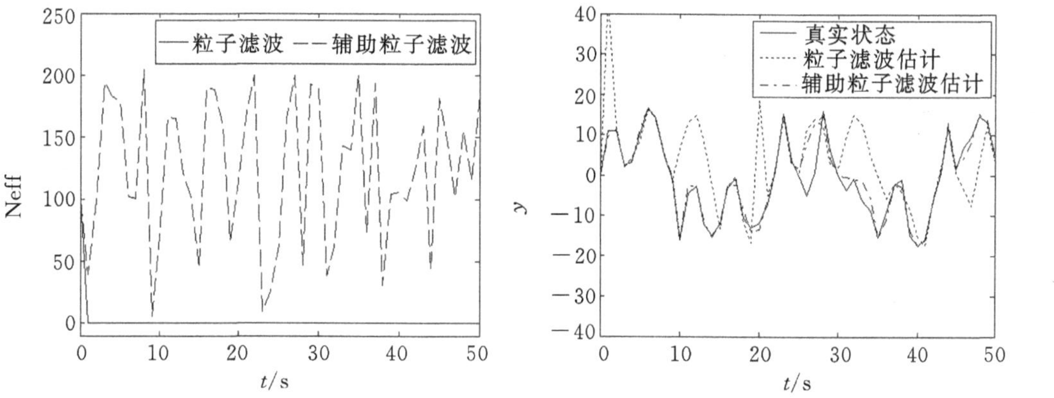

(a)Neff 曲线　　(b)估计效果曲线

图 3.35　Neff 曲线和估计效果曲线

3.3.3.2　UFastSLAM 算法仿真实验

基于统一的机器人运动模型、环境特征观测模型、实验环境、噪声模型等，进行 FastSLAM 算法、UFastSLAM 算法和改进的 UFastSLAM 算法的对比仿真实验，包括算法定位精度、地图创建精度、一致性的对比等。

实验模型：该实验基于三轮驱动机器人系统模型进行。采用的测距传感器和位移传感器同 3.2.5 节。

实验环境：仿真实验环境如图 3.36(a)所示，实验范围为 50m×50m，其中星号表示设定的环境特征，曲线表示移动机器人的预设运动轨迹。图中有 96 个静态的未知环境点特征，机器人运动轨迹和环境特征都是人为随机设定的。仿真结果如图 3.36(b)所示，三角形描述的是机器人的位置，实线描述的是机器人真实的运动轨迹。机器人运动时间为 250s。

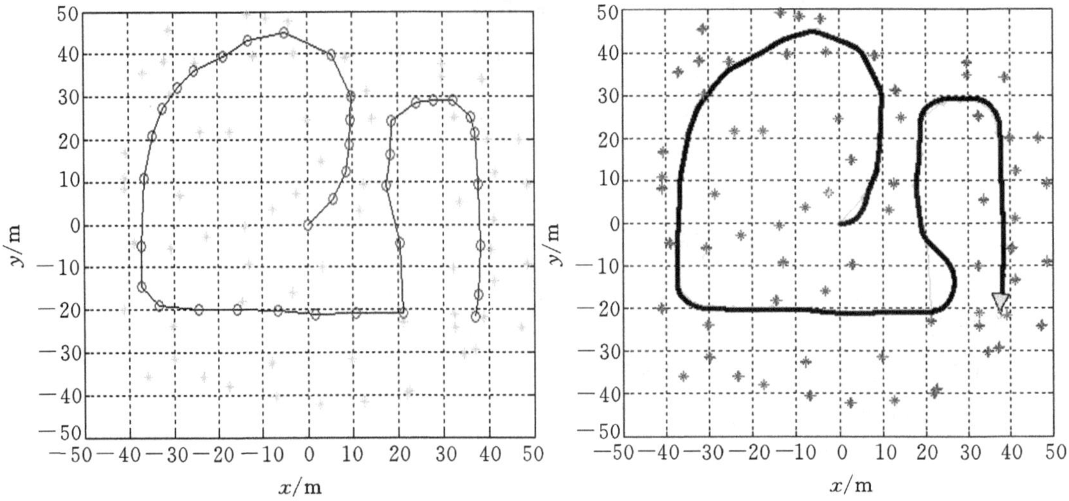

(a)仿真环境　　(b)仿真结果

图 3.36　移动机器人 SLAM 仿真环境和结果

噪声模型和实验参数均同 3.1 节，粒子数为 50。

在图 3.36(a)所示环境中进行实验，比较改进的 UFastSLAM 算法、UFastSLAM 算法和 FastSLAM 算法的机器人定位误差、地图创建误差和一致性等性能指标。

图 3.37(a)、图 3.37(b)和图 3.37(c)分别是 FastSLAM 算法、UFastSLAM 算法和改进的 UFastSLAM 算法的机器人 x 方向、y 方向定位误差和定向误差。不难看出，经过 APF 算法改进后的 UFastSLAM 算法效果明显优于 UFastSLAM 算法和 FastSLAM 算法。

定位实验结果对比见表 3.3 和表 3.4，当改进的 UFastSLAM 算法、UFastSLAM 算法和 FastSLAM 算法的粒子数均为 50 个时，其定位的均方根误差依次递增，但计算复杂度前两者稍高于第三者。另外，当使三种算法的定位均方根误差大致相当时，其需要的粒子数则依次递增，且计算复杂度大致相当。

表 3.3　定位实验结果对比(相同粒子数)

定位 RMSE / SLAM 算法(粒子数)	x 方向/m	y 方向/m	方向角/rad
改进的 UFastSLAM(50)	0.0193	0.0232	0.0041
UFastSLAM(50)	0.1818	0.2133	0.0076
FastSLAM(50)	0.4114	0.5980	0.0344

表 3.4　定位实验结果对比(相近误差)

定位 RMSE / SLAM 算法(粒子数)	x 方向/m	y 方向/m	方向角/rad
改进的 UFastSLAM(8)	0.4008	0.5941	0.0362
UFastSLAM(18)	0.4124	0.5874	0.0335
FastSLAM(50)	0.4114	0.5980	0.0344

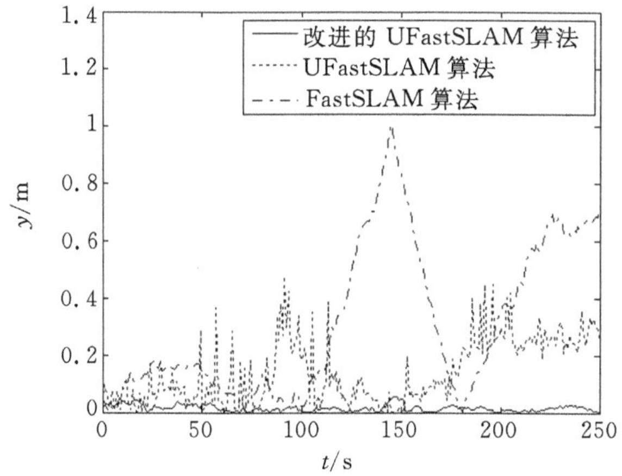

(a)x 方向

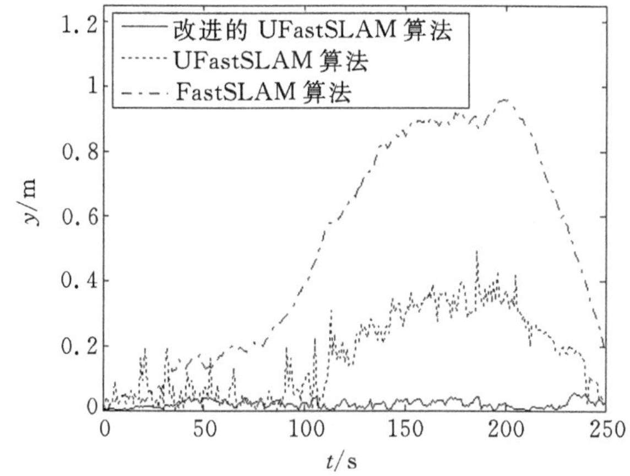

(b)y 方向

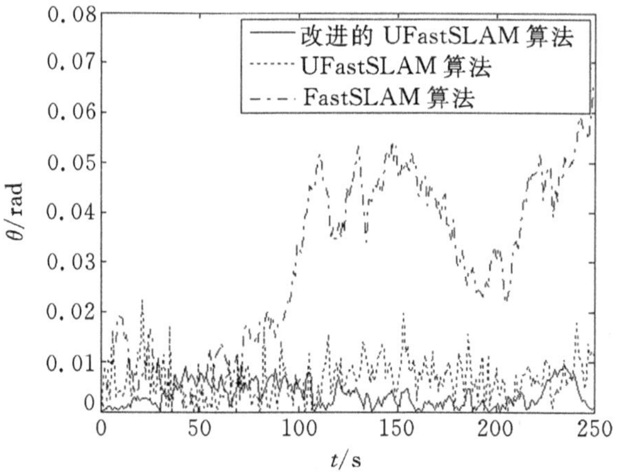

(c)定向误差

图 3.37　机器人定位误差

图 3.38(a)和图 3.38(b)分别是 FastSLAM 算法、UFastSLAM 算法和改进的 UFastSLAM 算法对随机抽取的 2 号环境特征位置估计的 x 方向、y 方向误差。不难看出，经过 APF 算法改进后的 UFastSLAM 算法效果明显优于 UFastSLAM 算法和 FastSLAM 算法。

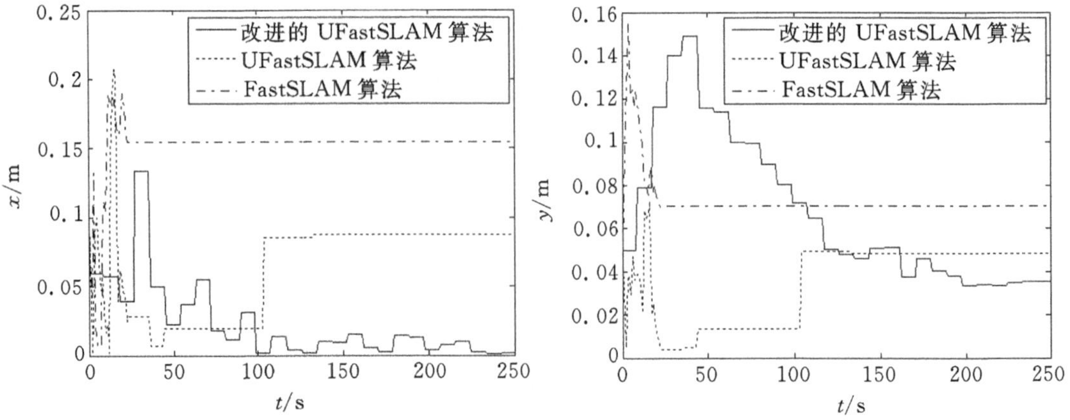

(a)2 号特征 x 方向误差　　(b)2 号特征 y 方向误差

图 3.38　2 号环境特征位置估计误差

图 3.39 所示分别为 FastSLAM 算法、UFastSLAM 算法和改进的 UFastSLAM 算法的 MNEES 曲线。同 3.1 节相同，采用 100 次蒙特卡罗实验，并取显著性水平为 $\alpha=0.05$，则

$$\text{NEES}=\chi^2_{100,3,0.95}=341.4$$

那么

$$\text{MNEES}=\frac{1}{100}\chi^2_{100,3,0.95}\approx 3.414$$

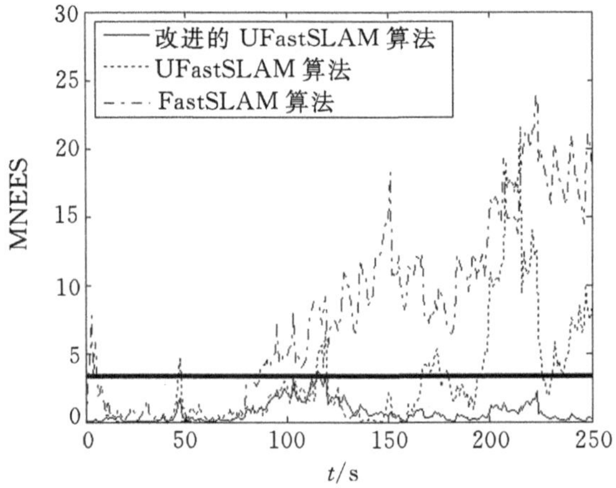

图 3.39　MNEES 曲线

由图 3.39 中可以看出，FastSLAM 算法大约在 80s 后趋于不一致，UFastSLAM 算法大约在 200s 后趋于不一致，而经过 APF 算法改进的 UFastSLAM 算法的一致性一直保持很好。

由于 FastSLAM 算法在精确度、一致性和算法复杂度等方面的效果均比 EKF-SLAM 算法优越，因此以上内容研究了改进的 FastSLAM 算法——UFastSLAM 算法。首先分别对 UFastSLAM 算法和辅助粒子滤波算法进行了深入详细的分析，然后应用辅助粒子滤波算法的思想对 UFastSLAM 算法进行了改进，最后进行了仿真实验，验证了经过 APF 算法改进的 UFastSLAM 算法在定位、地图创建精度、粒子采样策略和重采样等方面的优越性。

3.4　基于 PSO 优化的粒子滤波 SLAM 算法

由于粒子滤波相比扩展卡尔曼滤波在非线性问题上更具优势，基于粒子滤波的 SLAM 方法得到了广泛的关注。但是，在粒子滤波 SLAM 方法中，常规的建议分布难以满足机器人在相似环境中的状态估计，而且在高噪声的条件下，单纯利用机器人运动模型作为建议分布获得的机器人运动状态稳定性较差，精度低。此外，重采样多次选取较大权重的样本，导致样本多样性下降，粒子滤波器出现粒子贫乏问题。由于进化算法和粒子滤波器都是利用评价、选择解的方式求解问题，因此，很多学者引入进化算法解决粒子滤波器问题。L. Moreno 等利用遗传算法中的选择、交叉和变异等操作优化粒子，增加粒子的多样性，同时提高了粒子逼近真实状态的能力。Chatterjee 等采用神经模糊系统的离线学习功能，确定 SLAM 中的部分参数。朱磊等利用人工鱼群算法调整粒子的分布状态来提高机器人 SLAM 算法性能。然而，进化算法存在着陷入局部最优解、全局寻优能力不够等问题，因此，简单地引入进化算法对于改善粒子滤波估计性能的作用并不明显。

本节在分析了常规粒子滤波 SLAM 方法不足的基础上，考虑了最新观测数据，通过融合里程计信息的扫描匹配得到多模态的观测似然函数，构造更为有效的建议分布函数，从而减弱相似环境下建议分布偏离真实状态的危险性。另外，对于里程计噪声大的问题，采用具有实际意义的粒子更新操作的粒子群算法加速粒子收敛，同时兼顾粒子的多样性，从而减轻粒子贫乏问题，使用相对较少的粒子数来得到较为精确的 SLAM 结果，提高机器人在高噪声、高相似度环境下定位与建图的鲁棒性和成功率。

3.4.1　常规粒子滤波 SLAM 算法的不足

在常规粒子滤波 SLAM 中，通常采用运动模型 $p(\boldsymbol{x}_k \mid \boldsymbol{x}_{k-1}, \boldsymbol{u}_{k-1})$ 作为建议分布，此时粒子 i 在 t 时刻的权重 $\omega_k^{(i)}$ 计算为

$$\begin{aligned}\omega_k^{(i)} &= \frac{p(\boldsymbol{x}_{1:k}^{(i)} \mid \boldsymbol{z}_{1:k}, \boldsymbol{u}_{1:k-1})}{p(\boldsymbol{x}_{1:k}^{(i)} \mid \boldsymbol{z}_{1:k}, \boldsymbol{u}_{1:k-1})} \\ &\propto \frac{p(\boldsymbol{z}_k \mid \boldsymbol{x}_{1:k}^{(i)}, \boldsymbol{z}_{1:k-1})\, p(\boldsymbol{x}_k^{(i)} \mid \boldsymbol{x}_{k-1}^{(i)}, \boldsymbol{u}_{k-1})}{p(\boldsymbol{x}_k^{(i)} \mid \boldsymbol{x}_{1:k-1}^{(i)}, \boldsymbol{z}_{1:k}, \boldsymbol{u}_{1:k-1})} \omega_{k-1}^{(i)} \\ &\propto \omega_{k-1}^{(i)}\, p(\boldsymbol{z}_k \mid \boldsymbol{m}_{k-1}^{(i)}, \boldsymbol{x}_k^{(i)})\end{aligned} \tag{3.129}$$

其中，$\boldsymbol{m}$ 是由观测 $\boldsymbol{z}$ 得到的环境地图。

然而，使用运动模型作为建议分布是次优的：这一预估过程没有利用最新观测数据对机器人位置进行及时更新。特别是当机器人运动模型噪声相对于观测模型噪声较大时，如图 3.40 所示，观测似然概率与先验概率分布之间的重叠很小，只有一小部分处在观测高似然区域的粒子在更新之后的权值会增大。这部分粒子的权重和其他的粒子差别较大，重采样后的概率只由这些相异性很小的粒子表示，很有可能失去重要粒子。这样就需要较多的粒子来覆盖高似然区域。

另一方面，在相似环境中，如走廊、街道等，观测似然函数存在多模态的情况，采样上述方法的粒子无法覆盖似然函数的多个模态，一旦粒子进入错误模态，极有可能造成粒子匮乏。

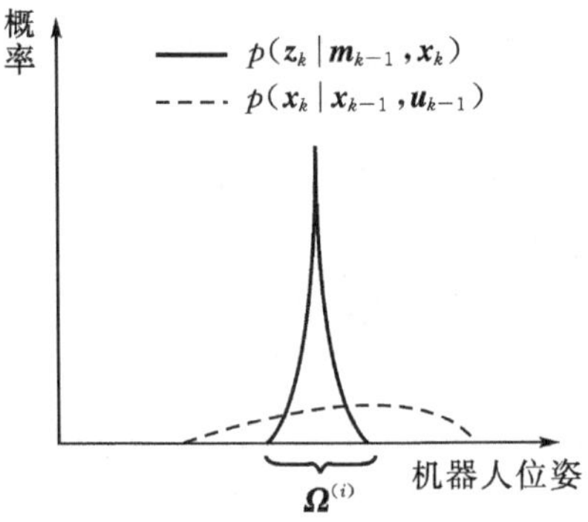

图 3.40　观测似然概率分布与运动模型似然概率分布

3.4.2　改进的建议分布

考虑到在 SLAM 增量式算法中，相邻位置的里程计信息具有一定的可信度，可作为粗略估计使用，因此本节同时利用里程计和最新观测信息，采用扫描匹配，构造多模态的观测似然分布，使粒子能够收敛到各自最可能的观测似然模态，并保持粒子的多样性。

根据 Doucet 等人的结论，利用观测信息将采样区域限制在有效区域可以大大提高粒子采样效率，因此基于马尔科夫假设的关于粒子权重建议分布的最佳选择为

$$p(\boldsymbol{x}_k \mid \boldsymbol{m}_{k-1},\boldsymbol{x}_{k-1},\boldsymbol{z}_k,\boldsymbol{u}_{k-1}) = \frac{p(\boldsymbol{z}_k \mid \boldsymbol{m}_{k-1},\boldsymbol{x}_k)p(\boldsymbol{x}_k \mid \boldsymbol{x}_{k-1},\boldsymbol{u}_{k-1})}{p(\boldsymbol{z}_k \mid \boldsymbol{m}_{k-1},\boldsymbol{x}_{k-1},\boldsymbol{u}_{k-1})} \tag{3.130}$$

此建议分布融合了里程计信息 $p(\boldsymbol{x}_k \mid \boldsymbol{x}_{k-1},\boldsymbol{u}_{k-1})$ 和最新观测信息 $p(\boldsymbol{z}_k \mid \boldsymbol{m}_{k-1},\boldsymbol{x}_k)$，与单纯使用运动模型作为建议分布相比，更接近真实目标概率分布，采样得到的粒子更加有效。本节在此基础上利用扫描匹配技术获取当前粒子多个可能的限定区域，得到相似环境下多模分布 $p(\boldsymbol{z}_k \mid \boldsymbol{m}_{k-1}^{(i)},\boldsymbol{x}_k^{(i)})$ 的近似形状，从而提高扫描匹配错误时粒子继续跟踪真实状态的能力。

首先根据里程计信息计算 t 时刻机器人位姿预测值 $\bar{\boldsymbol{x}}_{k,u}^{(i)} = \boldsymbol{x}_{k-1}^{(i)} \oplus \boldsymbol{u}_{k-1}$，得到新的粒子集 $\{\bar{\boldsymbol{x}}_{k,u}^{(i)}\}_{i=1,\cdots,N}$。利用卡内基梅隆大学机器人导航工具箱(CARMEN)的扫描匹配工具 vasco，以新的粒子集 $\{\bar{\boldsymbol{x}}_{k,u}^{(i)}\}$ 作为扫描匹配的起点，得到每个粒子匹配结果集 $\{\boldsymbol{x}'^{(i)}_k,\gamma'^{(i)}_k\}_{i=1,\cdots,K}$，$K$ 为每个粒子在当前状态依据匹配得分 $\gamma'^{(k)}_t$ 的高低得到的位姿个数，其中每个 $\boldsymbol{x}'^{(i)}_k$ 都是 $p(\boldsymbol{z}_k \mid \boldsymbol{m}_{k-1}^{(i)},\boldsymbol{x}_k^{(i)})$ 中的一个模态。由此可以将不同的粒子聚集到似然函数的各个模态，实现对相似环境中粒子多样性的优化，避免粒子只集中到单个模态。

由于当前观测数据与机器人获取的历史地图之间的相似性不同，各个模态的权重也不尽相同，主要体现在模态的匹配得分 $\gamma'^{(k)}_t$ 上，因此对模态 $\boldsymbol{x}'^{(i)}_k$ 的权重 $\omega'^{(i)}_k$ 计算为

$$\omega'^{(i)}_k = \frac{\gamma'^{(i)}_k}{\sum_{j=1}^{K}\gamma'^{(j)}_k} \tag{3.131}$$

然后获得粒子 i 加权之后的多模态观测似然函数，表示为

$$\boldsymbol{p}(\boldsymbol{z}_k \mid \boldsymbol{m}_{k-1}^{(i)},\boldsymbol{x}_k^{(i)}) = \max_i \omega'^{(i)}_k \boldsymbol{N}(\boldsymbol{x}'^{(i)}_k,\boldsymbol{\Lambda}_i^{-1}) \tag{3.132}$$

根据图 3.40 所示，似然函数 $p(\boldsymbol{z}_k \mid \boldsymbol{m}_{k-1}^{(i)},\boldsymbol{x}_k^{(i)})$ 很大程度上决定了 $p(\boldsymbol{z}_k \mid \boldsymbol{m}_{k-1}^{(i)},\boldsymbol{x}_k^{(i)})$ ·

$p(\boldsymbol{x}_k \mid \boldsymbol{x}_{k-1}^{(i)}, \boldsymbol{u}_{k-1})$ 的值。在高似然区域 $\boldsymbol{\Omega}^{(i)}$ 中，$p(\boldsymbol{z}_k \mid \boldsymbol{m}_{k-1}^{(i)}, \boldsymbol{x}_k^{(i)})$ 近似为

$$\boldsymbol{\Omega}^{(i)} = \{\boldsymbol{x} \mid p(\boldsymbol{z}_k \mid \boldsymbol{m}_{k-1}^{(i)}, \boldsymbol{x}_k^{(i)}) > \varepsilon\} \tag{3.133}$$

则建议分布近似计算为

$$\begin{aligned} & p(\boldsymbol{x}_k \mid \boldsymbol{m}_{k-1}^{(i)}, \boldsymbol{x}_{k-1}^{(i)}, \boldsymbol{z}_k, \boldsymbol{u}_{k-1}) \\ & = \frac{p(\boldsymbol{z}_k \mid \boldsymbol{m}_{k-1}^{(i)}, \boldsymbol{x}_k^{(i)}) p(\boldsymbol{x}_k^{(i)} \mid \boldsymbol{x}_{k-1}^{(i)}, \boldsymbol{u}_{k-1})}{\int p(\boldsymbol{z}_k \mid \boldsymbol{m}_{k-1}^{(i)}, \boldsymbol{x}') \cdot p(\boldsymbol{x}' \mid \boldsymbol{x}_{k-1}^{(i)}, \boldsymbol{u}_{k-1}) \mathrm{d}\, \boldsymbol{x}'} \\ & \approx \frac{p(\boldsymbol{z}_k \mid \boldsymbol{m}_{k-1}^{(i)}, \boldsymbol{x}_k^{(i)})}{\int_{x' \in \boldsymbol{\Omega}^{(i)}} p(\boldsymbol{z}_k \mid \boldsymbol{m}_{k-1}^{(i)}, \boldsymbol{x}') \mathrm{d}\, \boldsymbol{x}'} \end{aligned} \tag{3.134}$$

为方便采样，得到当前机器人状态，运用高斯近似得到的建议分布为

$$q(\boldsymbol{x}_{1:k}^{(i)} \mid \boldsymbol{z}_{1:k}, \boldsymbol{u}_{1:k-1}) \approx p_N(\boldsymbol{z}_k \mid \boldsymbol{m}_{k-1}^{(i)}, \boldsymbol{x}_k^{(i)}) \tag{3.135}$$

$p_N(\boldsymbol{z}_k \mid \boldsymbol{m}_{k-1}^{(i)}, \boldsymbol{x}_k^{(i)})$ 为 $p(\boldsymbol{z}_k \mid \boldsymbol{m}_{k-1}^{(i)}, \boldsymbol{x}_k^{(i)})$ 的高斯近似化分布，为计算其中具体参数，令第 i 个扫描匹配结果 $\boldsymbol{x}'^{(i)}_k$ 附近区域为 $\boldsymbol{L}'^{(i)}$，在 $\boldsymbol{L}'^{(i)}$ 中采样 $M' = [\omega'^{(i)}_k \cdot M]$ 个点，确定高斯分布均值 $\boldsymbol{\mu}_k^{(i)}$ 和方差 $\boldsymbol{\Sigma}_k^{(i)}$：

$$\boldsymbol{\mu}_k^{(i)} = \frac{1}{\eta_k^{(i)}} \sum_{j=1}^{M'} \boldsymbol{x}_j \cdot p(\boldsymbol{z}_t \mid \boldsymbol{m}_{k-1}^{(i)}, \boldsymbol{x}_j) \tag{3.136}$$

$$\boldsymbol{\Sigma}_k^{(i)} = \frac{1}{\eta_k^{(i)}} \sum_{j=1}^{M'} (\boldsymbol{x}_j - \boldsymbol{\mu}_k^{(i)}) (\boldsymbol{x}_k - \boldsymbol{\mu}_k^{(i)})^{\mathrm{T}} \cdot p(\boldsymbol{z}_k \mid \boldsymbol{m}_{k-1}^{(i)}, \boldsymbol{x}_j) \tag{3.137}$$

其中，$\eta_k^{(i)} = \sum_{j=1}^{M'} p(\boldsymbol{z}_k \mid \boldsymbol{m}_{k-1}^{(i)}, \boldsymbol{x}_j)$，为归一化常数。

Grisetti 等认为，在根据扫描匹配结果来计算近似高斯分布参数 $\boldsymbol{\mu}_k^{(i)}$ 和 $\boldsymbol{\Sigma}_k^{(i)}$ 的过程中，应考虑里程计信息 $p(\boldsymbol{x}_k^{(i)} \mid \boldsymbol{x}_{k-1}^{(i)}, \boldsymbol{u}_{k-1})$ 的影响。然而在实际操作中，当存在较大的里程计误差时，再次考虑里程计因素反而会引起得到的机器人状态偏离机器人精确的真实位姿。因此，去除 $p(\boldsymbol{x}_k^{(i)} \mid \boldsymbol{x}_{k-1}^{(i)}, \boldsymbol{u}_{k-1})$ 项以摆脱其负面影响。

采用优化的建议分布时，计算权重为

$$\begin{aligned} \omega_k^{(i)} & = \omega_{k-1}^{(i)} \cdot \frac{\eta p(\boldsymbol{z}_k \mid \boldsymbol{m}_{k-1}^{(i)}, \boldsymbol{x}_k^{(i)}) p(\boldsymbol{x}_k^{(i)} \mid \boldsymbol{x}_{k-1}^{(i)}, \boldsymbol{u}_{k-1})}{\pi(\boldsymbol{x}_k^{(i)} \mid m_{k-1}^{(i)}, \boldsymbol{x}_{k-1}^{(i)}, \boldsymbol{z}_k, \boldsymbol{u}_{k-1})} \\ & \propto \omega_{k-1}^{(i)} \cdot \frac{p(\boldsymbol{z}_k \mid \boldsymbol{m}_{k-1}^{(i)}, \boldsymbol{x}_k^{(i)}) p(\boldsymbol{x}_k^{(i)} \mid \boldsymbol{x}_{k-1}^{(i)}, \boldsymbol{u}_{k-1})}{\dfrac{p(\boldsymbol{z}_k \mid \boldsymbol{m}_{k-1}^{(i)}, \boldsymbol{x}_t) p(\boldsymbol{x}_k \mid \boldsymbol{x}_{k-1}^{(i)}, \boldsymbol{u}_{k-1})}{p(\boldsymbol{z}_k \mid \boldsymbol{m}_{k-1}^{(i)}, \boldsymbol{x}_{k-1}^{(i)}, \boldsymbol{u}_{k-1})}} \\ & = \omega_{k-1}^{(i)} \cdot \int p(\boldsymbol{z}_k \mid \boldsymbol{m}_{k-1}^{(i)}, \boldsymbol{x}') p(\boldsymbol{x}' \mid \boldsymbol{x}_{k-1}^{(i)}, \boldsymbol{u}_{k-1}) \mathrm{d}\, \boldsymbol{x}' \end{aligned} \tag{3.138}$$

同理，实际应用中，考虑到里程计误差的影响，消除 $p(\boldsymbol{x}' \mid \boldsymbol{x}_{k-1}^{(i)}, \boldsymbol{u}_{k-1})$ 项，粒子权重更新如下：

$$\begin{aligned} \omega_{t-1}^{(i)} & \propto \omega_{k-1}^{(i)} \cdot \int p(\boldsymbol{z}_k \mid \boldsymbol{m}_{k-1}^{(i)}, \boldsymbol{x}') \mathrm{d}\, \boldsymbol{x}' \\ & \approx \omega_{k-1}^{(i)} \cdot \sum_{j=1}^{M} p(\boldsymbol{z}_k \mid \boldsymbol{m}_{k-1}^{(i)}, \boldsymbol{x}_j) \\ & = \omega_{k-1}^{(i)} \cdot \eta_k^{(i)} \end{aligned} \tag{3.139}$$

3.4.3 融合粒子群算法与粒子滤波的 SLAM 算法

Rao-Blackwellized 粒子滤波中具有较大权值的粒子多次被选中，采样中会出现很多重复部分，减弱了粒子多样性，导致样本枯竭，甚至出现滤波发散。一般采用增加粒子个数的方法来克服样本枯竭，但这种方法会降低算法效率，并使得运算量急剧膨胀。本节将粒子群算法与粒子滤波相融合，利用粒子群算法局部寻优能力强的特性，加强高噪声情况下粒子向各个局部最优状态粒子逼近，并对粒子的多样性进行改善。

粒子群优化算法(particle swarm optimization，PSO)是一种进化算法，于 1995 年由 Eberhart 和 Kennedy 提出。它通过对鸟类捕食行为的研究，使得个体可以利用群体的共享信息，实现在求解空间的无序运动变为有序演化，从而获得关于问题的最优解。

算法中取适应度值为粒子权值：

$$\text{fitness} = \omega_k^{(i)} \tag{3.320}$$

首先根据粒子适应度值，将粒子分为两个子群：高似然值子群 $\boldsymbol{H}\{\boldsymbol{x}'^{(i)}_k\}$ 负责在各个局部高似然区域的进一步逼近；低似然值的子群 $\boldsymbol{L}\{\boldsymbol{x}'^{(i)}_k\}$ 向高似然区域形心逼近，负责在更大空间寻优，保持粒子多样性。

对于高似然值子群，根据欧式距离将其划分为不同的粒子区域 $\boldsymbol{H}_n\ \{\boldsymbol{x}'^{(i)}_k\}_{i=1,\cdots,k_H}$ ，k_H 为第 n 个高似然区域内的粒子个数。考虑到由于测量噪声影响，当前高似然粒子可能并非是系统真实状态，因此，在粒子集中操作过程中，同时考虑上一时刻的最优粒子在当前时刻的状态，增强滤波的可靠性。通过对各个高似然区域局部最优状态粒子的逼近，使粒子向各个当前时刻和历史时刻的观测似然极大值移动。具体操作如下：

$$\boldsymbol{v}_{k\_H}^{(i)} = \textbf{rand}(\boldsymbol{x}'_{n\_\text{best}(k)} - \boldsymbol{x}'^{(i)}_k) + \textbf{rand}(\boldsymbol{x}'_{n\_\text{best}(k-1)} - \boldsymbol{x}'^{(i)}_k) \tag{3.321}$$

$$\boldsymbol{x}_k^{(i)} = \boldsymbol{x}'^{(i)}_k + \boldsymbol{v}_{k\_H}^{(i)} \tag{3.322}$$

其中，$\boldsymbol{x}'_{n\_\text{best}(k)}$ 为当前 k 时刻第 n 个高似然区域的最大似然粒子；$\boldsymbol{x}'_{n\_\text{best}(k-1)}$ 为当前第 n 个高似然区域中在时刻 $k-1$ 具有极大似然值的粒子在当前时刻的更新；**rand** 为获取[0,1]之间的随机数向量。对各个高似然区域进行上述操作后，得到新的粒子群 $\boldsymbol{H}\{\boldsymbol{x}_k^{(i)}\}$ 。

对于低似然值粒子群，不考虑机器人“绑架”情况下，由于每一步的测量误差是有限的，通常来说高似然粒子更加趋近真实状态，因此可将低似然粒子向高似然粒子区域进行集中，同时也可能得到更趋近于真实状态的粒子。

首先根据新的高似然粒子群 $\boldsymbol{H}\{\boldsymbol{x}_k^{(i)}\}$ ，计算带权重的高似然粒子群形心 $\boldsymbol{x}_{k\_\text{controid}}$ ：

$$\boldsymbol{x}_{k\_\text{controid}} = \frac{\sum\limits_{\boldsymbol{x}_k^{(i)} \in \boldsymbol{H}} \omega_k^{(i)} \cdot \boldsymbol{x}_k^{(i)}}{\sum \omega_k^{(i)}} \tag{3.323}$$

对 $L\{\boldsymbol{x}'^{(i)}_k\}$ 中的粒子进行以下操作：

$$\boldsymbol{v}_{k\_L}^{(i)} = \textbf{rand}(\boldsymbol{x}_{k\_\text{controid}} - \boldsymbol{x}'^{(i)}_k) + \textbf{rand}(\boldsymbol{x}'_{k-1\_\text{controid}} - \boldsymbol{x}'^{(i)}_k) \tag{3.324}$$

$$\boldsymbol{x}_k^{(i)} = \boldsymbol{x}'^{(i)}_k + \boldsymbol{v}_{k\_L}^{(i)} \tag{3.325}$$

其中，$\boldsymbol{x}_{k\_\text{controid}}$ 为 k 时刻高似然区域形心；$\boldsymbol{x}'_{k-1\_\text{controid}}$ 为 $k-1$ 时刻高似然区域形心；$\boldsymbol{x}_{k-1\_\text{controid}}$ 在当前时刻根据里程计输入预测的值。

在粒子寻优的同时，应考虑对粒子多样性的优化。然而，粒子多样性程度与算法局部搜索寻优能力相互制约。对此，本节将区域中粒子距离中心粒子的平均距离作为多样性测度，通过考察多样性测度以及区域中的粒子个数来控制各个高似然区域粒子数量，使其减少到设定的粒子数量阈值，将减少的粒子用于粒子扩散，增强粒子多样性。

首先计算高似然区域 $\boldsymbol{H}_n\{\boldsymbol{x}_k^{(i)}\}$ 粒子距离其形心的平均中心距离 D_n：

$$D_n = \frac{1}{N_H}\sum_{\boldsymbol{x}_k^{(i)} \in \boldsymbol{H}_n} \left| \boldsymbol{x}_k^{(i)} - \frac{1}{N_H}\sum_{\boldsymbol{x}_k^{(i)} \in \boldsymbol{H}_n} \boldsymbol{x}_k^{(i)} \right| \tag{3.326}$$

其中，k_H 为 $\boldsymbol{H}_n\{\boldsymbol{x}_k^{(i)}\}$ 中的粒子个数。

根据设定的最短平均中心距离阈值 D_{th} 和高似然区域保持的最少粒子数 D_n，判断是否对此高似然区域粒子进行扩散操作。如果满足

$$D_n < D_{\text{th}} \tag{3.327}$$

$$N_H > N_{\text{th}} \tag{3.328}$$

则对 $\boldsymbol{H}_n\{\boldsymbol{x}_k^{(i)}\}$ 中随机选取 $N_H - N_{\text{th}}$ 个粒子进行如下扩展操作：

$$\boldsymbol{x}_{n\_\text{expend}} = \boldsymbol{x}_{n\_\text{farthest}}^{(i)} + \textbf{rand}' \cdot \boldsymbol{x}_{\text{err}} \tag{3.329}$$

其中，$\boldsymbol{x}_{n\_\text{farthest}}^{(i)}$ 为 $\boldsymbol{H}_n\{\boldsymbol{x}_k^{(i)}\}$ 中距离形心最远的粒子位置；$\boldsymbol{x}_{\text{err}}$ 为一个计算周期内里程计的最大误差；**rand** 为[−1,1]之间的随机数；扩展粒子间隔 $2\pi/(N_H - N_{\text{th}})$ (rad)在 $\boldsymbol{H}_n\{\boldsymbol{x}_k^{(i)}\}$ 周围分布。

由于采用了群智能算法对粒子进行更新，在此取消了重采样步骤。

本节提出基于 PSO 优化的鲁棒粒子滤波 SLAM 算法的流程如图 3.41 所示。

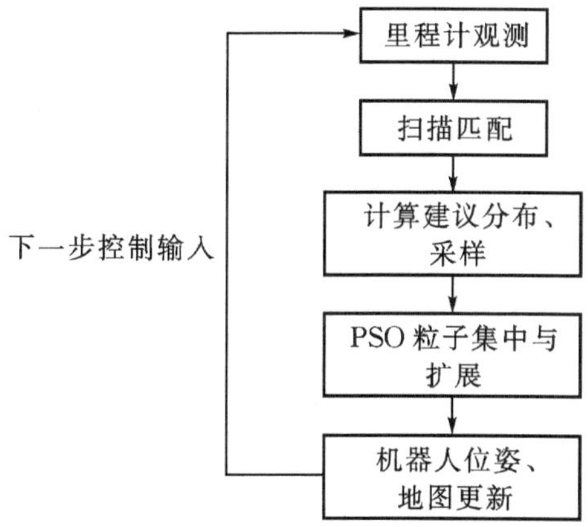

图 3.41　基于 PSO 优化的鲁棒粒子滤波 SLAM 算法流程

3.4.4　实验仿真与分析

为了进行实验对比，这里采用 Gmapping 算法对公开的数据集 MIT Infinite Corridor 进行实验。对于 Intel 研究所数据集和弗格堡大学数据集，由于构建的环境范围较小或环境相似性较低，Gmapping 算法和本节算法都能得到很好的 SLAM 效果。而 MIT Killian Court 数据集的真实环境大小为 250m×215m，具有较长走廊，局部环境相似度高，如图 3.42 所示。与本节采用的 MIT Killian Court 数据集不同，图 3.42 是由具有修正了的里程计数据和闭环优化的机器人获取，其修正的里程计数据得到的机器人轨迹和闭环连接见图 3.43(黑色为机器人轨迹，稠密的灰色连接线为闭环)，因此通过常规的 SLAM 算法可以较容易地得到准确的机器人轨迹和较高的地图精度。

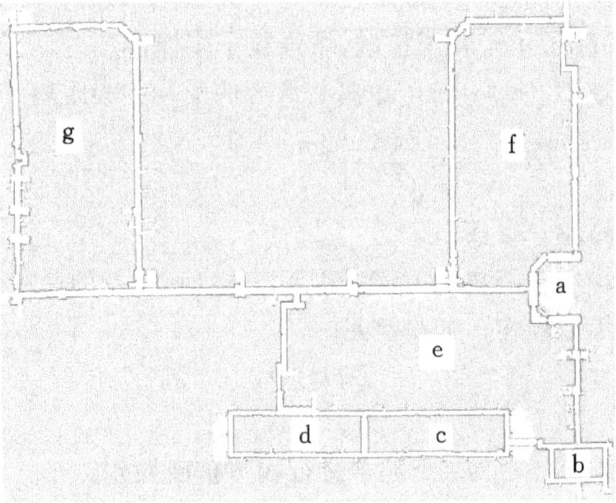

图 3.42 MIT Killian Court 真实环境

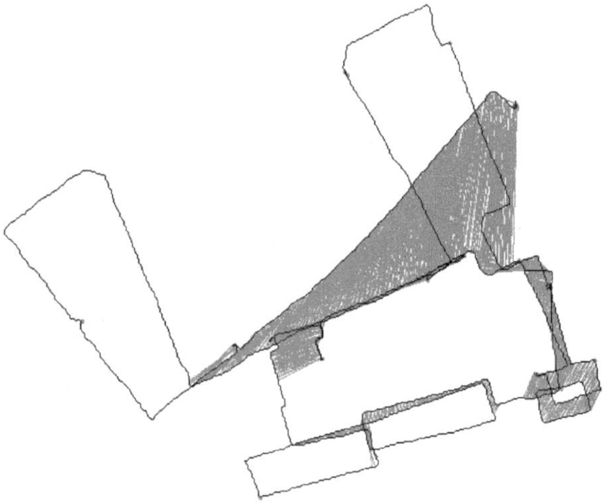

图 3.43 里程计数据修正后的机器人轨迹(黑)和闭环连接(灰)

为体现算法效果,这里采用相同环境下里程计精度较差且无闭环连接的数据集,根据里程计数据得到机器人轨迹如图 3.44 所示,与机器人实际的探索路径相比,存在很大误差。在本节采用的数据集记录过程中,机器人从 a 区域出发,首先达到 b 区域的闭环,然后完成 c,d 区域的探测,再经过 e 区域、a 区域返回到 b 区域。机器人从 b 区域再次出发,经过 a 区域依次探索 f 区域和 g 区域,最后机器人重新返回出发点。在整个过程中,机器人运动里程数为1.9km,里程计误差较大,且存在较多的闭环,对 SLAM 算法要求较高,因此采用此数据集验证算法的有效性。

图 3.44　本节使用的 MIT Killian Court 数据集中机器人轨迹

使用 Gmapping 算法对 MIT Killian Court 数据集进行计算时，分别选用粒子数为 30 和 60。由于算法具有一定的偶然性，对采用不同粒子个数的实验各运行 20 次。在其计算过程中，为提高扫描匹配的有效性同时兼顾计算量，当根据里程计数据计算的机器人运动距离大于 0.5m 或者旋转角度大于 25°时，进行一次算法的更新。在最后的实验结果中，得到大量未闭合的机器人轨迹，其中具有代表性的结果如图 3.45 和图 3.46 所示。

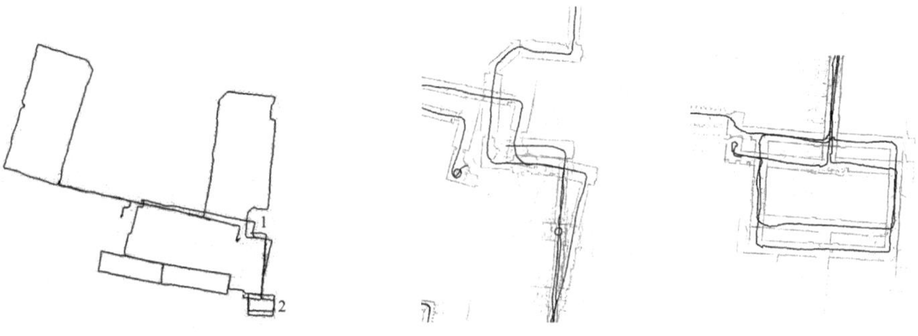

(a)Gmapping 算法运算结果 1　　(b)局部地图 1　　(c)局部地图 2

图 3.45　Gmapping 算法运算结果 1 及其局部地图

从图 3.44 的原始里程计轨迹可见，相对于行程误差，如何较好地减少旋转误差是算法需要克服的主要问题。在 Gmapping 算法中，主要采用数据关联来纠正机器人运动轨迹，而在图 3.45 中可见，Gmapping 的数据关联方法并不能完全有效地限制旋转误差，导致其局部地图 1 与局部地图 2 中的机器人轨迹未能实现闭环；特别是在图 3.46 中的局部地图 1 中，由于数据关联错误，机器人未能恢复真实的旋转角度，导致机器人定位与建图发生较大的偏差。总体来说，Gmapping 算法对此 MIT Killian Court 数据集效果较差，在粒子数为 30 时未能得到有效的机器人定位与环境地图，在粒子数增加到 60 时，在多次实验中才得到少部分的正确定位与建图。

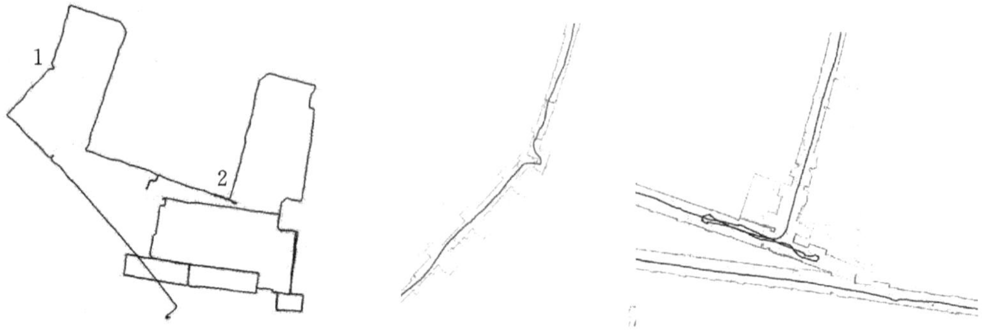

(a)Gmapping 算法运算结果 2　　(b)局部地图 1　　(c)局部地图 2

图 3.46　Gmapping 算法运算结果 2 及其局部地图

在本节算法中，也分别采用粒子数 30 和 60，各运行 20 次仿真实验。由于加入了 PSO 优化的过程，算法复杂度有所提升，因此，当根据里程计数据计算的机器人运动距离大于 1m 或者旋转角度大于 25°时进行一次算法的更新。本节算法能够较容易地得到理想的 MIT 中机器人轨迹，如图 3.47 所示。

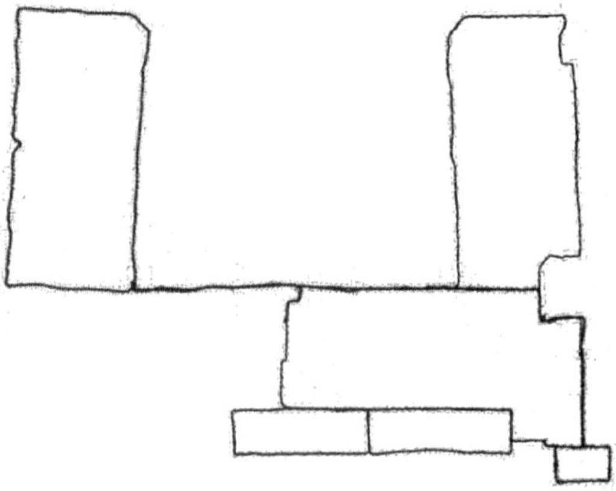

图 3.47　本节算法得到的 SLAM 算法运算结果

两种 SLAM 算法结果见表 3.5，运行程序的处理器主频为 2.60GHz。容易发现，相比 Gmapping 算法，在使用相同粒子数时，本节算法成功率较高，运行时间较 Gmapping 算法有一定程度的增加，但在 1.9km 长的机器人运动过程中，依然可以满足在线 SLAM 的要求。从本节算法结果上看，机器人定位准确性更好，能够实现较好的 SLAM 效果，而 Gmapping 算法经常在一些不定的位置发生机器人定位失败，导致最终轨迹不能闭合。在未针对闭环问题提出解决方案情况下，本节算法通过构建多模态的观测似然函数，并利用 PSO 优化粒子滤波过程，提高了粒子的多样性以及算法的鲁棒性，从而能够较好地实现闭环，体现了对机器人定位的准确性。

表 3.5　算法对比结果

SLAM 算法	粒子个数	成功率	平均运行运算时间
Gmapping	30	0%	6 min 48 s
Gmapping	60	25%	14 min 23 s
本节算法	30	70%	8 min 03 s
本节算法	60	85%	17 min 58 s

本节算法利用激光扫描数据校正里程计信息，采用扫描匹配修正里程计误差，得到多模态的观测似然函数，一定程度上克服了相似环境中机器人易匹配错误的影响，并运用 PSO 算法对粒子进行集中和扩展，提高了高噪声情况下粒子逼近真实状态的能力，保持粒子多样性，从而得到更加合理的粒子分布，提高常规粒子滤波器的估计性能，降低了机器人精确定位与建图所需的粒子数。同 Gmapping 算法对比实验结果表明，在里程计误差较大、存在大量相似环境的情况下，本节算法依然能够得到较高的定位精度和滤波可靠性，增强了算法的鲁棒性。

3.5　本章小结

本章主要对经典 SLAM 的改进算法进行了介绍，主要包括以下几点：

(1) 结合实验室自主研制的三轮驱动移动机器人平台，推导建立了新的三轮驱动机器人运动模型，并融入 EKF-SLAM 算法，提高了其估计精度和一致性。

(2) 对逐点搜索线段特征提取算法进行改进，并采用真实的激光数据做了对比实验，证明新算法提取效果很好且对环境具有很强的适应性。

(3) 推导建立了线段特征观测模型，采用线段特征取代传统 EKF-SLAM 算法中的点特征，并在传统 EKF-SLAM 算法中引入全程的线段匹配跟踪，在室内未知结构化环境中很好地克服了机器人“绑架”问题，同时创建了线段特征地图。

(4) 对 UFastSLAM 算法进行了深入细致的研究，并将辅助粒子滤波算法思想融入其中，不但提高了 UFastSLAM 算法的估计精度，而且很好地缓解了其粒子退化问题，提高了算法的一致性。

(5) 针对高噪声、大范围相似环境下的机器人定位问题，通过扫描匹配的方式获得多模的观测似然函数，从而得到了改进的建议分布，并用粒子群算法改进了粒子滤波的采样过程，增强了粒子的多样性，提高了机器人 SLAM 的鲁棒性和正确率。

第 4 章　VSLAM 基础

在应用于室内环境中的 VSLAM 算法中，立体视觉 VSLAM 不受尺度不确定性影响的优势非常明显，相较于单目 VSLAM 能够实现更精确的定位并构建更准确的环境地图，因此，本章选用立体视觉传感器（包括双目相机和 RGBD 相机）作为实验设备。首先对立体相机模型做一简介，包括立体视觉传感器获取深度的原理以及反投影模型和深度误差模型；其次介绍 VSLAM 研究中相机的位姿表示，为后续的研究奠定基础；进而建立 SLAM 的数学模型，并通过构建运动估计误差模型，将 SLAM 问题转化为最小二乘问题（Least Square Problem）；然后介绍非线性优化方法的基础知识，并利用非线性优化方法求解该最小二乘问题；最后对 SLAM 中的视觉里程计、闭环检测和地图构建部分进行介绍。

4.1　立体相机模型

4.1.1　针孔相机模型

对于双目相机中的单个相机或 RGB-D 相机中的彩色相机，其模型均可以构建为针孔相机模型，下面对针孔相机模型进行介绍。

如图 4.1 所示，首先构建三个坐标系：世界坐标系（$O-X_wY_wZ_w$）、相机坐标系（$O-X_cY_cZ_c$）和图像坐标系（$O-UV$）。针孔相机模型可以用外参矩阵和内参矩阵进行描述，它们分别表示相机坐标系到世界坐标系的变换关系和相机坐标系到图像坐标系的变换关系。

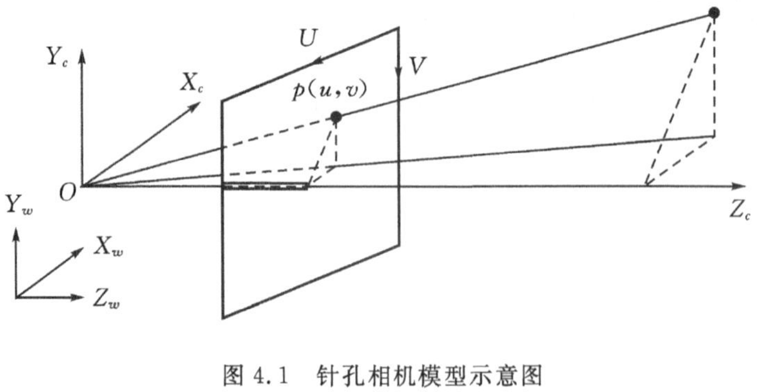

图 4.1　针孔相机模型示意图

相机坐标系到图像坐标系的变换关系如下。

如图 4.1 所示，假设点 $\boldsymbol{P}$ 在相机坐标系中的坐标为 (x,y,z)，它在图像坐标系中对应的

像素坐标为 (u,v)，则根据相似三角形关系，两坐标间的关系可以以 $\hat{\pi}$ 函数表示如下：

$$\hat{\boldsymbol{\pi}}(\boldsymbol{P}):\quad \begin{bmatrix} u \\ v \\ 1 \end{bmatrix} = \frac{1}{z} \cdot \begin{bmatrix} f_x & 0 & c_x \\ 0 & f_y & c_y \\ 0 & 0 & 1 \end{bmatrix} \begin{bmatrix} x \\ y \\ z \end{bmatrix} \tag{4.1}$$

其中，f_x 和 f_y 为相机的焦距；c_x，c_y 为相机光学中心在图像坐标系中的坐标。

4.1.2　立体相机深度获取原理

立体相机相对于单目相机的一个优势在于它能够获取图像中某像素对应的深度，下面对如何获取深度的原理进行介绍。

4.1.2.1　RGBD 相机

目前，RGBD 相机获取深度的方式主要有 TOF（Time-of-Flight，飞行时间）、结构光、激光扫描等几种，其中使用较多的为 TOF 相机。TOF 深度相机的原理如图 4.2 所示。由光脉冲发射器连续发出经调制的光脉冲，光脉冲遇障碍物后反射，用光脉冲接收器接收从物体返回的光脉冲，通过计算发射和接收光脉冲的时间差或相位差（即飞行时间）来得到与目标的距离，即深度信息。

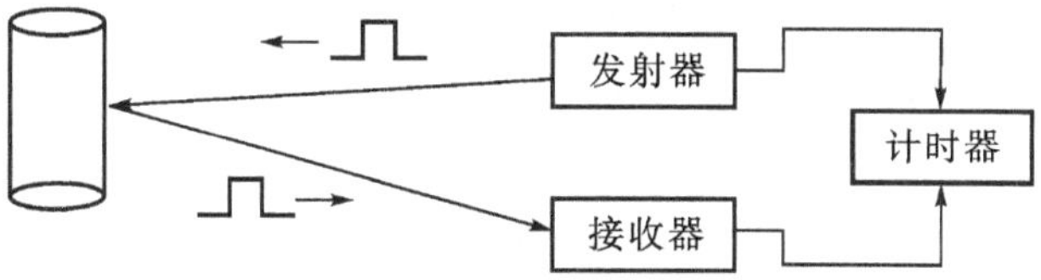

图 4.2　TOF 相机原理图

4.1.2.2　双目相机

不同于 RGBD 相机的主动光光探测的方式，双目相机需要经过左右相机特征匹配来获取深度信息。假设地图点 $\boldsymbol{P}$ 在左右两幅图像上的投影坐标 (u,v) 中的 v 是相同的，即双目图像已经校正。如图 4.3 所示为双目相机模型，其中 b 为左右相机之间的固定基线，f 为相机焦距，u_l 和 u_r 分别为地图点 $\boldsymbol{P}$ 在左右相机上投影坐标的横坐标，$d = u_l - u_r$ 为视差。

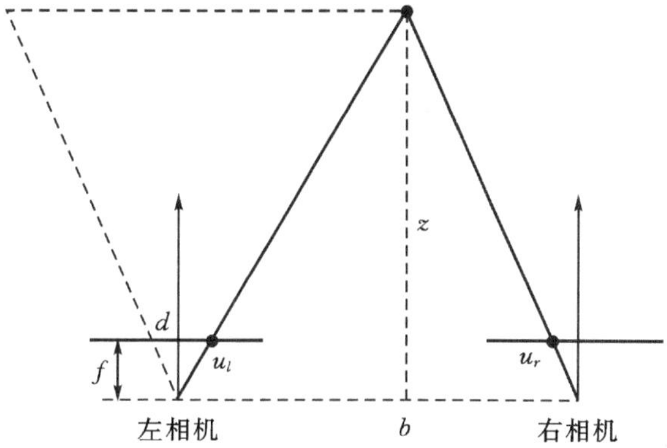

图 4.3　双目相机模型

地图点深度 z 可通过图 4.3 中三角形相似关系计算得到，即

$$z=\frac{f\cdot b}{d} \tag{4.2}$$

4.1.3 反投影模型

通常而言，在 SLAM 算法中需要在已知地图点在图像中投影的像素坐标 (u,v) 及其深度信息 z 的情况下，得到地图点在相机坐标系下的坐标，这就是相机的反投影模型。这一模型仅适用于立体视觉中，在单目视觉中由于缺少深度信息，这一模型则是失效的。以 $\hat{\boldsymbol{\pi}}^{-1}$ 函数表示反投影模型：

$$\hat{\boldsymbol{\pi}}^{-1}(u,v,z):\quad \begin{bmatrix}x\\y\\z\end{bmatrix}=\begin{bmatrix}(u-c_x)\cdot z/f\\(v-c_y)\cdot z/f\\z\end{bmatrix} \tag{4.3}$$

4.1.4 Kinect 深度误差模型

Kinect 是由微软公司研发的一款体感设备，设计之初是针对其游戏系统 XBOX 360 推广的外设产品，应用范围也仅局限于游戏领域。但是，由于该设备本身天马行空的创意以及其高科技含量，在发行后的两年内逐步推广于众多领域。近年来，由于 Kinect for Windows 这款针对 Windows 平台的研发软件的推广，目前世界上有一大批科学家、工程师和研究小组纷纷投入到对 Kinect 的应用领域的探究和研发之中。

如图 4.4 所示，Kinect 是一款 3D 体感摄影机，同时具备实时动态捕捉、图像识别、音频输入、语音识别等功能。Kinect 有三个镜头，安装在中间的镜头是彩色 CMOS 摄像头，左侧的镜头为红外发射器，右侧镜头为红外摄像头，它们共同构成 3D 深度感应器，可以同时获得彩色深度图像。四个向下内置的麦克风构成了麦克风阵列，可以获取声音信息，具备声音定位、回声消除、语音控制、背景去噪、自动增益控制等音频处理功能。安装在基座内的马达和空间感应器，具备转动功能，可以自动调节传感器的姿态并校正摄像头，从而得到最优的观测位置。

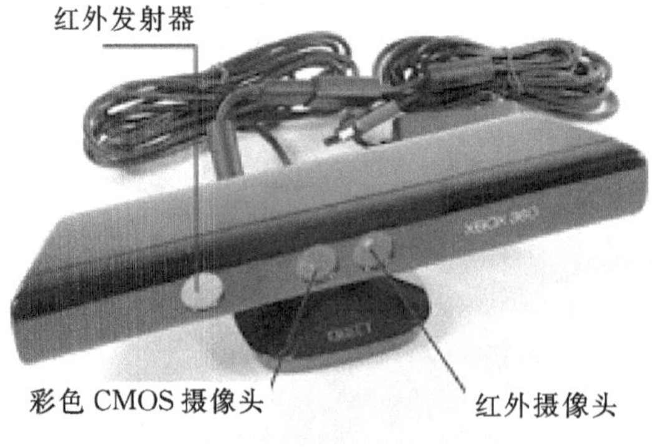

图 4.4 Kinect 摄像机外观

通过红外摄像头和彩色 CMOS 摄像头的配合，Kinect 可以将物体的立体影像投影到屏幕中，也能够同时获取彩色图像和深度图像。红外发射器和红外摄像头构成了光学部分。红外发射器射出一道可覆盖 Kinect 的视距范围的激光，红外摄像头通过接收反射光线来识别，识

别到的图像是一个深度场，其中每一点的像素值表示该点物体到 Kinect 的距离。

表 4.1 给出了 Kinect 相机的参数指标：

表 4.1　Kinect 相机参数指标

摄像头类型	最大分辨率	视场大小/(°)	焦距/mm	像素大小/μm
彩色 CMOS	1280×1024	63×50	2.9	2.8
红　外	1280×1024	57×45	6.1	5.2

Kinect 虽然可以方便地获得环境的彩色信息和对应的深度信息，但是其深度值存在较大的噪声，对于机器人位姿估计具有较大的影响，严重时甚至导致机器人定位失败，最终造成构建的地图一致性较差，不能用于机器人导航。因此，建立 Kinect 相机的深度误差模型对提高机器人定位精度有重要作用。

根据 Khoshelham 等人的研究，Kinect 深度值的不确定性与其期望存在一定关系。假设各像素点的深度值 z 相互独立，且像素坐标 (u,v) 是确定的，则 z 的不确定性为

$$\hat{\sigma}_z = 1.45 \times 10^{-3} \hat{\mu}_z^2 \tag{4.4}$$

其中，$\hat{\sigma}_z$ 表示 z 的标准差，$\hat{\mu}_z$ 表示 z 的期望。

实际上，通过特征提取获取的像素坐标 (u,v) 也存在一定的不确定性，且各像素深度值也不一定相互独立，因此式(4.4)存在一定的不合理性。本章在式(4.4)的基础上，采用基于高斯混合模型的 Kinect 深度误差模型。首先做出如下假设：

假设 1：像素坐标 (u,v) 和深度值 z 分别满足下列关系：

(1)假设 u 和 v 相互独立，且都服从正态分布，即 $u \sim N(\mu_u, \sigma_u)$，$v \sim N(\mu, v, \sigma_v)$。

(2)假设各像素点深度值与其相邻像素点深度值有关。

当系统满足假设 1 时，z 的不确定性可以根据高斯混合模型估计得到。本章采用如下高斯核

$$\boldsymbol{W} = \frac{1}{16}\begin{bmatrix} 1 & 2 & 1 \\ 2 & 4 & 2 \\ 1 & 2 & 1 \end{bmatrix} \tag{4.5}$$

可以得出像素 (u,v) 处 z 的均值和方差为

$$\begin{cases} \mu_z = \sum\limits_{i,j} \omega_{ij} \hat{\mu}_{z_{i,j}} \\ \sigma_z^2 = \sum\limits_{i,j} \omega_{i,j} (\hat{\sigma}_{z_{i,j}}^2 + \hat{\mu}_{z_{i,j}}^2) - \mu_z^2 \end{cases} \tag{4.6}$$

$$i \in [u-1, u+1], \quad j \in [v-1, v+1]$$

其中，以 Kinect 测得的深度值作为期望值 $\hat{\mu}_{z_{i,j}}$，方差 $\hat{\sigma}_{z_{i,j}}$ 通过式(4.4)获得。可得三维空间点 $\boldsymbol{P}(x,y,z)$ 的期望位置为

$$\boldsymbol{\mu} = (\mu_x, \mu_y, \mu_z)^{\mathrm{T}} \tag{4.7}$$

其中

$$\mu_x = \frac{\mu_z(\mu_u - c_x)}{f_x}$$

$$\mu_y = \frac{\mu_z(\mu_v - c_y)}{f_y} \tag{4.8}$$

协方差矩阵为

$$\boldsymbol{\Sigma}=\begin{bmatrix}\sigma_x^2 & \sigma_{xy} & \sigma_{xz}\\ \sigma_{yx} & \sigma_y^2 & \sigma_{yz}\\ \sigma_{zx} & \sigma_{zy} & \sigma_z^2\end{bmatrix} \tag{4.9}$$

其中

$$\begin{cases}\sigma_x^2=\dfrac{\sigma_z^2(\mu_u-c_x)(\mu_v-c_y)+\sigma_u^2(\mu_z^2+\sigma_z^2)}{f_x^2}\\ \sigma_y^2=\dfrac{\sigma_z^2(\mu_u-c_x)(\mu_v-c_y)+\sigma_u^2(\mu_z^2+\sigma_z^2)}{f_y^2}\\ \sigma_{xz}=\sigma_{zx}=\sigma_z^2\dfrac{\mu_u-c_x}{f_x}\\ \sigma_{yz}=\sigma_{zy}=\sigma_z^2\dfrac{\mu_v-c_y}{f_y}\\ \sigma_{xy}=\sigma_{yx}=\sigma_z^2\dfrac{(\mu_u-c_x)(\mu_v-c_y)}{f_xf_y}\end{cases} \tag{4.10}$$

4.2　相机位姿表示

在 VSLAM 算法中，由相机坐标系变换到图像坐标系的内参矩阵可以通过相机标定获取，而由相机坐标系变换到世界坐标系的外参矩阵(也即是相机位姿)则需要通过视觉里程计算法估计得到。相机位姿包括 3 个旋转量和 3 个平移量共 6 个自由度，一般可以用位姿变换矩阵对其进行描述。而在优化过程中，由于位姿变换矩阵自身带有约束(旋转矩阵正交且行列式为 1)，当它作为优化变量时会引入额外的约束，使优化更为复杂困难，所以在优化过程中使用李代数的方式表示相机位姿。

4.2.1　三维空间的刚体姿态描述

从机械的角度看，移动机器人在空间中的运动可以视为一个刚体在空间中的平移和旋转合成，因此刚体在空间中的运动由刚体的位置变化和姿态变化构成。

刚体可以由其在空间中相对参考坐标系的位置和方向(简记为位姿)进行完整地描述。如图 4.5 所示，令 $O-xyz$ 为标准正交参考坐标系，$\boldsymbol{x}$，$\boldsymbol{y}$，$\boldsymbol{z}$ 为坐标轴的单位向量。

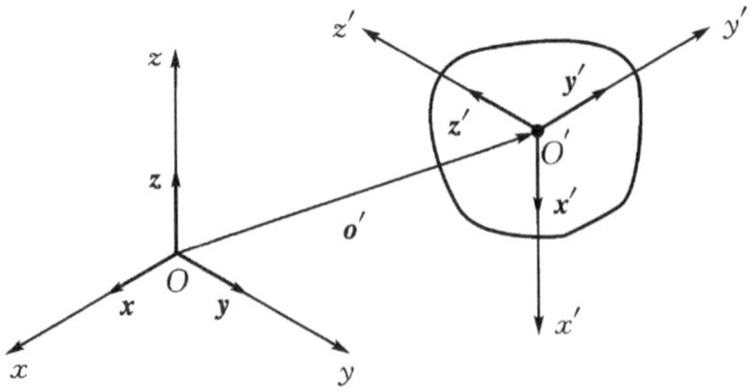

图 4.5　刚体的位置和方向

刚体上的点 O' 相对坐标系 O-xyz 的位置可以表示为关系式

$$\boldsymbol{o}' = o'_x\boldsymbol{x} + o'_y\boldsymbol{y} + o'_z\boldsymbol{z}$$

其中 o'_x, o'_y, o'_z 表示向量 $\boldsymbol{o}' \in \mathbb{R}^3$ 在坐标轴上的分量。$\boldsymbol{O}'$ 的位置可以简写为 3×1 向量

$$\boldsymbol{o}' = \begin{bmatrix} o'_x \\ o'_y \\ o'_z \end{bmatrix} \tag{4.11}$$

由于除了方向和模长，其作用点和作用线都是规定的，因此 $\boldsymbol{O}'$ 是有界向量。

为了描述刚体的指向，考虑建立一个固连于刚体的标准正交坐标系，并由其相对参考坐标系的单位向量来表示。令此坐标系为 $O'-x'y'z'$，其原点为 $\boldsymbol{O}'$，坐标轴的单位向量为 $\boldsymbol{x}', \boldsymbol{y}', \boldsymbol{z}'$。这些向量在参考坐标系 $O\text{-}xyz$ 中的表达式为

$$\begin{aligned} \boldsymbol{x}' &= x'_x\boldsymbol{x} + x'_y\boldsymbol{y} + x'_z\boldsymbol{z} \\ \boldsymbol{y}' &= y'_x\boldsymbol{x} + y'_y\boldsymbol{y} + y'_z\boldsymbol{z} \\ \boldsymbol{z}' &= z'_x\boldsymbol{x} + z'_y\boldsymbol{y} + z'_z\boldsymbol{z} \end{aligned} \tag{4.12}$$

每一单位向量的分量都是坐标系 $O'\text{-}x'y'z'$ 的轴相对参考坐标系 $O\text{-}xyz$ 的方向余弦。

为使描述简便起见，式(4.12)中描述刚体相对参考坐标系的指向的 3 个单位向量可以组合为一个 3×3 矩阵。

$$\boldsymbol{R} = [\boldsymbol{x}' \quad \boldsymbol{y}' \quad \boldsymbol{z}'] = \begin{bmatrix} x'_x & y'_x & z'_x \\ x'_y & y'_y & z'_x \\ x'_z & y'_z & z'_z \end{bmatrix} = \begin{bmatrix} \boldsymbol{x}'^{\mathrm{T}}\boldsymbol{x} & \boldsymbol{y}'^{\mathrm{T}}\boldsymbol{x} & \boldsymbol{z}'^{\mathrm{T}}\boldsymbol{x} \\ \boldsymbol{x}'^{\mathrm{T}}\boldsymbol{y} & \boldsymbol{y}'^{\mathrm{T}}\boldsymbol{y} & \boldsymbol{z}'^{\mathrm{T}}\boldsymbol{y} \\ \boldsymbol{x}'^{\mathrm{T}}\boldsymbol{z} & \boldsymbol{y}'^{\mathrm{T}}\boldsymbol{z} & \boldsymbol{z}'^{\mathrm{T}}\boldsymbol{z} \end{bmatrix} \tag{4.13}$$

定义 $\boldsymbol{R}$ 为旋转矩阵。

需要注意矩阵 $\boldsymbol{R}$ 的列向量相互正交，原因在于它们表示的是正交坐标系的单位向量，即

$$\boldsymbol{x}'^{\mathrm{T}}\boldsymbol{y}' = 0, \qquad \boldsymbol{y}'^{\mathrm{T}}\boldsymbol{z}' = 0, \qquad \boldsymbol{z}'^{\mathrm{T}}\boldsymbol{x}' = 0 \tag{4.14}$$

同时，其模长均为 1，即

$$\boldsymbol{x}'^{\mathrm{T}}\boldsymbol{x}' = 1, \qquad \boldsymbol{y}'^{\mathrm{T}}\boldsymbol{y}' = 1, \qquad \boldsymbol{z}'^{\mathrm{T}}\boldsymbol{z}' = 1 \tag{4.15}$$

因此，$\boldsymbol{R}$ 是一个正交矩阵，即

$$\boldsymbol{R}^{\mathrm{T}}\boldsymbol{R} = \boldsymbol{I}_3 \tag{4.16}$$

其中，$\boldsymbol{I}_3$ 表示 3×3 单位矩阵。

如果在式(4.16)的两边同时右乘逆矩阵 $\boldsymbol{R}^{-1}$，可以得到以下有用的结论：

$$\boldsymbol{R}^{\mathrm{T}} = \boldsymbol{R}^{-1} \tag{4.17}$$

即旋转矩阵的转置与其逆矩阵相等。进一步，注意到如果坐标系满足右手法则，则 $\det(\boldsymbol{R}) = 1$；如果满足左手法则，则 $\det(\boldsymbol{R}) = -1$。

如上定义的旋转矩阵属于实矩阵中的特殊正交群(Special Orthonormal Group) $\mathrm{SO}(m)$，其列为正交的且行列式为 1。在作空间旋转时，$m = 3$；在作平面旋转时，$m = 2$。三维空间下的位姿变换由旋转矩阵 $\boldsymbol{R}$ 和平移向量 $\boldsymbol{t}$ 组成，构成变换矩阵 $\boldsymbol{T}$：

$$\boldsymbol{T} = \begin{bmatrix} \boldsymbol{R} & \boldsymbol{t} \\ \boldsymbol{0} & \boldsymbol{1} \end{bmatrix} \tag{4.18}$$

4.2.2 李群、李代数

前面介绍了旋转矩阵和变换矩阵的定义，说到三维旋转矩阵构成了特殊正交群 SO(3)，而变换矩阵构成了特殊欧氏群 SE(3)，并未解释群的含义。旋转矩阵自身是带有约束的(正

交且行列式为 1)，它们作为优化变量时，会引入额外的约束，使优化变得困难。通过李群-李代数间的转换关系，可以把位姿估计变成无约束的优化问题，简化求解方式。

4.2.2.1 李群

一个群由两部分组成：①一个集合；②一个二元运算符。通常这种运算是加法运算或者乘法运算。把集合记作 A，运算记作 $\cdot$，那么群可以记作 $G=(A,\cdot)$。群要求这个运算满足以下几个条件：

(1)封闭性：$\forall a_1,a_2\in A,\quad a_1\cdot a_2\in A$。

(2)结合律：$\forall a_1,a_2,a_3\in A,\quad (a_1\cdot a_2)\cdot a_3=a_1\cdot(a_2\cdot a_3)$。

(3)幺元：$\exists a_0\in A,\quad \text{s.t.}\quad \forall a\in A,\quad a_0\cdot a=a\cdot a_0=a$。

(4)逆：$\forall a\in A,\quad \exists a^{-1}\in A,\quad \text{s.t.}\quad a\cdot a^{-1}=a_0$。

可以注意到，旋转矩阵和变换矩阵对加法是不封闭的。也就是说，对于任意两个旋转矩阵 $\boldsymbol{R}_1,\boldsymbol{R}_2$，按照矩阵加法的定义，$\boldsymbol{R}_1+\boldsymbol{R}_2$ 不再是一个旋转矩阵；同样，对于变换矩阵亦是如此。这两种矩阵并没有良好定义的加法，相对地，它们对于乘法是封闭的。

乘法对应着旋转或变换的复合，两个旋转矩阵相乘表示做了两次旋转。对于这种只有一个运算的集合，称之为群。

因此，旋转矩阵集合和矩阵乘法构成群，同样变换矩阵和矩阵乘法也构成群(因此才能称它们为旋转矩阵群和变换矩阵群)。其他常见的群包括整数的加法 $(\mathbb{Z},+)$，去掉 0 后的有理数的乘法(幺元为 1) $(\mathbb{Q}/0,+)$，等等。矩阵中常见的群有：

(1)一般线性群 $\mathrm{GL}(n)$ 指 $n\times n$ 的可逆矩阵，它们对矩阵乘法成群。

(2)特殊正交群 $\mathrm{SO}(n)$ 也就是所谓的旋转矩阵群，其中 $\mathrm{SO}(2)$ 和 $\mathrm{SO}(3)$ 最为常见。

(3)特殊欧氏群 $\mathrm{SE}(3)$ 也就是前面提到的 n 维欧氏变换，如 $\mathrm{SE}(2)$ 和 $\mathrm{SE}(3)$。

群结构保证了在群上的运算具有良好的性质，而群论则是研究群的各种结构和性质的理论，这里不多加介绍。

李群是指具有连续(光滑)性质的群。像整数群那样离散的群没有连续性质，所以不是李群。而 $\mathrm{SO}(n)$ 和 $\mathrm{SE}(3)$ 在实数空间上是连续的。可以直观地想象一个刚体能够连续地在空间中运动，所以它们都是李群。由于 $\mathrm{SO}(3)$ 和 $\mathrm{SE}(3)$ 对于相机姿态估计尤其重要，所以在此主要讨论这两个李群。

4.2.2.2 李代数

每个李群都有与之对应的李代数。李代数描述了李群的局部性质。通用的李代数的定义如下：

李代数由一个集合 $\mathbb{V}$，一个数域 $\mathbb{F}$ 和一个二元运算 $[,]$ 组成。如果它们满足以下几条性质，则称 $(\mathbb{V},\mathbb{F},[,])$ 为一个李代数，记作 $\mathfrak{g}$。

(1)封闭性：$\forall X,Y\in\mathbb{V},[X,Y]\in\mathbb{V}$。

(2)双线性：$\forall X,Y,Z\in\mathbb{V},a,b\in\mathbb{F}$，有

$[aX+bY,Z]=a[X,Z]+b[Y,Z]$，$[Z,aX+bY]=a[Z,X]+b[Z,Y]$

(3)自反性：$\forall X\in\mathbb{V},[X,X]=0$。

(4)雅可比等价：$\forall X,Y,Z\in\mathbb{V},[X,[Y,Z]]+[Z,[X,Y]]+[Y,[Z,X]]=0$。

其中二元运算被称为李括号。从表面上来看，李代数所需要的性质还是挺多的。相比于

群中较为简单的二元运算，李括号表达了两个元素的差异。它不要求结合律，而要求元素和自己做李括号之后为零的性质。作为例子，三维向量 $\mathbb{R}3$ 上定义的叉积“×”是一种李括号，因此 $\mathfrak{g}=(\mathbb{R}^3,\mathbb{R},\times)$ 构成了一个李代数。

4.2.2.3　本书使用的两种李代数

1）李代数 $\mathfrak{so}(3)$

SO(3) 对应的李代数是定义在 $\mathbb{R}^3$ 上的向量，将其记作 $\boldsymbol{\varphi}$。每个 $\boldsymbol{\varphi}$ 都可以生成一个反对称矩阵，即

$$\boldsymbol{\Phi}=\boldsymbol{\varphi}^{\wedge}=\begin{bmatrix}\mathbf{0} & -\boldsymbol{\varphi}_3 & \boldsymbol{\varphi}_2\\ \boldsymbol{\varphi}_3 & \mathbf{0} & -\boldsymbol{\varphi}_1\\ -\boldsymbol{\varphi}_2 & \boldsymbol{\varphi}_1 & \mathbf{0}\end{bmatrix}\in\mathbb{R}^{3\times3} \tag{4.19}$$

在此定义下，两个向量 $\boldsymbol{\varphi}_1,\boldsymbol{\varphi}_2$ 的李括号为

$$[\boldsymbol{\varphi}_1,\boldsymbol{\varphi}_2]=(\boldsymbol{\Phi}_1\boldsymbol{\Phi}_2-\boldsymbol{\Phi}_2\boldsymbol{\Phi}_1)^{\vee} \tag{4.20}$$

可以验证，该定义下的李括号满足上面的几条性质。由于 $\boldsymbol{\varphi}$ 与反对称矩阵关系很紧密，在不引起歧义的情况下，就说 $\mathfrak{so}(3)$ 的元素是三维向量或者三维反对称矩阵，不加区别：

$$\mathfrak{so}(3)=\{\boldsymbol{\varphi}\in\mathbb{R}^3,\boldsymbol{\Phi}=\boldsymbol{\varphi}^{\wedge}\in\mathbb{R}^{3\times3}\} \tag{4.21}$$

至此已清楚了李代数 $\mathfrak{so}(3)$ 的内容。它们是一个由三维向量组成的集合，每个向量对应到一个反对称矩阵，可以表达旋转矩阵的导数。它与特殊正交群 SO(3) 的关系由指数映射给定：

$$\boldsymbol{R}=\exp(\varphi^{\wedge}) \tag{4.22}$$

2）李代数 $\mathfrak{se}(3)$

对于 SE(3)，它也有对应的李代数 $\mathfrak{se}(3)$。与 $\mathfrak{so}(3)$ 相似，$\mathfrak{se}(3)$ 位于 $\mathbb{R}^6$ 空间中：

$$\mathfrak{se}(3)=\left\{\boldsymbol{\xi}=\begin{bmatrix}\boldsymbol{\rho}\\ \boldsymbol{\varphi}\end{bmatrix}\in\mathbb{R}^6,\boldsymbol{\rho}\in\mathbb{R}^3,\boldsymbol{\varphi}\in\mathfrak{so}(3),\boldsymbol{\xi}^{\wedge}=\begin{bmatrix}\boldsymbol{\varphi}^{\wedge} & \boldsymbol{\rho}\\ \mathbf{0}^{\mathrm{T}} & \mathbf{0}\end{bmatrix}\in\mathbb{R}^{4\times4}\right\} \tag{4.23}$$

把每个 $\mathfrak{se}(3)$ 元素记作 $\boldsymbol{\xi}$，它是一个六维向量。前三维为平移（但含义与变换矩阵中的平移不同，分析见后），记作 $\boldsymbol{\rho}$；后三维为旋转，记作 $\boldsymbol{\varphi}$，实质上是 $\mathfrak{so}(3)$ 元素。同时拓展了“∧”符号的含义，在 $\mathfrak{se}(3)$ 中，同样使用“∧”符号，将一个六维向量转换成四维矩阵，但这里不再表示反对称：

$$\boldsymbol{\xi}^{\wedge}=\begin{bmatrix}\boldsymbol{\varphi}^{\wedge} & \boldsymbol{\rho}\\ \mathbf{0}^{\mathrm{T}} & \mathbf{0}\end{bmatrix}\in\mathbb{R}^{4\times4} \tag{4.24}$$

仍使用“∧”和“∨”符号来指代“从向量到矩阵”和“从矩阵到向量”的关系，以保持和 $\mathfrak{so}(3)$ 上的一致性。读者可以简单地把 $\mathfrak{se}(3)$ 理解成“由一个平移加上一个 $\mathfrak{so}(3)$ 元素构成的向量”（尽管这里的 $\boldsymbol{\rho}$ 还不直接是平移）。同样，李代数 $\mathfrak{se}(3)$ 亦有类似于 $\mathfrak{so}(3)$ 的李括号：

$$[\boldsymbol{\xi}_1,\boldsymbol{\xi}_2]=(\boldsymbol{\xi}_1^{\wedge}\boldsymbol{\xi}_2^{\wedge}-\boldsymbol{\xi}_2^{\wedge}\boldsymbol{\xi}_1^{\wedge})^{\vee} \tag{4.25}$$

读者可以验证它是否满足李代数的定义。

4.2.3　相机位姿的表示方式

相机坐标系 C 和世界坐标系 W 之间的位姿变换矩阵可以表示为

$$\boldsymbol{T}_{\mathrm{C}}^{\mathrm{W}}=\begin{bmatrix} r_{00} & r_{01} & r_{02} & t_0 \\ r_{10} & r_{11} & r_{12} & t_1 \\ r_{20} & r_{21} & r_{22} & t_2 \\ 0 & 0 & 0 & 1 \end{bmatrix} = \begin{bmatrix} \boldsymbol{R}_{\mathrm{C}}^{\mathrm{W}} & \boldsymbol{t}_{\mathrm{C}}^{\mathrm{W}} \\ \boldsymbol{0} & \boldsymbol{1} \end{bmatrix} \tag{4.26}$$

式中，$\boldsymbol{T}_{\mathrm{C}}^{\mathrm{W}}$ 以特殊欧几里得群表示，即 $\boldsymbol{T}_{\mathrm{C}}^{\mathrm{W}} \in \mathrm{SE}(3)$；$\boldsymbol{R}_{\mathrm{C}}^{\mathrm{W}}$ 以特殊正交群(Special Orthogonal Group)表示，即 $\boldsymbol{R}_{\mathrm{C}}^{\mathrm{W}} \in \mathrm{SO}(3)$，为旋转矩阵；$\boldsymbol{t}_{\mathrm{C}}^{\mathrm{W}} \in \mathbb{R}^3$ 为平移矩阵。

通过相机的位姿变换矩阵，可以得到将相机坐标系下的点坐标 $\boldsymbol{P}_{\mathrm{C}}$ 与世界坐标系下的点坐标 $\boldsymbol{P}_{\mathrm{W}}$ 之间的转换关系：

$$\boldsymbol{P}_{\mathrm{W}} = \boldsymbol{T}_{\mathrm{C}}^{\mathrm{W}} \boldsymbol{P}_{\mathrm{C}} \tag{4.27}$$

李群 SE(3) 虽然对乘法是封闭的，但是对加法是不封闭的，也就是说，对于两个位姿变换矩阵 $\boldsymbol{T}_1$ 和 $\boldsymbol{T}_2$，它们的乘积仍然是位姿变换矩阵(表示做了两次位姿变换)，但是它们的和不再是位姿变换矩阵，即

$$\boldsymbol{T}_1\boldsymbol{T}_2 \in \mathrm{SE}(3) \tag{4.28}$$

$$\boldsymbol{T}_1 + \boldsymbol{T}_2 \notin \mathrm{SE}(3) \tag{4.29}$$

李群的这一性质在优化过程中会带来额外的困难，因此，在位姿估计的非线性优化过程中，相机的位姿常使用李代数的表示形式。李群 SE(3) 对应的李代数为 $\mathfrak{se}(3)$。

对于 $\boldsymbol{\xi} \in \mathfrak{se}(3)$，它包含一个表示平移的三维向量和一个表示旋转的向量，所以，用这样一个六维向量即可表示某一时刻相机的位姿。另外，对于李代数 $\mathfrak{se}(3)$，它的指数映射为李群 SE(3)：

$$\exp(\boldsymbol{\xi}^{\wedge}) = \begin{bmatrix} \exp(\boldsymbol{\omega}^{\wedge}) & \boldsymbol{J}\boldsymbol{v} \\ \boldsymbol{0}^{\mathrm{T}} & \boldsymbol{1} \end{bmatrix} \in \mathrm{SE}(3) \tag{4.30}$$

式中

$$\boldsymbol{J} = \sum_{n=0}^{+\infty} \frac{1}{(n+1)!} (\boldsymbol{\omega}^{\wedge})^n$$

这一映射关系方便了在位姿变换矩阵和李代数之间的转换。

4.2.4　对相机位姿变换的求导

在优化过程中经常需要对优化变量进行求导，同样地，在 VSLAM 算法的优化过程中，需要经常构建与相机位姿有关的的函数，通过计算该函数关于位姿变换的导数，以调整当前的估计值。通常以扰动模型来计算对相机位姿的导数，下面以函数 $\boldsymbol{F} = \boldsymbol{TP}$ (位姿变换矩阵 $\boldsymbol{T}$ 对应的李代数为 $\boldsymbol{\xi}$，$\boldsymbol{P}$ 为某地图点坐标)为例进行介绍。

在 $\boldsymbol{T}$ 上施加一个扰动 $\Delta\boldsymbol{T} = \exp(\delta\hat{\boldsymbol{\xi}})$，其中 $\delta\hat{\boldsymbol{\xi}}$ 是对应的李代数扰动量，那么

$$
\begin{aligned}
\frac{\partial \boldsymbol{F}}{\partial \delta \boldsymbol{\xi}} &= \frac{\partial(\boldsymbol{T} \cdot \boldsymbol{P})}{\partial \delta \boldsymbol{\xi}} \\
&= \lim_{\delta\xi \to 0} \frac{\exp(\delta\boldsymbol{\xi}^{\wedge})\exp(\boldsymbol{\xi}^{\wedge})\boldsymbol{P} - \exp(\boldsymbol{\xi}^{\wedge})\boldsymbol{P}}{\delta\boldsymbol{\xi}} \\
&\approx \lim_{\delta\xi \to 0} \frac{(\boldsymbol{I} + \delta\boldsymbol{\xi}^{\wedge})\exp(\boldsymbol{\xi}^{\wedge})\boldsymbol{P} - \exp(\boldsymbol{\xi}^{\wedge})\boldsymbol{P}}{\delta\boldsymbol{\xi}} \\
&= \lim_{\delta\xi \to 0} \frac{\delta\boldsymbol{\xi}^{\wedge}\ \exp(\boldsymbol{\xi}^{\wedge})\boldsymbol{P}}{\delta\boldsymbol{\xi}} \\
&= \lim_{\delta\xi \to 0} \frac{\begin{bmatrix} \delta\boldsymbol{\omega}^{\wedge}\ (\boldsymbol{R} \cdot \boldsymbol{P} + \boldsymbol{t}) + \delta\boldsymbol{v} \\ 0 \end{bmatrix}}{\delta\boldsymbol{\xi}} \\
&= \begin{bmatrix} \boldsymbol{I} & -(\boldsymbol{R} \cdot \boldsymbol{P} + \boldsymbol{t})^{\wedge} \\ \boldsymbol{0}^{\mathrm{T}} & \boldsymbol{0}^{\mathrm{T}} \end{bmatrix}
\end{aligned}
\tag{4.31}
$$

至此，在优化过程中可以方便地使用李代数上的导数，为后续获取更精确的相机位姿估计奠定基础。

4.3 VSLAM 的数学表述

VSLAM 问题可以描述为：运载体携带视觉传感器在环境中运动，如何根据传感器数据获得运载体的位姿以及环境的结构信息。把运载体在 k 时刻的位姿记为 $\boldsymbol{x}_k$，第 j 个路标记为 $\boldsymbol{y}_j$，环境的结构信息由路标构成，在 k 时刻传感器对第 j 个路标的观测数据记为 $\boldsymbol{z}_{k,j}$，那么，VSLAM 问题可以用如下方程进行描述：

$$
\begin{cases} \boldsymbol{x}_k = f(\boldsymbol{x}_{k-1}, \boldsymbol{u}_k) + \boldsymbol{w}_k \\ \boldsymbol{z}_{k,j} = h(\boldsymbol{x}_k, \boldsymbol{y}_j) + \boldsymbol{v}_{k,j} \end{cases}
\tag{4.32}
$$

式中，用函数 $f(\cdot)$ 表示状态方程；$\boldsymbol{u}_k$ 为 k 时刻的控制输入；$\boldsymbol{w}_k$ 为噪声。用函数 $h(\cdot)$ 表示观测方程，$\boldsymbol{v}_{k,j}$ 表示在 k 时刻对路标 j 的观测中产生的噪声。

通过这两个方程可以将 VSLAM 问题建模成一个状态估计问题：通过带噪声的测量数据来预估相关的状态变量。为了求解这一状态估计问题，研究者们在很长一段时间内采用的是卡尔曼滤波的形式，但是卡尔曼滤波只关心当前的状态变量，而对在此之前的状态不加考虑，受累积误差的影响大。相对而言，非线性优化的方式可以对所有时刻的状态信息及测量数据进行利用，它是优于滤波形式的。在非线性优化中，状态变量为视觉传感器的位姿以及路标的位置，将其记为

$$
\boldsymbol{X} = \{\boldsymbol{x}_1, \boldsymbol{x}_2, \cdots, \boldsymbol{x}_N, \boldsymbol{y}_1, \boldsymbol{y}_2, \cdots, \boldsymbol{y}_M\}
$$

测量数据由不同时刻视觉传感器对不同路标的观测数据构成，将其记为

$$
\boldsymbol{z} = \{\boldsymbol{z}_{1,1}, \cdots, \boldsymbol{z}_{1,M}, \ \cdots, \boldsymbol{z}_{N,1}, \cdots, \boldsymbol{z}_{N,M}\}
$$

这些观测数据是通过 4.1 节介绍的立体相机模型获得的：

$$
\boldsymbol{z}_{k,j} = \hat{\boldsymbol{\pi}}(\exp(\boldsymbol{\xi}_i^{\wedge}) \cdot \boldsymbol{y}_j)
\tag{4.33}
$$

而从概率学的角度来看，VSLAM 是为了求解如下的状态变量 $\boldsymbol{X}$ 的条件概率分布：

$$
P(\boldsymbol{X} \mid \boldsymbol{z})
\tag{4.34}
$$

继而根据贝叶斯法则，有

$$P(\boldsymbol{X} \mid z) = \frac{P(z \mid \boldsymbol{X})P(\boldsymbol{X})}{P(z)} \propto P(z \mid \boldsymbol{X})P(\boldsymbol{X}) \tag{4.35}$$

式中，$P(z \mid \boldsymbol{X})$ 是在给定 $\boldsymbol{X}$ 时观测量 z 的似然；$P(\boldsymbol{X})$ 为状态变量 $\boldsymbol{X}$ 的先验。

在实际的解算过程中，要直接求解得状态变量的条件概率分布是很难的，因此，一般将其转化为使概率最大化的问题，也即

$$\boldsymbol{X}^* = \arg\max_{\boldsymbol{X}} P(\boldsymbol{X} \mid z) = \arg\max P(z \mid \boldsymbol{X})P(\boldsymbol{X}) \tag{4.36}$$

式中，$P(\boldsymbol{X})$ 这一先验概率可以是任何关于状态变量 X 的知识，也可以存在无先验知识的情况。在无先验知识时，$P(\boldsymbol{X})$ 为常量(对应于均匀分布)，此时，概率最大化问题变成了最大似然估计问题：

$$\boldsymbol{X}^* = \arg\max_{\boldsymbol{X}} P(z \mid \boldsymbol{X}) \tag{4.37}$$

具体地，在式(4.37)的似然概率 $P(\boldsymbol{z} \mid \boldsymbol{X})$ 中，z_k 只依赖于状态变量 $\boldsymbol{x}_k$，与 $\{\boldsymbol{x}_i \mid i = 1 : N$ 且 $i \neq k\}$ 无关。因此，该最大似然估计问题又可表述为

$$\boldsymbol{X}^* = \arg\max_{\boldsymbol{X}} \prod_{i=1}^{N} \prod_{j=1}^{M} P(\boldsymbol{z}_{i,j} \mid \boldsymbol{x}_i, \boldsymbol{y}_j) \tag{4.38}$$

以负对数形式可以表示为

$$\boldsymbol{X}^* = \arg\min_{\boldsymbol{X}} \Big(-\sum_{i=1}^{N} \sum_{j=1}^{M} \ln(P(\boldsymbol{z}_{i,j} \mid \boldsymbol{x}_i, \boldsymbol{y}_j))\Big) \tag{4.39}$$

直观地讲，该最大似然估计问题又可以理解成：在什么样的相机位姿和路标位置下，最有可能采集到当前这一图像。

进而，为了求解这一最大似然估计问题，需要知道似然概率 $P(\boldsymbol{z}_{i,j} \mid \boldsymbol{x}_i, \boldsymbol{y}_j)$ 的具体概率分布形式。由于观测模型中的噪声 $v_{k,j}$ 一般为白噪声，服从高斯分布 $N(0, \boldsymbol{\Sigma}_{k,j})$，那么，似然概率 $P(\boldsymbol{z}_{i,j} \mid \boldsymbol{x}_i, \boldsymbol{y}_j)$ 的概率分布形式应该是 $N(h(\boldsymbol{x}_k, \boldsymbol{y}_j), \boldsymbol{\Sigma}_{k,j})$，所以

$$P(\boldsymbol{z}_{i,j} \mid \boldsymbol{x}_i, \boldsymbol{y}_j) \propto \exp(-(\boldsymbol{z}_{i,j} - h(\boldsymbol{x}_i, \boldsymbol{y}_j))^{\mathrm{T}} \boldsymbol{\Sigma}_{i,j}^{-1} (\boldsymbol{z}_{i,j} - h(\boldsymbol{x}_i, \boldsymbol{y}_j))) \tag{4.40}$$

因此，式(4.40)可写作

$$\boldsymbol{X}^* = \arg\min_{\boldsymbol{X}} \Big(\sum_{i=1}^{N} \sum_{j=1}^{M} ((\boldsymbol{z}_{i,j} - h(\boldsymbol{x}_i, \boldsymbol{y}_j))^{\mathrm{T}} \boldsymbol{\Sigma}_{i,j}^{-1} (\boldsymbol{z}_{i,j} - h(\boldsymbol{x}_i, \boldsymbol{y}_j)))\Big) \tag{4.41}$$

可以发现，上式等价于最小化观测噪声(即误差)的平方($\boldsymbol{\Sigma}_{i,j}$ 范数意义下)，误差函数为

$$\boldsymbol{e}_{i,j} = \boldsymbol{z}_{i,j} - h(\boldsymbol{x}_i, \boldsymbol{y}_j) \tag{4.42}$$

目标函数为高斯能量函数：

$$F(\boldsymbol{X}) = \sum_{i=1}^{N} \sum_{j=1}^{M} ((\boldsymbol{e}_{i,j}(\boldsymbol{X}))^{\mathrm{T}} \boldsymbol{\Sigma}_{i,j}^{-1} \boldsymbol{e}_{i,j}(\boldsymbol{X})) = \sum_{i=1}^{N} \sum_{j=1}^{M} ((\boldsymbol{e}_{i,j}(\boldsymbol{X}))^{\mathrm{T}} \boldsymbol{\Lambda}_{i,j} \boldsymbol{e}_{i,j}(\boldsymbol{X})) \tag{4.43}$$

式中，$\boldsymbol{\Lambda}_{i,j} = \boldsymbol{\Sigma}_{i,j}^{-1}$ 为对角矩阵。

这样就变成了一个最小二乘问题，由于无法得到一个能够完美满足观测方程和状态方程的状态变量，所以通过将状态变量代入方程使误差最小的方式来得到最优的状态变量。

要求解这一最小二乘问题，只须求得使目标函数的导数为零的优化变量。但是，一般而言无法直接通过目标函数导数的解析形式来直接获得所需的极小值，通常通过迭代的方式，不断更新优化变量来使目标函数下降至极小值。其具体步骤为：

第一步：给定优化变量的初值。

第二步：寻找一个使目标函数下降的优化变量的增量。

第三步：如果优化变量的增量足够小或者目标函数的下降足够缓慢，则停止。

第四步：否则，用第二步找到的增量更新优化变量，返回第二步。

4.4　非线性优化

使用迭代的方式求解最小二乘问题的常用方法有高斯-牛顿法(Gaussian-Newton，GN)、列文伯格-马夸尔特法(Levenberg-Marquardt，LM)、Dog-leg 法等。这些方法通过使误差函数下降到一个极小值来求解问题，其区别在于下降方式的不同，不同的下降方式所影响的是下降的速度以及是否容易陷入局部最优的情况。而在实践过程中，一些优化工具常能给算法实现带来许多便利，例如，常用的优化库有来自 Google 的 Ceres 库以及基于图优化理论的 g^2o 库等。

1)GN 法及 LM 法介绍

GN 法及 LM 法是 VSLAM 中最常见的非线性优化方法。GN 法的思想是将误差函数一阶泰勒展开以近似形式来简化问题。将误差函数进行泰勒展开后得到

$$\boldsymbol{e}_{ij}(\boldsymbol{X}+\Delta\boldsymbol{X}) \approx \boldsymbol{e}_{ij}(\boldsymbol{X})+\boldsymbol{J}_{ij}(\boldsymbol{X})\Delta\boldsymbol{X} \tag{4.44}$$

其中，$\boldsymbol{J}_{ij}(\boldsymbol{X})$ 为雅克比矩阵，即

$$\boldsymbol{J}_{ij}(\boldsymbol{X})=\left.\frac{\partial \boldsymbol{e}_{ij}(\boldsymbol{X}+\Delta\boldsymbol{X})}{\partial\Delta\boldsymbol{X}}\right|_{\Delta\boldsymbol{X}=\boldsymbol{0}} \tag{4.45}$$

是误差函数在当前优化变量值下对 $\boldsymbol{X}$ 的导数。

那么目标函数为

$$\begin{aligned}
F(\boldsymbol{X}) &\approx \sum_{i=1}^{N}\sum_{j=1}^{M}((\boldsymbol{e}_{ij}(\boldsymbol{X})+\boldsymbol{J}_{ij}(\boldsymbol{X})\Delta\boldsymbol{X})^{\mathrm{T}}\boldsymbol{\Lambda}_{ij}(\boldsymbol{e}_{ij}(\boldsymbol{X})+\boldsymbol{J}_{ij}(\boldsymbol{X})\Delta\boldsymbol{X})) \\
&= \sum_{i=1}^{N}\sum_{j=1}^{M}(\underbrace{\boldsymbol{e}_{ij}^{\mathrm{T}}\boldsymbol{\Lambda}_{ij}\boldsymbol{e}_{ij}}_{:=c_{ij}}+2\underbrace{\boldsymbol{e}_{ij}^{\mathrm{T}}\boldsymbol{\Lambda}_{ij}\boldsymbol{J}_{ij}}_{:=\boldsymbol{b}_{ij}}\Delta\boldsymbol{X}+\Delta\boldsymbol{X}^{\mathrm{T}}\underbrace{\boldsymbol{J}_{ij}^{\mathrm{T}}\boldsymbol{\Lambda}_{ij}\boldsymbol{J}_{ij}}_{:=\boldsymbol{H}_{ij}}\Delta\boldsymbol{X}) \\
&= \sum_{i=1}^{N}\sum_{j=1}^{M}(\boldsymbol{c}_{ij}+2\boldsymbol{b}_{ij}\Delta\boldsymbol{X}+\Delta\boldsymbol{X}^{\mathrm{T}}\boldsymbol{H}_{ij}\Delta\boldsymbol{X}) \\
&= \boldsymbol{c}+2\boldsymbol{b}^{\mathrm{T}}\Delta\boldsymbol{X}+\Delta\boldsymbol{X}^{\mathrm{T}}\boldsymbol{H}\Delta\boldsymbol{X}
\end{aligned} \tag{4.46}$$

式中

$$\boldsymbol{c}=\sum_{i=1}^{N}\sum_{j=1}^{M}\boldsymbol{c}_{ij}\ ,\ \boldsymbol{b}=\sum_{i=1}^{N}\sum_{j=1}^{M}\boldsymbol{b}_{ij}^{\mathrm{T}}\ ,\ \boldsymbol{H}=\sum_{i=1}^{N}\sum_{j=1}^{M}\boldsymbol{H}_{ij}$$

$\boldsymbol{H}$ 为 Hessian 矩阵，是一个对称矩阵。

对式(4.46)求导并令导数为 0，可以得到

$$\boldsymbol{H}\Delta\boldsymbol{X}=-\boldsymbol{b} \tag{4.47}$$

式(4.47)称为高增量方程或高斯-牛顿方程，求解该方程可得到优化变量的增量，即完成了 4.3 节中迭代方式求解最小二乘问题的第二步。在第四步中第 $n+1$ 次迭代的优化变量值通过下式由第 n 次迭代的优化变量值和增量值进行更新：

$$\boldsymbol{X}^{(n+1)}=\Delta\boldsymbol{X}^{(n)}\circ\boldsymbol{X}^{(n)} \tag{4.48}$$

其中，定义符号“∘”对于相机位姿和路标点位置有不同的处理：

$$\begin{cases}\Delta \boldsymbol{x} \circ \boldsymbol{x} = \log_{\mathrm{SE}(3)}\left(\exp_{\mathfrak{se}(3)}(\Delta \boldsymbol{x}) \cdot \exp_{\mathfrak{se}(3)}(\boldsymbol{x})\right) \\ \Delta \boldsymbol{y} \circ \boldsymbol{y} = \Delta \boldsymbol{y} + \boldsymbol{y}\end{cases} \tag{4.49}$$

GN 法采用的近似一阶泰勒展开只能在展开点附近有较好的近似结果，所以在 LM 法中将增量方程修改为

$$(\boldsymbol{H} + \lambda \boldsymbol{I})\Delta \boldsymbol{X} = -\boldsymbol{b} \tag{4.50}$$

并设立了评判近似是否良好的标准：

$$\rho = \frac{\boldsymbol{e}(\boldsymbol{X} + \Delta \boldsymbol{X}) - \boldsymbol{e}(\boldsymbol{X})}{\boldsymbol{J}(\boldsymbol{X})\Delta \boldsymbol{X}} \tag{4.51}$$

式中，分子部分为实际误差函数下降的值，分母部分为近似的下降值。当 ρ 太小时说明实际下降值远小于近似下降值，这样的近似是比较差的，应该将 λ 增大（通常乘以 10）来缩小近似范围；反之，则应进一步放大近似范围，应该将 λ 减小（通常除以 10）。

2) $\mathrm{g^2o}$ 图优化框架介绍

在实际应用时，为了直观地描述非线性优化问题，常将优化问题与图论相结合，将其表现为图（Graph）的形式，以优化变量作为图的顶点（Vetex），以误差作为图的边（Edge），例如经典的图优化框架 $\mathrm{g^2o}$。以 4 个相机位姿及 6 个路标，在每个相机位姿上能观测到 3 个路标为例，如图 4.6 所示为该例子对应的优化问题的图形式。

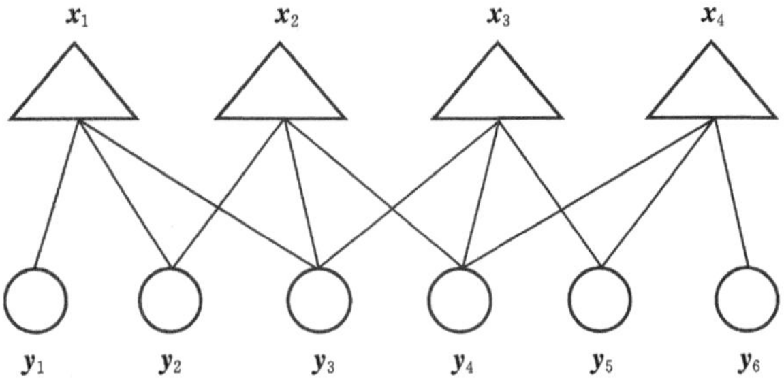

图 4.6　非线性优化问题的图形式

图 4.6 中，相机位姿和路标点 $\{\boldsymbol{x}_1, \cdots, \boldsymbol{x}_4, \boldsymbol{y}_1, \cdots, \boldsymbol{y}_6\}$ 构成图优化的顶点，每个相机位姿上对 3 个路标点的观测误差构成图优化的边。如图 4.7 所示为 $\mathrm{g^2o}$ 算法框架图，其中需要针对具体的问题提供误差函数以及增量更新方式。而线性求解器一般有 Csparse，CHOLMOD 等，用于求解增量方程这一线性方程获得增量。线性结构模块则根据具体的 Hessian 矩阵的特殊结构改造增量方程，以使方程的求解更加简便快速。下面对 Schur 这一方式进行介绍。

将增量方程中的 Hessian 矩阵进行调整，使左上角为雅可比矩阵对相机位姿求导得到的相关项，右下角为雅可比矩阵对路标点位置求导的相关项，则增量方程为

$$\begin{bmatrix}\boldsymbol{H}_{xx} & \boldsymbol{H}_{xy} \\ \boldsymbol{H}_{xy}^{\mathrm{T}} & \boldsymbol{H}_{yy}\end{bmatrix}\begin{bmatrix}\Delta \boldsymbol{x} \\ \Delta \boldsymbol{y}\end{bmatrix} = \begin{bmatrix}-\boldsymbol{b}_x \\ -\boldsymbol{b}_y\end{bmatrix} \tag{4.52}$$

$\boldsymbol{H}$ 的 Schur 补矩阵为

$$\begin{bmatrix}\boldsymbol{I} & -\boldsymbol{H}_{xy}\boldsymbol{H}_{yy}^{-1} \\ \boldsymbol{0} & \boldsymbol{I}\end{bmatrix} \tag{4.53}$$

在方程两边左乘以 $\boldsymbol{H}$ 的 Schur 补矩阵，得

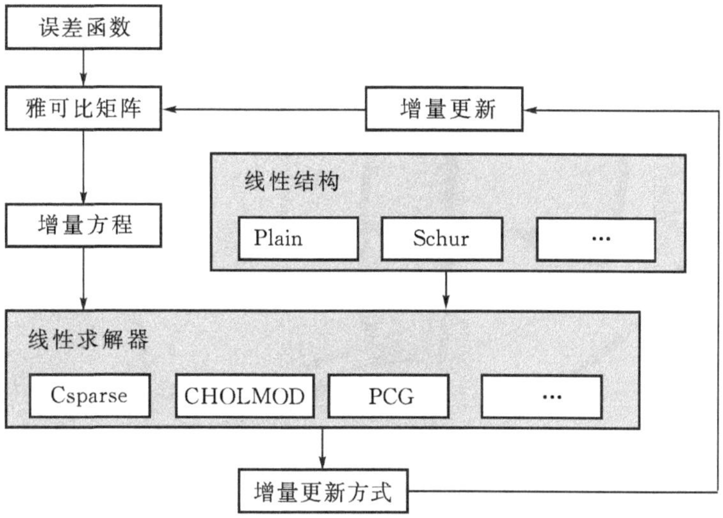

图 4.7 g^2o 算法框架图

$$\begin{bmatrix} \boldsymbol{H}_{xx} - \boldsymbol{H}_{xy}\boldsymbol{H}_{yy}^{-1}\boldsymbol{H}_{xy}^{\mathrm{T}} & \boldsymbol{0} \\ \boldsymbol{H}_{xy}^{\mathrm{T}} & \boldsymbol{H}_{yy} \end{bmatrix} \begin{bmatrix} \Delta \boldsymbol{x} \\ \Delta \boldsymbol{y} \end{bmatrix} = \begin{bmatrix} -\boldsymbol{b}_x + \boldsymbol{H}_{xy}\boldsymbol{H}_{yy}^{-1}\boldsymbol{b}_y \\ -\boldsymbol{b}_y \end{bmatrix} \tag{4.54}$$

由于 $\boldsymbol{H}_{yy}$ 是对角矩阵，因此相对于直接计算 $\boldsymbol{H}^{-1}$，$\boldsymbol{H}_{yy}^{-1}$ 计算简便了许多，所以根据式(4.54)可以首先由式

$$(\boldsymbol{H}_{xx} - \boldsymbol{H}_{xy}\boldsymbol{H}_{yy}^{-1}\boldsymbol{H}_{xy}^{\mathrm{T}})\Delta \boldsymbol{x} = -\boldsymbol{b}_x + \boldsymbol{H}_{xy}\boldsymbol{H}_{yy}^{-1}\boldsymbol{b}_y \tag{4.55}$$

计算得到 $\Delta \boldsymbol{x}$，而后再根据式

$$\boldsymbol{H}_{yy}\Delta \boldsymbol{y} = -\boldsymbol{b}_y - \boldsymbol{H}_{xy}^{\mathrm{T}}\Delta \boldsymbol{x} \tag{4.56}$$

计算得到 $\Delta \boldsymbol{y}$。

g^2o 算法框架给出了许多类似的工具，为求解非线性优化问题提供了很大的便利，在 VSLAM 问题中得到了广泛的应用。

4.5 视觉里程计

简单地说，里程计是用来计算移动载体位置和姿态的设备，视觉里程计就是基于连续图像的信息基础，用来计算移动载体位置和姿态的设备。

在里程计问题中，希望测量一个运动物体的轨迹。这可以通过许多不同的手段来实现。例如，在汽车轮胎上安装计数码盘，就可以得到轮胎转动的距离，从而得到汽车的估计。或者，也可以测量汽车的速度、加速度，通过时间积分来计算它的位移。完成这种运动估计的装置(包括硬件和算法)叫作里程计(Odometry)。

里程计一个很重要的特性，是它只关心局部时间上的运动，多数时候是指两个时刻间的运动。当以某种间隔对时间进行采样时，就可估计运动物体在各时间间隔之内的运动。由于这个估计受噪声影响，先前时刻的估计误差，会累加到后面时间的运动之上，这种现象称为漂移(Drift)，如图 4.8 所示。

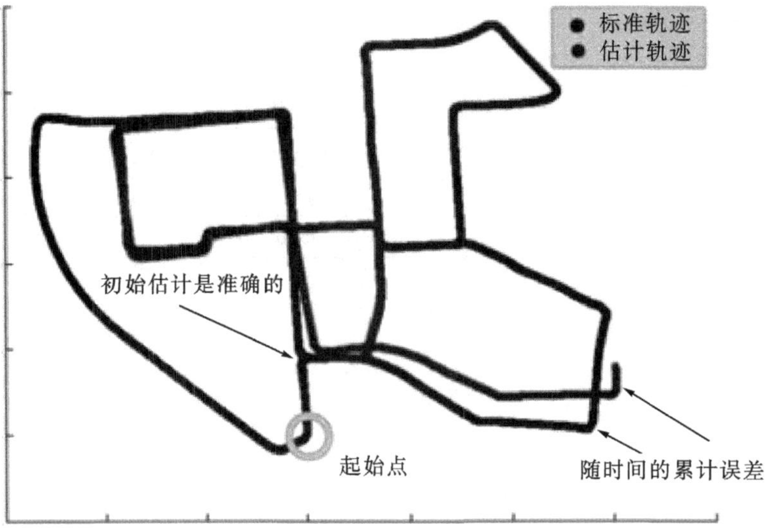

图 4.8 视觉历程定位

漂移是使用者不希望看到的,它们扰乱全局轨迹的估计。但是,如果没有其他校正机制,而只有局部运动的情况下,这也是所有里程计都不可避免的现象之一。

如果一个里程计主要依靠视觉传感器,比如单目、双目相机,就叫它视觉里程计。和传统里程计一样,视觉里程计最主要的问题是如何从几个相邻图像中,估计相机的运动。而相邻图像间的相似性,为估计相机运动提供了依据。目前,根据使用的数据维度,视觉里程计分为 2D - 3D法和 3D - 3D 法。

4.5.1 2D-3D 法

2D-3D 法是指需要上一帧环境中点的 3D 信息和当前帧的 2D 图像信息。根据是否对当前图像提取特征,又分为非直接法和直接法。

4.5.1.1 非直接法

非直接法利用稀疏的特征点对图像信息进行描述。首先对获取的图像提取特征点,如 SIFT,SURF,FAST,ORB。其中,SIFT 特征具有很好的鲁棒性和准确性,已经成功应用于场景分类、图像识别、目标跟踪以及三维重建等计算机视觉领域,且取得了很好的实验结果。SURF 是在 SIFT 的基础上通过格子滤波来逼近高斯,极大地提高了特征检测的效率。FAST 可以快速地检测图像中的关键点,关键点的判断仅仅基于若干像素的比较。ORB 是 Oriented FAST and Rotated BRIEF 的简称,即 ORB 在 FAST 特征的基础上,并借鉴 Rosin 的方法,增加了对特征方向的计算。另外,ORB 采用 BRIEF 方法计算特征描述子,使用 Hamming 距离计算描述符之间的相似度,具有匹配速度快的特点。完成特征提取之后,利用描述子对第 $k-1$ 帧和第 k 帧的特征进行匹配,得到匹配的集合点对,如图 4.9 所示。

图 4.9　使用 ORB 特征得到的帧间特征匹配

例如第 k 帧的特征 $\boldsymbol{u}_k^i$ 匹配到第 $k-1$ 帧特征特征 $\boldsymbol{u}_{k-1}^i$ 。通过双目相机或 RGB-D 相机的深度获取,可以计算 $\boldsymbol{u}_{k-1}^i$ 对应的环境中 3D 点在第 $k-1$ 帧坐标系下的坐标为 $\boldsymbol{P}_{k-1}^i$,即

$$\boldsymbol{P}_{k-1}^i = \hat{\boldsymbol{\pi}}^{-1}(\boldsymbol{u}_{k-1}^i)$$

相应地,该点在第 k 帧下的 3D 坐标为 $\boldsymbol{T}_{k-1}^k \boldsymbol{P}_{k-1}^i$,通过投影公式得到该 3D 点在第 k 帧图像坐标系下的坐标为 $\hat{\boldsymbol{\pi}}(\boldsymbol{T}_{k-1}^k \boldsymbol{P}_{k-1}^i)$ 。而实际上,该 3D 点对应在第 k 帧的坐标为 $\boldsymbol{u}_k^i$,与 $\hat{\boldsymbol{\pi}}(\boldsymbol{T}_{k-1}^k \boldsymbol{P}_{k-1}^i)$ 存在一定误差,该误差成为重投影误差。重投影误差由坐标变换 $\boldsymbol{T}_{k-1}^k$ 影响。基于特征点的非直接法寻找合适的坐标变换 $\boldsymbol{T}_{k-1}^k$,使得重投影误差 $\boldsymbol{u}_k^i - \hat{\boldsymbol{\pi}}(\boldsymbol{T}_{k-1}^k \boldsymbol{P}_{k-1}^i)$ 最小:

$$\boldsymbol{T}_{k-1}^k = \underset{\boldsymbol{T}_{k-1}^k}{\text{minarg}} \sum_i (\boldsymbol{u}_k^i - \hat{\boldsymbol{\pi}}(\boldsymbol{T}_{k-1}^k \boldsymbol{P}_{k-1}^i)) \tag{4.57}$$

对该问题的求解可以使用 4.4 节提到的非线性优化方法——迭代的非线性最小二乘算法,在优化过程中使用李代数对坐标变换 $\boldsymbol{T}_{k-1}^k$ 进行表示,并在每次迭代之后更新 $\boldsymbol{T}_{k-1}^k$ 。

值得注意的是,实际上重投影误差并不仅仅受坐标变换 $\boldsymbol{T}_{k-1}^k$ 的影响。由于视觉传感线获得环境中的 3D 点深度是存在误差的,因此 $\boldsymbol{P}_{k-1}^i$ 的计算也存在误差。为了得到更准确的坐标变换,可以将 $\boldsymbol{P}_{k-1}^i$ 作为变量加入优化问题,即

$$\boldsymbol{T}_{k-1}^k,\ \boldsymbol{P}_{k-1} = \underset{\boldsymbol{T}_{k-1}^k,\ \boldsymbol{P}_{k-1}}{\text{minarg}} \sum_i (\boldsymbol{u}_k^i - \hat{\boldsymbol{\pi}}(\boldsymbol{T}_{k-1}^k \boldsymbol{P}_{k-1}^i)) \tag{4.58}$$

当 $\boldsymbol{P}_{k-1}^i$ 数量较多时,可以使用 4.4 节的 Schur 补对该问题进行快速求解,将 $\boldsymbol{T}_{k-1}^k$ 作为 $\Delta\boldsymbol{x}$, $\boldsymbol{P}_{k-1}$ 作为 $\Delta\boldsymbol{y}$,即首先对 $\boldsymbol{T}_{k-1}^k$ 进行求解,再计算 3D 点坐标 $\boldsymbol{P}_{k-1}$ 。

4.5.1.2　直接法

与非直接法不同,基于直接法的视觉里程计不对图像提取特征,而直接使用图像灰度信息对图像进行表征,而且不需要进行显式的匹配过程。假设第 $k-1$ 帧和第 k 帧的图像灰度数据分别为 I_{k-1} 和 I_k ,第 $k-1$ 帧中的像素 $\boldsymbol{u}_{k-1}^i$ 的灰度值为 $I_{k-1}[\boldsymbol{u}_{k-1}^i]$ 。该像素在第 k 帧下的投影的像素坐标为 $\hat{\boldsymbol{\pi}}(\boldsymbol{T}_{k-1}^k \boldsymbol{P}_{k-1}^i)$,则像素点的光度误差为 $I_{k-1}[\boldsymbol{u}_{k-1}^i] - I_k[\hat{\boldsymbol{\pi}}(\boldsymbol{T}_{k-1}^k \boldsymbol{P}_{k-1}^i)]$ 。与非直接法类似,通过调整坐标变换 $\boldsymbol{T}_{k-1}^k$,使得误差最小:

$$\boldsymbol{T}_{k-1}^k = \underset{\boldsymbol{T}_{k-1}^k}{\text{minarg}} \sum_i (I_{k-1}[\boldsymbol{u}_{k-1}^i] - I_k[\hat{\boldsymbol{\pi}}(\boldsymbol{T}_{k-1}^k \boldsymbol{P}_{k-1}^i)]) \tag{4.59}$$

同样地,也可以同时调整 3D 点坐标,得到更准确的坐标变换和 3D 点坐标:

$$\boldsymbol{T}_{k-1}^k,\ \boldsymbol{P}_{k-1} = \underset{\boldsymbol{T}_{k-1}^k,\ \boldsymbol{P}_{k-1}}{\text{minarg}} \sum_i (I_{k-1}[\boldsymbol{u}_{k-1}^i] - I_k[\hat{\boldsymbol{\pi}}(\boldsymbol{T}_{k-1}^k \boldsymbol{P}_{k-1}^i)]) \tag{4.60}$$

与非直接法采用稀疏的特征信息不同，直接法普遍采用更为稠密的像素点信息来保证视觉里程计的精度和鲁棒性。非直接法和直接法的示意图如图 4.10 所示。由于使用灰度数据进行坐标变换求解，直接法还需要假设图像的光照条件是一致的。另外，使用像素信息优化的收敛域较小，难以适应两帧之间运动较大的情况。

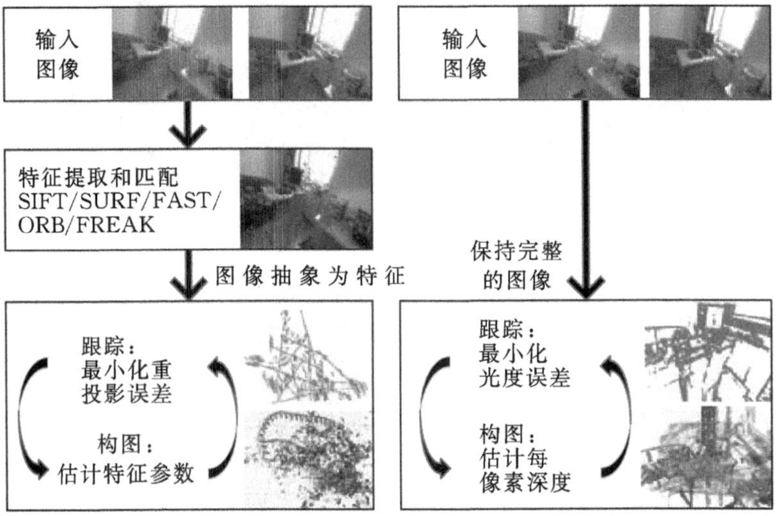

图 4.10　非直接法和直接法对比

4.5.2　3D-3D 法

3D-3D 法是指在位姿估计的计算过程中，需要当前帧和上一帧的环境中点的 3D 坐标。通常使用迭代最近点(iterative closest point，ICP)进行求解。问题描述为：首先寻找第 $k-1$ 帧和第 k 帧中对应的环境 3D 点在各自坐标系下的坐标分别为 $\boldsymbol{P}_{k-1}^i$，$\boldsymbol{P}_k^i$，可以使用特征匹配的方式获取。而后计算帧间坐标变换 $\boldsymbol{T}_{k-1}^k$，使得欧式距离 $\boldsymbol{P}_k^i - \boldsymbol{T}_{k-1}^k \boldsymbol{P}_{k-1}^i$ 最小：

$$\boldsymbol{T}_{k-1}^k = \underset{\boldsymbol{T}_{k-1}^k}{\mathrm{minarg}} \sum_i (\boldsymbol{P}_k^i - \boldsymbol{T}_{k-1}^k \boldsymbol{P}_{k-1}^i) \tag{4.61}$$

同样地，可以同时优化第 k 帧中的 3D 点坐标 $\boldsymbol{P}_k$，提高位姿估计精度：

$$\boldsymbol{T}_{k-1}^k, \boldsymbol{P}_k = \underset{\boldsymbol{T}_{k-1}^k, \boldsymbol{P}_k}{\mathrm{minarg}} \sum_i (\boldsymbol{P}_k^i - \boldsymbol{T}_{k-1}^k \boldsymbol{P}_{k-1}^i) \tag{4.62}$$

相比 2D-3D 法，3D-3D 法对 $\boldsymbol{T}_{k-1}^k$ 的初值设置不敏感，具有鲁棒性强的优点。但是，相比 2D-3D 法，由于更加依赖环境中点的 3D 坐标，在实际实验中得到的位姿估计精度不如 2D-3D 法。

4.6　闭环检测

视觉里程计计算帧间的位姿变换，然而随轨迹的增加，位姿估计的误差逐步累计，使得估计的轨迹逐步偏离真实的运动轨迹。闭环检测是指对传感器信息的相似性进行评估，相似性高表示这些传感器信息来自同一个环境，从而识别出曾经访问过的场景，正确的闭环可以极大地减小累积误差。目前，以图像特征作为基础，基于关键帧的 BoW(Bag of Words)闭环检测算法较为流行，在实际系统中得到全局一致的轨迹估计，取得了较好的效果。值得注意的是，视觉里程计使用图像特征描述子进行相似性测量，来获取特征匹配。而在闭环检测中，图像的尺度和视角变化较大(见图 4.11)，并且搜索范围随关键帧的数量增多而增加，不能简单地使用特征描述子匹配实现。

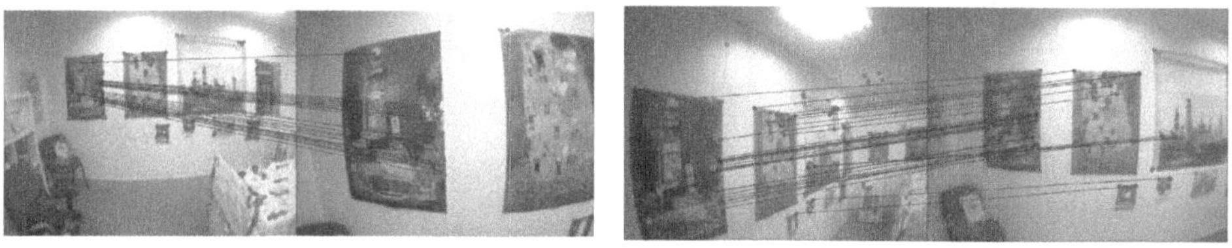

(a)尺度变化　　(b)视角变化

图 4.11 闭环检测

使用 BoW 进行闭环检测主要有以下几个步骤：

(1)构造词典。通常词典的构造是通过离线学习得到的。对一个较大场景进行图片采集，而后对每帧图像进行特征提取和描述，再通过聚类方法(如 K 均值聚类)对特征进行聚类，从而形成单词。

(2)场景描述。在进行闭环检测时，对于获得的图片进行特征提取和描述，而后将其投影到视觉词典中，得到该场景的单词描述向量。

(3)相似性计算。将当前场景描述向量和历史场景描述向量进行相似性分析，得到闭环候选。

(4)闭环确认。通过增加约束来剔除错误闭环，得到正确的闭环检测结果。

使用 BoW 进行闭环检测的流程如图 4.12 所示。

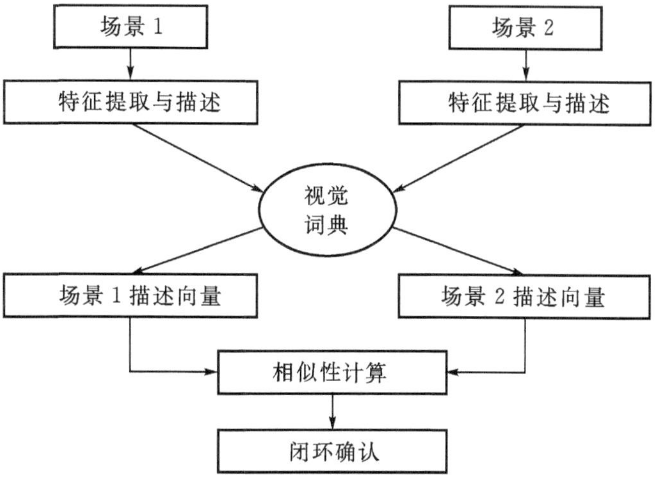

图 4.12 BoW 闭环检测流程图

使用闭环检测后进行闭环优化，可以很大程度上提高位姿估计的一致性。如图 4.13(a)所示，闭环检测提供了闭环位姿约束。闭环优化之后，在同一场景中的轨迹实现了重合(见图 4.13(b))。具体的实现上，读者可以参考 DBOW2 项目，代码网址为 https://github.com/

dorian3d/DBoW2。

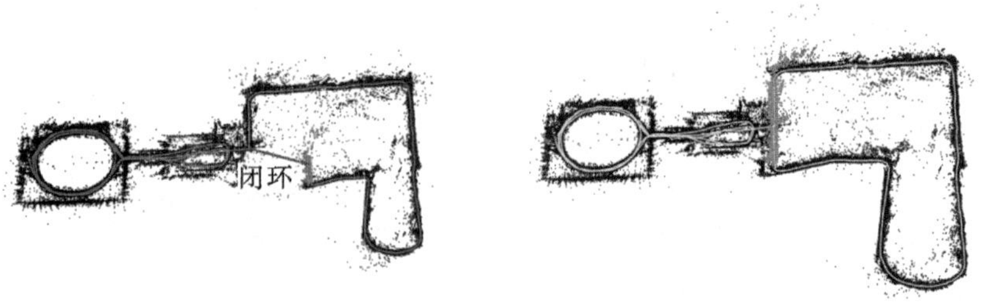

(a)闭环优化前的轨迹　　(b)闭环优化后的轨迹

图 4.13 闭环优化轨迹示意图

4.7 地图构建

传统的 SLAM 方法多是使用激光或声纳进行二维地图的创建。随着机器人移动空间的拓展，出现了空中机器人和水下机器人，二维地图已经不能满足这类机器人导航的需要。即使是地面移动机器人，有些较为高大的机器人也需要三维地图来判断环境的空间结构，从而可以进行精确地导航。因此，三维地图的精确建立引起了广大学者的关注。

目前，常用的三维地图表示方法有点云地图(Point Cloud Map)、高程地图(Elevation Map)和立体占用地图(Volumetric Occupancy Map)等。其中，点云地图存储了所有的空间点坐标，其对硬盘和内存的消耗均较大，且对于机器人来说不易区分障碍和空闲的区域，不适用于机器人导航。高程地图只存储每一栅格的表面高度，有效克服了点云地图高消耗的缺点，但其无法表示环境中的复杂结构，因此多适用于室外导航。立体占用地图多是基于八叉树构建的，其类似于二维地图中的栅格地图，使用立方体的状态(空闲、占用、未知)来表示该立方体中是否有障碍，且比较适用于当前的各种导航算法，因此是目前较为流行的地图表示方法。

基于八叉树的地图表示方法就是使用小立方体的状态(空闲、占用、未知)来表示地图中的障碍物，其中每一个小立方体称为一个体素。Octomap 作为一种基于八叉树的地图表示方法，建立了体素的占用概率模型，即计算出每个体素被占用的概率，从而确定各个体素的最终状态。其中，体素的占用概率分为叶节点占用概率和内节点占用概率，其计算方法有所不同。叶节点 n 的占用概率使用如下公式计算：

$$P(n \mid z_{1:t}) = \left[1 + \frac{1 - P(n \mid z_t) 1 - P(n \mid z_{1:t-1})}{P(n \mid z_t)} \frac{1 - P(n \mid z_{1:t-1})}{P(n \mid z:t-1)} \frac{P(n)}{1 - P(n)}\right] \tag{4.63}$$

其中，z_t 表示 t 时刻的观测量；$P(n|z_t)$表示体素 n 在给定观测量 z_1 时的占用概率；$P(n)$表示体素 n 的占用概率，其初始值给定为 $P(n)=0.5$。为简化计算，也可通过取对数求取其占用概率，即

$$L(n \mid z_{1:t}) = L(n \mid z_{1:t-1}) + L(n \mid z_t) \tag{4.64}$$

内节点的占用概率计算则根据其子节点的占用概率进行计算，即

$$\hat{l}(n) = \frac{1}{8}\sum_{i=1}^{8} L(n_i) \tag{4.65}$$

或

$$\hat{l}(n) = \max L(n_i) \tag{4.66}$$

式中，n 为内节点；n_i 为 n 的子节点；$L(n_i)$为节点 n_i 的占用概率。

Octomap 可以使用不同分辨率表示环境地图，如图 4.14 所示。构建的大范围环境下地图如图 4.15 所示。可以根据场景大小和导航任务的具体需求调整地图分辨率，做到快速、准确的路径可达性计算。另外，Octomap 还提供了点云地图转换功能，可以方便地加入到现有的 SLAM 系统。其源代码开源网址为 https://github.com/OctoMap/octomap。

图 4.14　以不同分辨率表示的环境地图

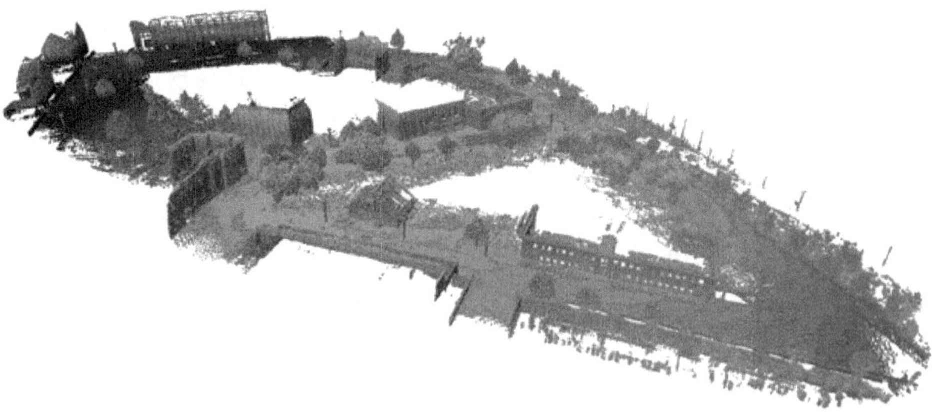

图 4.15　大范围场景下的 Octomap 地图

4.8　本章小结

本章主要针对 VSLAM 的基础知识进行了介绍。首先从针孔相机模型、立体相机获取深度的原理以及反投影模型对本章使用的立体相机的模型进行了介绍；其次简介了本章需要估计的对象(即相机位姿)的矩阵形式和李代数形式；然后在前两部分工作的基础上，构建了 VSLAM 的数学模型，将 VSLAM 问题转换为非线性优化问题；之后介绍了求解非线性优化问题的一般方法和工具；最后介绍了 VSLAM 视觉里程计、闭环检测和地图构建的基础知识。

第 5 章　开源双目视觉 SLAM 框架及其实现

目前，基于视觉的 SLAM 是机器人研究领域的一大热点，众多研究者在互联网上公布了他们的开源 SLAM 方案，如 PTAM，LSD-SLAM，ORB-SLAM(2)，DSO 等。由于相关论文是对 SLAM 的主要思想、算法进行阐述，在具体的细节方面没有进行详细的描述，因此，对这些开源方案的学习，有利于加深对 SLAM 方法的理解，掌握具体实现过程，为后续 SLAM 算法开发奠定基础。

ORB-SLAM 是基于单目特征法的典型代表，由西班牙萨拉戈萨大学于 2015 年发表。在此基础上于 2016 年提出了适用于双目和 RGB-D 传感器的 ORB-SLAM2。ORB-SLAM2 具有准确的视觉里程计，有效的重定位和闭环检测功能。该算法主要分为三个线程：跟踪线程、局部建图线程和闭环线程。ORB-SLAM2 选用了 ORB 特征，基于 ORB 描述量的特征匹配和重定位，比 PTAM 具有更好的视角不变性，并且加入了循环回路的检测和闭合机制，以消除误差累积。此外，新增三维点的特征匹配效率更高，因此能更及时地扩展场景。该系统所有的优化环节均通过优化框架 g^2o 实现。该项目地址为 https://github.com/raulmur/ORB_SLAM2。

本章主要对 ORB-SLAM2 代码框架进行介绍，由于此 SLAM 系统包含较多细节，建议读者阅读本章时参考 ORB-SLAM2 相关论文。

ORB-SLAM2 主要由以下三个线程组成：

(1)跟踪(Tracking)线程：计算每帧图像的 ORB 特征并进行匹配，利用 Motion-Only BA 估计相机初始位姿，跟踪局部地图，并判断当前图像帧是否为关键帧。当跟踪失败时，利用场景识别(Place Recognition)模块恢复对环境地图点的跟踪。

(2)局部建图(Local Mapping)线程：获取跟踪线程的候选关键帧，管理局部地图中的局部关键帧和局部地图点，执行局部 BA，得到准确度更高的定位和建图精度，最后对候选关键帧进行筛选。

(3)闭环(Loop Closing)线程：进行闭环检测，当检测成功时利用位姿图优化减小相机运动漂移。而后执行全局 BA，得到全局一致性更好的环境地图和相机运动轨迹。

ORB-SLAM2 适用于单目相机、双目相机和 RGB-D 传感器，限于篇幅，本章对双目相机下算法的主要程序流程和重点函数进行介绍。

在具体算法实现上，ORB-SLAM2 主要包含以下类：

①地图点类(MapPoint)；

②图像帧类(Frame)；

③关键帧类(KeyFrame)；

④特征提取类(ORBextractor)；

⑤特征匹配类(ORBmatcher)；

⑥跟踪类(Tracker)；

⑦局部建图类(LocalMapping)；

⑧闭环类(LoopClosuer)；

⑨优化类(Optimizer)；

⑩系统类(System)。

其中，①～③是 ORB-SALM2 的数据基础；④～⑤是特征处理相关类；⑥～⑧是算法三个主要线程的实现类；⑨是非线性优化类，用于估计相机位姿和地图点位置；⑩是系统集成类，接收传感器数据，加载 SLAM 的三个线程。本章对数据基础，即地图点类、图像帧类和关键帧类进行介绍，对三个线程流程和部分重点函数进行介绍。

5.1　数据基础

5.1.1　MapPoint 类

地图点类是对环境中真实存在的点的描述，主要包含的类成员变量有：

(1)地图点在绝对坐标系下的坐标 cv::Mat mWorldPos；

(2)观测量 std::map＜KeyFrame * ,size_t＞ mObservations，其中键为观测到该地图点的关键帧指针，值为该地图点在该关键帧下的索引；

(3)描述子 cv::Mat mDescriptor；

(4)int mnVisible 为理论上该地图被观测到的次数；

(5)int mnFound 为实际该地图被观测到的次数。

5.1.2　Frame 类

帧是指一个时刻得到的图像信息及其附加信息。值得注意的是，不同的 SLAM 算法需要的附加信息不尽相同。ORB-SLAM2 中图像帧类 Frame 主要包含的类成员变量有：

(1)该帧索引 long unsigned int mnId；

(2)相机位姿 cv::Mat mTcw；

(3)左右图像中的关键点 std::vector＜cv::KeyPoint＞ mvKeys, mvKeysRight；

(4)关联图像中特征点的地图点集合 std::vector＜MapPoint * ＞ mvpMapPoints；

(5)左右图像中关键点的描述子 cv::Mat mDescriptors, mDescriptorsRight；

(6)词袋向量 DBoW2::BowVector mBowVec；

(7)外点标志位 std::vector＜bool＞ mvbOutlier。

主要包含的类成员函数有：

(1)void ExtractORB(int flag, const cv::Mat &im)：提取图像 ORB 特征；

(2)void ComputeBoW()：计算特征的词袋表示；

(3)void SetPose(cv::Mat Tcw)：设置帧的位姿 mTcw；

(4)cv::Mat UnprojectStereo(const int &i)：获取第 i 个特征点在该帧坐标系下的 3D 坐标。

由于图像信息数据量较大，保留所有的帧信息会对存储造成较大压力，因此通常的做法是选取具有代表性信息的帧作为关键帧。不同的 SLAM 算法对关键帧的选取办法也不尽相同，在后续的介绍中会对 ORB-SLAM2 的关键帧选取办法进行介绍。在 ORB-SLAM2 的程序实现中，关键帧类 KeyFrame 由 Frame 构造得到，包含的类成员变量类似，在此不进行赘述。

5.2 Tracking 类

Tracking 类主要运行 Track()函数，完成的主要内容有：双目初始化，跟踪参考关键帧或者跟踪上一帧，重定位，更新局部地图，跟踪局部地图，判断并创建关键帧。

注：在代码示例中，对部分重复和作用类似的代码段进行了删减，但使用 /＊＜代码段说明＞＊/ 的方式对删减代码进行说明。

5.2.1 双目初始化

双目初始化是指构建第一帧和初始的地图点信息。后续的位姿估计和地图扩展都是基于双目初始化的结果。该部分由 void Tracking::StereoInitialization()实现，通过当前帧包含特征点的数量判断是否初始化成功，而后设置初始位姿(第 2 行)，构造新关键帧(第 5 行)和地图点(第 18 行)，并建立关键帧和地图点之间的关联(第 19,20 行)：

```
1   //设置第一帧位姿
2   mCurrentFrame.SetPose(cv::Mat::eye(4,4,CV_32F));
3   
4   //构造关键帧
5   KeyFrame* pKFini = new KeyFrame(mCurrentFrame,mpMap,mpKeyFrameDB);
6   
7   //将关键帧插入地图
8   mpMap->AddKeyFrame(pKFini);
9   
10  //关键地图点，建立关键帧和地图点之间的关联
11  for(int i=0; i<mCurrentFrame.N;i++)
12  {
13      float z = mCurrentFrame.mvDepth[i];
14      if(z>0)
15      {
16          //第 i 个特征点在当前帧下的 3D 坐标
17          cv::Mat x3D = mCurrentFrame.UnprojectStereo(i);
18          MapPoint* pNewMP = new MapPoint(x3D,pKFini,mpMap);
19          pNewMP->AddObservation(pKFini,i);
20          pKFini->AddMapPoint(pNewMP,i);
21          pNewMP->ComputeDistinctiveDescriptors();
22          pNewMP->UpdateNormalAndDepth();
23          mpMap->AddMapPoint(pNewMP);
24  
25          mCurrentFrame.mvpMapPoints[i]=pNewMP;
26      }
27  }
```

5.2.2　跟踪参考关键帧

由 void TrackReferenceKeyFrame()实现，主要完成的内容有：计算当前帧的词袋(第 2 行)，使用词袋模型与参考关键帧进行特征匹配(第 8～9 行)，得到参与优化的地图点集合 vpMapPointMatches，设置当前帧初始的位姿估计为上一帧的位姿估计(第 15 行)，然后进行位姿估计(第 17 行)。位姿估计完成后，对不合格地图点进行剔除操作(第 25～33 行)。当跟踪的有效地图点个数大于 10(第 39 行)时，认为跟踪参考关键帧成功，即得到有效的当前帧位姿估计。

```
1   //计算当前帧的词袋向量
2   mCurrentFrame.ComputeBoW();
3
4   //当期帧与参考关键帧进行特征匹配，得到对应的地图点集合 vpMapPointMatches
5   ORBmatcher matcher(0.7,true);
6   vector<MapPoint *> vpMapPointMatches;
7
8   int nmatches =
9   matcher.SearchByBoW(mpReferenceKF,mCurrentFrame,vpMapPointMatches);
10
11  if(nmatches<15)
12    return false;
13
14  mCurrentFrame.mvpMapPoints = vpMapPointMatches;
15  mCurrentFrame.SetPose(mLastFrame.mTcw);
16
17  Optimizer::PoseOptimization(&mCurrentFrame);
18
19  //剔除外点
20  int nmatchesMap = 0;
21  for(int i =0; i<mCurrentFrame.N; i++)
22  {
23    if(mCurrentFrame.mvpMapPoints[i])
24    {
25      if(mCurrentFrame.mvbOutlier[i])
26      {
27        MapPoint * pMP = mCurrentFrame.mvpMapPoints[i];
28        mCurrentFrame.mvpMapPoints[i]=static_cast<MapPoint *>(NULL);
29        mCurrentFrame.mvbOutlier[i]=false;
30        pMP->mbTrackInView = false;
31        pMP->mnLastFrameSeen = mCurrentFrame.mnId;
32        nmatches--;
33      }
34      else if(mCurrentFrame.mvpMapPoints[i]->Observations()>0)
35        nmatchesMap++;
36    }
37  }
38
39  return nmatchesMap>=10;
```

其中，位姿估计 int Optimizer::PoseOptimization(Frame * pFrame)的具体实现如下代码块所示：

```
int Optimizer::PoseOptimization(Frame * pFrame)
{
//设置优化器 optimizer
    g2o::SparseOptimizer optimizer;
    g2o::BlockSolver_6_3::LinearSolverType * linearSolver;

    linearSolver= new
    g2o::LinearSolverDense<g2o::BlockSolver_6_3::PoseMatrixType>();

    g2o::BlockSolver_6_3 * solver_ptr = new
    g2o::BlockSolver_6_3(linearSolver);
//设置非线性优化求解器 LM
    g2o::OptimizationAlgorithmLevenberg * solver = new
    g2o::OptimizationAlgorithmLevenberg(solver_ptr);
    optimizer.setAlgorithm(solver);

int nInitialCorrespondences=0;

//设置当前帧位姿节点，为非固定节点，作为待优化变量并加入优化器
    g2o::VertexSE3Expmap * vSE3 = new g2o::VertexSE3Expmap();
    vSE3->setEstimate(Converter::toSE3Quat(pFrame->mTcw));
    vSE3->setId(0);
    vSE3->setFixed(false);
    optimizer.addVertex(vSE3);

//设置地图点节点
const int N = pFrame->N;

    vector<g2o::EdgeSE3ProjectXYZOnlyPose * > vpEdgesMono;
    vector<size_t> vnIndexEdgeMono;
    vpEdgesMono.reserve(N);
    vnIndexEdgeMono.reserve(N);

    vector<g2o::EdgeStereoSE3ProjectXYZOnlyPose * > vpEdgesStereo;
    vector<size_t> vnIndexEdgeStereo;
    vpEdgesStereo.reserve(N);
    vnIndexEdgeStereo.reserve(N);

const float deltaMono = sqrt(5.991);
const float deltaStereo = sqrt(7.815);

{
    unique_lock<mutex> lock(MapPoint::mGlobalMutex);

for(int i=0; i<N; i++)
{
        MapPoint * pMP = pFrame->mvpMapPoints[i];
if(pMP)
{
// 单目类型观测：地图点只在左图像有对应特征点
if(pFrame->mvuRight[i]<0)
{
```

```
            nInitialCorrespondences++;
            pFrame->mvbOutlier[i] = false;

            Eigen::Matrix<double,2,1> obs;
const cv::KeyPoint &kpUn = pFrame->mvKeysUn[i];
//观测为左图像中的特征点坐标
            obs<< kpUn.pt.x, kpUn.pt.y;
//设置观测边约束
            g2o::EdgeSE3ProjectXYZOnlyPose * e = new g2o::EdgeSE3ProjectXYZOnlyPose
();

            e->setVertex(0, dynamic_cast<g2o::OptimizableGraph::Vertex *>(optimizer.vertex
(0)));
            e->setMeasurement(obs);
const float invSigma2 = pFrame->mvInvLevelSigma2[kpUn.octave];
//设置该边的信息矩阵:与该特征点所在的金字塔层数相关
e->setInformation(Eigen::Matrix2d::Identity() * invSigma2);
//设置鲁棒代价核函数 Huber
g2o::RobustKernelHuber * rk = new g2o::RobustKernelHuber;
            e->setRobustKernel(rk);
            rk->setDelta(deltaMono);

  //设置相机参数和地图点 3D 坐标,用于计算重投影误差
            e->fx = pFrame->fx;
            e->fy = pFrame->fy;
            e->cx = pFrame->cx;
            e->cy = pFrame->cy;
            cv::Mat Xw = pMP->GetWorldPos();
            e->Xw[0] = Xw.at<float>(0);
            e->Xw[1] = Xw.at<float>(1);
            e->Xw[2] = Xw.at<float>(2);

//将该边加入优化器
            optimizer.addEdge(e);

            vpEdgesMono.push_back(e);
            vnIndexEdgeMono.push_back(i);
}
else
{
            nInitialCorrespondences++;
            pFrame->mvbOutlier[i] = false;

//设置双目类型边
            Eigen::Matrix<double,3,1> obs;
const cv::KeyPoint &kpUn = pFrame->mvKeysUn[i];
const float &kp_ur = pFrame->mvuRight[i];
//观测为地图点在左图像对应的 x、y 坐标,和在右图像对应的 y 坐标
            obs<< kpUn.pt.x, kpUn.pt.y, kp_ur;
//边类型为 g2o::EdgeStereoSE3ProjectXYZOnlyPose
            g2o::EdgeStereoSE3ProjectXYZOnlyPose * e = new
g2o::EdgeStereoSE3ProjectXYZOnlyPose();

```

```
106              e->setVertex(0,
107    dynamic_cast<g2o::OptimizableGraph::Vertex*>(optimizer.vertex(0)));
108              e->setMeasurement(obs);
109
110              /*<设置边的信息矩阵和鲁棒代价函数>*/
111
112              /*<设置相机参数(fx,fy,cx,cy)和地图点 3D 坐标(e->Xw),用于计算重投影误差>*/
113
114              optimizer.addEdge(e);
115
116              vpEdgesStereo.push_back(e);
117              vnIndexEdgeStereo.push_back(i);
118          }
119      }
120
121    }
122    }
123
124    if(nInitialCorrespondences<3)
125          return 0;
126
127      //使用卡方检验判断是否为外点
128      const float chi2Mono[4]={5.991,5.991,5.991,5.991};
129      const float chi2Stereo[4]={7.815,7.815,7.815, 7.815};
130      const int its[4]={10,10,10,10};
131
132      int nBad=0;
133      //进行 4 次优化,每次优化迭代次数为 10
134      for(size_t it=0; it<4; it++)
135      {
136          vSE3->setEstimate(Converter::toSE3Quat(pFrame->mTcw));
137          optimizer.initializeOptimization(0);
138          optimizer.optimize(its[it]);
139
140          nBad=0;
141          //对单目类型边,每次优化完成后进行地图点检验,判断是否为外点
142          for(size_t i=0, iend=vpEdgesMono.size(); i<iend; i++)
143          {
144              g2o::EdgeSE3ProjectXYZOnlyPose* e = vpEdgesMono[i];
145
146              const size_t idx = vnIndexEdgeMono[i];
147          //对在上次优化中被判断为外点的地图点重新计算误差,重新判断在当前优化后该
148              地图点是否为外点
149              if(pFrame->mvbOutlier[idx])
150              {
151                  e->computeError();
152              }
153
154              const float chi2 = e->chi2();
155
156              //在本次优化后,被判断为外点的地图点不参与下一次优化
157              if(chi2>chi2Mono[it])
158              {
159                  pFrame->mvbOutlier[idx]=true;
160                  e->setLevel(1);
```

```
                nBad++;
            }
            else
            {
                pFrame->mvbOutlier[idx]=false;
                e->setLevel(0);
            }
            //最后一次优化不使用鲁棒代价核函数
            if(it==2)
              e->setRobustKernel(0);
        }
        //对双目类型边,每次优化完成后进行地图点检验,判断是否为外点
        for(size_t i=0, iend=vpEdgesStereo.size(); i<iend; i++)
        {
            /*<与对单目类型边的操作类似,使用的外点阈值为 chi2Stereo >*/
        }

        if(optimizer.edges().size()<10)
            break;
    }

    //优化完成后,设置将优化结果设置为当前帧位姿
    g2o::VertexSE3Expmap* vSE3_recov =
static_cast<g2o::VertexSE3Expmap*>(optimizer.vertex(0));
    g2o::SE3Quat SE3quat_recov = vSE3_recov->estimate();
    cv::Mat pose = Converter::toCvMat(SE3quat_recov);
    pFrame->SetPose(pose);

    return nInitialCorrespondences-nBad;
}
```

5.2.3　跟踪上一帧

当得到运动模型后(即 5.2.6 节的 mVelocity),采用跟踪上一帧的方式进行当前帧的位姿估计。该过程由 bool Tracking::TrackWithMotionModel()实现,主要完成的工作有:根据运动模型,设置当前帧的位姿估计;根据地图点的重投影坐标,与上一帧进行特征匹配,得到参与优化的地图点集合 vpMapPointMatches。后续的优化和地图点剔除工作与跟踪参考关键帧相同。

```
bool Tracking::TrackWithMotionModel()
{

    ORBmatcher matcher(0.9,true);

    UpdateLastFrame();

    mCurrentFrame.SetPose(mVelocity*mLastFrame.mTcw);

    fill(mCurrentFrame.mvpMapPoints.begin(),mCurrentFrame.mvpMapPoints.end(),
    static_cast<MapPoint*>NULL));

    int th;
    if(mSensor! =System::STEREO)
```

```
            th=15;
        else
            th=7;
        //与上一帧进行特征匹配
        int nmatches =
matcher.SearchByProjection(mCurrentFrame,mLastFrame,th,mSensor==
System::MONOCULAR);

        //如果匹配数量不足,使用更大的搜索框进行搜索
        if(nmatches<20)
        {
            fill(mCurrentFrame.mvpMapPoints.begin(),mCurrentFrame.mvpMapPoints.end(),
              static_cast<MapPoint*>(NULL));
              nmatches=
matcher.SearchByProjection(mCurrentFrame,mLastFrame,2*th,mSensor==
System::MONOCULAR);
        }

        if(nmatches<20)
            return false;
        Optimizer::PoseOptimization(&mCurrentFrame);

        // 剔除外点
        int nmatchesMap = 0;
        for(int i =0; i<mCurrentFrame.N; i++)
        {
            if(mCurrentFrame.mvpMapPoints[i])
            {
                if(mCurrentFrame.mvbOutlier[i])
                {
                    MapPoint* pMP = mCurrentFrame.mvpMapPoints[i];
                    mCurrentFrame.mvpMapPoints[i]=static_cast<MapPoint*>(NULL);
                    mCurrentFrame.mvbOutlier[i]=false;
                    pMP->mbTrackInView = false;
                    pMP->mnLastFrameSeen = mCurrentFrame.mnId;
                    nmatches--;
                }
                else if(mCurrentFrame.mvpMapPoints[i]->Observations()>0)
                    nmatchesMap++;
            }
        }

        if(mbOnlyTracking)
        {
            mbVO= nmatchesMap<10;
            return nmatches>20;
        }

        return nmatchesMap>=10;
}

```

如果跟踪上一帧失败,转而进行跟踪参考关键帧。

5.2.4 重定位

当跟踪上一帧和跟踪参考关键帧均失败时，ORB-SLAM2 进行相机重定位。重定位功能由 bool Tracking::Relocalization()实现。主要步骤有：对当前帧提取词袋，根据该词袋信息，从词袋库中选取候选关键帧集合。与跟踪参考关键帧类似，当前帧与候选关键帧通过词袋进行特征匹配和位姿估计，当满足约束的地图点数量达到阈值时，则认为重定位成功。

5.2.5 跟踪局部地图

跟踪局部地图用于获取与当前帧更多的匹配地图点，得到更加准确的位姿估计。该部分由 bool Tracking::TrackLocalMap()实现，主要步骤有：更新局部关键地图（第 3 行），搜索局部地图点（第 5 行），位姿估计（第 7 行）以及地图点剔除（第 11～29 行），最后根据优化成功的地图点数量，判断跟踪局部地图是否成功（第 31～37 行）。

```
1   bool Tracking::TrackLocalMap()
2   {
3       UpdateLocalMap();
4   
5       SearchLocalPoints();
6   
7       Optimizer::PoseOptimization(&mCurrentFrame);
8       mnMatchesInliers= 0;
9   
10      //更新地图点统计信息
11      for(int i=0; i<mCurrentFrame.N; i++)
12      {
13        if(mCurrentFrame.mvpMapPoints[i])
14        {
15          if(! mCurrentFrame.mvbOutlier[i])
16          {
17            mCurrentFrame.mvpMapPoints[i]->IncreaseFound();
18            if(! mbOnlyTracking)
19            {
20                if(mCurrentFrame.mvpMapPoints[i]->Observations()>0)
21                    mnMatchesInliers++;
22            }
23          else
24                mnMatchesInliers++;
25        }
26        else if(mSensor==System::STEREO)
27            mCurrentFrame.mvpMapPoints[i] = static_cast<MapPoint * >(NULL);
28      }
29  }
30  
31  if(mCurrentFrame.mnId<mnLastRelocFrameId+mMaxFrames && mnMatchesInliers<50)
32      return false;
33  
34  if(mnMatchesInliers<30)
35      return false;
36  else
37      return true;
38  }
```

其中，更新局部地图 void Tracking::UpdateLocalMap()的实现主要包含两个部分：更新局部关键帧 void Tracking::UpdateLocalKeyFrames()和更新局部地图点 void Tracking::UpdateLocalPoints()。

更新局部关键帧的具体实现：首先得到与当前帧共视地图点的关键帧集合 keyframeCounter(第 4～21 行)，选择出与当前帧共视地图点最多的关键帧 pKFmax(第 43 行)，将共视关键帧加入局部关键帧集合 mvpLocalKeyFrames (第 46 行)。将与共视关键帧共视地图点最多的 10 个关键帧(第 59 行)，共视关键帧的子关键帧(第 77 行)和父关键帧(第 81 行)加入局部关键帧集合 mvpLocalKeyFrames。在此过程使用 mnTrackReferenceForFrame 变量保证同一个关键帧不会多次加入到局部关键帧集合，且局部关键帧数量不超过 80 个。

```
1   void Tracking::UpdateLocalKeyFrames()
2   {
3       map<KeyFrame*,int> keyframeCounter;
4       for(int i=0; i<mCurrentFrame.N; i++)
5       {
6           if(mCurrentFrame.mvpMapPoints[i])
7           {
8               MapPoint* pMP = mCurrentFrame.mvpMapPoints[i];
9               if(!pMP->isBad())
10              {
11                  const map<KeyFrame*,size_t> observations = pMP->GetObservations();
12                  for(map<KeyFrame*,size_t>::const_iterator it=observations.begin(),
13  itend=observations.end(); it!=itend; it++)
14                      keyframeCounter[it->first]++;
15              }
16              else
17              {
18                  mCurrentFrame.mvpMapPoints[i]=NULL;
19              }
20          }
21      }
22
23  if(keyframeCounter.empty())
24      return;
25
26      int max=0;
27      KeyFrame* pKFmax= static_cast<KeyFrame*>(NULL);
28
29      mvpLocalKeyFrames.clear();
30      mvpLocalKeyFrames.reserve(3*keyframeCounter.size());
31
32      for(map<KeyFrame*,int>::const_iterator it=keyframeCounter.begin(),
33  itEnd=keyframeCounter.end(); it!=itEnd; it++)
34      {
35          KeyFrame* pKF = it->first;
36
37          if(pKF->isBad())
38              continue;
39
40          if(it->second>max)
```

```
            {
                max=it->second;
                pKFmax=pKF;
            }
            //1.共视关键帧
            mvpLocalKeyFrames.push_back(it->first);
            pKF->mnTrackReferenceForFrame = mCurrentFrame.mnId;
        }

        for(vector<KeyFrame *>::const_iterator itKF=mvpLocalKeyFrames.begin(),
    itEndKF=mvpLocalKeyFrames.end(); itKF! =itEndKF; itKF++)
        {
            // 限制局部关键帧数量
            if(mvpLocalKeyFrames.size()>80)
                break;

            KeyFrame * pKF = * itKF;
            //2.与共视关键帧共视地图点最多的 10 个邻近关键帧
            const vector<KeyFrame *> vNeighs = pKF->GetBestCovisibilityKeyFrames(10);

            //将邻近关键帧加入局部关键帧集合
            for(vector<KeyFrame *>::const_iterator itNeighKF=vNeighs.begin(),
    itEndNeighKF=vNeighs.end(); itNeighKF! =itEndNeighKF; itNeighKF++)
        {
                KeyFrame * pNeighKF = * itNeighKF;
                if(! pNeighKF->isBad())
                {
                if(pNeighKF->mnTrackReferenceForFrame! =mCurrentFrame.mnId)
                  {
                  mvpLocalKeyFrames.push_back(pNeighKF);
                  pNeighKF->mnTrackReferenceForFrame=mCurrentFrame.mnId;
                  break;
                  }
                }
            }
            //3.子关键帧
            const set<KeyFrame *> spChilds = pKF->GetChilds();
            /*<将子关键帧加入局部关键帧集合>*/

            //4.父关键帧
            KeyFrame * pParent = pKF->GetParent();
            /*<将父关键帧加入局部关键帧集合>*/

        }
        //设置参考关键帧
        if(pKFmax)
        {
            mpReferenceKF= pKFmax;
            mCurrentFrame.mpReferenceKF = mpReferenceKF;
        }
    }
```

更新局部地图点则将局部关键帧观测到的地图点加入局部地图点集合 mvpLocalMap-

Points。

5.2.6 计算运动模型

计算当前帧和上一帧的位姿变换 mVelocity，用于下一帧的初始位姿估计：

```
cv::Mat LastTwc = cv::Mat::eye(4,4,CV_32F);
mLastFrame.GetRotationInverse().copyTo(LastTwc.rowRange(0,3).colRange(0,3));
mLastFrame.GetCameraCenter().copyTo(LastTwc.rowRange(0,3).col(3));
//运动模型计算
mVelocity= mCurrentFrame.mTcw * LastTwc;
```

5.2.7 判断关键帧

由 bool Tracking::NeedNewKeyFrame()实现。判断条件有 c1a：当前帧与上一个关键帧之间的帧数差大于设定阈值 mMaxFrames；c1b：局部建图线程空闲且当前帧与上一个关键帧之间的帧数差大于设定阈值 mMinFrames；c1c：当前帧跟踪到的地图点数量小于参考关键帧匹配地图点数量的 25%，或者当前帧中，具有有效深度点的特征被匹配的数量小于给定阈值(100)，没有被匹配的数量大于给定阈值(70)；c2：当前帧跟踪到的地图点数量小于参考关键帧匹配地图点数量的 thRefRatio 比例，或者具有有效深度点的特征被匹配的数量小于给定阈值(100)，没有被匹配的数量大于给定阈值(70)，同时当前帧匹配的地图点个数大于 15。当满足 c2 条件，以及 c1a，c1b 或者 c1c 中的一个条件时，若建图线程空闲，则可以创建关键帧；若建图线程不空闲，则中断建图线程后，若建图线程中的关键帧队列个数小于 3，同样可以创建关键帧。否则，当前帧不作为关键帧。

```
bool Tracking::NeedNewKeyFrame()
{
    if(mbOnlyTracking)
        return false;

    if(mpLocalMapper->isStopped() || mpLocalMapper->stopRequested())
        return false;

    const int nKFs = mpMap->KeyFramesInMap();

    if(mCurrentFrame.mnId<mnLastRelocFrameId+mMaxFrames && nKFs>mMaxFrames)
        return false;

    int nMinObs = 3;
    if(nKFs<=2)
        nMinObs=2;
    int nRefMatches = mpReferenceKF->TrackedMapPoints(nMinObs);

    // 局部建图线程是否接收关键帧
    bool bLocalMappingIdle = mpLocalMapper->AcceptKeyFrames();

    int nNonTrackedClose = 0;
    int nTrackedClose= 0;
```

```
    if(mSensor! =System::MONOCULAR)
    {
        for(int i =0; i<mCurrentFrame.N; i++)
        {
            if(mCurrentFrame.mvDepth[i]>0 && mCurrentFrame.mvDepth[i]<mThDepth)
            {
                if(mCurrentFrame.mvpMapPoints[i] && ! mCurrentFrame.mvbOutlier[i])
                nTrackedClose++;
            else
              nNonTrackedClose++;
            }
        }
    }

    bool bNeedToInsertClose = (nTrackedClose<100) && (nNonTrackedClose>70);

    float thRefRatio = 0.75f;
    if(nKFs<2)
        thRefRatio= 0.4f;

    if(mSensor==System::MONOCULAR)
        thRefRatio= 0.9f;

    const bool c1a = mCurrentFrame.mnId>=mnLastKeyFrameId+mMaxFrames;

    const bool c1b = (mCurrentFrame.mnId>=mnLastKeyFrameId+mMinFrames && bLocalM-
appingIdle);

    const bool c1c =  mSensor! =System::MONOCULAR && (mnMatchesInliers<nRefMatches
 * 0.25 || bNeedToInsertClose) ;

      const bool c2 = ((mnMatchesInliers<nRefMatches * thRefRatio|| bNeedToInsertClose) &&
mnMatchesInliers>15);

      if((c1a||c1b||c1c)&&c2)
      {
          if(bLocalMappingIdle)
          {
              return true;
          }
          else
          {
              mpLocalMapper->InterruptBA();
              if(mSensor! =System::MONOCULAR)
              {
                  if(mpLocalMapper->KeyframesInQueue()<3)
                      return true;
              else
                  return false;
          }
          else
              return false;
      }
  }
  else
    return false;
}
```

5.2.8 创建关键帧

将当前帧设置为关键帧(第 6 行),并增加新的地图点:对当前帧的特征点深度进行排序(第 27 行),将具有有效深度(深度值小于 mThDepth)的特征点转化为地图点(第 48 行)。如果有效深度的特征点个数小于 100,则继续增加地图点,直至增加个数达到 100(第 63～64 行)。

```
1   Void Tracking::CreateNewKeyFrame()
2   {
3       if(! mpLocalMapper->SetNotStop(true))
4         return;
5       //产生新的关键帧
6       KeyFrame * pKF = new KeyFrame(mCurrentFrame,mpMap,mpKeyFrameDB);
7   
8       mpReferenceKF= pKF;
9       mCurrentFrame.mpReferenceKF = pKF;
10  
11      if(mSensor! =System::MONOCULAR)
12      {
13          mCurrentFrame.UpdatePoseMatrices();
14          vector<pair<float,int> > vDepthIdx;
15          vDepthIdx.reserve(mCurrentFrame.N);
16          for(int i=0; i<mCurrentFrame.N; i++)
17          {
18              float z = mCurrentFrame.mvDepth[i];
19              if(z>0)
20              {
21                  vDepthIdx.push_back(make_pair(z,i));
22          }
23      }
24  
25      if(! vDepthIdx.empty())
26      {
27          sort(vDepthIdx.begin(),vDepthIdx.end());
28  
29          int nPoints = 0;
30          for(size_t j=0; j<vDepthIdx.size();j++)
31          {
32              int i = vDepthIdx[j].second;
33  
34              bool bCreateNew = false;
35  
36              MapPoint * pMP = mCurrentFrame.mvpMapPoints[i];
37              if(! pMP)
38                  bCreateNew= true;
39              else if(pMP->Observations()<1)
40              {
41                bCreateNew= true;
42                mCurrentFrame.mvpMapPoints[i] = static_cast<MapPoint * >(NULL);
43              }
44              //创建新的地图点
```

```
                if(bCreateNew)
                {
                    cv::Mat x3D = mCurrentFrame.UnprojectStereo(i);
                    MapPoint * pNewMP = new MapPoint(x3D,pKF,mpMap);
                    pNewMP->AddObservation(pKF,i);
                    pKF->AddMapPoint(pNewMP,i);
                    pNewMP->ComputeDistinctiveDescriptors();
                    pNewMP->UpdateNormalAndDepth();
                    mpMap->AddMapPoint(pNewMP);

                    mCurrentFrame.mvpMapPoints[i]=pNewMP;
                    nPoints++;
                }
                else
                {
                    nPoints++;
                }

                if(vDepthIdx[j].first>mThDepth && nPoints>100)
                    break;
            }
        }
    }

    mpLocalMapper->InsertKeyFrame(pKF);

    mpLocalMapper->SetNotStop(false);

    mnLastKeyFrameId= mCurrentFrame.mnId;
    mpLastKeyFrame= pKF;
}
```

5.3 LocalMapping 类

局部建图线程运行 LocalMapping 类的 Run()函数，该函数接收 Tracking 类得到的关键帧，对局部地图点进行管理，删除冗余的地图点，构建新的地图点，融合重复的地图点。然后对局部关键帧和局部地图点进行 BA 优化，相比跟踪线程，得到更加准确的关键帧位姿和地图点位置。由于跟踪线程中对关键帧的选择较为宽松，在局部建图线程中，对关键帧进行更为严格的筛选，并将筛选后的关键帧交给闭环线程，进行闭环检测和优化。

5.3.1 处理新关键帧

处理关键帧队列中的关键帧，为局部建图的后续工作做准备：取出关键帧队列中的关键帧（第 5 行），计算关键帧词袋表示（第 9 行），建立关键帧和地图点之间的关联（第 23 行），将该关键帧新增的地图点加入 mlpRecentAddedMapPoints 集合（第 29 行）。最后更新该关键帧的连接图（第 36 行）。

```
1  Void LocalMapping::ProcessNewKeyFrame()
2  {
3      {
4          unique_lock<mutex> lock(mMutexNewKFs);
5          mpCurrentKeyFrame= mlNewKeyFrames.front();
6          mlNewKeyFrames.pop_front();
7      }
8  
9      mpCurrentKeyFrame->ComputeBoW();
10 
11     const vector<MapPoint *> vpMapPointMatches =
12 mpCurrentKeyFrame->GetMapPointMatches();
13 
14     for(size_t i=0; i<vpMapPointMatches.size(); i++)
15     {
16         MapPoint * pMP = vpMapPointMatches[i];
17         if(pMP)
18         {
19             if(! pMP->isBad())
20             {
21                 if(! pMP->IsInKeyFrame(mpCurrentKeyFrame))
22                 {
23                     pMP->AddObservation(mpCurrentKeyFrame, i);
24                     pMP->UpdateNormalAndDepth();
25                     pMP->ComputeDistinctiveDescriptors();
26                 }
27                 else
28                 {
29                     mlpRecentAddedMapPoints.push_back(pMP);
30             }
31         }
32     }
33 }
34 
35     // 更新共视图连接关系
36     mpCurrentKeyFrame->UpdateConnections();
37 
38     mpMap->AddKeyFrame(mpCurrentKeyFrame);
39 }
```

5.3.2 地图点筛选

对新增的地图点集合 mlpRecentAddedMapPoints 进行筛选，主要对两类跟踪质量不高的地图点进行剔除：实际观测到该点的次数小于理论上观测到该点次数的四分之一（第 21 行）；创建该点到当前关键帧，已经至少经过了 2 个关键帧，但该点被观测次数小于 3（第 26～27 行）。

```
void LocalMapping::MapPointCulling()
{
    //检查新增地图点
    list<MapPoint *>::iterator lit = mlpRecentAddedMapPoints.begin();
const unsigned long int nCurrentKFid = mpCurrentKeyFrame->mnId;

int nThObs;
if(mbMonocular)
        nThObs= 2;
    else
        nThObs= 3;
    const int cnThObs = nThObs;

    while(lit! =mlpRecentAddedMapPoints.end())
    {
        MapPoint* pMP = *lit;
        if(pMP->isBad())
        {
            lit= mlpRecentAddedMapPoints.erase(lit);
        }
        else if(pMP->GetFoundRatio()<0.25f )
        {
            pMP->SetBadFlag();
            lit= mlpRecentAddedMapPoints.erase(lit);
        }
        else if(((int)nCurrentKFid-(int)pMP->mnFirstKFid)>=2 &&
pMP->Observations()<=cnThObs)
        {
            pMP->SetBadFlag();
            lit= mlpRecentAddedMapPoints.erase(lit);
        }
        else if(((int)nCurrentKFid-(int)pMP->mnFirstKFid)>=3)
            lit= mlpRecentAddedMapPoints.erase(lit);
        else
            lit++;
    }
}
```

5.3.3　建立新地图点

(1)特征匹配：获取与当前关键帧共视地图点数量最多的 10 个邻近关键帧 vpNeighKFs(第 6～7 行)，计算当前帧与邻近关键帧的距离 baseline(第 39～41 行)，baseline 满足绝对阈值(第 45 行)和相对阈值(第 53 行)时，计算当前关键帧和邻近关键帧的基础矩阵 F12(第 58 行)，并用基础矩阵带来的极线约束对尚未匹配的特征进行特征匹配(第 62～63 行)。

(2)地图点位置计算：若匹配的特征对应的双目视差 cosParallaxStereo 较大(即不满足第 119～120 行条件)，则直接利用 2D 特征投影到 3D 空间计算地图点的位置(第 143 行，第 147 行)，否则使用三角化方法进行地图点位置计算(第 123～138 行)。

(3)地图点检验：检测地图点位置是否位于当前关键帧和邻近关键帧的前方(第 155～161

行)；检查该地图点投影到当前关键帧和邻近关键帧的坐标与原先特征点坐标之间的误差是否满足阈值要求(第 170～189 行，第 196～215 行)，误差阈值与卡方检验阈值和特征点所在金字塔层数相关；检查尺度的连续性。

(4)创建新的地图点(第 237 行)，建立地图点和关键帧之间的关联(第 239～243 行)，计算地图点的相关信息(第 245～246 行)，并将新的地图点加入 mlpRecentAddedMapPoints 集合(第 250 行)。

```
1   void LocalMapping::CreateNewMapPoints()
2   {
3       int nn = 10;
4       if(mbMonocular)
5           nn=20;
6       const vector<KeyFrame *> vpNeighKFs =
7   mpCurrentKeyFrame->GetBestCovisibilityKeyFrames(nn);
8
9       ORBmatcher matcher(0.6,false);
10
11      cv::Mat Rcw1 = mpCurrentKeyFrame->GetRotation();
12      cv::Mat Rwc1 = Rcw1.t();
13      cv::Mat tcw1 = mpCurrentKeyFrame->GetTranslation();
14      cv::Mat Tcw1(3,4,CV_32F);
15      Rcw1.copyTo(Tcw1.colRange(0,3));
16      tcw1.copyTo(Tcw1.col(3));
17      cv::Mat Ow1 = mpCurrentKeyFrame->GetCameraCenter();
18
19      const float &fx1 = mpCurrentKeyFrame->fx;
20      const float &fy1 = mpCurrentKeyFrame->fy;
21      const float &cx1 = mpCurrentKeyFrame->cx;
22      const float &cy1 = mpCurrentKeyFrame->cy;
23      const float &invfx1 = mpCurrentKeyFrame->invfx;
24      const float &invfy1 = mpCurrentKeyFrame->invfy;
25
26      const float ratioFactor = 1.5f * mpCurrentKeyFrame->mfScaleFactor;
27
28      int nnew=0;
29
30      // 使用极线约束搜索匹配，并进行地图点三角化
31      for(size_t i=0; i<vpNeighKFs.size(); i++)
32      {
33          if(i>0 && CheckNewKeyFrames())
34              return;
35
36          KeyFrame * pKF2 = vpNeighKFs[i];
37
38          // 计算基线长度
39          cv::Mat Ow2 = pKF2->GetCameraCenter();
40          cv::Mat vBaseline = Ow2-Ow1;
41          const float baseline = cv::norm(vBaseline);
42
43          if(! mbMonocular)
44          {
45              if(baseline<pKF2->mb)
```

```
                continue;
            }
            else
            {
                const float medianDepthKF2 = pKF2->ComputeSceneMedianDepth(2);
                const float ratioBaselineDepth = baseline/medianDepthKF2;

                if(ratioBaselineDepth<0.01)
                    continue;
            }

            // 计算基础矩阵
            cv::Mat F12 = ComputeF12(mpCurrentKeyFrame,pKF2);

            // 搜索满足基线约束的匹配
            vector<pair<size_t,size_t> > vMatchedIndices;
            matcher.SearchForTriangulation (mpCurrentKeyFrame,pKF2,F12,
                                            vMatchedIndices,false);

            cv::Mat Rcw2 = pKF2->GetRotation();
            cv::Mat Rwc2 = Rcw2.t();
            cv::Mat tcw2 = pKF2->GetTranslation();
            cv::Mat Tcw2(3,4,CV_32F);
            Rcw2.copyTo(Tcw2.colRange(0,3));
            tcw2.copyTo(Tcw2.col(3));

            const float &fx2 = pKF2->fx;
            const float &fy2 = pKF2->fy;
            const float &cx2 = pKF2->cx;
            const float &cy2 = pKF2->cy;
            const float &invfx2 = pKF2->invfx;
            const float &invfy2 = pKF2->invfy;

            // 三角化每对匹配点
            const int nmatches = vMatchedIndices.size();
            for(int ikp=0; ikp<nmatches; ikp++)
            {
                const int &idx1 = vMatchedIndices[ikp].first;
                const int &idx2 = vMatchedIndices[ikp].second;

                const cv::KeyPoint &kp1 = mpCurrentKeyFrame->mvKeysUn[idx1];
                const float kp1_ur=mpCurrentKeyFrame->mvuRight[idx1];
                bool bStereo1 = kp1_ur>=0;

                const cv::KeyPoint &kp2 = pKF2->mvKeysUn[idx2];
                const float kp2_ur = pKF2->mvuRight[idx2];
                bool bStereo2 = kp2_ur>=0;

                // 计算视差
                cv::Mat xn1 = (cv::Mat_<float>(3,1) << (kp1.pt.x-cx1) * invfx1,
(kp1.pt.y-cy1) * invfy1, 1.0);
                cv::Mat xn2 = (cv::Mat_<float>(3,1) << (kp2.pt.x-cx2) * invfx2,
(kp2.pt.y-cy2) * invfy2, 1.0);

```

```
            cv::Mat ray1 = Rwc1 * xn1;
            cv::Mat ray2 = Rwc2 * xn2;
            const float cosParallaxRays =
ray1.dot(ray2)/(cv::norm(ray1) * cv::norm(ray2));

            float cosParallaxStereo = cosParallaxRays+1;
            float cosParallaxStereo1 = cosParallaxStereo;
            float cosParallaxStereo2 = cosParallaxStereo;

            if(bStereo1)
                cosParallaxStereo1=
cos(2 * atan2(mpCurrentKeyFrame->mb/2,mpCurrentKeyFrame->mvDepth[idx1]));
            else if(bStereo2)
                cosParallaxStereo2= cos(2 * atan2(pKF2->mb/2,pKF2->mvDepth[idx2]));

            cosParallaxStereo= min(cosParallaxStereo1,cosParallaxStereo2);

            cv::Mat x3D;
            if(cosParallaxRays<cosParallaxStereo && cosParallaxRays>0 && (bStereo1 ||
bStereo2 || cosParallaxRays<0.9998))
{
                //使用三角化方法计算地图点位置
                cv::Mat A(4,4,CV_32F);
                A.row(0) = xn1.at<float>(0) * Tcw1.row(2)-Tcw1.row(0);
                A.row(1) = xn1.at<float>(1) * Tcw1.row(2)-Tcw1.row(1);
                A.row(2) = xn2.at<float>(0) * Tcw2.row(2)-Tcw2.row(0);
                A.row(3) = xn2.at<float>(1) * Tcw2.row(2)-Tcw2.row(1);

                cv::Mat w,u,vt;
                cv::SVD::compute(A,w,u,vt,cv::SVD::MODIFY_A| cv::SVD::FULL_
UV);

                x3D= vt.row(3).t();

                if(x3D.at<float>(3)==0)
                    continue;

                // 标准化操作
                x3D= x3D.rowRange(0,3)/x3D.at<float>(3);

            }
            else if(bStereo1 && cosParallaxStereo1<cosParallaxStereo2)
            {
              x3D= mpCurrentKeyFrame->UnprojectStereo(idx1);
            }
            else if(bStereo2 && cosParallaxStereo2<cosParallaxStereo1)
          {
            x3D= pKF2->UnprojectStereo(idx2);
          }
          else
              continue;

          cv::Mat x3Dt = x3D.t();
```

```

        //检查地图点位置是否位于当前关键帧和邻近关键帧的前方
        float z1 = Rcw1.row(2).dot(x3Dt)+tcw1.at<float>(2);
        if(z1<=0)
            continue;

        float z2 = Rcw2.row(2).dot(x3Dt)+tcw2.at<float>(2);
        if(z2<=0)
            continue;

        //检查地图点在当前关键帧的重投影误差
        const float &sigmaSquare1 =
                  mpCurrentKeyFrame->mvLevelSigma2[kp1.octave];
        const float x1 = Rcw1.row(0).dot(x3Dt)+tcw1.at<float>(0);
        const float y1 = Rcw1.row(1).dot(x3Dt)+tcw1.at<float>(1);
        const float invz1 = 1.0/z1;

        if(!bStereo1)
        {
            float u1 = fx1*x1*invz1+cx1;
            float v1 = fy1*y1*invz1+cy1;
            float errX1 = u1 - kp1.pt.x;
            float errY1 = v1 - kp1.pt.y;
            if((errX1*errX1+errY1*errY1)>5.991*sigmaSquare1)
                continue;
        }
        else
        {
            float u1 = fx1*x1*invz1+cx1;
            float u1_r = u1 - mpCurrentKeyFrame->mbf*invz1;
            float v1 = fy1*y1*invz1+cy1;
            float errX1 = u1 - kp1.pt.x;
            float errY1 = v1 - kp1.pt.y;
            float errX1_r = u1_r - kp1_ur;
            if((errX1*errX1+errY1*errY1+errX1_r*errX1_r)>7.8*sigmaSquare1)
                continue;
        }

        //检查地图点在邻近关键帧的重投影误差
        const float sigmaSquare2 = pKF2->mvLevelSigma2[kp2.octave];
        const float x2 = Rcw2.row(0).dot(x3Dt)+tcw2.at<float>(0);
        const float y2 = Rcw2.row(1).dot(x3Dt)+tcw2.at<float>(1);
        const float invz2 = 1.0/z2;
        if(!bStereo2)
        {
            float u2 = fx2*x2*invz2+cx2;
            float v2 = fy2*y2*invz2+cy2;
            float errX2 = u2 - kp2.pt.x;
            float errY2 = v2 - kp2.pt.y;
            if((errX2*errX2+errY2*errY2)>5.991*sigmaSquare2)
                continue;
        }
        else
```

```
            {
                float u2 = fx2 * x2 * invz2+cx2;
                float u2_r = u2 - mpCurrentKeyFrame->mbf * invz2;
                float v2 = fy2 * y2 * invz2+cy2;
                float errX2 = u2 - kp2.pt.x;
                float errY2 = v2 - kp2.pt.y;
                float errX2_r = u2_r - kp2_ur;
                if((errX2 * errX2+errY2 * errY2+errX2_r * errX2_r)>7.8 * sigmaSquare2)
                    continue;
            }

            //检查尺度一致性
            cv::Mat normal1 = x3D-Ow1;
            float dist1 = cv::norm(normal1);

            cv::Mat normal2 = x3D-Ow2;
            float dist2 = cv::norm(normal2);

            if(dist1==0 || dist2==0)
                continue;

            const float ratioDist = dist2/dist1;
            const float ratioOctave =
mpCurrentKeyFrame->mvScaleFactors[kp1.octave]/pKF2->mvScaleFactors[kp2.octave];


            if(ratioDist * ratioFactor<ratioOctave ||
ratioDist>ratioOctave * ratioFactor)
                continue;

                // 地图点通过检测,可以新增地图点
                MapPoint * pMP = new MapPoint(x3D,mpCurrentKeyFrame,mpMap);

                pMP->AddObservation(mpCurrentKeyFrame,idx1);
                pMP->AddObservation(pKF2,idx2);

                mpCurrentKeyFrame->AddMapPoint(pMP,idx1);
                pKF2->AddMapPoint(pMP,idx2);

                pMP->ComputeDistinctiveDescriptors();
                pMP->UpdateNormalAndDepth();

                mpMap->AddMapPoint(pMP);

                mlpRecentAddedMapPoints.push_back(pMP);

                nnew++;
            }
        }
}
```

5.3.4　附近关键帧搜索匹配地图点

(1)获取搜索匹配地图点的目标关键帧 vpTargetKFs：与当前关键帧共视地图点最多的 10 个邻近关键帧 vpNeighKFs；与邻近关键帧 vpNeighKFs 共视地图点个数最多的 5 个关键帧 vpSecondNeighKFs。

(2)将当前关键帧观测的地图点 vpMapPointMatches(第 40～41 行)与目标关键帧 vpTargetKFs 中的地图点进行匹配、融合(第 47 行)，将目标关键帧观测到的地图点 vpFuseCandidates 与当前关键帧观测的地图点进行匹配、融合(第 74 行)。

(3)对匹配、融合后的当期关键帧地图点信息更新(第 77～89 行)，并更新由地图点匹配、融合带来的关键帧连接(第 92 行)。

```
1  Void LocalMapping::SearchInNeighbors()
2  {
3      int nn = 10;
4      if(mbMonocular)
5          nn=20;
6      //获取与当前关键帧共视地图点最多的 10 个邻近关键帧集合 vpNeighKFs
7      const vector<KeyFrame *> vpNeighKFs = mpCurrentKeyFrame->GetBestCovisibili-
8  tyKeyFrames(nn);
9      vector<KeyFrame *> vpTargetKFs;
10     for(vector<KeyFrame *>::const_iterator vit=vpNeighKFs.begin(),
11 vend=vpNeighKFs.end(); vit!=vend; vit++)
12     {
13         KeyFrame * pKFi = *vit;
14         if(pKFi->isBad() || pKFi->mnFuseTargetForKF ==
15 mpCurrentKeyFrame->mnId)
16             continue;
17         //1.第一类目标关键帧:vpNeighKFs
18         vpTargetKFs.push_back(pKFi);
19         pKFi->mnFuseTargetForKF = mpCurrentKeyFrame->mnId;
20 
21         //获取与邻近关键帧共视地图点个数最多的 5 个关键帧 vpSecondNeighKFs
22         const vector<KeyFrame *> vpSecondNeighKFs =
23 pKFi->GetBestCovisibilityKeyFrames(5);
24         for(vector<KeyFrame *>::const_iterator
25 vit2=vpSecondNeighKFs.begin(), vend2=vpSecondNeighKFs.end(); vit2!=vend2;
26 vit2++)
27         {
28             KeyFrame * pKFi2 = *vit2;
29             if(pKFi2->isBad() ||
30 pKFi2->mnFuseTargetForKF==mpCurrentKeyFrame->mnId ||
31 pKFi2->mnId==mpCurrentKeyFrame->mnId)
32                 continue;
33             //2.第二类目标关键帧:vpSecondNeighKFs
34             vpTargetKFs.push_back(pKFi2);
35         }
36     }
37 
38     // 将当前关键帧关联的地图点投影到目标关键帧,搜索匹配点
39     ORBmatcher matcher;
40     vector<MapPoint *> vpMapPointMatches =
```

```
mpCurrentKeyFrame->GetMapPointMatches();
for(vector<KeyFrame *>::iterator vit=vpTargetKFs.begin(), vend=vpTargetKFs.end(); vit!
=vend; vit++)
{
        KeyFrame * pKFi = *vit;

        matcher.Fuse(pKFi,vpMapPointMatches);
}

//将目标关键帧关联的地图点投影到当前关键帧,搜索匹配点
    vector<MapPoint *> vpFuseCandidates;
    vpFuseCandidates.reserve(vpTargetKFs.size() * vpMapPointMatches.size());

for(vector<KeyFrame *>::iterator vitKF=vpTargetKFs.begin(), vendKF=vpTargetKFs.end
(); vitKF!=vendKF; vitKF++)
{
        KeyFrame * pKFi = *vitKF;
        vector<MapPoint *> vpMapPointsKFi = pKFi->GetMapPointMatches();

    for(vector<MapPoint *>::iterator vitMP=vpMapPointsKFi.begin(), vendMP=vpMap-
PointsKFi.end(); vitMP!=vendMP; vitMP++)
    {
            MapPoint * pMP = *vitMP;
            if(!pMP)
                continue;
            if(pMP->isBad() || pMP->mnFuseCandidateForKF ==
mpCurrentKeyFrame->mnId)
                continue;
            pMP->mnFuseCandidateForKF = mpCurrentKeyFrame->mnId;
            vpFuseCandidates.push_back(pMP);
        }
    }

    matcher.Fuse(mpCurrentKeyFrame,vpFuseCandidates);

    // 更新地图点信息
    vpMapPointMatches= mpCurrentKeyFrame->GetMapPointMatches();
    for(size_t i=0, iend=vpMapPointMatches.size(); i<iend; i++)
    {
        MapPoint * pMP=vpMapPointMatches[i];
    if(pMP)
    {
        if(!pMP->isBad())
        {
            pMP->ComputeDistinctiveDescriptors();
            pMP->UpdateNormalAndDepth();
          }
      }
  }

  // 更新共视图连接关系
  mpCurrentKeyFrame->UpdateConnections();
}
```

5.3.5 局部 BA

(1)首先获取局部关键帧 lLocalKeyFrames，即当前关键帧(第 7 行)及其共视关键帧(第 17 行)。局部关键帧观测到的地图点为局部地图点 lLocalMapPoints (第 35 行)。而后设定固定关键帧 lFixedCameras，即能够观测到局部关键帧，但不属于局部关键帧的关键帧(第 52～53 行)。固定关键帧的位姿在优化中保持不变(第 104 行)。

(2)进行两次 BA 优化：初始优化(第 194 行)和精确优化(第 230 行)。

(3)最后根据优化的结果，解除误差较大的地图点与关键帧之间的关联(第 253～262 行)，并设置局部关键帧的位姿(第 272 行)和局部地图点的位置(第 283 行)。

```
1   void Optimizer::LocalBundleAdjustment(KeyFrame * pKF, bool * pbStopFlag, Map * pMap)
2
3   {
4       list<KeyFrame * > lLocalKeyFrames;
5
6       //将当前关键帧 pKF 加入局部关键帧集合 lLocalKeyFrames
7       lLocalKeyFrames.push_back(pKF);
8       pKF->mnBALocalForKF = pKF->mnId;
9
10    //将当前关键帧的共视关键帧加入 lLocalKeyFrames
11  const vector<KeyFrame * > vNeighKFs = pKF->GetVectorCovisibleKeyFrames();
12  for(int i=0, iend=vNeighKFs.size(); i<iend; i++)
13  {
14          KeyFrame * pKFi = vNeighKFs[i];
15          pKFi->mnBALocalForKF = pKF->mnId;
16          if(! pKFi->isBad())
17              lLocalKeyFrames.push_back(pKFi);
18      }
19
20      //将局部关键帧集合 lLocalKeyFrames 观测到的地图点加入局部地图点集合 lLocalMapPoints
21
22      list<MapPoint * > lLocalMapPoints;
23      for(list<KeyFrame * >::iterator lit=lLocalKeyFrames.begin() , lend=lLocalKeyFrames.
24  end(); lit! =lend; lit++)
25      {
26          vector<MapPoint * > vpMPs = ( * lit)->GetMapPointMatches();
27          for(vector<MapPoint * >::iterator vit=vpMPs.begin(), vend=vpMPs.end(); vit! =
28  vend; vit++)
29      {
30              MapPoint * pMP = * vit;
31  if(pMP)
32              if(! pMP->isBad())
33                  if(pMP->mnBALocalForKF! =pKF->mnId)
34                  {
35                    lLocalMapPoints.push_back(pMP);
36                    pMP->mnBALocalForKF=pKF->mnId;
37                  }
38              }
39          }
40
```

```
    // 设定固定关键帧:能够观测到局部关键帧,但不属于局部关键帧
    list<KeyFrame * > lFixedCameras;
    for(list<MapPoint * >::iterator lit=lLocalMapPoints.begin(), lend=lLocalMapPoints.end(); lit!=lend; lit++)
    {
        map<KeyFrame * ,size_t> observations = (*lit)->GetObservations();
        for(map<KeyFrame * ,size_t>::iterator mit=observations.begin(), mend=observations.end(); mit!=mend; mit++)
        {
            KeyFrame* pKFi = mit->first;

            if(pKFi->mnBALocalForKF!=pKF->mnId && pKFi->mnBAFixedForKF!=pKF->mnId)
            {
            pKFi->mnBAFixedForKF=pKF->mnId;
            if(!pKFi->isBad())
                lFixedCameras.push_back(pKFi);
            }
        }
    }

    // 设置优化器
    g2o::SparseOptimizer optimizer;
    g2o::BlockSolver_6_3::LinearSolverType * linearSolver;

    linearSolver= new
    g2o::LinearSolverEigen<g2o::BlockSolver_6_3::PoseMatrixType>();

    g2o::BlockSolver_6_3 * solver_ptr = new
    g2o::BlockSolver_6_3(linearSolver);

    g2o::OptimizationAlgorithmLevenberg* solver = new
    g2o::OptimizationAlgorithmLevenberg(solver_ptr);
    optimizer.setAlgorithm(solver);

    if(pbStopFlag)
        optimizer.setForceStopFlag(pbStopFlag);

    unsigned long maxKFid = 0;

    // 设置局部关键帧节点
    for(list<KeyFrame * >::iterator lit=lLocalKeyFrames.begin(), lend=lLocalKeyFrames.end(); lit!=lend; lit++)
    {
        KeyFrame* pKFi = *lit;
        g2o::VertexSE3Expmap * vSE3 = new g2o::VertexSE3Expmap();
        vSE3->setEstimate(Converter::toSE3Quat(pKFi->GetPose()));
        vSE3->setId(pKFi->mnId);
        vSE3->setFixed(pKFi->mnId==0);
        optimizer.addVertex(vSE3);
        if(pKFi->mnId>maxKFid)
            maxKFid=pKFi->mnId;
    }
```

```

    //设置固定关键帧节点
    for(list<KeyFrame * >::iterator lit=lFixedCameras.begin(), lend=lFixedCameras.end();
lit! =lend; lit++)
    {
        KeyFrame * pKFi = * lit;
        g2o::VertexSE3Expmap * vSE3 = new g2o::VertexSE3Expmap();
        vSE3->setEstimate(Converter::toSE3Quat(pKFi->GetPose()));
        vSE3->setId(pKFi->mnId);
        //固定关键帧的位姿在优化中保持不变
        vSE3->setFixed(true);
        optimizer.addVertex(vSE3);
        if(pKFi->mnId>maxKFid)
            maxKFid=pKFi->mnId;
    }

    // 设置地图点节点
    const int nExpectedSize =
(lLocalKeyFrames.size()+lFixedCameras.size()) * lLocalMapPoints.size();

    vector<g2o::EdgeSE3ProjectXYZ * > vpEdgesMono;
    vpEdgesMono.reserve(nExpectedSize);

    vector<KeyFrame * > vpEdgeKFMono;
    vpEdgeKFMono.reserve(nExpectedSize);

    vector<MapPoint * > vpMapPointEdgeMono;
    vpMapPointEdgeMono.reserve(nExpectedSize);

    vector<g2o::EdgeStereoSE3ProjectXYZ * > vpEdgesStereo;
    vpEdgesStereo.reserve(nExpectedSize);

    vector<KeyFrame * > vpEdgeKFStereo;
    vpEdgeKFStereo.reserve(nExpectedSize);

    vector<MapPoint * > vpMapPointEdgeStereo;
    vpMapPointEdgeStereo.reserve(nExpectedSize);

    const float thHuberMono = sqrt(5.991);
    const float thHuberStereo = sqrt(7.815);

    for(list<MapPoint * >::iterator lit=lLocalMapPoints.begin(), lend=lLocalMapPoints.end
(); lit! =lend; lit++)
{
        MapPoint * pMP = * lit;
        g2o::VertexSBAPointXYZ * vPoint = new g2o::VertexSBAPointXYZ();
        vPoint->setEstimate(Converter::toVector3d(pMP->GetWorldPos()));
        int id = pMP->mnId+maxKFid+1;
        vPoint->setId(id);
        vPoint->setMarginalized(true);
        optimizer.addVertex(vPoint);

        const map<KeyFrame * ,size_t> observations = pMP->GetObservations();
```

```

        //设置边
        for(map<KeyFrame * ,size_t>::const_iterator mit=observations.begin(), mend=ob-
servations.end(); mit! =mend; mit++)
        {
            KeyFrame * pKFi = mit->first;

            if(! pKFi->isBad())
            {
                const cv::KeyPoint &kpUn = pKFi->mvKeysUn[mit->second];

                // 设置单目边
                if(pKFi->mvuRight[mit->second]<0)
                {
                    Eigen::Matrix<double,2,1> obs;
                    obs<< kpUn.pt.x, kpUn.pt.y;

                    g2o::EdgeSE3ProjectXYZ * e = new g2o::EdgeSE3ProjectXYZ();

                    e->setVertex(0,
dynamic_cast<g2o::OptimizableGraph::Vertex * >(optimizer.vertex(id)));
                    e->setVertex(1,
dynamic_cast<g2o::OptimizableGraph::Vertex * >(optimizer.vertex(pKFi->mnId)));

                    e->setMeasurement(obs);

                    /*<设置信息矩阵,鲁棒代价函数,相机内参>*/

                    optimizer.addEdge(e);
                    vpEdgesMono.push_back(e);
                    vpEdgeKFMono.push_back(pKFi);
                    vpMapPointEdgeMono.push_back(pMP);
                }
                else //双目观测
                {
                /*<设置双目边,边的类型为 g2o::EdgeStereoSE3ProjectXYZ >*/
               }
            }
        }
    }

    if(pbStopFlag)
        if(*pbStopFlag)
            return;

    //局部 BA 的第一次优化
    optimizer.initializeOptimization();
    optimizer.optimize(5);

    bool bDoMore= true;

    if(pbStopFlag)
        if(*pbStopFlag)
```

```
                bDoMore= false;

        if(bDoMore)
        {

        //单目类型边的内点检测
        for(size_t i=0, iend=vpEdgesMono.size(); i<iend;i++)
        {
            g2o::EdgeSE3ProjectXYZ* e = vpEdgesMono[i];
            MapPoint* pMP = vpMapPointEdgeMono[i];

            if(pMP->isBad())
            continue;

            if(e->chi2()>5.991 || ! e->isDepthPositive())
            {
                //外点不参与下一次优化
                e->setLevel(1);
            }
             //下一次优化不使用鲁棒代价核函数
            e->setRobustKernel(0);
        }

        for(size_t i=0, iend=vpEdgesStereo.size(); i<iend;i++)
        {
             /*<双目类型的外点检测和剔除>*/
        }

        //剔除外点后，不使用鲁棒代价核函数，进行第二次优化
        optimizer.initializeOptimization(0);
        optimizer.optimize(10);

        }

        vector<pair<KeyFrame*,MapPoint*> > vToErase;
        vToErase.reserve(vpEdgesMono.size()+vpEdgesStereo.size());

        //对单目类型的边约束进行外点检测
        for(size_t i=0, iend=vpEdgesMono.size(); i<iend;i++)
        {
            /*<根据误差，进行外点检测，将外点相关信息存入 vToErase>*/
        }

        //对双目类型的边约束进行外点检测
        for(size_t i=0, iend=vpEdgesStereo.size(); i<iend;i++)
        {
            /*<根据误差，进行外点检测，将外点相关信息存入 vToErase>*/
        }

        // Get Map Mutex
        unique_lock<mutex> lock(pMap->mMutexMapUpdate);

        //剔除关键帧关联的外点
```

```
253        if(! vToErase. empty())
254        {
255            for(size_t i=0;i<vToErase. size();i++)
256            {
257                KeyFrame * pKFi = vToErase[i]. first;
258                MapPoint * pMPi = vToErase[i]. second;
259                pKFi->EraseMapPointMatch(pMPi);
260                pMPi->EraseObservation(pKFi);
261            }
262        }
263
264        //根据优化结果,设置相关关键帧的位姿
265        for(list<KeyFrame * >::iterator lit=lLocalKeyFrames. begin(), lend=lLocalKeyFrames.
266    end(); lit! =lend; lit++)
267        {
268            KeyFrame * pKF = * lit;
269            g2o::VertexSE3Expmap * vSE3 = static_cast<g2o::VertexSE3Expmap * >(optimizer.
270    vertex(pKF->mnId));
271            g2o::SE3Quat SE3quat = vSE3->estimate();
272            pKF->SetPose(Converter::toCvMat(SE3quat));
273        }
274
275        //根据优化结果,设置相关地图点的位置
276        for(list<MapPoint * >::iterator lit=lLocalMapPoints. begin(),
277    lend=lLocalMapPoints. end(); lit! =lend; lit++)
278        {
279            MapPoint * pMP = * lit;
280            g2o::VertexSBAPointXYZ * vPoint = static_cast<g2o::VertexSBAPointXYZ * >(op-
281    timizer. vertex(pMP->mnId+maxKFid+1));
282
283            pMP->SetWorldPos(Converter::toCvMat(vPoint->estimate()));
284            pMP->UpdateNormalAndDepth();
285        }
286    }
```

5.3.6 关键帧筛选

进一步进行关键帧筛选,剔除冗余关键帧,以减小后续局部建图的负担:对与当前关键帧具有共视关系的关键帧 vpLocalKeyFrames,如果其观测到的地图点超过 3 次被其他关键帧以更优的尺度观测到(第 48 行),则为冗余地图点(第 55～58 行),该关键帧冗余地图点的个数为 nRedundantObservations)。若 nRedundantObservations 超过该关键帧有效深度地图点(第 28～29 行)数量的 90%,则该关键帧为冗余关键帧,进行剔除(第 64～65 行)。

```
1    Void LocalMapping::KeyFrameCulling()
2    {
3        //获取与当前关键帧具有共视关系的关键帧集合 vpLocalKeyFrames
4        vector<KeyFrame * > vpLocalKeyFrames = mpCurrentKeyFrame->GetVectorCovisible-
5    KeyFrames();
6
7        for(vector<KeyFrame * >::iterator vit=vpLocalKeyFrames. begin(), vend=vpLocalKey-
8    Frames. end(); vit! =vend; vit++)
9        {
```

```
        KeyFrame* pKF = *vit;
        if(pKF->mnId==0)
            continue;
        const vector<MapPoint*> vpMapPoints = pKF->GetMapPointMatches();

        int nObs = 3;
        const int thObs=nObs;
        int nRedundantObservations=0;
        int nMPs=0;
        for(size_t i=0, iend=vpMapPoints.size(); i<iend; i++)
        {
            MapPoint* pMP = vpMapPoints[i];
            if(pMP)
            {
                if(!pMP->isBad())
                {
                    if(!mbMonocular)
                    {
                        if(pKF->mvDepth[i]>pKF->mThDepth || pKF->mvDepth[i]<0)
                            continue;
                    }

              nMPs++;
              if(pMP->Observations()>thObs)
              {
              const int &scaleLevel = pKF->mvKeysUn[i].octave;
              const map<KeyFrame*, size_t> observations = pMP->GetObservations();
              int nObs=0;
              for(map<KeyFrame*, size_t>::const_iterator mit=observations.begin(), mend
=observations.end(); mit!=mend; mit++)
              {
                      KeyFrame* pKFi = mit->first;
                      if(pKFi==pKF)
                          continue;
                      const int &scaleLeveli =
pKFi->mvKeysUn[mit->second].octave;

                if(scaleLeveli<=scaleLevel+1)
                {
                    nObs++;
                    if(nObs>=thObs)
                        break;
                }
            }
            if(nObs>=thObs)
            {
                nRedundantObservations++;
            }
          }
        }
      }
    }

    if(nRedundantObservations>0.9*nMPs)
      pKF->SetBadFlag();
  }
}
```

5.4 LoopClosing 类

5.4.1 闭环检测

(1)计算当前关键帧与其共视关键帧的最低相似性得分 minScore(第 26～38 行),在关键帧数据库中与当前关键帧相似性得分高于 minScore 的关键帧为候选闭环关键帧 vpCandidateKFs(第 41～42 行)。

(2)将候选关键帧扩展为候选关键帧组,包含候选闭环关键帧及其共视关键帧(第 62～64)。对候选关键帧组进行一致性测试:是否与其他候选关键帧共有相同的关键帧(第 75～85 行)。

(3)当候选关键帧组的一致性次数超过给定阈值 mnCovisibilityConsistencyTh 时,则对应的候选关键帧加入 mvpEnoughConsistentCandidates(第 99～104 行),闭环检测成功,进行下一步的 Sim3 计算。

```
1   bool LoopClosing::DetectLoop()
2   {
3       //获取需要闭环检测的关键帧 mpCurrentKF(由 LocalMapping 得到)
4       {
5           unique_lock<mutex> lock(mMutexLoopQueue);
6           mpCurrentKF= mlpLoopKeyFrameQueue.front();
7           mlpLoopKeyFrameQueue.pop_front();
8           //避免在进行闭环检测时,局部建图线程将该关键帧删除
9           mpCurrentKF->SetNotErase();
10      }
11
12      //如果距离上一次闭环没有超过 10 个关键帧帧或者地图中的关键帧个数少于 10,不进行闭环
13  检测
14      if(mpCurrentKF->mnId<mLastLoopKFid+10)
15      {
16          mpKeyFrameDB->add(mpCurrentKF);
17          mpCurrentKF->SetErase();
18          return false;
19      }
20
21      //计算当前关键帧 mpCurrentKF 与共视关键帧 vpConnectedKeyFrames 的最低词袋相似性得
22  分 minScore,作为后续闭环检测时的基准
23      const vector<KeyFrame * > vpConnectedKeyFrames = mpCurrentKF->GetVectorCovisi-
24  bleKeyFrames();
25      const DBoW2::BowVector &CurrentBowVec = mpCurrentKF->mBowVec;
26      float minScore = 1;
27      for(size_t i=0; i<vpConnectedKeyFrames.size(); i++)
28  {
29          KeyFrame* pKF = vpConnectedKeyFrames[i];
30          if(pKF->isBad())
31              continue;
32          const DBoW2::BowVector &BowVec = pKF->mBowVec;
33          //计算词袋相似性得分
34          float score = mpORBVocabulary->score(CurrentBowVec, BowVec);
```

```

            if(score<minScore)
                minScore= score;
        }

        //获取与当前帧相似性得分高于 minScore 的候选闭环关键帧集合 vpCandidateKFs
         vector < KeyFrame * > vpCandidateKFs = mpKeyFrameDB -> DetectLoopCandidates
(mpCurrentKF, minScore);

        if(vpCandidateKFs.empty())
        {
            mpKeyFrameDB->add(mpCurrentKF);
            mvConsistentGroups.clear();
            mpCurrentKF->SetErase();
            return false;
        }

        mvpEnoughConsistentCandidates.clear();

        //注：ConsistentGroup 的数据类型为 pair<set<KeyFrame *>,int>,set<KeyFrame *>为
候选关键帧组,int 一致性检测得到的一致性次数
        vector<ConsistentGroup> vCurrentConsistentGroups;
        vector<bool> vbConsistentGroup(mvConsistentGroups.size(),false);
        for(size_t i=0, iend=vpCandidateKFs.size(); i<iend; i++)
        {
            KeyFrame* pCandidateKF = vpCandidateKFs[i];
            //将候选闭环关键帧扩展为候选闭环关键帧组,包含该候选关键帧及其共视关键帧
            set<KeyFrame*> spCandidateGroup = pCandidateKF->GetConnectedKeyFrames();
            spCandidateGroup.insert(pCandidateKF);

            bool bEnoughConsistent = false;
            bool bConsistentForSomeGroup = false;
            //对该候选闭环关键帧组与之前的候选闭环关键帧组进行一致性检测
            for(size_t iG=0, iendG=mvConsistentGroups.size(); iG<iendG; iG++)
        {
                set<KeyFrame*> sPreviousGroup = mvConsistentGroups[iG].first;


          bool bConsistent = false;
           //一致性检测:之前的候选关键帧组是否与当前候选关键帧组共有相同的关键帧
           for(set<KeyFrame*>::iterator sit=spCandidateGroup.begin(), send=spCandidate-
Group.end(); sit!=send;sit++)
          {
              if(sPreviousGroup.count(*sit))
              {
                 //如果共有相同的关键帧,则一致性检测成功
                  bConsistent=true;
                  bConsistentForSomeGroup=true;
                  break;
              }
          }

          if(bConsistent)
          {
```

```
89                  int nPreviousConsistency = mvConsistentGroups[iG]. second;
90                  int nCurrentConsistency = nPreviousConsistency + 1;
91                  if(! vbConsistentGroup[iG])
92                  {
93                    ConsistentGroup cg=
94 make_pair(spCandidateGroup,nCurrentConsistency);
95                    vCurrentConsistentGroups. push_back(cg);
96                    vbConsistentGroup[iG]=true;
97                  }
98                  //通过一致性检测的候选关键帧加入 mvpEnoughConsistentCandidates
99                  if(nCurrentConsistency>=mnCovisibilityConsistencyTh
100 && ! bEnoughConsistent)
101                 {
102                     mvpEnoughConsistentCandidates. push_back(pCandidateKF);
103                     bEnoughConsistent=true;
104                 }
105             }
106
107             if(! bConsistentForSomeGroup)
108             {
109                     ConsistentGroup cg= make_pair(spCandidateGroup,0);
110                     vCurrentConsistentGroups. push_back(cg);
111             }
112         }
113
114         mvConsistentGroups= vCurrentConsistentGroups;
115
116         mpKeyFrameDB->add(mpCurrentKF);
117
118         if(mvpEnoughConsistentCandidates. empty())
119         {
120             mpCurrentKF->SetErase();
121             return false;
122         }
123         else
124         {
125             return true;
126         }
127
128         mpCurrentKF->SetErase();
129         return false;
130 }
```

5.4.2　计算 Sim3

Sim3 变换包含尺度 s、旋转矩阵 $\boldsymbol{R}$ 和平移向量 $\boldsymbol{t}$。在传感器为双目和 RGB-D 情况下，尺度 s 保持不变。该部分主要包含以下三个步骤：

(1)通过词袋进行特征匹配(第 31～32 行)，得到匹配对应的地图点集合 vvpMapPointMatches。对具有较好匹配的闭环关键帧，利用 RANSAC 粗略计算当前关键帧与闭环关键帧的 Sim3 变换(第 41～42 行，第 69 行)。

(2)利用该 Sim3 变换预测关键帧之间特征点投影区域，再次使用词袋进行当前关键帧和闭环关键帧的特征匹配，更新 vpMapPointMatches(第 95 行)。根据更新后的 vpMapPoint-

Matches，优化当前关键帧和闭环关键帧之间的 Sim3 变换，得到 gcm(第 101～102 行)。

(3)获取 mpMatchedKF 及其共视关键帧观测到的地图点集合 mvpLoopMapPoints (第 131～152 行)，使用优化后的 Sim3 搜索更多匹配地图点 mvpCurrentMatchedPoints。搜索到的地图点个数满足阈值时(>40)，则计算 Sim3 成功。

```
1   bool LoopClosing::ComputeSim3()
2   {
3       //对每个具有一致性的闭环候选，计算 Sim3 变换
4       const int nInitialCandidates = mvpEnoughConsistentCandidates.size();
5   
6       ORBmatcher matcher(0.75,true);
7   
8       vector<Sim3Solver *> vpSim3Solvers;
9       vpSim3Solvers.resize(nInitialCandidates);
10  
11      vector<vector<MapPoint *> > vvpMapPointMatches;
12      vvpMapPointMatches.resize(nInitialCandidates);
13  
14      vector<bool> vbDiscarded;
15      vbDiscarded.resize(nInitialCandidates);
16  
17      int nCandidates=0; //candidates with enough matches
18  
19      for(int i=0; i<nInitialCandidates; i++)
20      {
21          KeyFrame * pKF = mvpEnoughConsistentCandidates[i];
22  
23          pKF->SetNotErase();
24  
25          if(pKF->isBad())
26          {
27              vbDiscarded[i] = true;
28              continue;
29          }
30  
31          int nmatches =
32  matcher.SearchByBoW(mpCurrentKF,pKF,vvpMapPointMatches[i]);
33  
34          if(nmatches<20)
35          {
36              vbDiscarded[i] = true;
37              continue;
38          }
39          else
40          {
41              Sim3Solver * pSolver = new
42  Sim3Solver(mpCurrentKF,pKF,vvpMapPointMatches[i],mbFixScale);
43              pSolver->SetRansacParameters(0.99,20,300);
44              vpSim3Solvers[i] = pSolver;
45          }
46  
47          nCandidates++;
48      }
```

```
    bool bMatch = false;

    // Perform alternatively RANSAC iterations for each candidate
    // until one is succesful or all fail
    while(nCandidates>0 && ! bMatch)
    {
        for(int i=0; i<nInitialCandidates; i++)
        {
            if(vbDiscarded[i])
                continue;

            KeyFrame * pKF = mvpEnoughConsistentCandidates[i];

            vector<bool> vbInliers;
            int nInliers;
            bool bNoMore;

            Sim3Solver * pSolver = vpSim3Solvers[i];
            //利用 RANSAC 迭代计算当前关键帧与闭环关键帧的 Sim3 变换
            cv::Mat Scm =pSolver->iterate(5,bNoMore,vbInliers,nInliers);

            // If Ransac reachs max. iterations discard keyframe
            if(bNoMore)
            {
                vbDiscarded[i]=true;
                nCandidates--;
            }

            if(! Scm.empty())
            {
                vector<MapPoint * >
vpMapPointMatches(vvpMapPointMatches[i].size(),
static_cast<MapPoint * >(NULL));
                for(size_t j=0, jend=vbInliers.size(); j<jend; j++)
                {
                    if(vbInliers[j])
                        vpMapPointMatches[j]=vvpMapPointMatches[i][j];
                }

                cv::Mat R = pSolver->GetEstimatedRotation();
                cv::Mat t = pSolver->GetEstimatedTranslation();
                const float s = pSolver->GetEstimatedScale();

//利用得到的 Sim3 变换,进一步搜索当前关键帧和闭环关键帧特征匹配对应的地图点集合
   vpMapPointMatches
matcher.SearchBySim3(mpCurrentKF,pKF,vpMapPointMatches,s,R,t,7.5);

              g2o::Sim3
gScm(Converter::toMatrix3d(R),Converter::toVector3d(t),s);
                     //根据地图点集合 vpMapPointMatches,优化当前关键帧和闭环关键帧之间的
Sim3 变换 gScm。在双目和 RGB-D 版本下,mbFixScale 为 true
                  const int nInliers = Optimizer::OptimizeSim3(mpCurrentKF, pKF,
vpMapPointMatches, gScm, 10, mbFixScale);
```

```
                //优化成功,该闭环关键帧为成功闭环关键帧 mpMatchedKF
                if(nInliers>=20)
                {
                    bMatch= true;
                    mpMatchedKF= pKF;
                    g2o::Sim3
gSmw(Converter::toMatrix3d(pKF->GetRotation()),Converter::toVector3d(pKF->
GetTranslation()),1.0);
                    mg2oScw= gScm * gSmw;
                    mScw= Converter::toCvMat(mg2oScw);

                    mvpCurrentMatchedPoints= vpMapPointMatches;
                    break;
                }
            }
        }
    }

    if(! bMatch)
    {
        for(int i=0; i<nInitialCandidates; i++)
            mvpEnoughConsistentCandidates[i]->SetErase();
        mpCurrentKF->SetErase();
        return false;
    }

    //获取 mpMatchedKF 及其共视关键帧观测到的地图点集合 mvpLoopMapPoints
    vector<KeyFrame *> vpLoopConnectedKFs =
mpMatchedKF->GetVectorCovisibleKeyFrames();
    vpLoopConnectedKFs.push_back(mpMatchedKF);
    mvpLoopMapPoints.clear();
    for(vector<KeyFrame *>::iterator vit=vpLoopConnectedKFs.begin();
vit! =vpLoopConnectedKFs.end(); vit++)
    {
        KeyFrame * pKF = * vit;
        vector<MapPoint *> vpMapPoints = pKF->GetMapPointMatches();
        for(size_t i=0, iend=vpMapPoints.size(); i<iend; i++)
        {
            MapPoint * pMP = vpMapPoints[i];
            if(pMP)
            {
                if(! pMP->isBad() && pMP->mnLoopPointForKF! =mpCurrentKF->
mnId)
                {
                    mvpLoopMapPoints.push_back(pMP);
                    pMP->mnLoopPointForKF=mpCurrentKF->mnId;
                }
            }
        }
    }

    //再次使用优化后的 Sim3,寻找更多特征匹配及地图点对应
```

```
155        matcher. SearchByProjection(mpCurrentKF, mScw, mvpLoopMapPoints,
156    mvpCurrentMatchedPoints,10);
157
158        int nTotalMatches = 0;
159        for(size_t i=0; i<mvpCurrentMatchedPoints. size(); i++)
160        {
161            if(mvpCurrentMatchedPoints[i])
162                nTotalMatches++;
163        }
164
165        //如果具有足够的匹配点,接受该闭环
166        if(nTotalMatches>=40)
167        {
168            for(int i=0; i<nInitialCandidates; i++)
169                if(mvpEnoughConsistentCandidates[i]! =mpMatchedKF)
170                    mvpEnoughConsistentCandidates[i]->SetErase();
171            return true;
172        }
173        else
174        {
175            for(int i=0; i<nInitialCandidates; i++)
176                mvpEnoughConsistentCandidates[i]->SetErase();
177            mpCurrentKF->SetErase();
178            return false;
179        }
180
181    }
```

5.4.3　闭环优化

(1)对相关关键帧和地图点状态的修正:获取当前关键帧及与其相连的关键帧集合 mvpCurrentConnectedKFs(第 28~29 行)。计算 Sim3 修正量 CorrectedSim3(第 54 行),根据未修正前关键帧的位姿 NonCorrectedSim3(第 62 行),修正关键帧观测到的地图点位置(第 85~92 行),并对重复的地图点进行替代(第 113~128 行)。对地图点的位置修正完成后,再对关键帧位姿进行修正(第 108 行)。

(2)将 mvpCurrentConnectedKFs 观测到地图点与计算 Sim3 第 3 步得到的 mvpLoopMapPoints 进行融合、替换,再更新关键帧之间的连接关系(第 136 行),优化 Essential 图(第 161~162 行),增加闭环连接(第 167~168 行)。

(3) 加载全局 BA 线程(第 175 行),RunGlobalBundleAdjustment 函数对当前地图中所有地图点位置和关键帧位姿进行 BA 优化。

```
1    void LoopClosing::CorrectLoop()
2    {
3        mpLocalMapper->RequestStop();
4
5        if(isRunningGBA())
6        {
7            unique_lock<mutex> lock(mMutexGBA);
8            mbStopGBA= true;
9
```

```
            mnFullBAIdx++;

            if(mpThreadGBA)
            {
                mpThreadGBA->detach();
                delete mpThreadGBA;
            }
        }

        while(!mpLocalMapper->isStopped())
        {
            usleep(1000);
        }

        // 更新当前关键帧连接关系
        mpCurrentKF->UpdateConnections();

        // 获取与当前关键帧相连的关键帧集合,并计算修正的 Sim3 变换
        mvpCurrentConnectedKFs= mpCurrentKF->GetVectorCovisibleKeyFrames();
        mvpCurrentConnectedKFs.push_back(mpCurrentKF);

        KeyFrameAndPose CorrectedSim3, NonCorrectedSim3;
        CorrectedSim3[mpCurrentKF]=mg2oScw;
        cv::Mat Twc = mpCurrentKF->GetPoseInverse();

        {
            unique_lock<mutex> lock(mpMap->mMutexMapUpdate);

            for(vector<KeyFrame*>::iterator vit=mvpCurrentConnectedKFs.begin(),
vend=mvpCurrentConnectedKFs.end(); vit!=vend; vit++)
            {
                KeyFrame* pKFi = *vit;

                cv::Mat Tiw = pKFi->GetPose();

                if(pKFi!=mpCurrentKF)
                {
                  cv::Mat Tic = Tiw*Twc;
                  cv::Mat Ric = Tic.rowRange(0,3).colRange(0,3);
                  cv::Mat tic = Tic.rowRange(0,3).col(3);
                  g2o::Sim3
g2oSic(Converter::toMatrix3d(Ric),Converter::toVector3d(tic),1.0);
                  g2o::Sim3 g2oCorrectedSiw = g2oSic*mg2oScw;
                  //使用 Sim3 得到的 pKFi 位姿修正量
                  CorrectedSim3[pKFi]=g2oCorrectedSiw;
                }

                cv::Mat Riw = Tiw.rowRange(0,3).colRange(0,3);
                cv::Mat tiw = Tiw.rowRange(0,3).col(3);
                g2o::Sim3
g2oSiw(Converter::toMatrix3d(Riw),Converter::toVector3d(tiw),1.0);
                //修正前的关键帧位姿
                NonCorrectedSim3[pKFi]=g2oSiw;
            }
```

```
        for(KeyFrameAndPose::iterator mit=CorrectedSim3.begin(),
mend=CorrectedSim3.end(); mit! =mend; mit++)
        {
            KeyFrame* pKFi = mit->first;
            g2o::Sim3 g2oCorrectedSiw = mit->second;
            g2o::Sim3 g2oCorrectedSwi = g2oCorrectedSiw.inverse();

            g2o::Sim3 g2oSiw =NonCorrectedSim3[pKFi];

            vector<MapPoint*> vpMPsi = pKFi->GetMapPointMatches();
            for(size_t iMP=0, endMPi = vpMPsi.size(); iMP<endMPi; iMP++)
            {
                MapPoint* pMPi = vpMPsi[iMP];
                if(! pMPi)
                  continue;
                if(pMPi->isBad())
                  continue;
                if(pMPi->mnCorrectedByKF==mpCurrentKF->mnId)
                  continue;
                //修正地图点位置
                cv::Mat P3Dw = pMPi->GetWorldPos();
                Eigen::Matrix<double,3,1> eigP3Dw =
Converter::toVector3d(P3Dw);
                Eigen::Matrix<double,3,1> eigCorrectedP3Dw =
g2oCorrectedSwi.map(g2oSiw.map(eigP3Dw));

                cv::Mat cvCorrectedP3Dw = Converter::toCvMat(eigCorrectedP3Dw);
                pMPi->SetWorldPos(cvCorrectedP3Dw);
                pMPi->mnCorrectedByKF = mpCurrentKF->mnId;
                pMPi->mnCorrectedReference = pKFi->mnId;
                pMPi->UpdateNormalAndDepth();
            }

            // 修正关键帧位姿
            Eigen::Matrix3d eigR =
g2oCorrectedSiw.rotation().toRotationMatrix();
            Eigen::Vector3d eigt = g2oCorrectedSiw.translation();
            double s = g2oCorrectedSiw.scale();

            eigt *=(1./s); //[R t/s;0 1]

            cv::Mat correctedTiw = Converter::toCvSE3(eigR,eigt);

            pKFi->SetPose(correctedTiw);

            pKFi->UpdateConnections();
        }
        //闭环地图点替换
        for(size_t i=0; i<mvpCurrentMatchedPoints.size(); i++)
        {
            if(mvpCurrentMatchedPoints[i])
```

```
            {
                MapPoint * pLoopMP = mvpCurrentMatchedPoints[i];
                MapPoint * pCurMP = mpCurrentKF->GetMapPoint(i);
                if(pCurMP)
                    pCurMP->Replace(pLoopMP);
            else
            {
                    mpCurrentKF->AddMapPoint(pLoopMP,i);
                    pLoopMP->AddObservation(mpCurrentKF,i);
                    pLoopMP->ComputeDistinctiveDescriptors();
                }
              }
            }

        }

        //将 mvpLoopMapPoints 投影到这些关键帧中,进行地图点的检查与替换
        SearchAndFuse(CorrectedSim3);

        //地图点融合之后,在共视图中会出现新的连接关系,需要进行更新
        map<KeyFrame * , set<KeyFrame * > > LoopConnections;

        for(vector<KeyFrame * >::iterator vit=mvpCurrentConnectedKFs.begin(),
vend=mvpCurrentConnectedKFs.end(); vit! =vend; vit++)
        {
            KeyFrame * pKFi = * vit;
            vector<KeyFrame * > vpPreviousNeighbors =
pKFi->GetVectorCovisibleKeyFrames();

            //更新连接
            pKFi->UpdateConnections();
            LoopConnections[pKFi]=pKFi->GetConnectedKeyFrames();
            for(vector<KeyFrame * >::iterator vit_prev=vpPreviousNeighbors.begin(),
vend_prev=vpPreviousNeighbors.end(); vit_prev! =vend_prev; vit_prev++)
            {
                LoopConnections[pKFi].erase( * vit_prev);
            }
            for(vector<KeyFrame * >::iterator vit2=mvpCurrentConnectedKFs.begin(),
vend2=mvpCurrentConnectedKFs.end(); vit2! =vend2; vit2++)
            {
                LoopConnections[pKFi].erase( * vit2);
            }
        }

        //优化 Essential 图
        Optimizer::OptimizeEssentialGraph(mpMap, mpMatchedKF, mpCurrentKF,
NonCorrectedSim3, CorrectedSim3, LoopConnections, mbFixScale);

        mpMap->InformNewBigChange();

        // 增加闭环连接
        mpMatchedKF->AddLoopEdge(mpCurrentKF);
        mpCurrentKF->AddLoopEdge(mpMatchedKF);
```

```

    mbRunningGBA= true;
    mbFinishedGBA= false;
    mbStopGBA= false;
    mpThreadGBA= new
    //加载线程,进行全局 BA
    thread(&LoopClosing::RunGlobalBundleAdjustment,this,mpCurrentKF->mnId);

    mpLocalMapper->Release();

    mLastLoopKFid= mpCurrentKF->mnId;
}
```

5.5　本章小结

本章介绍了一种典型的开源 SLAM 方案——ORB-SLAM2 的实现过程,包括三个主要线程:跟踪线程、局部建图线程和闭环线程。通过对关键函数的说明,使读者了解完整 SLAM 系统的组织架构。ORB-SLAM2 通过分离三个线程,有效分散了算法计算量,具有实时性好,精确度高,可扩展性强的优点。对 ORB-SLAM2 的学习有利于对 SLAM 有更加完整的了解。

第6章　VSLAM前端——视觉里程计

视觉里程计是一种单纯利用视觉传感器的输入对运载体的位姿进行准确估计的方法。它是整个VSLAM框架的前端。相对于轮式里程计，它不仅有使用成本低、精度高等优点，并且不会受轮子打滑等的影响，鲁棒性较高。另外，在无法使用GPS的地区（如海底、外星球等），视觉里程计仍能很好地工作，这使它成为很多定位研究领域的研究热点。

视觉里程计的发展历程与VSLAM的发展历程基本一致，具体可以分为两个阶段。在古典时代（1986—2004），引入了概率论推导方法，包括基于扩展卡尔曼滤波、粒子滤波和最大似然估计，这一阶段最大的挑战是效率和数据关联的鲁棒性问题。在算法分析时代（2004—2017），在这一阶段中，有很多VO基础属性的研究，包括可观测性、收敛性和一致性，同时稀疏特征在高效解决VO问题中开始扮演了重要的角色，这一阶段中取得了丰硕的成果。本章介绍其中的部分工作。

6.1　基于改进视觉里程计和大回环模型的VSLAM帧间配准算法

Kinect作为一种新型的RGB-D传感器，具有数据采集速度快和测量精度较高等优点，因此在近几年，被广泛应用于研究视觉里程计和VSLAM方法。其中，Kerl等人提出了一种基于光一致性假设的视觉里程计方法(Dense Visual Odometry, DVO)，提高了位姿估计的精度和鲁棒性。Huang等人借鉴立体视觉里程计流程设计了一套基于Kinect的视觉里程计系统(Fast Odometry from Vision, FOVIS)，其仅利用深度信息对相机位姿进行快速估计。Dryanovski等人提出了一种帧到模型(Frame-to-model)的快速视觉里程计方法(Fast Visual Odometry, FVO)，实现了数据集和模型集的快速配准。

在现有方法中，DVO和FOVIS主要采用传统的帧到帧(Frame-to-frame)的配准模型在连续关键帧间进行配准，基于这种模型的配准算法虽然精度较高，但配准速度较慢，实时性差，需配置高性能的CPU；FVO采用帧到模型(Frame-to-model)的配准模型，极大地提高了配准速度，在没有GPU加速的情况下也可以达到实时配准，但其仅使用特征点进行配准，点云规模较小，定位精度不高，不能满足长期的精确定位要求。

本节描述一种基于改进快速视觉里程计和大回环局部优化模型的帧间配准算法。首先，使用不确定性模型对特征点进行分析，构造数据集和模型集；其次，改进Color GICP的误差函数以获得更加准确的对应点，使用改进的Color GICP算法对数据集和模型集进行配准提高配准精度，以提高配准速度和定位精度；再次，通过卡尔曼滤波和加权方法对模型集进行更新；然后利用模型到模型(Model-to-model)配准构造大回环局部优化模型，再结合 g^2o 图优化算法进行快速局部优化，提高定位精度和效率。通过对公用数据集的应用，与上述DVO，FOVIS

和 FVO 方法进行实验对比。

6.1.1　基于改进 Color GICP 算法的快速视觉里程计

FVO 提出的 Frame-to-model 模型显著提高了帧间配准的速度，在没有 GPU 加速的情况下依然可以达到实时估计，但其仅使用特征点进行配准，点云规模较小，会导致配准精度不高，不能满足长期精确定位的要求。本节在 Frame-to-model 模型的基础上，使用 Color GICP 算法并改进其误差函数代替原来的 ICP 算法进行帧间配准以提高定位精度，从而获得更精确的地图。

6.1.1.1　构造数据集和模型集

假设 Kinect 第 t 时刻的数据为 I_t，通过特征提取和相机投影模型得到三维特征点数据集 $D_t = \{d_i, i = 1, \cdots, n\}$，其中每个特征点均包含一个期望位置向量和协方差矩阵，即 $d_i = \{\boldsymbol{\mu}^{[D]}, \boldsymbol{\Sigma}^{[D]}\}$，$\boldsymbol{\mu}^{[D]}$ 和 $\boldsymbol{\Sigma}^{[D]}$ 均是以第 t 时刻相机坐标系为参考。

同理，构造一个模型集 $M_t = \{m_j\}$，其中每个特征点均包含一个期望位置向量和协方差矩阵，即 $m_j = \{\boldsymbol{\mu}^{[M]}, \boldsymbol{\Sigma}^{[M]}\}$。与数据集不同的是，$M_t$ 是由前 $t-1$ 个时刻的所有特征点构成，且每个特征点的期望和协方差均是以世界坐标系（以第 1 时刻相机坐标系为世界坐标系）为参考。

为了获得更准确对应点，在构造数据集和模型集时给每个特征点增添一个颜色向量 $\boldsymbol{c}$。由于 RGB 颜色空间不是感知均匀的，受光照影响大，不利于对应点的获取，因此采用感知均匀性较好的 Lab 颜色空间，其中 L 为亮度，a 和 b 为颜色对立维度，颜色向量由该三者组成。最终构造的数据集和模型集形式如下：

$$S = \{s_t\} \tag{6.1}$$

其中

$$\begin{cases} s_t = \{\boldsymbol{\mu}^{[S]}, \boldsymbol{\Sigma}^{[S]}, \boldsymbol{c}^{[S]}\} \\ \boldsymbol{\mu} = (\mu_x, \mu_y, \mu_z)^{\mathrm{T}} \\ \boldsymbol{\Sigma} = \begin{bmatrix} \sigma_x^2 & \sigma_{xy} & \sigma_{xz} \\ \sigma_{yx} & \sigma_y^2 & \sigma_{yz} \\ \sigma_{zx} & \sigma_{zy} & \sigma_z^2 \end{bmatrix} \\ \boldsymbol{c} = (L, a, b)^{\mathrm{T}} \end{cases} \tag{6.2}$$

数据集和模型集的构造在特征提取完成后进行，其中数据集描述了当前帧数据中特征点的坐标、不确定性以及颜色信息，模型集描述了当前帧数据以前各帧数据中特征点融合后的特征点坐标、不确定性以及颜色信息，从而为后续帧到模型配准奠定基础。

6.1.1.2　改进的帧到模型(Frame-to-model)配准算法

在位姿估计环节，采用 Color GICP 算法并对其误差函数进行改进，以进一步提高位姿估计的精度。为了获得更加精确的对应点，Color GICP 的误差函数采用两点间的马氏距离和颜色空间的欧式距离以及双向投影误差构成，同时为提高搜索效率建立 KD 树。

在第 4.2.3 节已经介绍，Kinect 相机位姿可通过一个 4×4 的矩阵表示如下：

$$\boldsymbol{T}_{\mathrm{C}}^{\mathrm{W}} = \begin{bmatrix} \boldsymbol{R}_{\mathrm{C}}^{\mathrm{W}} & \boldsymbol{t}_{\mathrm{C}}^{\mathrm{W}} \\ \boldsymbol{0} & \boldsymbol{1} \end{bmatrix} \tag{6.3}$$

对于相机坐标系下的点 $\boldsymbol{P}_{\mathrm{C}}$，可通过 $\boldsymbol{T}_{\mathrm{C}}^{\mathrm{W}}$ 转换到世界坐标系下：

$$\boldsymbol{P}_{\mathrm{W}} = \boldsymbol{T}_{\mathrm{C}}^{\mathrm{W}} \boldsymbol{P}_{\mathrm{C}} \tag{6.4}$$

其中，$\boldsymbol{P}_{\mathrm{W}}$ 表示 $\boldsymbol{P}_{\mathrm{C}}$ 在世界坐标系下的对应点。$\boldsymbol{\mu}_{\mathrm{C}}$ 和 $\boldsymbol{\Sigma}_{\mathrm{C}}$ 为相机坐标系下点位置的期望和协方差矩阵。经过转换后，得到世界坐标系下点位置的期望 $\boldsymbol{\mu}_{\mathrm{W}}$ 和协方差矩阵 $\boldsymbol{\Sigma}_{\mathrm{W}}$ 为

$$\begin{cases} \boldsymbol{\mu}_{\mathrm{W}} = \boldsymbol{R}_{\mathrm{C}}^{\mathrm{W}} \boldsymbol{\mu}_{\mathrm{C}} + \boldsymbol{t}_{\mathrm{C}}^{\mathrm{W}} \\ \boldsymbol{\Sigma}_{\mathrm{W}} = \boldsymbol{R}_{\mathrm{C}}^{\mathrm{W}} \boldsymbol{\Sigma}_{\mathrm{C}} \boldsymbol{R}_{\mathrm{W}}^{\mathrm{C}} \end{cases} \tag{6.5}$$

经过逆变换后得到的期望和协方差矩阵为

$$\begin{cases} \boldsymbol{\mu}_{\mathrm{C}} = \boldsymbol{R}_{\mathrm{W}}^{\mathrm{C}} (\boldsymbol{\mu}_{\mathrm{W}} - \boldsymbol{t}_{\mathrm{C}}^{\mathrm{W}}) \\ \boldsymbol{\Sigma}_{\mathrm{C}} = \boldsymbol{R}_{\mathrm{W}}^{\mathrm{C}} \boldsymbol{\Sigma}_{\mathrm{W}} \boldsymbol{R}_{\mathrm{C}}^{\mathrm{W}} \end{cases} \tag{6.6}$$

式(6.5)和式(6.6)表示了经过变换矩阵 $\boldsymbol{T}$ 变换后，特征点的坐标和不确定性的计算方法。

使用 Color GICP 算法进行位姿估计分两步进行迭代：

1)建立对应关系

为了获得更加精确的对应点，在误差函数的构造上结合了两点间的马氏距离(Mahalanobis Distance)和颜色空间的欧式距离以及双向投影误差。

假设 f_d，f_m 分别为模型集和数据集中的一个特征点，则定义两者之间的距离函数为

$$\mathrm{dist}(f_d, f_m) = \sqrt{\boldsymbol{\Delta}_{f_d f_m}^{\mathrm{T}} \boldsymbol{\Sigma}_{dm}^{-1} \boldsymbol{\Delta}_{f_d f_m} + \alpha^2 \| \boldsymbol{c}_d - \boldsymbol{c}_m \| + \boldsymbol{\Delta}_{f_m f_d}^{\mathrm{T}} \boldsymbol{\Sigma}_{md}^{-1} \boldsymbol{\Delta}_{f_m f_d}} \tag{6.7}$$

其中

$$\begin{cases} \boldsymbol{\Delta}_{f_d f_m} = \boldsymbol{R}_{\mathrm{C}}^{\mathrm{W}} \boldsymbol{\mu}_d + \boldsymbol{t}_{\mathrm{C}}^{\mathrm{W}} - \boldsymbol{\mu}_m \\ \boldsymbol{\Sigma}_{dm} = \boldsymbol{R}_{\mathrm{C}}^{\mathrm{W}} \boldsymbol{\Sigma}_d \boldsymbol{R}_{\mathrm{W}}^{\mathrm{C}} + \boldsymbol{\Sigma}_m \\ \boldsymbol{\Delta}_{f_m f_d} = \boldsymbol{R}_{\mathrm{W}}^{\mathrm{C}} (\boldsymbol{\mu}_m - \boldsymbol{t}_{\mathrm{C}}^{\mathrm{W}}) - \boldsymbol{\mu}_d \\ \boldsymbol{\Sigma}_{md} = \boldsymbol{R}_{\mathrm{W}}^{\mathrm{C}} \boldsymbol{\Sigma}_m \boldsymbol{R}_{\mathrm{C}}^{\mathrm{W}} + \boldsymbol{\Sigma}_d \end{cases} \tag{6.8}$$

α 为颜色空间距离和马氏距离转换的一个比率，取值范围通常为 $0.006 \leqslant \alpha \leqslant 0.03$。

式(6.8)中 $\boldsymbol{R}_{\mathrm{C}}^{\mathrm{W}}$ 和 $\boldsymbol{t}_{\mathrm{C}}^{\mathrm{W}}$ 取上一次迭代求解的最佳变换。若 $\mathrm{mindist}(f_d, f_m) < \delta$，则 $\mathrm{mindist}(f_d, f_m) < \delta$ 对应的 f_d 和 f_m 视为对应点，否则认为 f_d 在模型集中找不到对应点。其中 δ 的选取要适当，根据经验选取 δ 值，本节中取 $\delta = 0.35$。

2)求解相对变换

建立对应关系后，则第 k 次迭代的最佳变换的求解需满足如下关系：

$$[{}_k\boldsymbol{R}_{\mathrm{C}}^{\mathrm{W}}, {}_k\boldsymbol{t}_{\mathrm{C}}^{\mathrm{W}}] = \underset{R,t}{\mathrm{argmin}} \sum_{i=1}^{N} \mathrm{dist}(f_{d_i}, f_{m_i}) \tag{6.9}$$

其中，N 为建立的对应点数；$[{}_k\boldsymbol{R}_{\mathrm{C}}^{\mathrm{W}}, {}_k\boldsymbol{t}_{\mathrm{C}}^{\mathrm{W}}]$ 表示第 k 次迭代求解的最佳变换，上式的求解可以采用最大似然估计方法。

通过以上两步交替迭代，直到最大迭代次数或者 $\boldsymbol{R}_{\mathrm{C}}^{\mathrm{W}}$ 和 $\boldsymbol{t}_{\mathrm{C}}^{\mathrm{W}}$ 的变化均小于某一阈值为止，最终所获得的 $\boldsymbol{R}_{\mathrm{C}}^{\mathrm{W}}$ 和 $\boldsymbol{t}_{\mathrm{C}}^{\mathrm{W}}$ 就是机器人(相机)的位姿估计。

6.1.1.3　模型更新

每次帧间配准完成后，都要将当前帧数据中的特征点与模型集中的特征点进行融合，从而形成新的模型集，这一过程称为模型集的更新。

假设通过改进的帧到模型(Frame-to-model)配准算法得到数据集到模型集的转换矩阵为

$$\boldsymbol{T}_D^M = \begin{bmatrix} \boldsymbol{R}_D^M & \boldsymbol{t}_D^M \\ \boldsymbol{0} & \boldsymbol{1} \end{bmatrix} \tag{6.10}$$

根据式(6.7)定义的两特征点之间的距离函数，使用该转换矩阵在数据集和模型集中建立特征点对应关系。将数据集和模型集中建立对应关系的特征点定义为内点，未建立对应关系的特征点定义为外点。模型的更新则分为内点的更新和外点的更新。

外点更新时，将数据集中的外点按照式(6.5)进行转换后作为新的特征点添加到模型集中，颜色向量保持不变。

内点的更新又分为期望、协方差的更新和颜色向量的更新。内点的期望、协方差更新时，先将数据集中的内点按照式(6.5)进行转换得到 $D'\{d_i'\}$，而后利用卡尔曼滤波方法对其进行更新。具体过程如下：

取 t 时刻的预测值为 $t-1$ 时刻的值，即

$$\begin{cases} \hat{\boldsymbol{\mu}}_t = \boldsymbol{\mu}_{t-1}^{[M]} \\ \hat{\boldsymbol{\Sigma}}_t = \boldsymbol{\Sigma}_{t-1}^{[M]} \end{cases} \tag{6.11}$$

观测值取变换后 D' 的值，则更新方程为

$$\begin{cases} \boldsymbol{K}_t = \hat{\boldsymbol{\Sigma}}_t(\hat{\boldsymbol{\Sigma}}_t + \boldsymbol{\Sigma}_t^{[D']}) \\ \boldsymbol{\mu}_t^{[M]} = \hat{\boldsymbol{\mu}}_t + \boldsymbol{K}_t(\boldsymbol{\mu}_t^{[D']} - \hat{\boldsymbol{u}}_t) \\ \boldsymbol{\Sigma}_t^{[(M)]} = (\boldsymbol{I} - \boldsymbol{K}_t)\hat{\boldsymbol{\Sigma}}_t \end{cases} \tag{6.12}$$

由于颜色向量跟转换矩阵无关，因此理论上在转换前后颜色向量应当保持不变。所以，内点颜色向量的更新采用加权思想，根据更新后特征点到更新前 D' 和 M 中对应点的马氏距离确定权重，然后通过加权得到更新后特征点的颜色向量，即

$$\boldsymbol{c}_t^{[M]} = \frac{\hat{d}_2}{\hat{d}_1 + \hat{d}_2}\boldsymbol{c}_t^{[D']} + \frac{\hat{d}_1}{\hat{d}_1 + \hat{d}_2}\boldsymbol{c}_{t-1}^{[M]} \tag{6.13}$$

其中

$$\begin{cases} \hat{d}_1 = \sqrt{(\boldsymbol{\mu}_t^{[M]} - \boldsymbol{\mu}_t^{[D']})^{\mathrm{T}}\ (\boldsymbol{\Sigma}_t^{[M]} + \boldsymbol{\Sigma}_t^{[D']})^{-1}(\boldsymbol{\mu}_t^{[M]} - \boldsymbol{\mu}_t^{[D']})} \\ \hat{d}_2 = \sqrt{(\boldsymbol{\mu}_t^{[M]} - \boldsymbol{\mu}_{t-1}^{[M]})^{\mathrm{T}}\ (\boldsymbol{\Sigma}_t^{[M]} + \boldsymbol{\Sigma}_{t-1}^{[M]})^{-1}(\boldsymbol{\mu}_t^{[M]} - \boldsymbol{\mu}_{t-1}^{[M]})} \end{cases} \tag{6.14}$$

为防止模型集 M 不断扩大，设定 M 容量的一个阈值，当特征点数超过阈值时，则舍弃最早的特征点，以节省存储空间和提高配准效率，从而避免 M 无限制增长而增加计算和存储复杂度。

6.1.2 基于模型到模型配准的大回环局部优化模型

在 VSLAM 中，经过长时间配准，由视觉里程计获得的机器人(相机)位姿中会含有累积误差，对后续的机器人(相机)定位造成很大的影响。为了减小累积误差对机器人(相机)定位的影响，研究者在位姿估计完成后增加了局部优化环节，从而提高定位精度。g^2o 图优化算法因其存储量小、计算效率高和优化结果好等优点受到了广大研究者的青睐。要使用 g^2o 进行局部优化，需要首先构造回环。然而，传统的局部优化方法多是通过不连续的关键帧间进行配准来增加位姿约束，这种方法每次只能构造较小的闭环，约束较少，优化次数较多，导致局部优化效率不高，优化效果也一般。针对这一不足，研究者采用了一种基于模型到模型配准的大回环局部优化模型，从而提高局部优化的精度和效率。

使用 g^2o 进行局部优化的前提是在位姿图上构造回环，从而增加节点之间的相互约束。通常的做法是，在连续几个关键帧数据中，对不相邻的关键帧进行配准，将求得的转换矩阵作为两个位姿节点之间的约束，从而形成回环，然后使用 g^2o 进行优化，如图 6.1 所示。

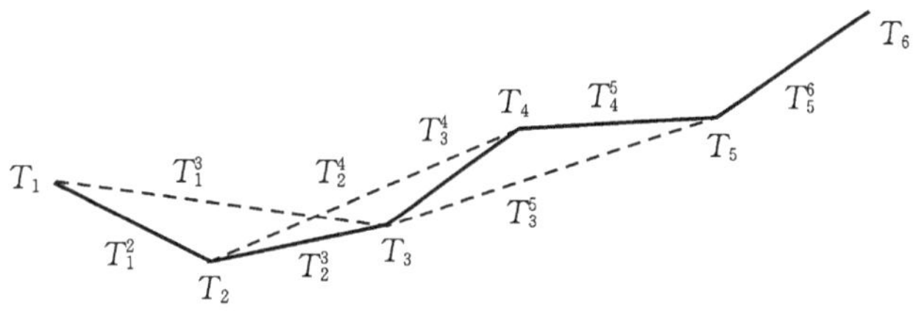

图 6.1　g^2o 局部优化示意图

这种模型虽然也可以对位姿进行优化，但约束太少，导致优化效果不明显。另外，不相邻的关键帧在序列上不能相隔太远，否则会因为两者之间的对应点太少，造成位姿估计不准确，以此增加的约束反而会降低机器人（相机）的定位精度。所以，构建的闭环一般都比较小，每次优化位姿个数也就比较少，需要的优化次数较多，降低了实时性。

为了获得更好的优化效果，采用一种基于模型到模型（Model-to-model）配准的大回环局部优化模型。其基本思想是对于连续 n 个关键帧，按照第 6.1.2.1 节的方法建立两个模型集，其中一个包含前 m 帧数据的特征点，以第 1 帧数据相机坐标系为参考系，另一个包含后 $n-m$ 帧数据的特征点，以第 1 帧数据相机坐标系为参考系；然后使用 6.1.2.2 节中改进的 Color GICP 算法进行配准，获得第 1 帧数据到第 n 帧数据的相对位姿，从而构造了包括 n 个位姿的大回环；最后使用 g^2o 进行优化，如图 6.2 所示。

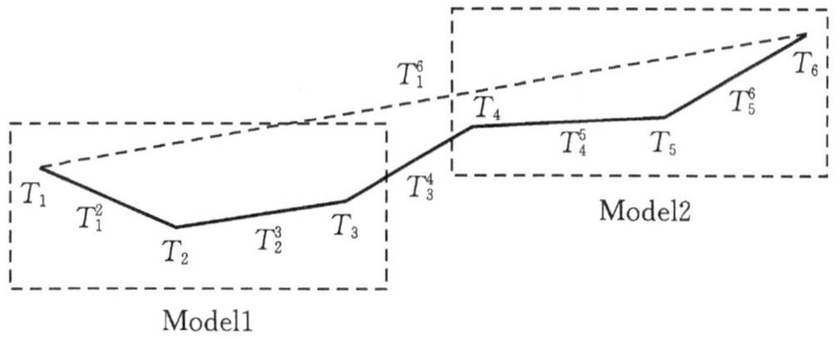

图 6.2　大回环模型示意图

由于一个模型集包括了数帧的特征点，因此连续的两个模型集中对应点数量就会有一定的规模，完全可以满足 Color GICP 算法对对应点数量的要求，所求得的相对变换矩阵具有较高的可信度。在此大回环局部优化模型中，构造的回环包含的位姿个数较多，增加了约束，提高了优化的精度，同时每次优化的位姿个数增加，减少了优化次数，提高了优化效率。但是，由于特征点集中的特征点在坐标转换时也存在一定的误差，因此构造的回环不宜过大。根据经验，当选取 $m=4$，$n=8$ 时，优化效果较好。

经过改进的快速视觉里程计方法对机器人（相机）位姿的精确估计和大回环局部优化模型对机器人（相机）位姿的快速局部优化，得到优化后机器人（相机）的运动轨迹。当机器人（相机）位姿估计完成后，根据式（6.4）将每一位姿对应关键帧点云数据转换到世界坐标系下并融合，从而构建场景的三维点云地图，其总体流程图如图 6.3 所示。

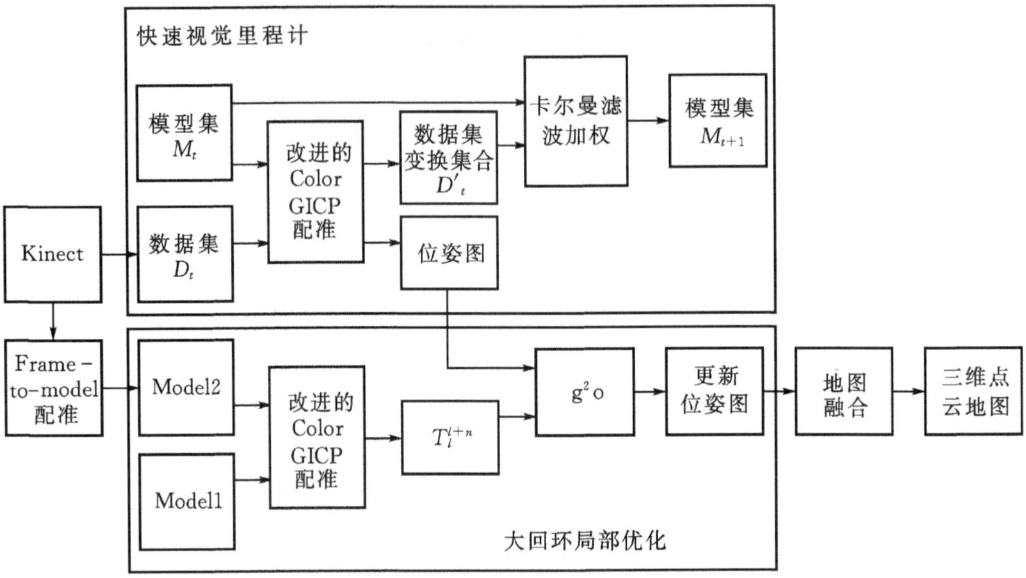

图 6.3　改进帧间配准流程图

6.1.3　实验及分析

所用传感器为 Kinect，运行电脑配置 CPU 为 I7 处理器，主频 2.5GHz，内存 4GB，不使用 GPU 加速，系统为 Ubuntu12.04。分别使用公共的 RGB-D SLAM 验证数据集和实际场景数据进行实验，并与有代表性的 DVO、FOVIS 和 FVO 方法进行对比。为便于对比且综合稳定性和实时性考虑，本节一律选用 SURF 特征作为特征点类型。

6.1.3.1　RGB-D SLAM 数据集实验

RGB-D SLAM 验证数据集是用来为各种 RGBD SLAM 算法提供验证对比的数据集，每一数据集中包含了场景的彩色图片、对应的深度图片、彩色图片与深度图片的列表文件、加速度计数据以及精确轨迹数据，且提供了比较工具用于生成与真实轨迹的对比数据图。利用 RGB-D SLAM 数据集及其对比工具对所提出的视觉里程计和大回环局部优化模型方法进行验证。

首先，分别使用不含局部优化的帧间配准算法和含局部优化的改进算法对数据集进行实验，图 6.4 为其中两组实验的对比结果。其中，“without LLLOM(without Large Loop Local Optimization Model)”表示不含局部优化，“with LLLOM(with Large Loop Local Optimization Model)”表示含局部优化。此外，在表 6.1 中对两者所用时间和位姿估计精度进行了对比，其中 ATE(Absolute Trajectory Error)表示绝对轨迹误差，Mean Time 表示平均每帧数据特征提取和配准处理时间。RMSE(Root Mean Square Error)表示均方根误差。

通过实验可以看出，使用本节的大回环局部优化模型后，位姿估计的精度提高了约 18.37%，证明了该模型的有效性。此外，从平均配准时间可以看出，本节的大回环局部优化模型优化效率较高。因为大回环局部优化模型每 n 个关键帧(取 $n=8$)进行一次优化，而 g^2o 优化效率较高，优化 8 个关键帧仅需约 10ms 的时间，所以对系统实时性几乎没有影响。

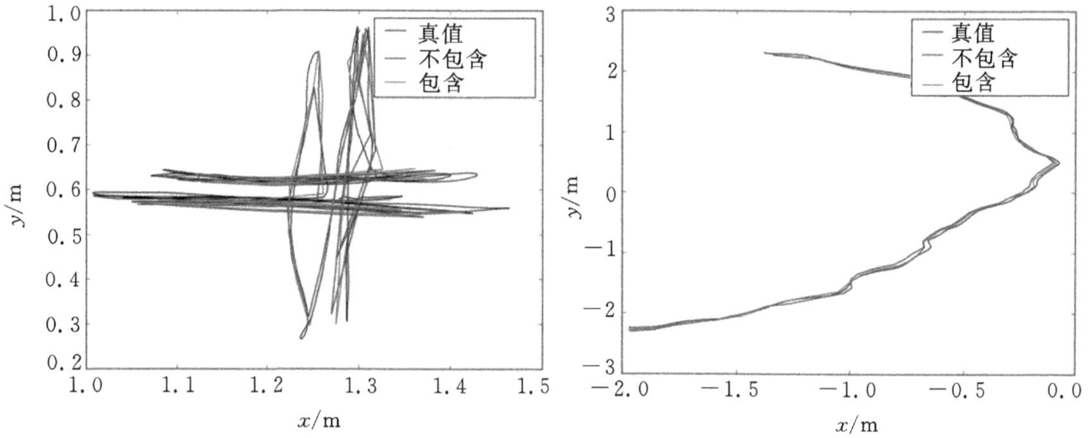

(a) fr1/xyz (b) fr3/struct_text_far

图 6.4 局部大回环模型对比实验

然后,分别使用本节方法和 DVO,FOVIS 以及 FVO 在数据集上进行实验。图 6.5 是本节方法与其他三种方法在 fr1/desk 数据集上进行位姿估计的结果对比图,表 6.1 是在配准速度和精度上与其他三种方法进行对比的结果。

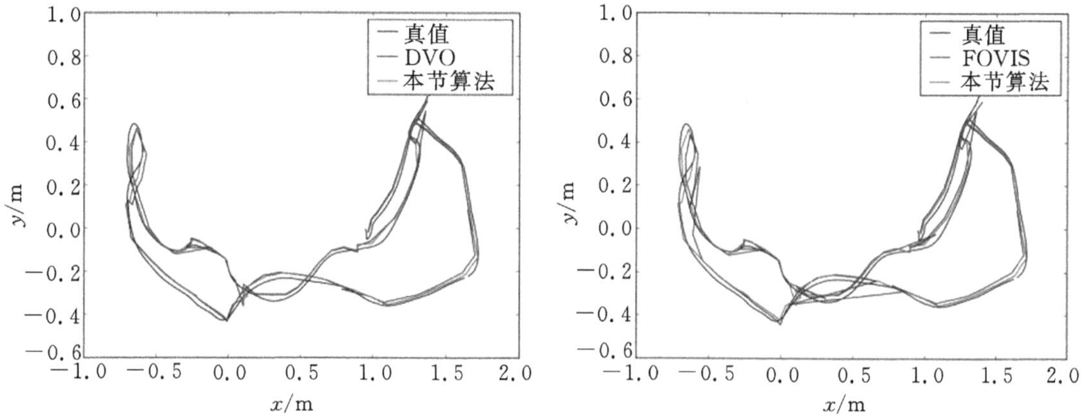

(a)与 DVO 对比 (b)与 FOVIS 对比

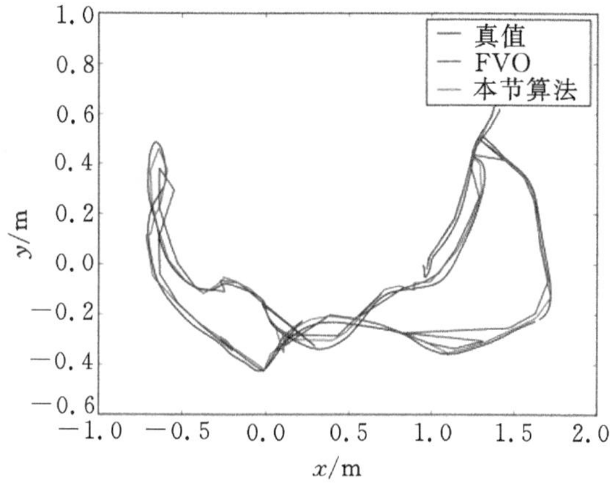

(c)与 FVO 对比

图 6.5 RGB-D SLAM 数据集对比实验图

表 6.1　RGB-D SLAM 数据集对比实验表

ATE RMSE(m) /Mean Time(ms)	DVO	FOVIS	FVO	本节方法 （不含局部优化）	本节方法 （含局部优化）
fr1/xyz	0.036/186	0.043/142	0.052/56	0.037/84	0.029/86
fr1/rpy	0.042/196	0.063/153	0.061/61	0.046/94	0.038/95
fr1/desk	0.064/175	0.073/187	0.081/64	0.061/96	0.056/99
fr3/str_tex_far	0.018/183	0.025/137	0.023/51	0.019/84	0.014/82
fr3/str_notex_far	0.130/197	0.127/185	0.183/48	0.142/80	0.086/81

由于 DVO 仅通过光一致性对机器人位姿进行估计，其精度虽然较高，但是没有局部优化环节，无法克服位姿估计中的累积误差，不能满足长时间的定位精度要求。FOVIS 仅使用深度信息对相机位姿进行快速估计，但 Kinect 深度信息中含有较大噪声，而 FOVIS 又没有对 Kinect 深度误差进行建模和不确定性分析，因此 FOVIS 位姿估计精度较低。FVO 的帧到模型(Frame-to-model)配准虽然极大提高了位姿估计的效率，但是其仅使用特征点进行配准，点云规模较小，致使 Color GICP 算法配准精度较低，而且又不含局部优化和全局优化，因此无法消除累积误差，依然无法满足长时间的定位精度要求。本节的方法一方面使用改进的帧到模型(Frame-to-model)配准算法进行位姿估计，兼顾了实时性和精度，另一方面提出了高效的大回环局部优化模型，有效减少了位姿估计中的累积误差。通过对比实验可以看出，本节的视觉里程计方法在不加闭环检测和全局优化的情况下误差可以达到厘米级，具有较高的精度和稳定性。在配准速度上可以达到十几帧每秒，好于 DVO 和 FOVIS，不及 FVO 方法。

6.1.3.2　实际场景在线实验

以某教室和学生宿舍为实际场景，分别使用机器人携带 Kinect 和手持 Kinect 进行在线实验。

第一个场景是一个 12m×10m 的教室场景，如图 6.6 所示。使用移动机器人携带 Kinect 传感器，如图 6.7 所示。设置机器人移动线速度为 0.15m/s，旋转角速度为 0.15rad/s，图像采集频率为 15Hz，使机器人在场景中巡视一周，在线构建室内地图，结果如图 6.8 所示。

图 6.6　教室场景

图 6.7　移动机器人

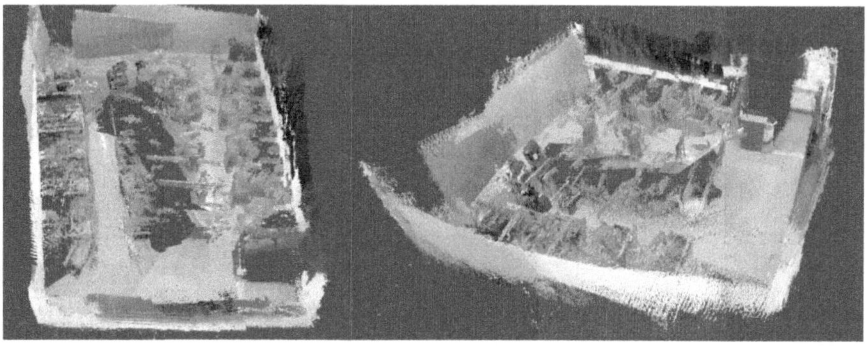

图 6.8　教室场景点云图

相对于 Kinect 有限的深度范围，该场景是一个足够大的室内场景，对于 Kinect 建图是一个比较大的挑战，且在建图过程中，机器人移动距离达 35m 左右，在现有多种 VSLAM 算法中，该移动距离相对较远，会含有较大的累积误差。

从最终的建图效果来看，所建地图融合较好，较为清晰，没有明显的错位现象，表明本节方法得到的位姿估计精度较高，能够达到长期精确定位的要求。其中，图 6.8 中黑色区域是未知区域，这是由于 Kinect 具有一定的视角范围，在建图过程中，Kinect 仅绕教室内过道走了一圈，因此未能获得教室中央座位附近的所有环境信息。实验表明，本节方法在没有闭环检测和全局优化的情况下，依然可以获得较高的建图精度。

第二个场景为宿舍场景，如图 6.9 所示。设置图像采集频率为 15Hz，手持 Kinect 在线构建场景地图，结果如图 6.10 所示。

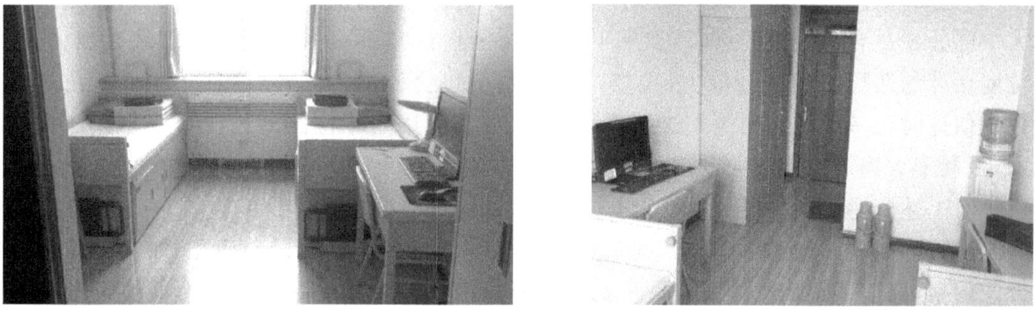

图 6.9　宿舍场景

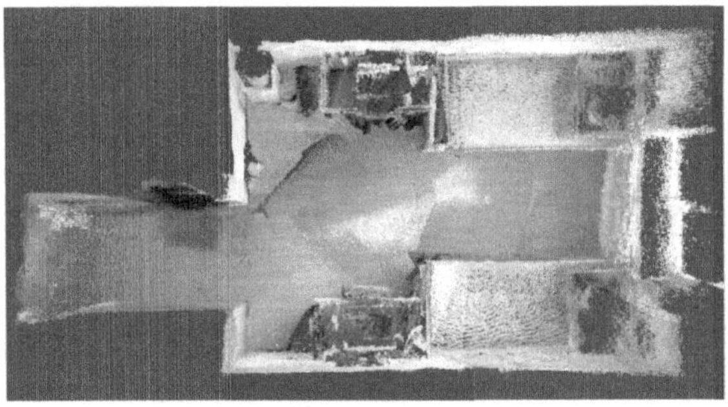

图 6.10　宿舍场景点云图

该场景规模虽然不大，但使用的是手持 Kinect 进行地图构建。手持 Kinect 进行建图时，相机位姿变化更加多样，是一个 6 自由度的运动，且手持 Kinect 建图时具有较大的抖动，相比于放置在机器人上建图具有更大的难度。从地图效果来看，改进算法对于手持 Kinect 建图依然可以获得一致性很好的地图，验证了该方法的可行性和有效性。

6.2　考虑多位姿估计约束的立体视觉里程计

立体视觉里程计由于其不受单目视觉尺度二义性影响的优点，成为最为广泛应用的一类视觉里程计。在立体视觉中，系统能通过视差图等方法对环境信息进行区分和感知。相对于单目视觉，其环境和地形的适应性更好，现广泛运用于粗糙地形和复杂环境中，如 NASA 的火星探测器采用的就是立体视觉里程计。Milella 和 Siegwart 利用双目视差图维护地图点，通过 ICP 算法进行位姿更新，并在 ICP 算法中使用了外点剔除的方法。Nister 等人的立体视觉里程计算法不同于以往采用 3D-3D 估计方式，而是开创性地采用了 3D-2D 的运动估计方式，并采用了随机采样一致性算法（RANSAC）进行外点剔除，既提高了精度，又提升了其实时性。ORB-SLAM2 利用非线性优化方法解决立体视觉里程计问题，它的前端分为局部建图与跟踪线程，后端使用光束平差法进行位姿估计的优化，估计精度高。但是，这些方法都没有考虑深度未知点的匹配信息，有很多的图像信息因此被丢弃。Comport 等人提出了 2D-2D 的位姿估计方法，这一方法可以不再需要对所有的双目匹配点对进行三角化，避免了三角化过程中引入误差。但是，此类方法却丢弃了过去时刻的 3D 环境信息，容易受累积误差的影响；并且，当物体距离远大于基线时，立体视觉也近似于单目视觉，即只能为在合适范围内的物体特征提供比较精确的景深信息。ORB-SLAM2 中只使用了这一部分较精确的景深信息，但当图像中存在较大一部分超过合适范围的点时，如果不考虑这一部分点，那么图像的很多信息会被丢失，用于位姿估计的匹配点对将会很少，位姿估计的精度也会较低。另外，ORB-SLAM2 在进行初始位姿估计时仅基于前一图像帧进行位姿估计，在不使用闭环检测的情况下容易造成误差的累积，不利于大场景中的自主定位。

针对上述问题，本节采用一种考虑多位姿估计约束的改进立体视觉里程计。首先，在 2D-2D 位姿估计方法中，分别建立与深度未知点及深度已知点匹配的误差模型，既获取了更多的图像间约束，又能够利用立体视觉获取的精确景深信息，来约束由单目视觉下的相机位姿估计引入的尺度因子的模糊性，减小尺度误差，提升相机位姿估计的精确度。其次，基于关键帧地图点改进 3D-2D 位姿估计方法，通过建立关键帧与当前帧的匹配关系来进行位姿估计，降低累积误差的影响；同时，结合当前帧地图点更新关键帧的地图点，提升地图点精确度并增加匹配点对的数量。最后进行实验对比。

6.2.1　基于改进 2D-2D 位姿估计模型的位姿跟踪

每一帧图像中的特征点可分为三类，如图 6.11 所示。灰色点是与上一帧的地图点形成匹配而获得深度的点，白色点是通过立体相机获得深度的点，黑色点是深度未知的点。图 6.12 为两图像帧间的匹配效果图，其中两图像帧之间相似的特征点通过灰线连接。

图 6.11　图像特征点

图 6.12　图像帧间匹配效果图

假设图像帧 k 对应的相机坐标系为 C_k，对应的特征点集合为 Ω_k，图像中第 i 个点的坐标为 $\boldsymbol{P}_k^i$，图像帧 m 和图像帧 n 之间的相机位姿变换矩阵为 $\boldsymbol{T}_m^n$，其中旋转矩阵表示为 $\boldsymbol{R}_m^n$，平移矩阵表示为 $\boldsymbol{t}_m^n$。

将深度已知点的坐标记为 $\boldsymbol{P}_k^i=[x_k^i,y_k^i,z_k^i]^{\mathrm{T}}$，深度未知点的坐标记为 $\widetilde{\boldsymbol{P}}_k^i=[\widetilde{x}_k^i,\widetilde{y}_k^i,1]^{\mathrm{T}}$。其中

$$\boldsymbol{P}_k^i=z_k^i\widetilde{\boldsymbol{P}}_k^i$$

那么，匹配成功的点存在如下关系：

$$z_k^i\widetilde{\boldsymbol{P}}_k^i=\boldsymbol{R}_{k-1}^k\boldsymbol{P}_{k-1}^i+\boldsymbol{t}_{k-1}^k \tag{6.15}$$

或

$$z_k^i \widetilde{\boldsymbol{P}}_k^i = z_{k-1}^i \boldsymbol{R}_{k-1}^k \widetilde{\boldsymbol{P}}_{k-1}^i + \boldsymbol{t}_{k-1}^k \tag{6.16}$$

每一时刻只取左相机的图像进行匹配，对于当前帧中的特征点，根据与之形成匹配的前一帧特征点是否具有已知深度，下面分情况进行处理。

6.2.1.1　匹配前一帧图像中深度已知点

将式(6.16)展开，可以得到

$$z_k^i \begin{bmatrix} \widetilde{x}_k^i \\ \widetilde{y}_k^i \\ 1 \end{bmatrix} = \begin{bmatrix} \boldsymbol{R}_{k-1}^k(1) \\ \boldsymbol{R}_{k-1}^k(2) \\ \boldsymbol{R}_{k-1}^k(3) \end{bmatrix} \boldsymbol{P}_{k-1}^i + \begin{bmatrix} \boldsymbol{t}_{k-1}^k(1) \\ \boldsymbol{t}_{k-1}^k(2) \\ \boldsymbol{t}_{k-1}^k(3) \end{bmatrix} \tag{6.17}$$

其中，$\boldsymbol{R}_{k-1}^k(i)$ 为旋转矩阵的第 i 行，$\boldsymbol{t}_{k-1}^k(i)$ 为平移矩阵中的第 i 行。进而

$$\begin{cases} z_k^i \widetilde{x}_k^i = \boldsymbol{R}_{k-1}^k(1)\boldsymbol{P}_{k-1}^i + \boldsymbol{t}_{k-1}^k(1) \\ z_k^i \widetilde{y}_k^i = \boldsymbol{R}_{k-1}^k(2)\boldsymbol{P}_{k-1}^i + \boldsymbol{t}_{k-1}^k(2) \\ z_k^i = \boldsymbol{R}_{k-1}^k(3)\boldsymbol{P}_{k-1}^i + \boldsymbol{t}_{k-1}^k(3) \end{cases} \tag{6.18}$$

将 z_k^i 消去，可以得到两个方程

$$\begin{cases} (\boldsymbol{R}_{k-1}^k(1) - \widetilde{x}_k^i \boldsymbol{R}_{k-1}^k(3))\boldsymbol{P}_{k-1}^i + \boldsymbol{t}_{k-1}^k(1) - \widetilde{x}_k^i \boldsymbol{t}_{k-1}^k(3) = 0 \\ (\boldsymbol{R}_{k-1}^k(2) - \widetilde{y}_k^i \boldsymbol{R}_{k-1}^k(3))\boldsymbol{P}_{k-1}^i + \boldsymbol{t}_{k-1}^k(2) - \widetilde{y}_k^i \boldsymbol{t}_{k-1}^k(3) = 0 \end{cases} \tag{6.19}$$

6.2.1.2　匹配前一帧图像中深度未知点

将式(6.17)展开，可以得到

$$z_k^i \begin{bmatrix} \widetilde{x}_k^i \\ \widetilde{y}_k^i \\ 1 \end{bmatrix} = \begin{bmatrix} \boldsymbol{R}_{k-1}^k(1) \\ \boldsymbol{R}_{k-1}^k(2) \\ \boldsymbol{R}_{k-1}^k(3) \end{bmatrix} z_{k-1}^i \widetilde{\boldsymbol{P}}_{k-1}^i + \begin{bmatrix} \boldsymbol{t}_{k-1}^k(1) \\ \boldsymbol{t}_{k-1}^k(2) \\ \boldsymbol{t}_{k-1}^k(3) \end{bmatrix} \tag{6.20}$$

进而

$$\begin{cases} (\boldsymbol{R}_{k-1}^k(1) - \widetilde{x}_k^i \boldsymbol{R}_{k-1}^k(3)) z_{k-1}^i \widetilde{\boldsymbol{P}}_{k-1}^i + \boldsymbol{t}_{k-1}^k(1) - \widetilde{x}_k^i \boldsymbol{t}_{k-1}^k(3) = 0 \\ (\boldsymbol{R}_{k-1}^k(2) - \widetilde{y}_k^i \boldsymbol{R}_{k-1}^k(3)) z_{k-1}^i \widetilde{\boldsymbol{P}}_{k-1}^i + \boldsymbol{t}_{k-1}^k(2) - \widetilde{y}_k^i \boldsymbol{t}_{k-1}^k(3) = 0 \end{cases} \tag{6.21}$$

将 z_{k-1}^i 消去，可以得到一个方程

$$\begin{aligned} &(\boldsymbol{t}_{k-1}^k(1) - \widetilde{x}_k^i \boldsymbol{t}_{k-1}^k(3))(\boldsymbol{R}_{k-1}^k(2) - \widetilde{y}_k^i \boldsymbol{R}_{k-1}^k(3))\widetilde{\boldsymbol{P}}_{k-1}^i \\ &= (\boldsymbol{t}_{k-1}^k(2) - \widetilde{y}_k^i \boldsymbol{t}_{k-1}^k(3))(\boldsymbol{R}_{k-1}^k(1) - \widetilde{x}_k^i \boldsymbol{R}_{k-1}^k(3))\widetilde{\boldsymbol{P}}_{k-1}^i \end{aligned} \tag{6.22}$$

也就是

$$\begin{aligned} &[-(\boldsymbol{t}_{k-1}^k(2) - \widetilde{y}_k^i \boldsymbol{t}_{k-1}^k(3))\boldsymbol{R}_{k-1}^k(1) + (\boldsymbol{t}_{k-1}^k(1) - \widetilde{x}_k^i \boldsymbol{t}_{k-1}^k(3))\boldsymbol{R}_{k-1}^k(2) + \\ &(\widetilde{x}_k^i \boldsymbol{t}_{k-1}^k(2) - \widetilde{y}_k^i \boldsymbol{t}_{k-1}^k(1))\boldsymbol{R}_{k-1}^k(3)]\widetilde{\boldsymbol{P}}_{k-1}^i = 0 \end{aligned} \tag{6.23}$$

6.2.1.3　考虑深度未知点的改进 2D－2D 位姿估计模型

综合 6.2.1.1 节和 6.2.1.2 节两种情况，由所有匹配点对所获得的方程可以估计当前帧位姿 $\boldsymbol{R}$，$\boldsymbol{t}$。然而，由于匹配误差等的存在，方程组无法得到精确解。因此，通过最小化如下误差进行位姿估计：

$$\min_{\boldsymbol{R}_{k-1}^k, \boldsymbol{t}_{k-1}^k} \left(\sum_{i=1}^{N_1} \left(\| {}_0\boldsymbol{e}_k^i \|_2 + \| {}_1\boldsymbol{e}_k^i \|_2 \right) + \sum_{i=1}^{N_2} \| {}_2\boldsymbol{e}_k^i \|_2 \right) \tag{6.24}$$

其中，N_1 表示与深度已知点形成的匹配点对数；N_2 表示与深度未知点形成的匹配点对数；${}_0\boldsymbol{e}_k^i$，${}_1\boldsymbol{e}_k^i$ 指与深度未知点匹配时对应的方程误差，即

$${}_0\boldsymbol{e}_k^i = (\boldsymbol{R}_{k-1}^k(1) - \tilde{x}_k^i \boldsymbol{R}_{k-1}^k(3))\boldsymbol{P}_{k-1}^i + \boldsymbol{t}_{k-1}^k(1) - \tilde{x}_k^i \boldsymbol{t}_{k-1}^k(3) \tag{6.25}$$

$${}_1\boldsymbol{e}_k^i = (\boldsymbol{R}_{k-1}^k(2) - \tilde{y}_k^i \boldsymbol{R}_{k-1}^k(3))\boldsymbol{P}_{k-1}^i + \boldsymbol{t}_{k-1}^k(2) - \tilde{y}_k^i \boldsymbol{t}_{k-1}^k(3) \tag{6.26}$$

${}_2\boldsymbol{e}_k^i$ 指与无深度点匹配时对应的方程误差，即

$$\begin{aligned} {}_2\boldsymbol{e}_k^i = [&-(\boldsymbol{t}_{k-1}^k(2) - \tilde{y}_k^i \boldsymbol{t}_{k-1}^k(3))\boldsymbol{R}_{k-1}^k(1) + (\boldsymbol{t}_{k-1}^k(1) - \tilde{x}_k^i \boldsymbol{t}_{k-1}^k(3))\boldsymbol{R}_{k-1}^k(2) + \\ &(\tilde{x}_k^i \boldsymbol{t}_{k-1}^k(2) - \tilde{y}_k^i \boldsymbol{t}_{k-1}^k(1))\boldsymbol{R}_{k-1}^k(3)]\tilde{\boldsymbol{P}}_{k-1}^i \end{aligned} \tag{6.27}$$

6.2.2　基于改进 3D-2D 位姿估计模型的位姿跟踪

6.2.2.1　考虑关键帧地图点的位姿估计

在 ORB-SLAM2 中，进行初始位姿估计时将上一帧的地图点投影至当前帧构造匹配点对。这一方法虽然能够形成较多的匹配点对，但上一帧位姿估计误差会不断累积，使匹配过程产生较大的误差。而若将关键帧的地图点投影至当前帧来构造匹配点对，虽然相对而言形成的匹配点对会较少，但却能够有效减少累积误差的影响。因此，综合考虑上一帧与关键帧的地图点，一方面增加更多的匹配点对，为位姿估计提供更多的约束条件，另一方面减弱上一帧累积误差的影响。如图 6.13 所示，灰点为关键帧地图点，黑点为上一帧地图点。

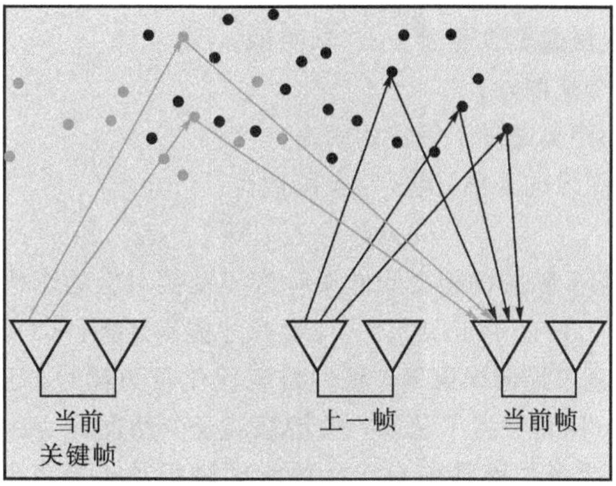

图 6.13　考虑关键帧地图点的位姿估计

假设关键帧及上一帧中的待匹配地图点为

$$P_{\mathrm{W}} = \{\boldsymbol{P}_{\mathrm{W}}^1, \boldsymbol{P}_{\mathrm{W}}^2, \cdots, \boldsymbol{P}_{\mathrm{W}}^M\}$$

相机获取到一帧图像 $\mathscr{F}$，从中提取出一组特征点

$$Q = \{\boldsymbol{q}_1, \boldsymbol{q}_2, \cdots, \boldsymbol{q}_N\}$$

首先，对待匹配地图点进行筛选，筛选的原则如下：

(1)将这些地图点投影到当前帧上，剔除投影位置在当前帧范围外的地图点。

(2)计算这些地图点与当前帧所对应的相机中心的距离 d，如果 $d \notin [d_{\min}, d_{\max}]$，则剔除。

(3)计算当前帧的视线矢量 $\boldsymbol{v}$ 与这些地图点的平均观测方向矢量 $\boldsymbol{n}$ 之间的夹角，如果

$$\frac{\boldsymbol{v} \cdot \boldsymbol{n}}{|\boldsymbol{v}| \cdot |\boldsymbol{n}|} < \cos(60°)$$

则剔除。其中，当前帧的视线矢量 v 指相机的投影平面的法向量；地图点的平均观测方向矢量 $\boldsymbol{n}$ 指可观测到该地图点的关键帧的光学中心与该地图点连线的方向矢量的平均。

其次，将筛选后地图点与当前帧特征点进行匹配，而后将其投影到当前帧中。理想情况下应该满足

$$\boldsymbol{q}_i = \hat{\boldsymbol{\pi}}^{-1}(\boldsymbol{R}_0^k \boldsymbol{P}_{\mathrm{W}}^i + \boldsymbol{t}_0^k), \forall i \in \mathbf{N} \tag{6.28}$$

然而，实际上由于匹配误差等的存在，式(6.28)无法求解。所以，通过最小化如下误差求解当前帧位姿 $\boldsymbol{R}_{\mathrm{W}}^{\mathrm{C}}$，$\boldsymbol{t}_{\mathrm{W}}^{\mathrm{C}}$：

$$\min_{\boldsymbol{R},\boldsymbol{t}} \sum_{i=1}^{N_3} \| {}_3\boldsymbol{e}_k^i \|_2 \tag{6.29}$$

其中

$${}_3\boldsymbol{e}_k^i = \boldsymbol{q}_i - \hat{\boldsymbol{\pi}}^{-1}(\boldsymbol{R}_0^k \boldsymbol{P}_{\mathrm{W}}^i + \boldsymbol{t}_0^k) \tag{6.30}$$

N_3 为待匹配地图点与当前帧特征点构成的匹配点对数。

6.2.2.2 关键帧的生成

严格控制关键帧的生成有利于减少累积误差的影响，但这也会导致关键帧与当前帧之间的匹配点对过少。因此，本节设立关键帧生成标准进行权衡。要生成一个关键帧，必须同时满足以下几个条件：

(1)从上一关键帧生成起至少经过了 20 帧图像；

(2)跟踪到至少 50 个地图点；

(3)与上一关键帧的距离超过了设定的阈值。

此处为了衡量两帧图像的距离，定义距离函数为

$$\mathrm{dist}(\boldsymbol{\xi}_{ij}) = \boldsymbol{\xi}_{ij}^{\mathrm{T}} \boldsymbol{W} \boldsymbol{\xi}_{ij} \tag{6.31}$$

其中，$\boldsymbol{\xi}_{ij}$ 表示第 i 帧和第 j 帧关键帧之间的相对位姿变换对应的李代数表示；$\boldsymbol{W}$ 为对角权值矩阵。设定一个阈值 d_{th}，只有在 $\mathrm{dist}(\boldsymbol{\xi}_{ij}) > d_{\mathrm{th}}$ 时才能满足条件(3)。

对多个关键帧进行基于局部光束平差法的位姿优化较为耗时，而普通相机采样频率一般在 30Hz 以下。因此，条件(1)设置了从上一关键帧起至少经过 20 帧图像，也即时间上至少经过了 0.67s，保证了在生成新关键帧前有充足的时间进行基于光束平差法的位姿优化；条件(2)保证了提供的地图点足够多，所进行的位姿估计足够精确；条件(3)保证了在相机运动较小时不会生成过多冗余的关键帧。

6.2.2.3 关键帧地图点的更新

一般而言，随着相机移动，当前帧与关键帧之间的距离不断变大，两帧之间可形成匹配点对的点会越来越少。为了提升关键帧地图点质量并增加其数量，本节在对当前帧位姿进行估计后，对关键帧的地图点进行更新。

一方面，基于双目相机模型生成关键帧的地图点；另一方面，将关键帧中的深度未知点及观测帧较少的地图点所对应的特征点视为待更新对象。其中，观测帧的定义为：若地图点被某

图像帧观测到，则称该图像帧为地图点的观测帧。然后，为待更新对象在当前帧中寻找匹配点，若该匹配点具有对应的地图点，且其观测帧较多，则将该地图点作为待更新对象所对应的地图点。

通过上述方法对关键帧地图点的更新，关键帧地图点数量逐渐增加，且部分地图点的观测帧会越来越多，这有助于该关键帧与下一帧进行匹配时形成更多且更精确的匹配点对。如图 6.14所示为数据集实验中与当前帧匹配后关键帧所更新的地图点数量，其中，当前帧成为关键帧时，不对原关键帧地图点进行更新，故更新的地图点数为 0。

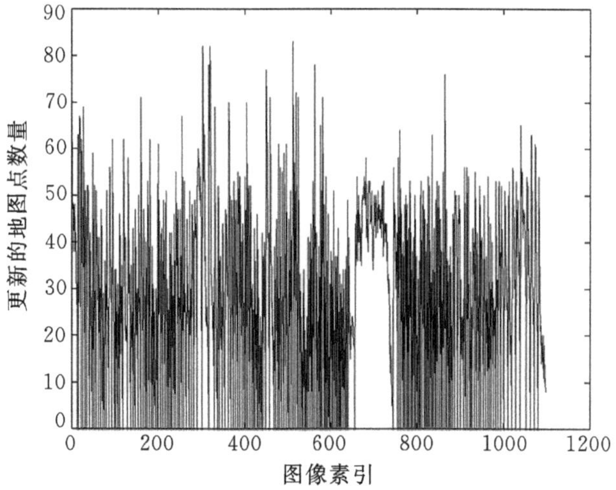

图 6.14 更新关键帧地图点示意图

6.2.3 考虑多位姿估计约束的立体视觉里程计

根据估计时所利用到的信息涉及到二维特征还是三维地图点，可以将位姿估计分为三类：

(1)2D-2D：来自前一帧与当前帧的信息均只涉及到二维特征。

(2)3D-3D：来自前一帧与当前帧的信息均只涉及到三维地图点。为此，需要每一帧反投影得到特征点对应的三维地图点。

(3)3D-2D：来自前一帧的信息是三维地图点，而来自当前帧的是与前一帧地图点形成匹配的二维特征。

以上三种估计方式中，2D-2D 位姿估计方式和 3D-2D 位姿估计方式优于 3D-3D 位姿估计方式。这是因为三角化或反投影过程对像素误差有放大作用，得到的 3D 点在深度方向上的不确定性是较大的，使用 3D-3D 位姿估计方式会将这种不确定性放大，并且这一放大后的误差无法在优化过程中被消除。另外，在使用远距离的匹配点对进行运动估计时，由于反投影点的深度不确定性强，2D-2D 位姿估计方式相对于 3D-2D 位姿估计方式会更加精确，并且 2D-2D 位姿估计方式能够更加充分地使用图像信息。

综上考虑，本节在 ORB-SLAM2 的基础上，建立考虑多位姿估计约束的位姿估计模型，同时利用来自于 2D-2D 及 3D-2D 位姿估计模型的约束进行位姿估计。既充分使用图像信息，增加进行运动估计时的约束，提升位姿估计精度，又减弱累积误差的影响，进一步提高定位精确度。其总体流程如图 6.15 所示。

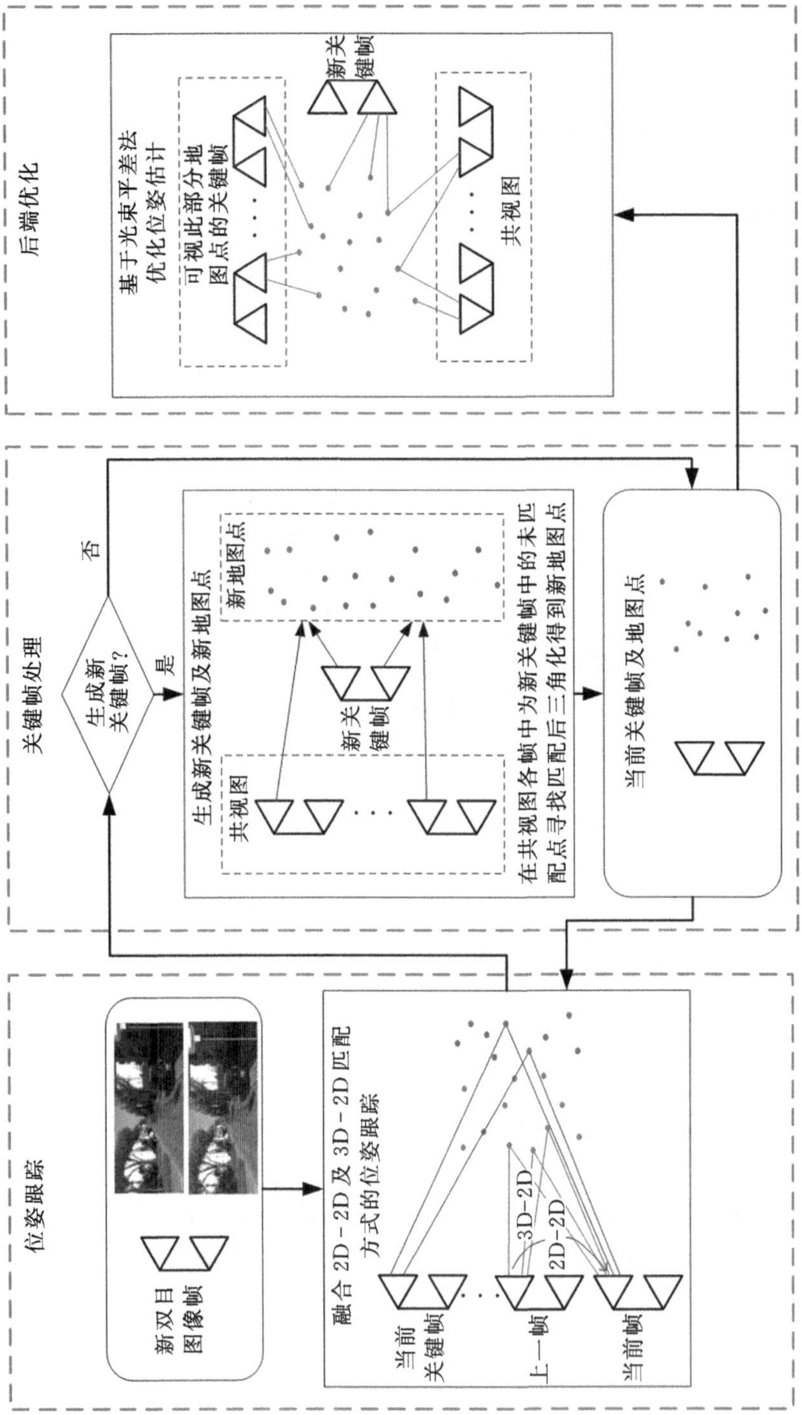

图 6.15　考虑多位姿估计约束的立体视觉里程计流程

6.2.3.1　考虑多位姿估计约束的位姿跟踪

本节将 2D-2D 及 3D-2D 运动估计模型对应的误差函数进行整合，构建如下误差函数：

$$F(\boldsymbol{\xi}) = \sum_{i=1}^{N_1}(\|{}_0\boldsymbol{e}_k^i\|_2 + \|{}_1\boldsymbol{e}_k^i\|_2) + \sum_{i=1}^{N_2}\|{}_2\boldsymbol{e}_k^i\|_2 + \sum_{i=1}^{N_3}\|{}_3\boldsymbol{e}_k^i\|_2 \tag{6.32}$$

为了解决上述非线性优化问题，将相机位姿 $\boldsymbol{R}$，$\boldsymbol{t}$ 表示为对应的李代数：

$$\boldsymbol{\xi} = \begin{bmatrix}\boldsymbol{\omega}\\ \boldsymbol{\upsilon}\end{bmatrix} \in \mathfrak{se}(3) \tag{6.33}$$

其中，$\boldsymbol{\omega} \in \mathbb{R}^3$，$\boldsymbol{\upsilon} \in \mathbb{R}^3$。有

$$\boldsymbol{R} = \exp_{\mathfrak{se}(3)}(\hat{\boldsymbol{\omega}}),\ \boldsymbol{t} = \boldsymbol{J}_l\,\boldsymbol{\upsilon} \tag{6.34}$$

那么，位姿跟踪结果为

$$\boldsymbol{\xi}^* = \underset{\boldsymbol{\xi}}{\operatorname{argmin}} F(\boldsymbol{\xi}) \tag{6.35}$$

通过 GN 方法对上述非线性优化问题进行求解，可以得到相机位姿估计。在每一个迭代过程中，求得的位姿增量 $\delta\boldsymbol{\xi}^{(n)}$ 如下：

$$\delta\boldsymbol{\xi}^{(n)} = -(\boldsymbol{J}^{\mathrm{T}}\boldsymbol{J})^{-1}\boldsymbol{J}^{\mathrm{T}}\boldsymbol{e} \tag{6.36}$$

其中

$$\boldsymbol{J} = \left.\frac{\partial \boldsymbol{e}(\boldsymbol{\varepsilon} \circ \delta\boldsymbol{\xi}^{(n)})}{\partial \boldsymbol{\varepsilon}}\right|_{\boldsymbol{\varepsilon}=0} \tag{6.37}$$

各个误差项对位姿的偏导表示如下：

在 2D-2D 位姿估计方法中，对于深度已知点

$$\begin{cases}\dfrac{\partial_0\boldsymbol{e}_k^i}{\partial\boldsymbol{\omega}} = -[1,0,-\tilde{x}_k^i]\cdot(\hat{\tilde{\boldsymbol{P}}}' + \hat{\boldsymbol{t}}_{k-1}^k)\\[2ex] \dfrac{\partial_0\boldsymbol{e}_k^i}{\partial\boldsymbol{\upsilon}} = [1,0,-\tilde{x}_k^i]\end{cases} \tag{6.38}$$

$$\begin{cases}\dfrac{\partial_1\boldsymbol{e}_k^i}{\partial\boldsymbol{\omega}} = -[0,1,-\tilde{y}_k^i]\cdot(\hat{\tilde{\boldsymbol{P}}}' + \hat{\boldsymbol{t}}_{k-1}^k)\\[2ex] \dfrac{\partial_1\boldsymbol{e}_k^i}{\partial\boldsymbol{\upsilon}} = [0,1,-\tilde{y}_k^i]\end{cases} \tag{6.39}$$

在 2D-2D 位姿估计方法中，对于深度未知点

$$\begin{cases}\dfrac{\partial_2\boldsymbol{e}_k^i}{\partial\boldsymbol{\omega}} = \boldsymbol{t}_{k-1}^{k\ \mathrm{T}}\cdot\hat{\tilde{\boldsymbol{P}}}_k^i\cdot\hat{\tilde{\boldsymbol{P}}}' - \tilde{\boldsymbol{P}}'^{\mathrm{T}}\cdot\hat{\tilde{\boldsymbol{P}}}_k^i\cdot\hat{\boldsymbol{t}}_{k-1}^k\\[2ex] \dfrac{\partial_2\boldsymbol{e}_k^i}{\partial\boldsymbol{\upsilon}} = \tilde{\boldsymbol{P}}'^{\mathrm{T}}\cdot\hat{\tilde{\boldsymbol{P}}}_k^i\end{cases} \tag{6.40}$$

在 3D-2D 位姿估计方法中，有

$$\begin{cases}\dfrac{\partial_3\boldsymbol{e}_k^i}{\partial\boldsymbol{\omega}} = \boldsymbol{J}_K\cdot\boldsymbol{R}_0^{k-1}\cdot(\hat{\boldsymbol{P}}' + \hat{\boldsymbol{t}}_{k-1}^k)\\[2ex] \dfrac{\partial_3\boldsymbol{e}_k^i}{\partial\boldsymbol{\upsilon}} = -\boldsymbol{J}_K\cdot\boldsymbol{R}_0^{k-1}\end{cases} \tag{6.41}$$

其中

$$\widetilde{\boldsymbol{P}}' = \boldsymbol{R}_{k-1}^{k} \cdot \widetilde{\boldsymbol{P}}_{k-1}^{i} \tag{6.42}$$

$$\boldsymbol{P}' = \boldsymbol{R}_{k-1}^{k} \cdot \boldsymbol{P}_{k-1}^{i} \tag{6.43}$$

$$\boldsymbol{J}_K = \begin{bmatrix} \dfrac{f_x}{P_z} & 0 & -\dfrac{f_x P_x}{P_z^2} \\ 0 & \dfrac{f_y}{P_z} & -\dfrac{f_y P_y}{P_z^2} \end{bmatrix} \tag{6.44}$$

通过下式不断更新位姿来最小化误差值，可以得到相机的位姿估计：

$$\boldsymbol{\xi}^{(n+1)} = \delta\,\boldsymbol{\xi}^{(n)} \circ \boldsymbol{\xi}^{(n)} \tag{6.45}$$

6.2.3.2 基于局部光束平差法的位姿估计优化

由于许多的相机位姿是相互关联的，所以在位姿跟踪环节所估计出的位姿不可避免地会存在累积误差。为了减小累积误差，在每次生成关键帧之后，利用局部光束平差法进行位姿优化，如图 6.15 后端优化部分，该方法通过利用多个时刻的相机位姿及地图点之间的约束进行关键帧的位姿优化。

局部光束平差法优化的对象为：

(1)当前帧的相机位姿 ξ_{c0} ；

(2)当前帧 $\boldsymbol{\kappa}_c$ 的共视图 covisible($\boldsymbol{\kappa}_c$) 中各帧对应的相机位姿，定义这些位姿构成的集合为 $\mathcal{I}$ 。

(3)当前帧 $\boldsymbol{\kappa}_c$ 及其共视图 covisible($\boldsymbol{\kappa}_c$) 中各帧观测到的地图点，定义这些地图点位置构成的集合为 $\mathcal{M}$ 。

另外，观测到地图点集合 $\mathcal{M}$ 的其他图像帧的位姿参与了优化，但不被优化，定义这些位姿构成的集合为 $\mathcal{U}$ 。

通过最小化如下误差函数进行局部光束平差法优化：

$$\underset{\hat{\xi}_{i0} \in \hat{\xi}_{c0} \cup \mathcal{I}}{\arg\min} \sum_{\hat{\xi}_{i0} \in \mathcal{I} \cup \mathcal{U}} \sum_{\boldsymbol{P}_{\mathrm{W}}^{j} \in \mathcal{M}} \| \boldsymbol{q}'_{ik} - \hat{\boldsymbol{\pi}}^{-1}(\exp(\hat{\boldsymbol{\xi}}_{i0}) \cdot \boldsymbol{P}_{\mathrm{W}}^{j}) \|_2 \tag{6.46}$$

其中，$\boldsymbol{q}'_{ik}$ 指 $\hat{\boldsymbol{\xi}}_{i0}$ 对应的图像帧中与地图点 $\boldsymbol{P}_{\mathrm{W}}^{j}$ 匹配的特征点的像素坐标。

6.2.4 实验与分析

实验所用电脑配置为：CPU 为 I7 处理器，主频 2.5GHz，内存 4GB，不使用 GPU 加速，系统为 Ubuntu14.04。使用 Kitti 数据集进行实验，与 ORB-SLAM2 方法进行对比，并手持 BUMBLEBEE2 传感器进行在线实际场景实验。

6.2.4.1 Kitti 数据集实验

Kitti 数据集为车载双目相机采集的城市、高速路、乡村场景，该双目相机基线为 54cm，帧率为 10Hz，图像分辨率为 1392×512。其中序列 00，02，05，06，07 及 09 包含了闭环。

为了评价视觉里程计的精度，排除闭环对相机位姿估计精度的影响，关闭本节方法及 ORB-SLAM2 算法的闭环检测。图 6.16 所示为其中的三组实验结果对比图，其中第一行为对应场景下估计得到的轨迹与真实轨迹对比，第二行为位姿估计的姿态误差，第三行为位姿估计的位置误差。所采用的评价标准为 100m，200m，…，800m 长的轨迹分别对应的相对位姿估计误差。

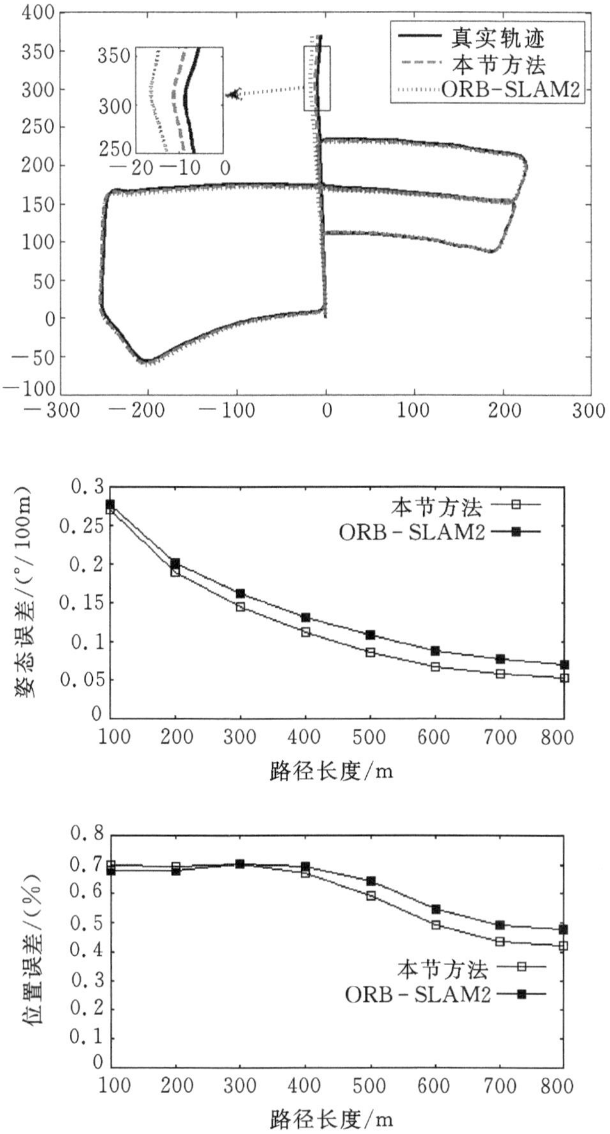

(a)序列 05

图 6.16　Kitti 数据集对比实验结果图

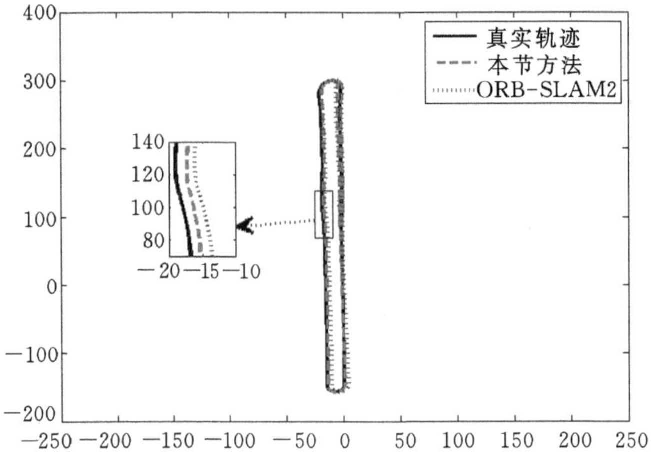

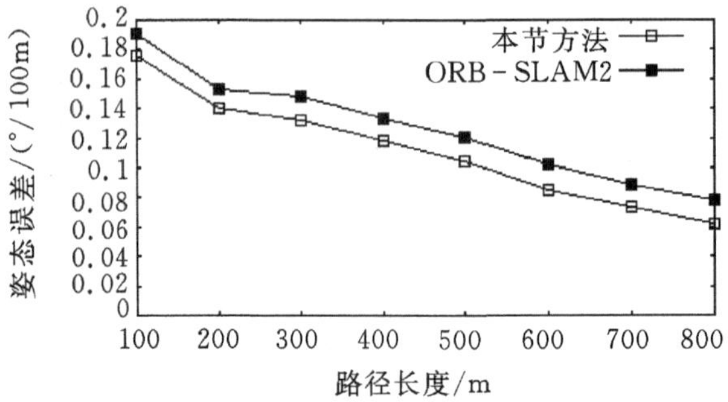

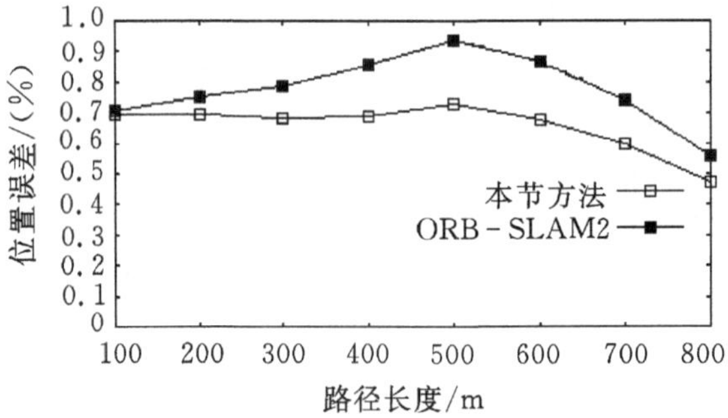

(b)序列 06

续图 6.16　Kitti 数据集对比实验结果图

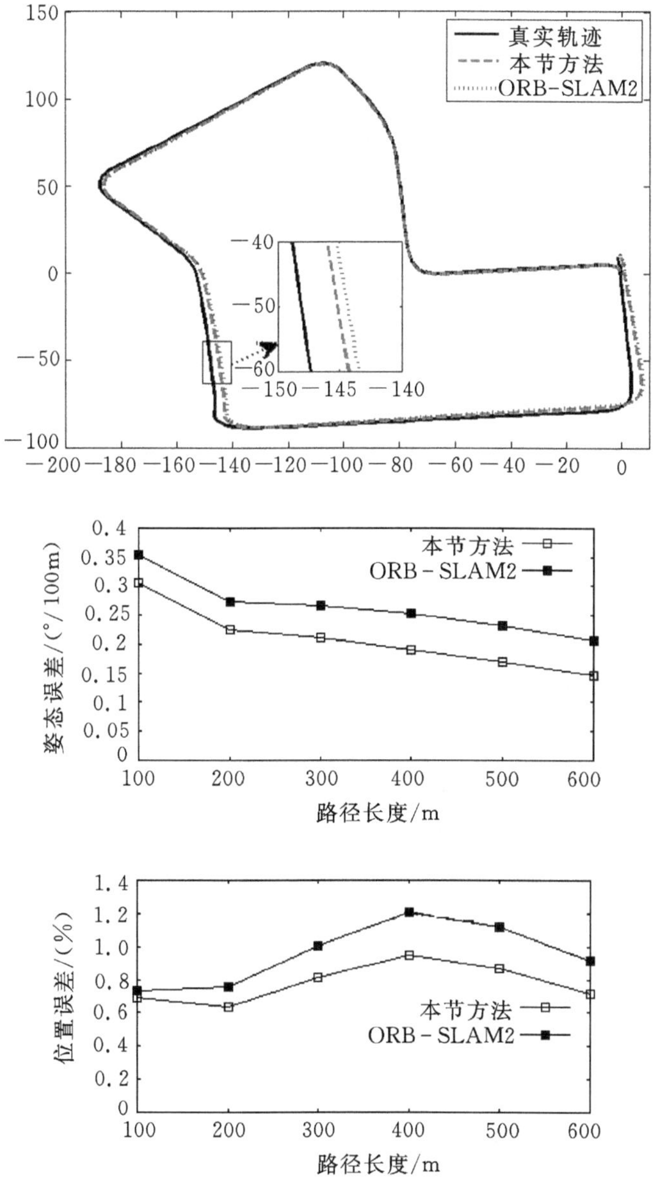

(c)序列 07

续图 6.16 Kitti 数据集对比实验结果图

表 6.2 对本节方法及对比方法在不同序列下的位姿估计误差进行了对比，其中黑体的为误差较低者。

表 6.2　Kitti 数据集对比实验表

Kitti 序列	场景属性		本节方法		ORB-SLAM2	
	长度	环境	t_error (%)	R_error (°/100m)	t_error (%)	R_error (°/100m)
00	3714m	城市	**0.74**	**0.26**	0.84	0.30
01	4268m	高速路	**1.34**	**0.17**	1.54	0.18
02	5075m	城乡	**0.75**	**0.26**	0.82	0.30
03	563m	乡村	**0.68**	**0.16**	0.72	0.17
04	397m	乡村	**0.39**	0.16	0.44	**0.12**
05	2223m	城市	**0.59**	**0.21**	0.62	0.24
06	1239m	城市	**0.66**	**0.19**	**0.78**	0.22
07	695m	城市	**0.78**	**0.36**	0.96	0.46
08	3225m	城乡	**1.01**	0.31	1.02	**0.29**
09	1717m	城乡	**0.79**	0.24	0.84	**0.23**
10	919m	城乡	**0.61**	**0.21**	0.62	0.23
平均	—	—	0.76	0.23	0.84	0.25

从实验结果中可以看出，使用本节提出的考虑多位姿估计约束的位姿估计方法后，对大多数序列的位姿估计的精度都得到了提升。其中，相对于 ORB-SLAM2，姿态估计的精度提高了约 0.02°/100m，位置估计的精度提高了约 0.08%。这是因为考虑多位姿估计约束的方法使更多的匹配点对(包含 3D-2D 匹配点对及 2D-2D 匹配点对)参与了位姿估计，为位姿估计增加了约束，根据文献，这有助于提升位姿估计精度。

由于 ORB-SLAM2 进行当前帧位姿初始估计时仅使用了上一帧的地图点，受上一帧的位姿估计误差影响大，并且对上一帧的无深度点不进行匹配，失去了较多的图像信息。本节方法一方面使用了关键帧对应的地图点，增加了 3D-2D 估计时的地图点数量，并且降低了上一帧累积误差的影响，同时根据与当前帧的匹配关系，更新关键帧的地图点。另一方面引入了利用上一帧中深度已知点及深度未知点的 2D-2D 位姿估计模型，充分利用了上一帧的图像信息，进一步提升了位姿估计精度。

如图 6.17 为序列 05,06,07 中估计各帧位姿时所使用匹配点对数量，其中黑线为本节方法对应的匹配点对数量，可见本节方法所使用匹配点对数量明显增加。通过对比实验可以看出，在不加闭环检测的情况下，在大范围场景中进行位姿估计时，本节方法的估计精度要好于 ORB-SLAM2。

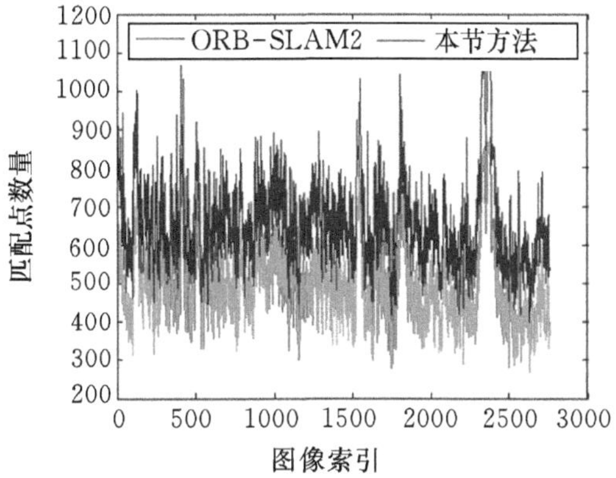

(a)序列 05

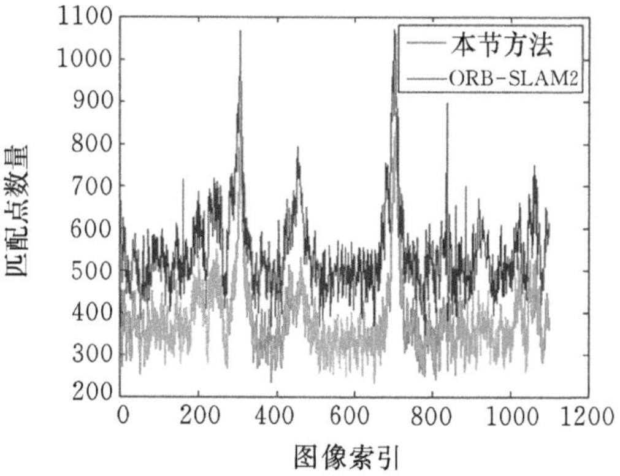

(b)序列 06

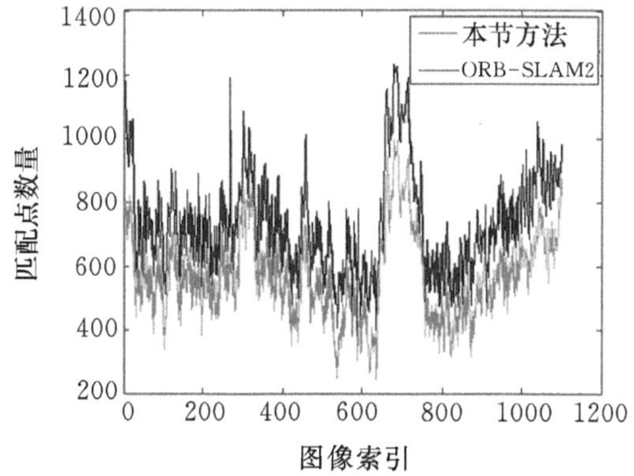

(c)序列 07

图 6.17　匹配点对数量对比图

6.2.4.2　实际场景在线实验

本节以实验室的模拟室内场景为实验场景(见图 6.18),手持 BUMBLEBEE2 传感器(见图 6.19)进行在线实验,传感器采用全局快门曝光方式,帧率为 30fps,图像分辨率为 640×480,基线为 12cm。手持相机沿图 6.18 中黑色路线绕行实验场景 3 圈,进行在线定位。在线实验结果如图 6.20 所示,其中,图 6.20(a)观察视角与图 6.18 一致,图 6.20(b)为估计得到的运动轨迹的俯视图。

图 6.18　在线实验场景

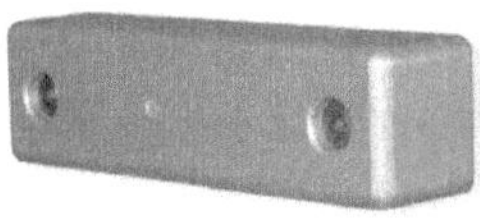

图 6.19　BUMBLEBEE2 双目相机

由于该场景中存在大面积白墙、玻璃等，对视觉里程计是一个较大的挑战。从估计得到的运动轨迹看，三圈轨迹之间没有明显的错位现象，均很好地吻合实际运动轨迹，说明定位效果较好。该实验表明，本节方法能够达到实时且精确进行相机位姿估计的效果。

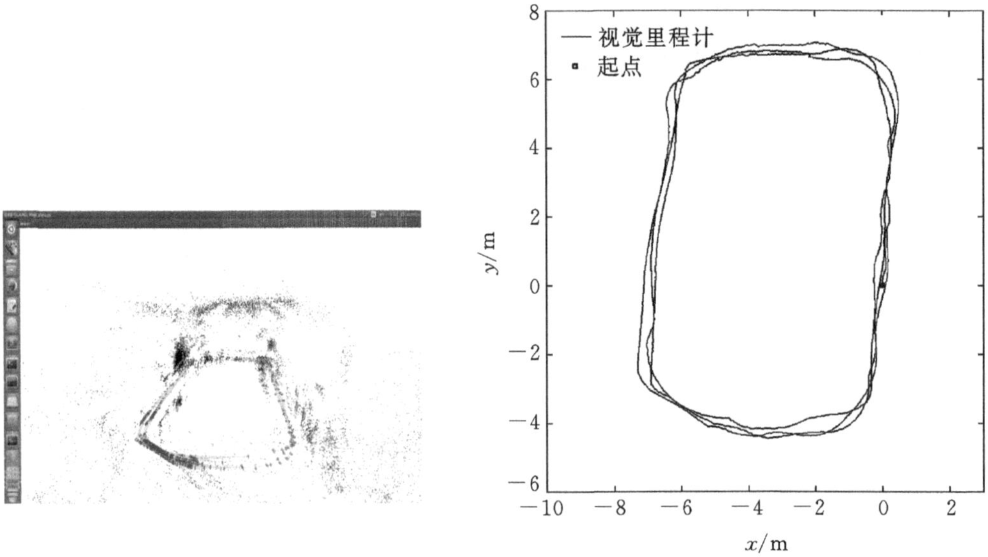

(a)运动轨迹及地图点　　(b)运动轨迹估计结果

图 6.20　实际场景在线实验结果图

6.3　动态场景下基于运动物体检测的立体视觉里程计

传统的立体视觉里程计需要建立在环境中的特征是静态的或者特征的变化只依赖于相机自身的运动这一假设的基础上，而实际场景(如广场、街道等)中难以避免地存在运动物体。若这些运动物体出现在相机采集的图像中且所占比重较大，则难以通过随机采样一致性(RANSAC)将这些动态特征滤除，易将其作为内点计算里程计信息，从而引入误差，造成视觉里程计估计失效。因此，为了解决动态场景下的视觉里程计问题，本节在 6.2 节精度得到提高了的立体视觉里程计的基础上，在立体视觉里程计中引入了莫邵文等人的运动物体检测方法(Motion Object Detection，MOD)。

通过引入运动物体检测方法，可以在视觉里程计中将运动物体与静态物体的特征区别开来，从而可以对运动特征进行处理以使之不影响位姿估计过程。Bibby 和 Reid 等的 SLAM-IDE 系统及 Hahnel 等的研究利用期望最大化(Expectation Maximization，EM)算法估计场景特征的运动状态，并通过可逆的模型选择来允许在视觉里程计中出现动态特征。这类方法对动态特征建立了概率分布模型，有助于多个运动物体的检测。Alcantarilla 及 Shimamura 等将光流或场景流计算引入视觉里程计中，通过判断特征的光流或场景流进行运动物体检测。虽然上述方法能够剔除部分动态特征，但是容易在静态特征较少时，因用于位姿估计的匹配点对太少而造成位姿估计误差大。Choi 等人根据运动物体的深度变化不同于静态特征，统计双目图像中特征的深度置信地图来进行运动物体检测，康铁非等通过旋转平移解耦降低运动特征的影响。虽然这类方法不依赖于相机位姿初始估计，但是对图像信息使用过少，检测结果容易受图像噪声及匹配误差的影响。

本节首先在立体视觉里程计中引入场景流，并构造出图像特征的高斯混合模型进行运动物体检测，且保证了对图像中存在多个运动物体的情况鲁棒。其次，提出构造虚拟地图点的方法，一方面进一步严格筛选运动物体的过程，减少将静态特征误认为运动特征的情况；另一方面将运动特征点与虚拟地图点形成的匹配点对纳入位姿估计的优化框架中，避免图像中静态特征较少时用于位姿估计的匹配点对过少的情况。最后，生成由静态特征对应的地图点构成的局部地图，而后根据图像帧中的特征与局部地图及虚拟地图点集合所形成的匹配点对构造投影误差函数，通过最小化该误差函数估计得到相机位姿。最终通过实验检验了该方法在立体视觉里程计的鲁棒性和在动态场景中的定位精度。

6.3.1 基于场景流的运动物体检测

6.3.1.1 考虑帧间位姿的场景流计算模型

为了能够在相机运动的条件下进行场景流的计算，本节将帧间位姿引入场景流的计算模型中。由于根据相机运动模型可以获取当前帧较为精确的位姿估计，所以可以将上一帧图像经过位姿变换再与当前帧进行场景流的计算，经位姿变换后即可类似于在相机静止条件下进行场景流计算。

假设基于相机运动模型估计得到相邻两帧之间的旋转变换为 $\boldsymbol{R}$，平移变换为 $\boldsymbol{t}$，这两帧之间形成匹配点对 $\{(u,v)\rightarrow(u',v')\}$，特征点对应的深度分别为 z 和 z'。此处的相机由深度相机直接获取或根据双目相机模型获取，那么，可以获得它们对应的点在当前帧坐标系中的坐标分别为

$$\begin{bmatrix}X\\Y\\Z\end{bmatrix}=z\cdot\boldsymbol{R}\cdot\boldsymbol{K}^{-1}\cdot\begin{bmatrix}u\\v\\1\end{bmatrix}+\boldsymbol{t} \tag{6.47}$$

$$\begin{bmatrix}X'\\Y'\\Z'\end{bmatrix}=z'\cdot\boldsymbol{K}^{-1}\cdot\begin{bmatrix}u'\\v'\\1\end{bmatrix} \tag{6.48}$$

其中，$\boldsymbol{K}$ 为相机内参矩阵：

$$\boldsymbol{K}=\begin{bmatrix}\frac{1}{f_x} & 0 & -\frac{c_x}{f_x}\\ 0 & \frac{1}{f_y} & -\frac{c_y}{f_y}\\ 0 & 0 & 1\end{bmatrix} \tag{6.49}$$

那么，该特征点对应的 3D 运动矢量即场景流为

$$\widehat{\boldsymbol{M}}=\begin{pmatrix}X'-X\\Y'-Y\\Z'-Z\end{pmatrix} \tag{6.50}$$

由于存在匹配误差、投影误差等的影响，部分静态物体对应的特征点也会有非零运动矢量，所以这一运动矢量不能直接用于区分场景中的运动物体及静态物体，还需要其他信息

辅助。

6.3.1.2　虚拟地图点的构造

为了能够充分利用前一帧运动物体检测的结果，严格运动物体检测流程，构造虚拟地图点(Virtual Point)。如图 6.21 所示，根据运动物体的运动模型，估计出运动物体对应的地图点(称为运动点)及运动状态未知的地图点(称为状态未知点)在下一时刻的 3D 位置，由估计得到的地图点组成虚拟地图点集合。

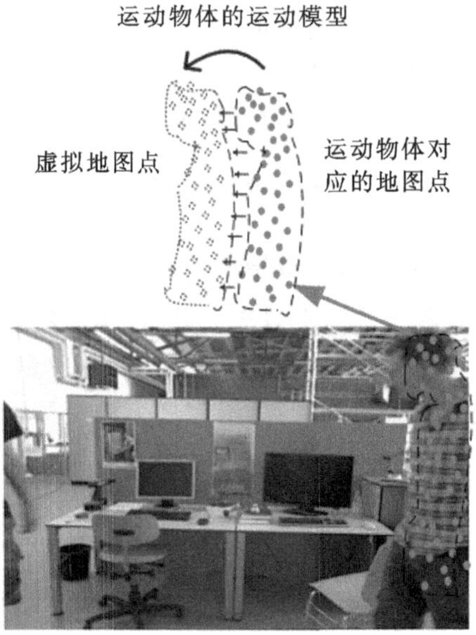

图 6.21　虚拟地图点生成原理图

在相机位姿估计结束后，根据估计结果将运动特征点集合 和状态未知特征点集合 Q 中已知深度为 z_c 的特征点 (u,v) 投影为地图点 (x_k, y_k, z_k)：

$$\boldsymbol{P}_k = \begin{bmatrix} x_k \\ y_k \\ z_k \end{bmatrix} = \boldsymbol{R} \times \begin{bmatrix} (u-c_x)\cdot z_c/f_x \\ (v-c_y)\cdot z_c/f_y \\ z_c \end{bmatrix} + \boldsymbol{t} \tag{6.51}$$

根据前一时刻及当前时刻的地图点位置，可以得到运动物体的运动模型 $\boldsymbol{M}_k$ 为

$$\boldsymbol{M}_k = \boldsymbol{P}_k - \boldsymbol{P}_{k-1} \tag{6.52}$$

则可构建虚拟地图点为

$$\boldsymbol{P}_{k+1}^{(v)} = \boldsymbol{M}_k + \boldsymbol{P}_k \tag{6.53}$$

6.3.1.3　基于 GMM 的运动物体检测

假设属于同一运动物体的运动矢量的分布服从高斯模型，那么同一场景中的多个运动物体的运动矢量则服从于高斯混合模型(Gaussian Mixed Model，GMM)。

当一个物体运动时，它所对应的运动矢量角度(见图 6.22(a))是趋于一致的，因此运动矢量的角度服从高斯混合模型，使用期望最大化算法(Expectation-Maximization，EM)求解对应的高斯混合模型具体参数。如图 6.22(b)所示，根据求得的高斯混合模型，可以确定静态物体及不同运动物体所对应的高斯模型。为了确定某一特征点是否属于运动物体，以该特征点在

静态物体对应的高斯模型(均值较小的高斯模型)中的高斯值作为阈值 ψ_{th}，计算该特征点在运动物体对应的高斯模型中的高斯值 ψ_p，将满足 $\psi_p > \psi_{\mathrm{th}}$ 的特征点列入待选运动点集合 $\mathscr{T}$中。

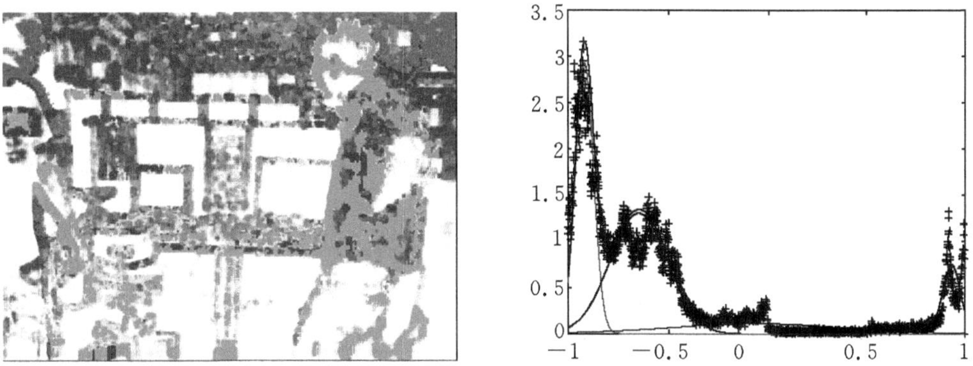

(a)物体运动矢量角度示意图　　(b)图(a)对应的 GMM 结果

图 6.22　物体运动矢量角度

由于存在匹配误差时，场景流的计算也服从高斯分布，所以为了排除匹配误差等对运动物体检测的影响，将待选运动点集合 $\mathscr{T}$与虚拟地图点集合 $\mathscr{V}$进行特征匹配。以 φ_p 表示待选运动点 $\boldsymbol{P} \in \mathscr{T}$的匹配结果：

$$\varphi_p = \begin{cases} \text{真，匹配成功} \\ \text{假，匹配失败} \end{cases} \tag{6.54}$$

将匹配成功的待选运动点列入运动点集合 $\mathscr{P}$中，否则将其列入状态未知点集合 $\mathscr{Q}$中。以 φ_p 表示点 $\boldsymbol{P}$ 的运动状态：

$$\varphi_p = \begin{cases} \text{运动，} & \psi_p > \psi_{\mathrm{th}} \quad \text{且} \quad \varphi_p \text{ 为真} \\ \text{未知，} & \psi_p > \psi_{\mathrm{th}} \quad \text{且} \quad \varphi_p \text{ 为假} \\ \text{静态，} & \psi_p < \psi_{\mathrm{th}} \end{cases} \tag{6.55}$$

如图 6.23 所示为运动物体检测的结果，其中白色点表示属于运动物体的特征点。

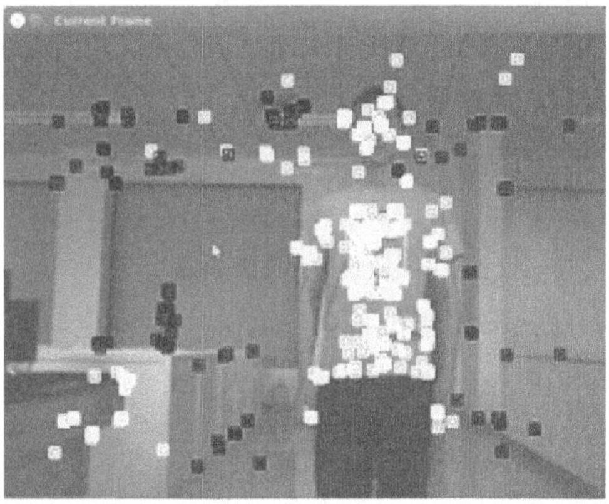

图 6.23　运动物体检测结果

6.3.2 基于运动物体检测的立体视觉里程计

如图 6.24 所示为本节算法框架图。本节算法共分为两部分:运动物体检测和相机位姿跟踪。在进行了运动物体检测后,运动点已经与虚拟地图点形成了匹配;而对于静态特征点,本节借鉴 ORB-SLAM2 构造局部地图的方法,使静态特征点与局部地图点建立匹配关系。一方面,匹配局部地图的方法使得位姿估计时有更多的约束来提高相机位姿估计结果的准确性;另一方面,匹配虚拟地图点的方法使得运动物体在图像帧中占比较大时,仍能够有足够的匹配点对来保证相机位姿估计的正常进行。

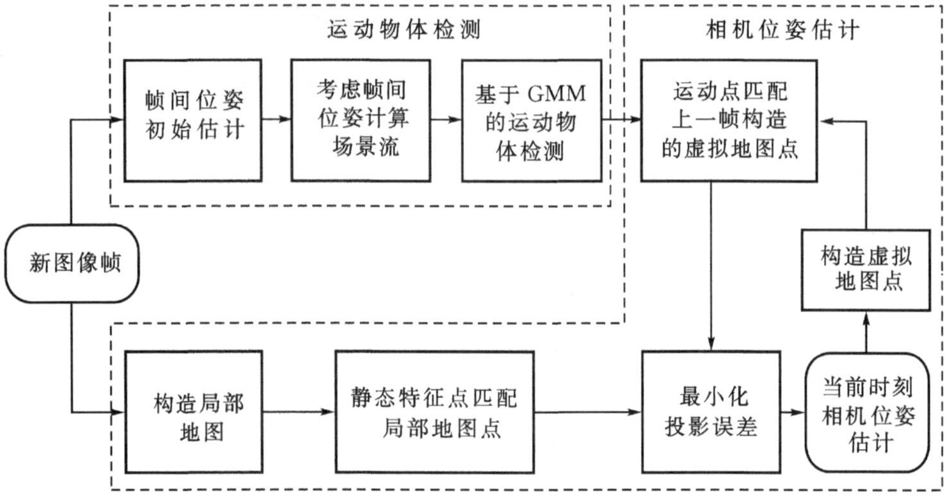

图 6.24　算法框架图

6.3.2.1　局部地图的构造

由于将所有的地图点与当前帧特征点进行匹配的话,计算量大且时间消耗多,因此本节只构建局部地图与当前帧特征点进行匹配。这既能提升位姿估计的精确度,又能保证不会耗时过多。如图 6.25 所示,当前帧的局部地图由与当前帧共视地图点的关键帧集合 $\mathscr{K}_1$ 、与 $\mathscr{K}_1$ 共视地图点的关键帧集合 $\mathscr{K}_2$ 组成。局部地图点即为被 $\mathscr{K}_1$ 和 $\mathscr{K}_2$ 观测到的地图点集合 $\mathscr{L}$。

6.3.2.2　考虑虚拟点的相机位姿估计

将局部地图点集合 $\mathscr{L}$(Local Map Points)和虚拟地图点集合 $\mathscr{V}$ 与当前帧特征点集合 $\mathscr{F}$ 进行匹配,对于所形成的匹配点对 $\{\boldsymbol{P}_i \rightarrow {}_c\boldsymbol{u}_i \mid \boldsymbol{P}_i \in \mathscr{L} \cup \mathscr{V}, {}_c\boldsymbol{u}_i \in \mathscr{F}\}$,计算匹配之后的投影误差

$$\boldsymbol{\varepsilon}_i = \hat{\boldsymbol{\pi}}(\boldsymbol{R}\boldsymbol{P}_i + \boldsymbol{t}) - {}_c\boldsymbol{u}_i \tag{6.56}$$

通过最小化如下误差函数可以获取相机的位姿估计:

$$\boldsymbol{F} = \sum_i \| \boldsymbol{\varepsilon}_i \|_{\boldsymbol{\Omega}} = \sum_i \| \hat{\boldsymbol{\pi}}(\boldsymbol{R} \cdot \boldsymbol{P}_i + \boldsymbol{t}) - {}_c\boldsymbol{u}_i \|_{\boldsymbol{\Omega}} \tag{6.57}$$

其中,$\boldsymbol{\Omega}$ 为信息矩阵, $\| \boldsymbol{\varepsilon}_i \|_{\boldsymbol{\Omega}} = \boldsymbol{\varepsilon}_i^{\mathrm{T}} \boldsymbol{\Omega} \boldsymbol{\varepsilon}_i$ 。

将当前帧划分为 10×10 的图像块,分别在每个图像块 B_i 中,计算与虚拟地图点构成的匹配点对在该图像块中所有匹配点对中所占的比例 r_i ,也即 $r_i = n_i / \sum_j n_j$,那么信息矩阵中的对角元素正比于 $1/r_i$,也即 $\Omega_i \sim 1/r_i$ 。信息矩阵的设置表征了区域中虚拟点占比越多,就越

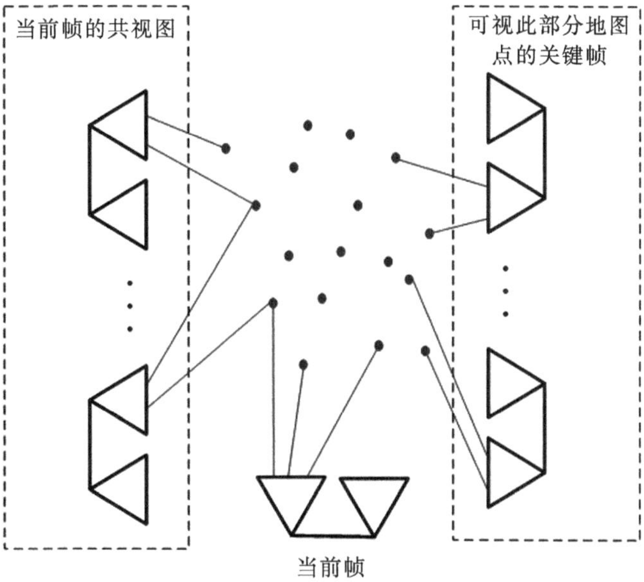

图 6.25　局部地图示意图

不信任其对误差函数的贡献。这是因为虚拟点是由运动点根据运动物体的运动模型计算得到的,而运动物体的运动并不是绝对满足运动模型的,所以与虚拟点形成正确匹配的概率要小于与局部地图点形成正确匹配的概率。另外,一个区域内虚拟地图点匹配点对越多,说明该区域属于运动物体的概率越大,该区域内的点被误认为静态点的可能性越高,因此应该将其信任度降低。

6.3.3　实验与分析

实验所用电脑配置为:CPU 为 I7 处理器,主频 2.5GHz,内存 4GB,不使用 GPU 加速,系统为 Ubuntu14.04。使用 TUM 数据集进行实验,与 ORB-SLAM2 方法进行对比,检验本节的立体视觉里程计算法在动态场景下的运行效果,并且使用 BUMBLEBEE2 双目相机进行在线实际场景实验。

6.3.3.1　TUM 数据集实验

TUM 数据集中的 fr3 系列(包括 sitting_xyz, sitting_halfsphere, sitting_rpy, sitting_static, walking_xyz, walking_halfsohere, walking_rpy 和 walking_static 等序列)中相机始终对着桌子,不同序列中相机运动轨迹及人的移动方式不一样,是一个典型的动态场景序列集。在 TUM 的 fr3 系列数据集中分别应用 ORB-SLAM2 算法和本节提出的基于运动物体检测的立体视觉里程计算法估计相机轨迹,并与真实轨迹比较,评价两种方法在动态场景中的鲁棒性及精确度。

如图 6.26 所示为序列 walking_static 的相机轨迹及轨迹误差对比图,其中 VP 表示虚拟地图点。从图(a)中可以看出相对于由 ORB-SLAM2 方法估计的轨迹,由本节方法所估计的相机轨迹明显更接近真实轨迹。从图(b)中可以看出,ORB-SLAM2 方法的结果受运动物体的影响,大约在第 160 帧到第 192 帧之间,虽然相机基本不动,但是估计的相机位姿随人向右侧运动发生了偏移，且偏移量较大，这一误差持续累积直至第 377 帧。这是因为该算法误认为是相机的运动引起的场景变化，从而错误估计了相机位姿。在第 377 帧之后虽然误差减少，但这只是因为此时人由右向左运动，所引起的误差刚好与前期的累积误差相反，从而使最终误差减少。

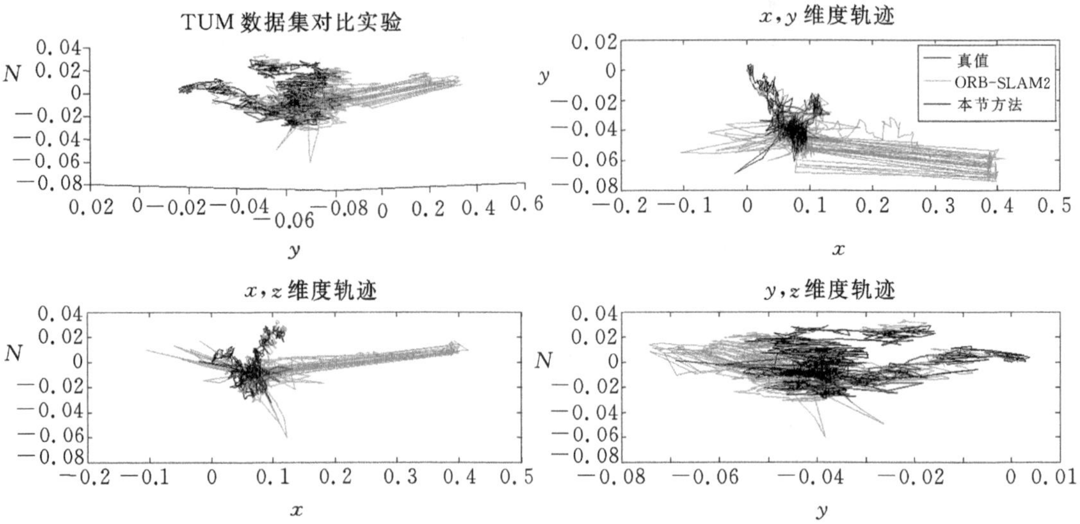

(a)相机轨迹

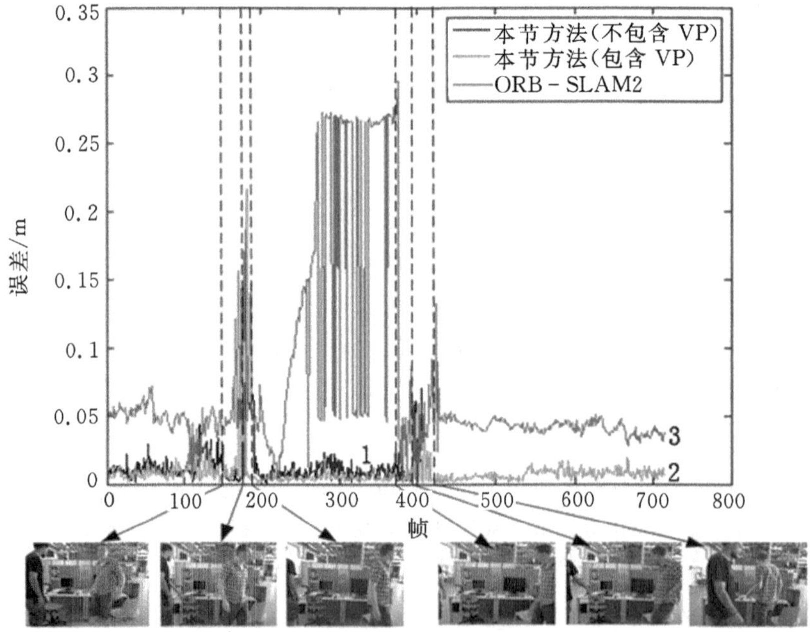

(b)相机轨迹误差

图 6.26　数据集对比实验结果

本节方法能够在图像中有物体运动时仍保持较为准确的相机位姿估计，这是因为在本节的视觉里程计中进行了运动物体检测，同时使运动物体的特征点不再错误地与静态地图点形成匹配，而是被独立地与虚拟地图点进行匹配，这使得进行相机位姿估计时使用正确的特征点与地图点的匹配点对，所以本节方法受运动物体的影响较小。

另外，如图 6.26(b)中所示，当本节方法不加入生成虚拟地图点的方法时，约第 416 帧前视觉里程计的精度虽然低于加入生成虚拟地图点方法的本节算法，但仍高于 ORB-SLAM2 算法，说明本节基于场景流的运动物体检测方法中得到的待选运动点集合 T 已经包含了大部分运动特征点，达到了较好的运动物体检测效果。但是，在约第 416 帧时视觉里程计失效，这是因为在第 416 帧时运动物体在图像中占比很大，此时如果运动物体的特征点既不与局部地图点形成匹配，又不与虚拟地图点匹配，那么可供位姿估计的匹配点对数量将会很少，所估计得到的误差将会很大而造成视觉里程计失效，也即是“跟丢”第 417 帧，所以本节的生成虚拟地图点的方法是有效可行的。

同时，本节方法的耗时情况如表 6.3 所示，从表中可见，基于本节方法进行的数据集实验中，仅位姿估计部分的耗时约为 34.44ms(也就是 30.03Hz)，满足实时定位的要求。

表 6.3　数据集对比实验运行时间表

阶段	特征点提取	位姿初始化	运动物体检测	局部地图跟踪	虚拟地图点跟踪	总计
时间/ms	10.92	3.44	1.27	16.31	2.50	34.44

本节进一步基于 fr3 的其余数据集进行了对比实验，实验结果如表 6.4 所示(标下画线者为误差较小者)。在运动物体运动幅度很小时(如 sitting 系列)，本节方法与 ORB-SLAM2 方法的位姿估计误差相近；但在运动物体运动幅度很大，也即场景动态属性较强时(如 walking 系列)，本节方法优于 ORB-SLAM2 方法，说明其鲁棒性强于 ORB-SLAM2 方法。

表 6.4　对比实验结果表

方法 TUM 序列	ORB-SLAM2	本节方法
sitting_xyz	0.009921	0.010144
sitting_halfsphere	0.021115	0.023901
sitting_rpy	0.022008	0.018039
sitting_static	0.008294	0.008146
walking_xyz	0.426640	0.225116
walking_halfsphere	0.447923	0.042330
walking_rpy	0.740774	0.196101
walking_static	0.102837	0.012093

6.3.3.2　实际场景在线实验

本节设置了如下的在线实验场景：固定相机位置，在相机视野内人员按照如图 6.27 路线行走，设置的场景中运动人员在相机近处及远处前后移动、左右移动、曲线运动，较为全面地包含了动态场景的特征。

分别基于 ORB-SLAM2 和本节方法进行实际场景在线实验，实验结果如图 6.28 和图 6.29 所示，两图中图(a)为所估计得到的相机运动轨迹，图(b)为相机位置估计误差图，图 A～图 F 为图(b)中标出的对应时刻的图像帧(右图)及相机位姿状态(左图)。

图 6.27　运动人员运动路线

基于 ORB-SLAM2 的实验结果表明，基于 ORB-SLAM2 的相机位姿估计的均方根误差(RMSE)为 0.249581m。如图 6.28 所示，运动人员在相机近处(A 至 C)及相机远处(D 至 F)时，相机的轨迹受场景中运动人员的影响较大，场景变化时算法误认为相机正在运动，所以估计得到的相机位姿与实际相机状态偏差较大。

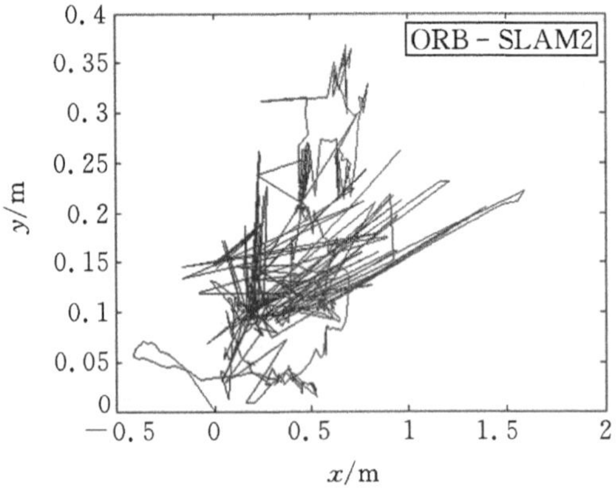

(a)估计的相机轨迹

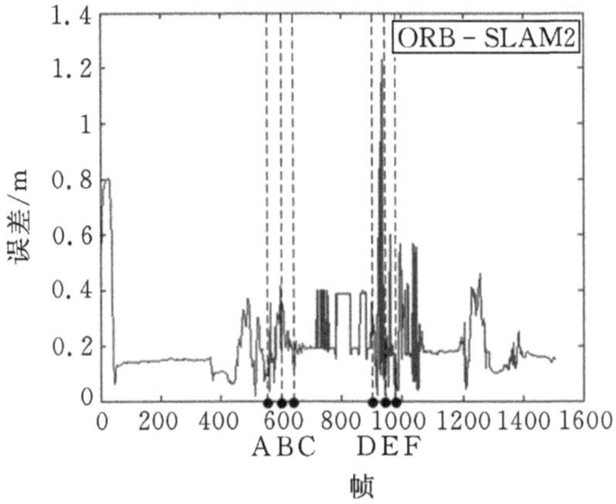

(b)相机位置估计误差

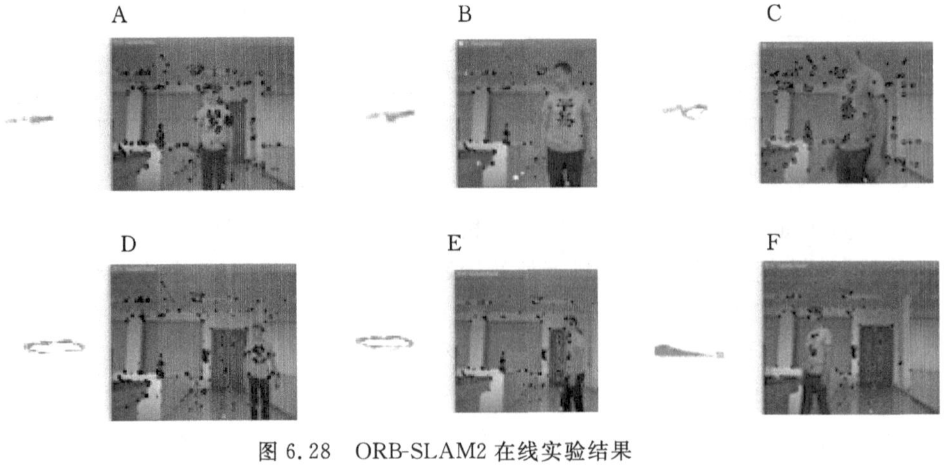

图 6.28　ORB-SLAM2 在线实验结果

实验结果表明,其相机位姿估计的均方根误差(RMSE)为 0.005159m。如图 6.29 所示,运动人员在相机近处(A 至 C)及相机远处(D 至 F)时,相机的轨迹基本不受场景中运动人员的影响,场景变化时相机位姿仍能保持准确估计,与实际相机状态基本一致。

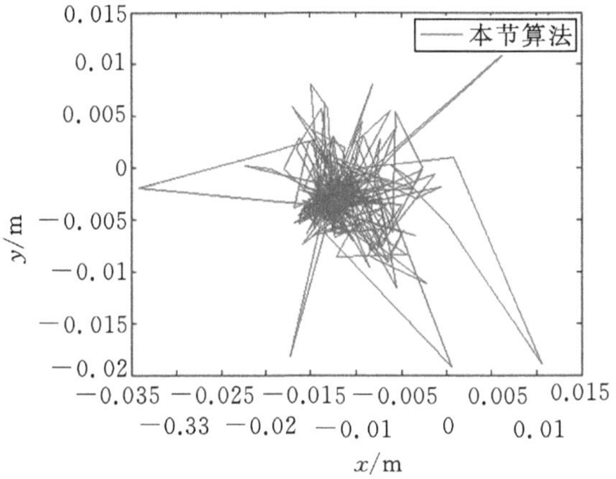

(a)估计的相机轨迹

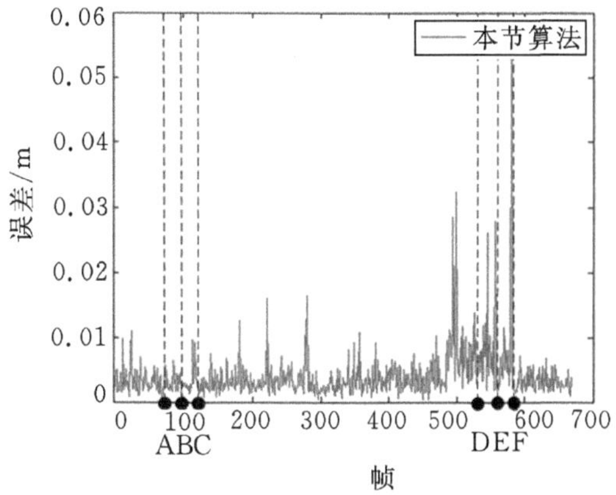

(b)相机位置估计误差

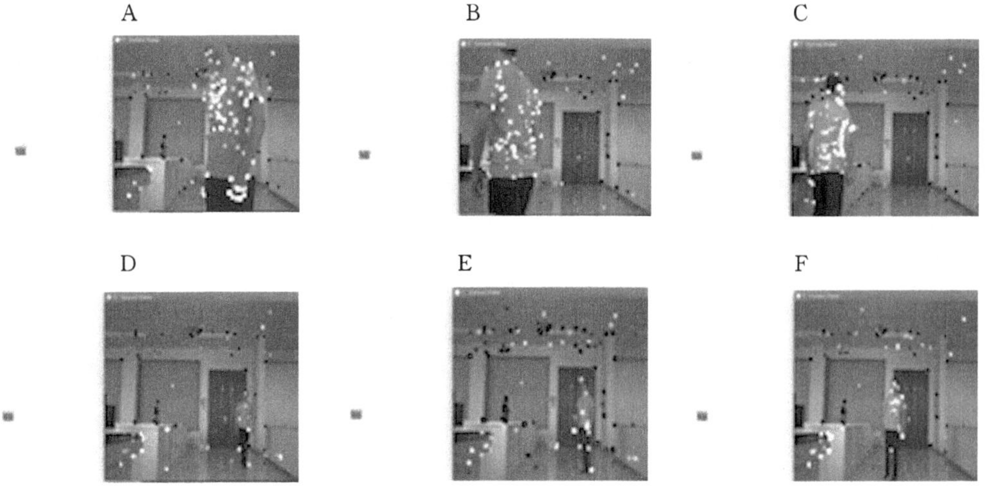

图 6.29 基于运动物体检测的立体视觉里程计在线实验结果

从实际场景在线实验中可以看出,本节方法很好地克服了动态场景中运动物体带来的干扰,对场景中存在左右移动、前后移动或曲线运动的物体时,均能够保持较强的鲁棒性,在线实验效果验证了其可行性和有效性。

6.4 本章小结

本章对不同情况下的视觉里程计改进算法进行了介绍。描述了一种基于改进快速视觉里程计和大回环局部优化模型的帧间配准方法。前端通过改进 Color GICP 误差函数提高帧间配准的精度,后端通过模型到模型配准构建大回环提高局部优化精度和效率。描述一种考虑多位姿估计约束的立体视觉里程计方法。综合考虑图像帧中的深度已知点和深度未知点改进 2D-2D 位姿估计模型，通过在初始位姿估计阶段引入关键帧地图点改进 3D-2D 位姿估计模型，并整合改进后的 2D-2D 位姿估计模型和 3D-2D 位姿估计模型构建一个包含多位姿估计约束的非线性优化模型。对该方法的效果分别在数据集实验和实际场景实验中进行了验证。针对动态场景下立体视觉里程计易受运动物体影响而导致位姿估计结果不精确甚至失效的问题，在立体视觉里程计中引入运动物体检测方法。一方面通过基于场景流的运动物体检测方法检测和剔除运动物体对应的特征点，另一方面提出构造虚拟地图点的方法，并结合局部地图避免运动物体在图像中占比较大时匹配点对不足的问题。进行数据集实验和实际场景实验，验证了动态场景下立体视觉里程计的效果。

第 7 章　VSLAM 后端——闭环检测

闭环检测作为 VSLAM 问题中的关键环节，对消除机器人位姿估计的累积误差和减少地图不确定性至关重要。然而，闭环检测因其数据规模大、评价要求高而成为 VSLAM 的基础难题之一。随着计算机视觉技术的发展，基于视觉信息的闭环检测技术逐渐兴起并广泛应用于 VSLAM 系统中。

7.1　基于历史模型集的改进 VSLAM 闭环检测算法

影响移动机器人 VSLAM 精度的一个重要原因就是位姿估计中存在累积误差，这也是许多学者研究解决的难题之一。随着机器人移动距离或旋转角度的增长，累积误差会越来越大，最终导致构建的地图发生畸变，与实际地图严重不符。虽然局部优化可以在一定程度上减少累积误差，但也只是局部上的，只能小幅度地减少。当机器人重新访问并且识别出已经到过的区域时，机器人位姿就可以发生较大的调整，就可以从全局上对机器人位姿进行优化，极大地减少机器人位姿估计中的累积误差，从而构建一致性好的地图，这就是 VSLAM 中的闭环检测。

闭环检测是机器人 VSLAM 中用于减少累积误差的核心环节，也是机器人进行长期 VSLAM 的一个不可或缺的环节。目前，闭环检测算法多是采用传统帧到帧的检测模式，这种逐帧比较的模式检测时间较长。当关键帧数增加到一定数目时，每一帧的比较时间都会很长，极大地降低了闭环检测的实时性。闭环检测的另一个难题就是闭环检测的准确率，只有正确的闭环才能减少累积误差，错误的闭环甚至会破坏原有的位姿估计。

目前，基于视觉的闭环检测算法主要是借鉴文本检索领域的词袋(Bag of Word, BoW)模型(也称视觉词典)。近几年，在 BoW 的基础上衍生出多种改进算法并取得了较好的闭环检测效果。其中，Cummins 等人用 Chow-Liu 树估计单词的概率分布，克服了视觉单词间的独立性假设，而后使用贝叶斯方法计算闭环概率。Angeli 等人提出了一种增量式闭环检测算法 IAB-MAP(Incremental Appearance-Based Mapping)，采用局部颜色和形状信息增量式地构建视觉词典。Callmer 等人提出了一种基于分层视觉词典树(Visual Vocabulary Tree)的闭环检测算法，一方面克服了视觉词典容量的限制，另一方面提高了闭环检测的实时性。李博等人提出了一种基于视觉词典树的金字塔 TF-IDF 得分匹配方法，不仅减小了视觉词典的单尺度量化误差，而且有效区分了视觉词典树不同层次节点对闭环检测的影响。Labbé 等人提出了一种基于强大内存管理机制的实时闭环检测方法 RTAB-MAP(Real-Time Appearance-Based Mapping)，其仅使用出现概率大的位置参与闭环检测，从而极大地减少了每帧数据的闭环检测时间，提高了闭环检测的实时性。

闭环检测对实时性和准确率要求较高，且需要具备减少感知歧义的能力。然而，在现有方法中，IAB-MAP 和 FAB-MAP 虽然能胜任大规模环境下的闭环检测问题，但是其通过逐个比较当前帧数据与历史帧数据的相似性来判断是否发生闭环，检测时间较长，效率较低，不能满足闭环检测的实时性要求，且成功率不高。RTAB-MAP 虽然具有较好的实时性，但其仅使用部分历史帧信息进行闭环检测，造成闭环检测的准确率不高甚至出现误正闭环，导致已构建地图的一致性遭到破坏。

针对闭环检测的实时性和准确率需求，本节借鉴基于 Kinect 视觉传感器的 Frame-to-model 配准模型，描述一种基于历史模型集的改进 VSLAM 闭环检测算法。首先，在基于 Kinect 传感器的 Frame-to-model 配准方法的基础上，通过增加特征描述向量，并使用加权方法实现对特征向量的更新，从而构建历史模型集，并利用视觉词典树（Visual Vocabulary Tree）对历史模型集和当前帧数据进行场景描述。其次，在金字塔 TF-IDF 得分匹配方法的基础上，以反比例函数代替最小值函数作为两幅图像在单个节点的相似性得分函数以减少感知歧义，提高闭环检测的准确率。利用改进方法对当前帧数据与历史模型集的从属关系进行有效判断，与传统逐帧比较的方法相比，比较次数明显减少，提高了闭环检测的实时性。再次，通过改进的金字塔 TF-IDF 得分匹配方法对当前帧数据和候选历史模型集所包含的关键帧进行相似性分析，提取得分最高者作为候选闭环。最后从时间连续性和对极几何约束两个方面剔除误正闭环，得到最终的正确闭环。数据集和实际场景对比实验均表明，这种闭环检测算法在实时性和准确率方面均表现出良好的特性。

7.1.1　基于改进 Frame-to-model 配准的历史模型集构建

机器人在移动过程中，能连续地获得场景图像。由于连续关键帧之间移动机器人的位姿变化较小，因此连续关键帧表示的场景相似度较高。基于 Frame-to-model 模型的视觉里程计方法，可以将连续关键帧的特征点融合到一个模型集（Model）中，从而提高了帧间配准的效率。本节在此基础上，增加了特征描述向量，并使用加权方法实现对特征描述向量的更新，从而改进 Frame-to-model 模型以构建历史模型集。

历史模型集的构建与第 6.1.1.1 节中模型集的构建方法基本相同，但是需增加特征描述向量并对其进行更新，因此本节只介绍与第 6.1.2.1 节不同的地方。

首先是数据集 $D_t=\{d_i\}$ 和当前模型集 $M_t=\{m_j\}$（第 6.1.1.1 节的模型集这里称之为当前模型集，从而与历史模型集相对应）的构造。与第 6.1.1.1 节不同的是，为了对场景进行描述，需要增加特征描述向量 $\boldsymbol{f}$，由于使用的特征点类型均为 SURF 特征点，因此描述向量是一个 64 维的 SURF 特征描述向量。最终构造的数据集和模型集形式如下：

$$S=\{s_t\} \tag{7.1}$$

其中

$$\begin{cases} s_t = \{\boldsymbol{\mu}^{[S]}, \boldsymbol{\Sigma}^{[S]}, \boldsymbol{c}^{[S]}, \boldsymbol{f}^{[S]}\} \\ \boldsymbol{\mu} = (\mu_x, \mu_y, \mu_z)^{\mathrm{T}} \\ \boldsymbol{\Sigma} = \begin{bmatrix} \sigma_x^2 & \sigma_{xy} & \sigma_{xz} \\ \sigma_{yx} & \sigma_y^2 & \sigma_{yz} \\ \sigma_{zx} & \sigma_{zy} & \sigma_z^2 \end{bmatrix} \\ \boldsymbol{c} = (L, a, b)^{\mathrm{T}} \\ \boldsymbol{f} = (f_1, f_2, \cdots, f_{64}) \end{cases} \tag{7.2}$$

其次是帧到模型的配准，本节依然采用第 6.1.1.2 节中改进的 Color GICP 算法进行配准，从而获得机器人(相机)在世界坐标系下的绝对位姿。

最后是模型的更新。其中更新方法与第 6.1.1.3 节类似，只是多了特征描述向量的更新。由于 SURF 特征描述向量与转换矩阵无关，因此理论上在转换前后特征向量应当保持不变。在实现过程中，对于外点的特征描述向量，本节将其保持不变；在内点的更新上特征向量的更新采用加权思想。具体的更新方法见第 6.1.1.3 节中颜色向量的更新方法。

通过帧到模型配准不断地将新的关键帧数据加入到当前模型集中。设定一个历史模型集容纳关键帧的数目，当当前模型集包含的关键帧数达到该数目时，认为历史模型集构建完成，并将其加入到闭环检测的行列中。历史模型集容纳关键帧的数目将影响到闭环检测的实时性和准确率，根据经验，设定一个历史模型集包含 6 个关键帧，从而权衡闭环检测的实时性和准确率。

7.1.2　基于历史模型集的改进闭环检测算法

传统的闭环检测方法通过逐个比较当前帧数据与历史帧数据的相似性来判断是否发生闭环，效率较低，不能满足闭环检测的实时性要求。RTAB-MAP 强大的内存管理机制虽然极大地提高了闭环检测的实时性，但其仅使用部分历史帧数据参与闭环检测，导致闭环检测的准确率不高。

针对闭环检测的实时性和准确率要求，在此采用基于历史模型集的改进闭环检测算法。首先，使用反比例函数代替最小值函数以改进李博等人的视觉词典树金字塔 TF-IDF 得分匹配方法；其次，使用改进的得分方法对当前帧与历史模型集进行相似性分析，判断出当前帧与历史模型集之间的从属关系；然后，将当前帧数据与候选历史模型集所包含的关键帧逐一进行相似性分析，获得闭环候选；最后，从时间连续性和对极几何约束两个方面剔除误正闭环。这种闭环检测模式既有效减少了闭环检测时比较的次数，提高了闭环检测的实时性，又充分利用了历史帧的所有数据，确保闭环检测的准确率和召回率。

7.1.2.1　改进的视觉词典树金字塔 TF-IDF 得分匹配方法

闭环检测即是在对场景进行描述的基础上，通过某种相似性分析判断机器人是否处于已访问过的地方。为克服传统 BoW 方法受词典大小的限制，采用视觉词典树对场景进行描述，并通过优化两幅图像在单个节点的相似性得分函数，得到改进的金字塔 TF-IDF 得分匹配方法，从而能够有效减少闭环检测中的感知歧义。

1)基于视觉词典树的视觉场景描述

当前，BoW 被广泛应用于闭环检测中的场景描述。传统的 BoW 表示方法先对从图像中提取的特征进行聚类，从而构造视觉单词，然后采用单词的统计直方图对场景进行描述。

然而，传统的 BoW 表示方法易受视觉词典大小的限制：词典中单词个数过多，则实时性差；单词个数过少，则闭环检测准确率不高。为满足闭环检测的实时性，不受视觉单词个数的限制，本节利用视觉词典树的快速搜索特性，将图像在树的各个节点的 TF-IDF 熵作为图像在该视觉单词的得分权重，从而构造得分向量对历史模型集进行场景描述。

假设树的分支数为 k，层数为 L，对每一分支递归调用 K 均值聚类算法，从而得到 K 个子分支，直到第 L 层，如图 7.1 所示。将每个分支特征的聚类中心作为该分支的节点，其描述向量作为视觉单词，从而建立视觉词典树。一棵 L 层 k 分支视觉词典树的单词空间表征能力为

$$\sum_{i=1}^{L} k^i = (k^{L+1} - k)/(k-1) \approx k^L \tag{7.3}$$

可以看出，视觉词典树在单词空间表征能力方面远远大于传统的视觉词典。使用视觉词典树可以有效克服传统 BoW 对视觉词典大小依赖的不足。根据已有文献中对 k 和 L 的讨论并结合经验，取 $k=4$，$L=5$。

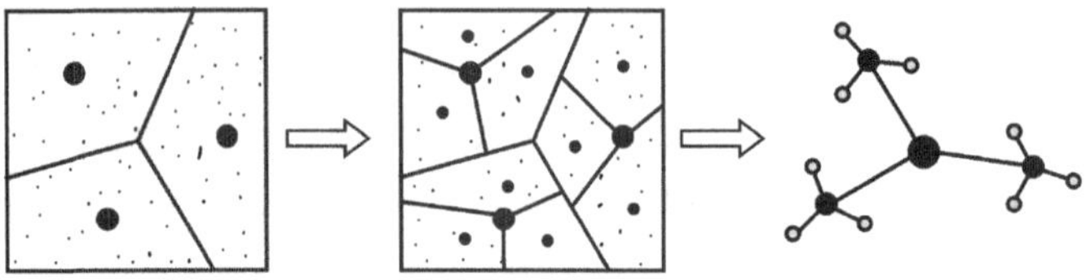

图 7.1　视觉字典树生成方法

假设从图像 X 中提取 n 个 d 维特征：

$$X = \{\boldsymbol{x}_1, \boldsymbol{x}_2, \cdots, \boldsymbol{x}_n\}\ ,\ \boldsymbol{x}_i \in R^d$$

按照图 7.1 方法构建视觉词典树，将图像在各个树节点的 TF-IDF 熵作为图像在该视觉单词的得分权重。定义 TF-IDF 熵为

$$\omega_i^l(X) = \frac{n_i}{n}\log\frac{N}{N_i},\quad l \in \{0,1,\cdots,L\},\quad i \in \{1,2,\cdots,k^l\} \tag{7.4}$$

其中，$\omega_i^l(X)$表示图像 X 在视觉字典树的第 l 层的第 i 个节点 O_i^l 处的投影得分；N 表示待处理图像总数；n_i 表示图像 X 投影到节点 i 的特征数；N_i 表示至少有一个特征投影到节点 i 的图像数。

记图像 X 的场景描述向量为

$$\boldsymbol{W}(X) = (\boldsymbol{W}^1(X), \boldsymbol{W}^2(X), \cdots, \boldsymbol{W}^L(X)) \tag{7.5}$$

其中

$$\boldsymbol{W}^l(X) = (\omega_1^l(X), \omega_2^l(X), \cdots, \omega_{k^l}^l(X))$$

表示图像 X 在视觉词典树的第 l 层的得分向量。

2）基于反比例函数的改进金字塔 TF-IDF 得分匹配方法

闭环检测的难点之一在于相似性场景引起的感知歧义，感知歧义会引入误正闭环，导致地图的一致性遭到破坏。针对实际环境中的感知歧义问题，在视觉字典树金字塔 TF-IDF 得分匹配方法的基础上，以反比例函数代替最小值函数以优化两幅图像在单个节点的相似性得分

函数，有效减少了闭环检测的感知歧义。

图像 X 和 Y 在单个节点 O_i^l 的相似性得分可通过最小值函数求得：

$$S_i^l(X,Y) = \min\{\omega_i^l(X),\omega_i^l(Y)\} \tag{7.6}$$

式(7.6)中最小值函数的使用虽然在一定程度上表示了两幅图像在单个节点的相似性，但是其仍存在一定的不合理性。例如：假设对于 $\omega_i^l(Y_1)$，$\omega_i^l(Y_2)$，满足

$$\omega_i^l(Y_1) > \omega_i^l(Y_2) > \omega_i^l(X)$$

则根据式(7.6)，存在

$$S_i^l(X,Y_1) = S_i^l(X,Y_2)$$

即在节点 O_i^l 处 X 和 Y_1 的相似性得分与 X 和 Y_2 的相似性得分相同，也就是表明 X 与 Y_1，Y_2 在节点 O_i^l 处的相似性相同。而根据人们对相似性的理解习惯，得分越相近的两幅图像相似性越高，显然在节点 O_i^l 处 X 和 Y_2 相似性更高，因此式(7.6)不能有效解决这类存在感知歧义的情况。

针对上述问题，本节使用反比例函数代替图像 X 和 Y 在单个节点 O_i^l 的相似性得分函数，其得分函数形式如下：

$$S_i^l(X,Y) = \frac{1}{|\ \omega_i^l(X) - \omega_i^l(Y)\ | + 1} \tag{7.7}$$

该反比例函数相对于最小值函数有两个方面的优势：一方面该反比例函数使得 X 和 Y 在节点 O_i^l 的相似性得分与二者在该节点的 TF-IDF 熵之差成反比，即两者在该节点的 TF-IDF 熵越接近，其相似性越高，这种机制更符合人们对相似性的理解习惯，有效克服了式(7.6)对个别感知歧义不适用的问题；另一方面该反比例函数通过在分母中加 1 来控制 X 和 Y 在单个节点的相似性得分范围在(0,1]，避免了 X 和 Y 的相似性得分受单个节点影响过大，从而使得 X 和 Y 的相似性通过各个节点共同作用获得，提高了相似性得分的可靠性。相对于式(7.6)的相似性得分方法，式(7.7)的方法更具有一般性，可以有效减少感知歧义。

基于式(7.7)，定义图像在第 l 层的相似性得分为第 l 层所有节点相似性得分之和，即

$$S^l(X,Y) = \sum_{i=1}^{k^l} S_i^l(X,Y) = \sum_{i=1}^{k^l} \frac{1}{|\ \omega_i^l(X) - \omega_i^l(Y)\ | + 1} \tag{7.8}$$

使用自下而上计算图像间相似性增量的方法可有效避免重复累计相似性，因此定义第 l 层的相似性得分增量 ΔS^l 为

$$\Delta S^l(X,Y) = \begin{cases} S^L(X,Y) & l = L \\ S^l(X,Y) - S^{l+1}(X,Y) & 1 \leqslant l < L \end{cases} \tag{7.9}$$

定义金字塔匹配核为

$$K(X,Y) = \sum_{l=1}^{L} \eta_l \Delta S^l(X,Y) \tag{7.10}$$

其中，η_l 表示视觉字典树第 l 层的匹配强度系数。取 $\eta_l = l/k^{L-1}$ 来抑制不同层次的匹配差异，因此式(7.10)可重写为

$$\begin{aligned} K(X,Y) &= K(W(X),W(Y)) \\ &= S^L(X,Y) + \sum_{l=1}^{L-1} \frac{1}{k^{L-1}}(S^l(X,Y) - S^{l+1}(X,Y)) \end{aligned} \tag{7.11}$$

7.1.2.2 基于 Frame-to-model 模型的改进 VSLAM 闭环检测算法

从闭环检测的实时性和准确率出发，采用一种基于 Frame-to-model 模型的改进闭环检测算法。首先通过 Frame-to-model 配准将相似度较高的连续关键帧进行融合，得到若干个历史模型集，并使用 7.1.2.1(1)节的视觉字典树对得到的历史模型集和当前帧数据进行场景描述。然后使用改进的视觉词典树金字塔 TF-IDF 得分匹配方法对当前帧数据和历史模型集进行相似性分析，从而判断两者的从属关系。若找到从属的历史模型集，则进一步对该历史模型集所包含的关键帧数据与当前帧数据依次进行相似性分析，找到候选闭环，其示意图如图 7.2 所示。

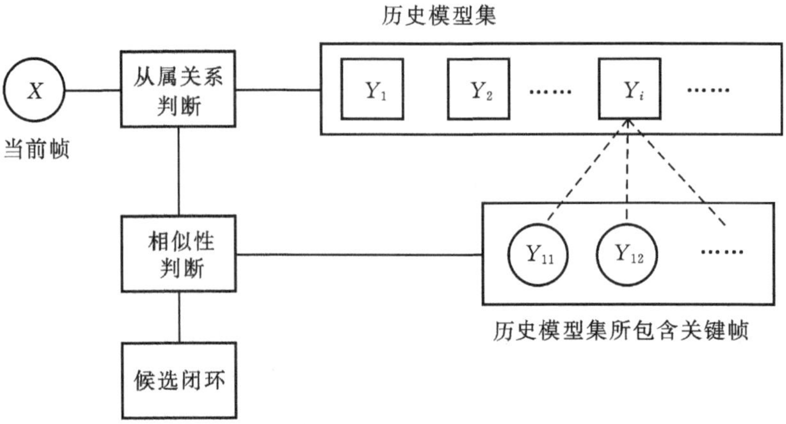

图 7.2 基于帧到模型的闭环检测方法示意图

图中 X 代表当前帧数据，$\{Y_1,Y_2,\cdots\}$表示历史模型集。使用这样一种闭环检测模式，其实质是一种由粗到精的搜索思想，即先将当前模型集通过从属关系判断来确定当前帧数据发生闭环的大致位置，再通过将当前帧数据与从属模型集包括的关键帧数据依次进行相似性分析来确定当前帧数据发生闭环的具体位置。这种闭环检测模式相对于传统的逐帧比较模式而言，一帧数据进行闭环检测时的比较次数要大大减少，从而提高了闭环检测的实时性。

在闭环检测时，为确保所得的候选闭环可靠而又不影响闭环检测的召回率，将采用如下策略：进行闭环检测时，通过改进的得分匹配方法计算得到最高得分$K(X,Y_i)$和次高得分 $K(X,Y_j)$。若 $K(X,Y_i)/K(X,Y_j)>\alpha$，则认为 X 从属于 Y_i，然后依次对 X 与 Y_i 所包含的关键帧进行相似性分析，选择得分最高的关键帧为候选闭环。否则，将 X 分别与 Y_i 和 Y_j 所包含的关键帧依次进行相似度分析，分别在 Y_i 和 Y_j 中找出得分最高的关键帧为候选闭环。经过实验得到，最高分和次高分相差较小时通常是两个候选历史模型集相连续的情况，此时闭环多发生在两个候选历史模型集的交界处。采用上面的策略一方面避免两个历史模型集交界处闭环的错误选择，另一方面对于存在感知歧义的场景可先提取为候选闭环，进而通过下一节的闭环确认选择正确的闭环，从而提高闭环检测的召回率。

为防止近邻关键帧被误认为闭环，在进行闭环检测时，当前模型集和上一个已构建历史模型集不参与闭环检测。

7.1.2.3 闭环确认

候选闭环中往往存在误正闭环(由于图像的相似性，形成错误的闭环检测)，不仅不能修正机器人位姿估计的累积误差，还会破坏已构建地图的一致性，因此剔除误正闭环成为闭环检测问题中不可或缺的一个环节。本节主要从时间连续性和对极几何约束两个方面剔除误正闭环。

时间连续性是闭环检测区别于图像检索的一个重要特征，因此可以通过该特征进行约束，从而剔除误正闭环。机器人在进行 VSLAM 时所获得的场景图像具有时间连续性，所以通常情况下闭环会在连续几帧数据中均发生，如图 7.3 所示(节点 9 和 2,10 和 3,11 和 4 均发生闭环)。一旦闭环的发生不满足时间连续性要求(如节点 12 和 3)，则认为该闭环为误正闭环，将其从闭环候选中删除。

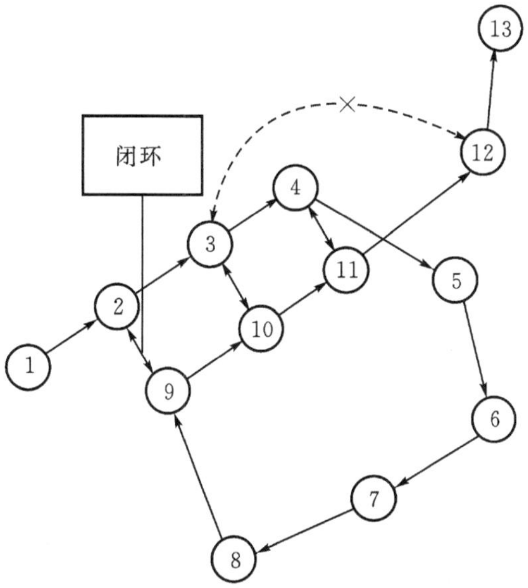

图 7.3　闭环检测的时间连续性

闭环发生的两幅图像通常是对同一场景的不同视角成像，因此应当满足对极几何约束。通过计算发生闭环的两幅图像间的基础矩阵并根据内点数比例，可判断二者是否满足对极几何约束。若不满足，则认为该闭环为误正闭环，从闭环候选中删除。

7.1.3　实验及分析

所用传感器为 Kinect，运行电脑配置 CPU 为 I7 处理器，主频 2.5GHz，内存 4GB，不使用 GPU 加速，系统为 Ubuntu12.04。分别使用公共的 RGB-D SLAM 验证数据集和实际场景数据进行实验。为便于对比且综合稳定性和实时性考虑，本节一律选用 SURF 特征作为特征点类型。当检测到闭环时，仍采用 g^2o 图优化算法对位姿图进行全局优化，从而减少位姿估计中存在的累积误差，获得全局一致的位姿图。

7.1.3.1　RGB-D SLAM 数据集实验

RGB-D SLAM 数据集中有专门为闭环检测算法提供对比的数据集，因此使用该数据集进行闭环检测实验，并与 IAB-MAP，FAB-MAP 和 RTAB-MAP 进行对比。

图 7.3 是改进闭环检测算法在 RGB-D SLAM 公共数据集中 fr3/nostructure_texture_

near_withloop 的建图效果,图 7.4 为对应轨迹上检测到的闭环。

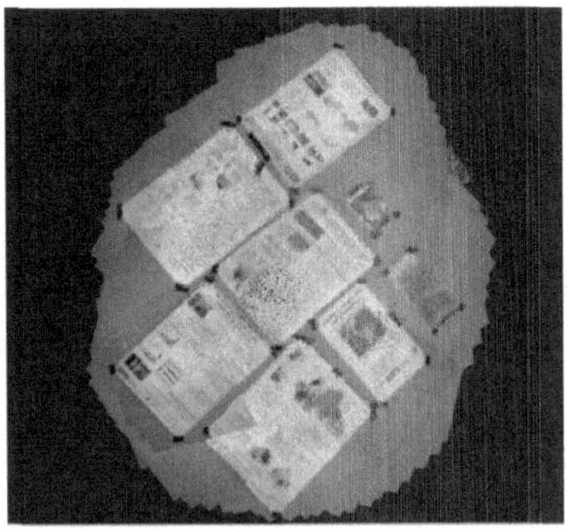

图 7.4 闭环数据集测试点云图

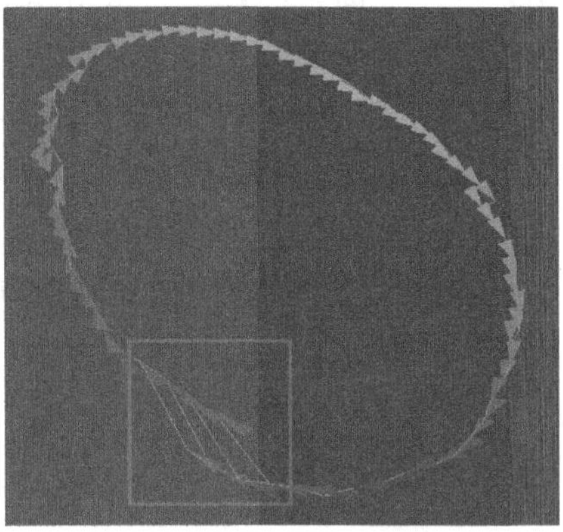

图 7.5 闭环检测轨迹图

由图 7.4 和图 7.5 可以看出,所提方法在建图效果上表现较好,能有效提取出正确的闭环。

分别利用 IAB-MAP,FAB-MAP 和 RTAB-MAP 对同样的数据集进行闭环检测,对比本节方法及其他方法的实时性和准确率-召回率,结果如图 7.6 和图 7.7 所示。

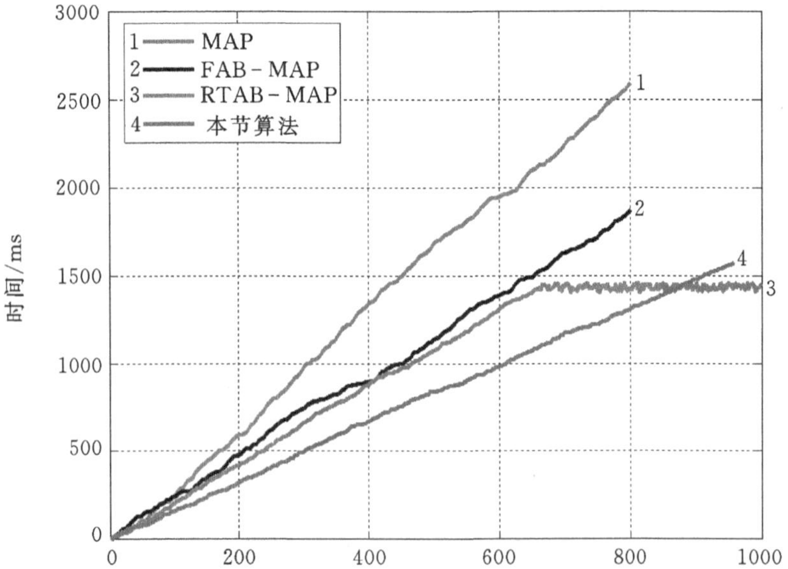

图 7.6 实时性对比

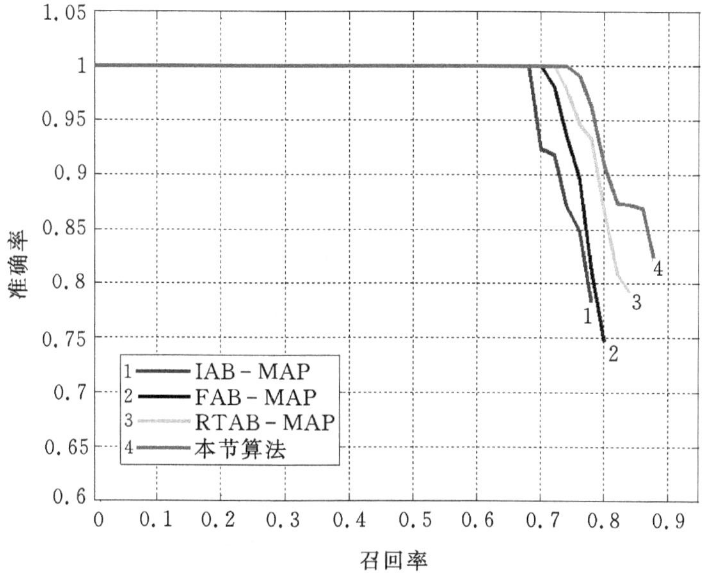

图 7.7　数据集实验准确率-召回率对比曲线

在实时性方面，由于本节方法和 IAB-MAP 以及 FAB-MAP 三者均使用所有历史信息进行闭环检测，因此随着历史帧数据的增加，每一帧数据的闭环检测时间将逐渐增加。由图 7.6 可以看出所用方法的每帧闭环检测时间要明显少于 IAB-MAP 和 FAB-MAP，证明了基于历史模型集的改进闭环检测算法有效提高了闭环检测的实时性。RTAB-MAP 具有强大的内存管理机制，程序中设定了每帧闭环检测的时间阈值(根据 RTAB MAP 文献，实验中也将时间阈值设定为 1.4s)，每次闭环检测只有出现概率最大的若干历史帧数据参与闭环检测，当闭环检测的时间超过了设定的时间阈值，则使出现概率小的历史帧数据不再参与闭环检测，以此来确保每一帧数据闭环检测的时间稳定在时间阈值附近。每次闭环检测完，则对所有历史帧数据出现的概率进行更新，从而调整下一帧参与闭环检测的历史帧数据。因此，图 7.6 中 RTAB-MAP的闭环检测在大约 650 帧图像左右，随着图像帧数的增加，时间不再增加。通过图 7.6 可以看出，在大约 850 帧数据以内本节方法的每帧闭环检测时间要少于 RTAB-MAP。由于 Kinect 的深度值精度限制，使用 Kinect 进行三维 SLAM 多用于室内，而室内环境规模相对较小，若只对关键帧进行闭环检测，则一个 10m×10m 的室内环境只有 100～200 个关键帧，且这对于 Kinect 而言已经是较大的室内环境了，因此本节方法在室内环境中实时性表现要好于 RTAB-MAP。综上所述，本节方法在室内环境 SLAM 中实时性表现均优于其他三种方法。

在准确率方面，由于该数据集是一个较小规模的数据集，因此四种闭环检测方法在该数据集上均表现出较好的性能，并没有太大的差异。从图 7.7 可以看出本节的改进闭环检测算法能够达到与其他三种算法相当的水平，甚至略优于其他三种算法。

7.1.3.2　实际场景实验

在实际场景实验中，分别以大范围复杂室内环境和感知歧义环境为实际场景，对算法进行检验和评价。

1)会议室场景

首先以一个大范围复杂室内环境——会议室作为实际场景。如图 7.8 所示为一个 8m×

11m 的会议室场景,该环境相对于 Kinect 有限的深度范围来说是一个足够大的场景,且图中还有桌椅、书架等物品,环境相对复杂,因此该场景是一个比较有挑战性的场景。由于环境较大且较为复杂,从多个角度对实际场景进行拍摄。将 Kinect 置于移动机器人上,使其绕着会议桌巡视一周,对其进行闭环检测并建图。图 7.9 所示为该场景的三维点云地图,图 7.10 所示为移动机器人的优化前的运动轨迹及闭环检测结果。

图 7.8　会议室实际场景

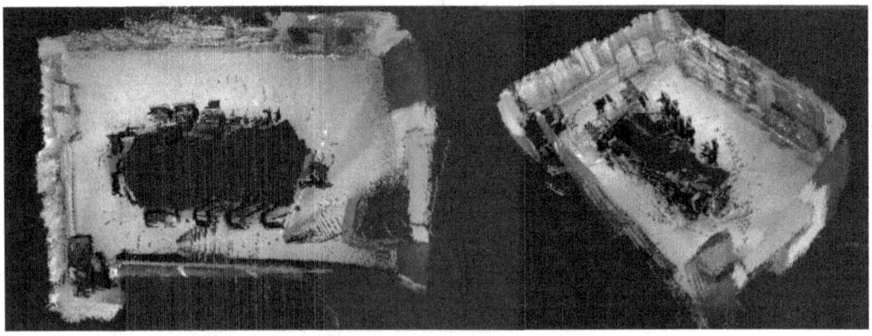

图 7.9　会议室场景点云地图

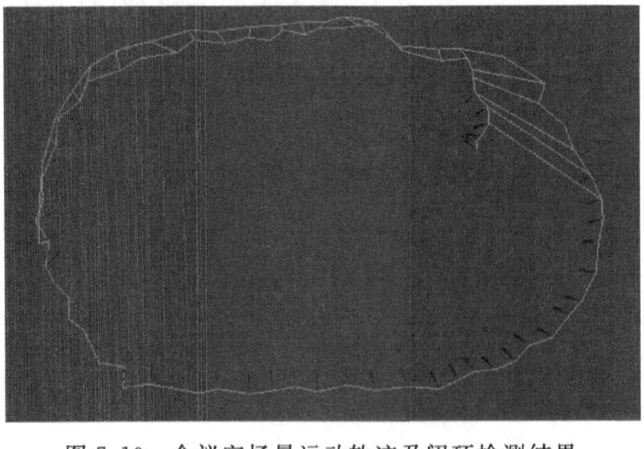

图 7.10　会议室场景运动轨迹及闭环检测结果

从图 7.9 可以看出,即使是大范围的复杂室内环境,点云的拼接效果依然很好,与实际场景基本相符。其中,中央黑色区域为未知区域。这是由于机器人较低,无法获得会议桌上的信息，因此在地图构建时会议桌区域为未知区域。从图 7.10 中可以看出改进闭环检测算法在大范围复杂环境中依然可以有效地检测出可靠闭环，验证了方法的有效性。

分别利用 IAB-MAP，FAB-MAP 和 RTAB-MAP 对同样的场景进行闭环检测，对比本节方法及其他方法的实时性和准确率-召回率，结果如图 7.11 和图 7.12 所示。

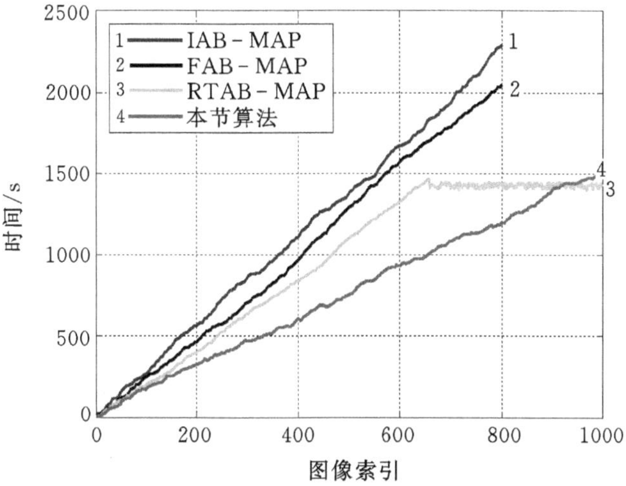

图 7.11　会议室场景实验实时性对比

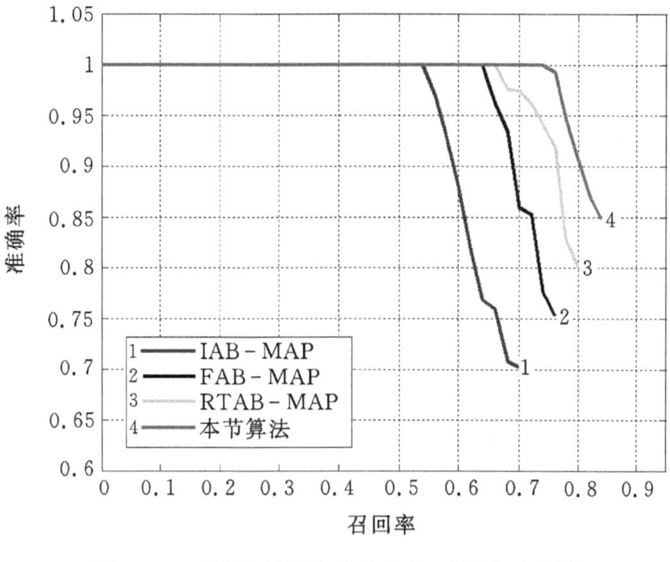

图 7.12　会议室场景实验准确率-召回率对比图

从图中可以看出，针对大范围复杂室内环境，本节方法在实时性方面依然有明显的优势，且在准确率上较其他三种方法也有明显的提高，验证了本节方法的有效性。

2）实验室场景

其次以一个具有感知歧义的实验室环境作为实际场景。如图 7.13 所示为一个 9m×8m 的典型闭环场景，且由于各个面极其相似，因此存在感知歧义，是一个极具挑战性的闭环场景。将 Kinect 传感器置于移动机器人上并确保 Kinect 始终朝向场景中的挡板，这样机器人在行进过程中采集的图片相似性更高,可以更有效地检验本节方法对于感知歧义的有效性。令移动机器人绕闭环场景外围巡视一周,对其进行闭环检测并建图。图 7.14 所示为该场景的三维点云地图,图 7.15 所示为移动机器人的优化前的运动轨迹及闭环检测结果。

图 7.13　实验室闭环场景

图 7.14　闭环场景点云地图

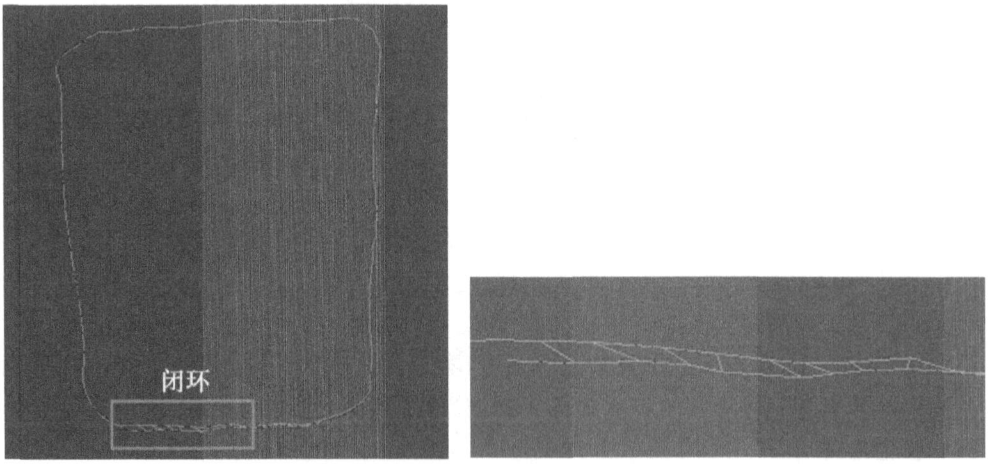

(a)运动轨迹　　(b)闭环检测结果

图 7.15　机器人运动轨迹及闭环检测结果

由图 7.14 可以看出，点云地图中挡板闭合效果很好，没有明显的错位。图 7.15 显示出本节方法针对感知歧义环境可以有效克服感知歧义对闭环检测的影响，其闭环检测准确率较高，没有出现错误闭环，验证了方法的有效性。

分别利用 IAB-MAP，FAB-MAP 和 RTAB-MAP 对同样的场景进行闭环检测，对比本节方法及其他方法的实时性和准确率-召回率，结果如图 7.16 和图 7.17 所示。

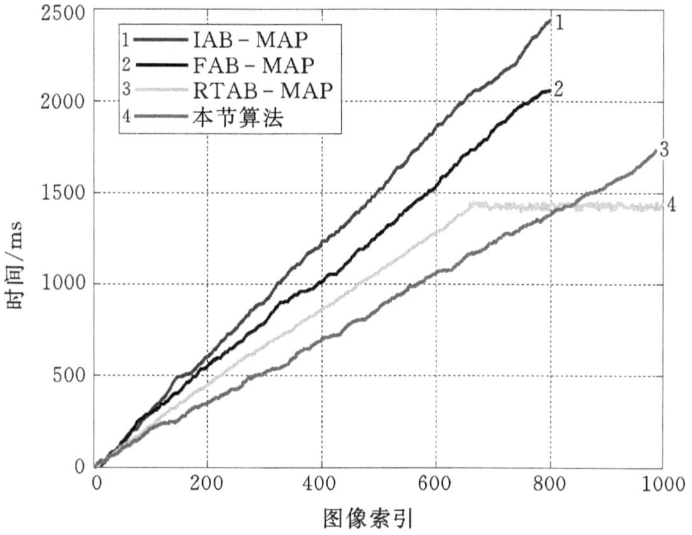

图 7.16　实验室场景实验实时性对比

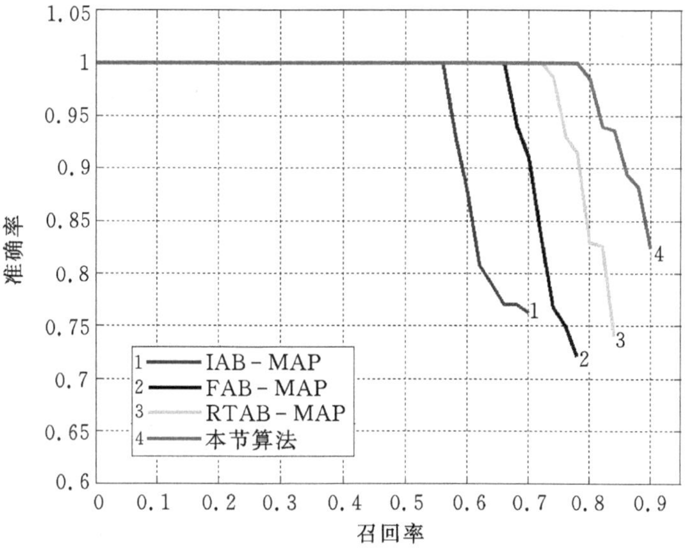

图 7.17　准确率-召回率对比图

在实时性方面，本节方法依然表现出突出的实时性性能。在准确率方面，通过对比可以看出，对于相似性高的实验场景，本节方法在准确率上明显优于其他方法，在确保 100%准确率的情况下，召回率依然可以达到 78%。实验表明，本节方法有效减少了感知歧义对闭环检测的影响，提高了闭环检测的准确率。

7.2 基于空间位置不确定性约束的改进闭环检测算法

多歧义场景下的 VSLAM 闭环检测问题一直是移动机器人 VSLAM 闭环检测的一大难题。在已有的基于空间位置的闭环检测场景筛选方法中，Estrada 采用连续若干个局部地图的区域重合度作为参与闭环检测的历史场景筛选办法。当里程计误差接近或大于局部地图边长时，绝大多数的闭环将被忽略。根据闭环结果修正里程计累积误差后，该方法未对闭环检测范围进行调整，依然以局部地图为参与闭环检测的基本单位，性能较为低下。G. Grisetti 构建了里程计的误差模型，并采用该模型约束参与闭环检测的历史场景范围。但是，其误差模型基于相机仅在一个平面内运动的假设，无法完全反映实际环境下，尤其是山地、桥梁以及有楼梯和斜坡的环境下的真实误差。

针对基于 RGB-D 传感器的多歧义场景 VSLAM 闭环检测问题，本节借鉴 FVO 的 Kinect 传感器观测误差模型，将相机空间位置不确定性作为闭环检测范围的约束条件，引入一种改进的闭环检测算法。首先，在 Kinect 传感器的高斯混合误差模型基础上，引入相机的位置不确定性，构建基于 ICP 算法的视觉里程计累积误差模型。随后，根据视觉里程计累积误差模型给出参与闭环检测的关键帧所需满足的空间范围约束。最后，根据闭环检测结果修正里程计累积误差，并进一步缩小闭环检测范围。空间约束不仅能有效排除大部分的感知歧义，提高闭环检测的准确率，而且能限制闭环检测的范围，提高闭环检测的实时性。

7.2.1 基于特征点云帧间配准的视觉里程计不确定性模型

本小节介绍视觉里程计累积误差模型。首先，借鉴 FVO 的高斯混合模型，并在特征点的世界坐标不确定性模型中引入相机位置的不确定性，使得特征点的世界坐标不确定性模型更加完整。其次，鉴于 FVO 中 ICP 算法采用马氏距离，夸大了微小扰动带来的影响。本节融合欧氏距离与马氏距离，提出一种新的距离函数形式。最后，基于特征点位置不确定性模型和 ICP 配准目标函数，构建视觉里程计的累积误差模型。

图 7.18 简要说明了特征点与传感器空间位置的一致化更新流程。

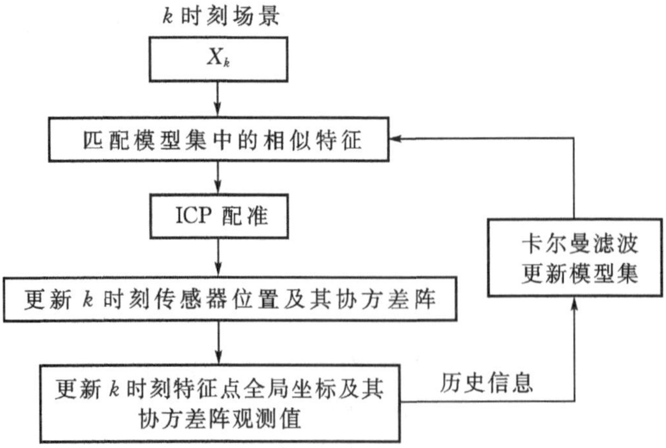

图 7.18 特征点与相机位置的一致化更新流程

7.2.1.1　基于 ICP 算法的帧间配准

首先，选取参与 ICP 配准的特征点。使用 SURF 特征描述向量 x，匹配新的关键帧与历史模型集中的相似特征点。

本节的 ICP 算法参照 6.1.2.2 节，但式(6.5)未考虑 Kinect 相机的位置不确定性。此处引入 Kinect 相机的位置不确定性，得到特征点位置不确定性更加完备的描述：

$$\begin{cases}\boldsymbol{\mu}_{\mathrm{W}}=\boldsymbol{R}_{\mathrm{C}}^{\mathrm{W}}\boldsymbol{\mu}_{\mathrm{C}}+\boldsymbol{t}_{\mathrm{C}}^{\mathrm{W}}\\ \boldsymbol{\Sigma}_{\mathrm{W}}=\boldsymbol{R}_{\mathrm{C}}^{\mathrm{W}}\boldsymbol{\Sigma}_{\mathrm{C}}\boldsymbol{R}_{\mathrm{W}}^{\mathrm{C}}+\boldsymbol{\Sigma}_{t}\end{cases}\tag{7.12}$$

其中，$\boldsymbol{\Sigma}_t$ 为相机位置坐标 $\boldsymbol{t}_{\mathrm{C}}^{\mathrm{W}}$ 的协方差阵。

随后，使用 ICP 算法对相邻关键帧的特征匹配点集进行配准。

传统的欧氏距离不能体现特征点位置不确定性，而马氏距离是一种有效计算两个未知样本集相似度的方法。FVO 在基于 ICP 算法进行点云配准时，使用马氏距离作为特征点之间的距离度量。然而，作为空间距离度量，马氏距离夸大了微小扰动带来的影响，且缺乏描述空间距离的直观性和几何意义。据此，本节 ICP 算法的特征点距离函数采用以下形式：

$$d(\boldsymbol{P}_{\mathrm{W}}^{k-1},\boldsymbol{P}_{\mathrm{W}}^{k})=\sqrt{\boldsymbol{\Delta}_{\boldsymbol{P}^{k-1},\boldsymbol{P}^{k}}^{\mathrm{T}}\left(\boldsymbol{I}+\boldsymbol{\Sigma}_{\boldsymbol{P}_{\mathrm{W}}}^{k-1}+\boldsymbol{\Sigma}_{\boldsymbol{P}_{\mathrm{W}}}^{k}\right)^{-1}\boldsymbol{\Delta}_{\boldsymbol{P}^{k-1},\boldsymbol{P}^{k}}}\tag{7.13}$$

其中

$$\begin{cases}\boldsymbol{\Delta}_{\boldsymbol{P}^{k-1},\boldsymbol{P}^{k}}=\boldsymbol{\mu}_{\boldsymbol{P}_{\mathrm{W}}}^{k-1}-\boldsymbol{\mu}_{\boldsymbol{P}_{\mathrm{W}}}^{k}\\ \boldsymbol{\mu}_{\boldsymbol{P}_{\mathrm{W}}}^{k}=\boldsymbol{R}_{\mathrm{C}}^{\mathrm{W}}\boldsymbol{\mu}_{\boldsymbol{P}_{\mathrm{C}}}^{k}+\boldsymbol{\mu}_{t}^{k}\\ \boldsymbol{\Sigma}_{\boldsymbol{P}_{\mathrm{W}}}^{k}=\boldsymbol{R}_{\mathrm{C}}^{\mathrm{W}}\boldsymbol{\Sigma}_{\boldsymbol{P}_{\mathrm{C}}}^{k}\boldsymbol{R}_{\mathrm{W}}^{\mathrm{C}}+\boldsymbol{\Sigma}_{t}^{k}\end{cases}\tag{7.14}$$

$\boldsymbol{\mu}_{\boldsymbol{P}_{\mathrm{W}}}^{k-1}$，$\boldsymbol{\mu}_{\boldsymbol{P}_{\mathrm{C}}}^{k}$，$\boldsymbol{\Sigma}_{\boldsymbol{P}_{\mathrm{W}}}^{k-1}$，$\boldsymbol{\Sigma}_{\boldsymbol{P}_{\mathrm{C}}}^{k}$ 分别为特征点 P 在 $k-1$ 时刻世界坐标系下以及 k 时刻相机坐标系下的位置期望和协方差阵；$\boldsymbol{\mu}_{t}^{k}$ 和 $\boldsymbol{\Sigma}_{t}^{k}$ 分别为 k 时刻相机的位置期望和协方差阵。

距离函数式(7.13)融合了欧氏距离和马氏距离，且不确定性越小，距离越大。当表征不确定性的协方差矩阵为 **0** 矩阵时，该距离函数与欧氏距离相同。

相比于欧氏距离，该距离函数有效表征了特征点位置的不确定性对 ICP 配准的影响，从而降低了位置不确定性较大的点(如物体边沿点)对 ICP 配准的干扰。相比于马氏距离，该距离函数在位置协方差阵为 **0** 矩阵或趋近于 **0** 矩阵时，依然能对距离进行合理度量，从而较好地计算点云间的平移和旋转；而此时马氏距离的距离度量趋近无穷大且对协方差矩阵的微小变化十分敏感。因此，式(7.13)有效克服了欧氏距离和马氏距离各自的缺陷，提高了 ICP 配准的鲁棒性。

7.2.1.2　视觉里程计及其累积误差模型

根据式(7.13)所定义的距离函数以及 ICP 算法点云配准的结果，可以得到世界坐标系下相机位置的实时估计及其累积误差。

设当前场景与模型集共有 n 对特征点参与 ICP 配准，第 i 个特征点在 k 时刻的位置期望和协方差阵分别表示为 $\boldsymbol{\mu}_{\boldsymbol{P}_i}^{k}$，$\boldsymbol{\Sigma}_{\boldsymbol{P}_i}^{k}$。根据 ICP 算法，相机的位置期望 $\boldsymbol{\mu}_{t}^{k}$ 应当满足

$$\begin{aligned}\min J&=\sum_{i=1}^{n}\boldsymbol{\Delta}_{\boldsymbol{P}^{i,k-1},\boldsymbol{P}^{i,k}}^{\mathrm{T}}\left(\boldsymbol{I}+\boldsymbol{\Sigma}_{\boldsymbol{P}_{\mathrm{W}}^{i}}^{k-1}+\boldsymbol{\Sigma}_{\boldsymbol{P}_{\mathrm{W}}^{i}}^{k}\right)^{-1}\boldsymbol{\Delta}_{\boldsymbol{P}^{i,k-1},\boldsymbol{P}^{i,k}}\\&=\sum_{i=1}^{n}\left(\boldsymbol{\mu}_{\boldsymbol{P}_{\mathrm{W}}^{i}}^{k-1}-\boldsymbol{R}_{\mathrm{C}}^{\mathrm{W}}\boldsymbol{\mu}_{\boldsymbol{P}_{\mathrm{C}}^{i}}^{k}-\boldsymbol{\mu}_{t}^{k}\right)^{\mathrm{T}}\left(\boldsymbol{I}+\boldsymbol{\Sigma}_{\boldsymbol{P}_{\mathrm{W}}^{i}}^{k-1}+\boldsymbol{\Sigma}_{\boldsymbol{P}_{\mathrm{W}}^{i}}^{k}\right)^{-1}\left(\boldsymbol{\mu}_{\boldsymbol{P}_{\mathrm{W}}^{i}}^{k-1}-\boldsymbol{R}_{\mathrm{C}}^{\mathrm{W}}\boldsymbol{\mu}_{\boldsymbol{P}_{\mathrm{C}}^{i}}^{k}-\boldsymbol{\mu}_{t}^{k}\right)\end{aligned}\tag{7.15}$$

对式(7.13)关于 $\boldsymbol{\mu}_t^k$ 求导，得到

$$\frac{\partial J}{\partial \boldsymbol{\mu}_{t_k}} = 2\sum_{i=1}^{n}(\boldsymbol{I}+\boldsymbol{\Sigma}_{P_W^i}^{k-1}+\boldsymbol{\Sigma}_{P_W^i}^{k})^{-1}(\boldsymbol{\mu}_{P_W^i}^{k-1}-\boldsymbol{R}_C^W\boldsymbol{\mu}_{P_C^i}^{k}-\boldsymbol{\mu}_t^k)=0 \tag{7.16}$$

进而

$$\left[\sum_{i=1}^{n}(\boldsymbol{I}+\boldsymbol{\Sigma}_{P_W^i}^{k-1}+\boldsymbol{\Sigma}_{P_W^i}^{k})^{-1}\right]\boldsymbol{\mu}_t^k=\sum_{i=1}^{n}(\boldsymbol{I}+\boldsymbol{\Sigma}_{P_W^i}^{k-1}+\boldsymbol{\Sigma}_{P_W^i}^{k})^{-1}(\boldsymbol{\mu}_{P_W^i}^{k-1}-\boldsymbol{R}_C^W\boldsymbol{\mu}_{P_C^i}^{k}) \tag{7.17}$$

得到相机的位置期望 $\boldsymbol{\mu}_t^k$ 满足

$$\boldsymbol{\mu}_t^k=\left[\sum_{i=1}^{n}(\boldsymbol{I}+\boldsymbol{\Sigma}_{P_W^i}^{k-1}+\boldsymbol{\Sigma}_{P_W^i}^{k})^{-1}\right]^{-1}\left[\sum_{i=1}^{n}(\boldsymbol{I}+\boldsymbol{\Sigma}_{P_W^i}^{k-1}+\boldsymbol{\Sigma}_{P_W^i}^{k})^{-1}(\boldsymbol{\mu}_{P_W^i}^{k-1}-\boldsymbol{R}_C^W\boldsymbol{\mu}_{P_C^i}^{k})\right] \tag{7.18}$$

相机位置协方差阵的推导过程如下：

$$\boldsymbol{\Sigma}_{t^k}=\boldsymbol{E}[(\boldsymbol{t}^k-\boldsymbol{\mu}_t^k)(\boldsymbol{t}^k-\boldsymbol{\mu}_t^k)^{\mathrm{T}}] \tag{7.19}$$

由于 $\boldsymbol{P}_W^k=\boldsymbol{P}_W^{k-1}$，可得

$$\boldsymbol{t}^k=\boldsymbol{P}_W^{k-1,i}-\boldsymbol{R}_C^W\boldsymbol{P}_C^{k,i}$$

将式(7.18)代入式(7.19)，得到

$$\begin{aligned}\boldsymbol{\Sigma}_{t^k}=\boldsymbol{E}\Big\{&\Big(\sum_{i=1}^{n}\boldsymbol{\Sigma}_{P_i}^{\gamma}\Big)^{-1}\Big[\sum_{i=1}^{n}\boldsymbol{\Sigma}_{P_i}^{\gamma}(\boldsymbol{P}_W^{k-1,i}-\boldsymbol{\mu}_{P_W^i}^{k-1}-\boldsymbol{R}_C^W\boldsymbol{P}_C^{k,i}+\boldsymbol{R}_C^W\boldsymbol{\mu}_{P_C^i}^{k})\Big]\\&\Big[\sum_{i=1}^{n}\boldsymbol{\Sigma}_{P_i}^{\gamma}(\boldsymbol{P}_W^{k-1,i}-\boldsymbol{\mu}_{P_W^i}^{k-1}-\boldsymbol{R}_C^W\boldsymbol{P}_C^{k,i}+\boldsymbol{R}_C^W\boldsymbol{\mu}_{P_C^i}^{k})\Big]^{\mathrm{T}}\Big[\Big(\sum_{i=1}^{n}\boldsymbol{\Sigma}_{P_i}^{\gamma}\Big)^{-1}\Big]^{\mathrm{T}}\Big\}\end{aligned} \tag{7.20}$$

其中

$$\boldsymbol{\Sigma}_{P_i}^{\gamma}=(\boldsymbol{I}+\boldsymbol{\Sigma}_{P_W^i}^{k-1}+\boldsymbol{\Sigma}_{P_W^i}^{k})^{-1}$$

进而

$$\begin{aligned}\boldsymbol{\Sigma}_{t^k}=&\Big(\sum_{i=1}^{n}\boldsymbol{\Sigma}_{P_i}^{\gamma}\Big)^{-1}\Big\{\sum_{i=1}^{n}\sum_{j=1}^{n}\boldsymbol{\Sigma}_{P_i}^{\gamma}\boldsymbol{E}[(\boldsymbol{P}_W^{k-1,i}-\boldsymbol{\mu}_{P_W^i}^{k-1}-\boldsymbol{R}_C^W\boldsymbol{P}_C^{k,i}+\boldsymbol{R}_C^W\boldsymbol{\mu}_{P_C^i}^{k})\times\\&(\boldsymbol{P}_W^{k-1,j}-\boldsymbol{\mu}_{P_W^j}^{k-1}-\boldsymbol{R}_C^W\boldsymbol{P}_C^{k,j}+\boldsymbol{R}_C^W\boldsymbol{\mu}_{P_C^j}^{k})^{\mathrm{T}}]\boldsymbol{\Sigma}_{P_j}^{\gamma\,\mathrm{T}}\Big\}\Big[\Big(\sum_{i=1}^{n}\boldsymbol{\Sigma}_{P_i}^{\gamma}\Big)^{-1}\Big]^{\mathrm{T}}\end{aligned} \tag{7.21}$$

考虑到 k 时刻与 $k-1$ 时刻的观测相互独立，即

$$\boldsymbol{E}[(\boldsymbol{P}_W^{k-1,i}-\boldsymbol{\mu}_{P_W^i}^{k-1})(-\boldsymbol{R}_C^W\boldsymbol{P}_C^{k,j}+\boldsymbol{R}_C^W\mu_{P_C^j}^{k})^{\mathrm{T}}]$$

为 **0** 矩阵，得到

$$\begin{aligned}\boldsymbol{\Sigma}_{t^k}=&\Big(\sum_{i=1}^{n}\boldsymbol{\Sigma}_{P_i}^{\gamma}\Big)^{-1}\Big\{\sum_{i=1}^{n}\boldsymbol{\Sigma}_{P_i}^{\gamma}[\boldsymbol{E}(\boldsymbol{P}_W^{k-1,i}-\boldsymbol{\mu}_{P_W^i}^{k-1})(\boldsymbol{P}_W^{k-1,i}-\boldsymbol{\mu}_{P_W^i}^{k-1})^{\mathrm{T}}+\\&\boldsymbol{R}_C^W\boldsymbol{E}(\boldsymbol{P}_C^{k,i}-\boldsymbol{\mu}_{P_C^i}^{k})(\boldsymbol{P}_W^{k,i}-\boldsymbol{\mu}_{P_C^i}^{k})^{\mathrm{T}}\boldsymbol{R}_W^C]\boldsymbol{\Sigma}_{P_i}^{\gamma\,\mathrm{T}}+\\&\sum_{i=1}^{n}\sum_{j=1,j\neq i}^{n}\boldsymbol{\Sigma}_{P_i}^{\gamma}\boldsymbol{E}[\boldsymbol{P}_W^{k-1,i}(\boldsymbol{P}_W^{k-1,i}-\boldsymbol{\mu}_{P_W^i}^{k-1})(\boldsymbol{P}_W^{k-1,i}-\boldsymbol{\mu}_{P_W^i}^{k-1})^{\mathrm{T}}]\boldsymbol{\Sigma}_{P_j}^{\gamma\,\mathrm{T}}\Big\}\Big[\Big(\sum_{i=1}^{n}\boldsymbol{\Sigma}_{P_i}^{\gamma}\Big)^{-1}\Big]^{\mathrm{T}}\end{aligned} \tag{7.22}$$

由于

$$\boldsymbol{E}[(\boldsymbol{P}_W^{k-1,i}-\boldsymbol{\mu}_{P_W^i}^{k-1})(\boldsymbol{P}_W^{k-1,i}-\boldsymbol{\mu}_{P_W^i}^{k-1})^{\mathrm{T}}]=\boldsymbol{\Sigma}_{P_W^i}^{k-1}$$

且

$$\boldsymbol{E}[(\boldsymbol{P}_C^{k,i}-\boldsymbol{\mu}_{P_C^i}^{k})(\boldsymbol{P}_C^{k,i}-\boldsymbol{\mu}_{P_C^i}^{k})^{\mathrm{T}}]=\boldsymbol{\Sigma}_{P_C^i}^{k}$$

得

$$\boldsymbol{\Sigma}_{t^k} = \Big(\sum_{i=1}^{n}\boldsymbol{\Sigma}_{P_i}^{\gamma}\Big)^{-1}\Big\{\sum_{i=1}^{n}\boldsymbol{\Sigma}_{P_i}^{\gamma}\big[\boldsymbol{\Sigma}_{P_W^i}^{k-1} + \boldsymbol{R}_C^W\boldsymbol{\Sigma}_{P_C^i}^{k}\boldsymbol{R}_W^C\big]\boldsymbol{\Sigma}_{P_i}^{\gamma\ \mathrm{T}} + \sum_{i=1}^{n}\sum_{j=1,j\neq i}^{n}\boldsymbol{\Sigma}_{P_i}^{\gamma}\boldsymbol{E}\big[(\boldsymbol{t}_{k-1} - \boldsymbol{\mu}_{t^{k-1}} + \boldsymbol{R}_{C,k-1}^{W}\boldsymbol{P}_C^{k-1,i} - \boldsymbol{R}_{C,k-1}^{W}\boldsymbol{\mu}_{P_C^i}^{k-1})\cdot (\boldsymbol{t}^{k-1} - \boldsymbol{\mu}_{t^{k-1}} + \boldsymbol{R}_{C,k-1}^{W}\boldsymbol{P}_C^{k-1,j} - \boldsymbol{R}_{C,k-1}^{W}\boldsymbol{\mu}_{P_C^j}^{k-1})^{\mathrm{T}}\big]\boldsymbol{\Sigma}_{P_j}^{\gamma\ \mathrm{T}}\Big\}\Big[\Big(\sum_{i=1}^{n}\boldsymbol{\Sigma}_{P_i}^{\gamma}\Big)^{-1}\Big]^{\mathrm{T}} \tag{7.23}$$

由于 $\boldsymbol{P}_C^{k-1,i}$ 和 $\boldsymbol{P}_C^{k-1,j}$ 相互独立，且与 $\boldsymbol{t}^{k-1}$ 无关，得

$$\boldsymbol{\Sigma}_{t^k} = \Big(\sum_{i=1}^{n}\boldsymbol{\Sigma}_{P_i}^{\gamma}\Big)^{-1}\Big\{\sum_{i=1}^{n}\boldsymbol{\Sigma}_{P_i}^{\gamma}\big[\boldsymbol{\Sigma}_{P_W^i}^{k-1} + \boldsymbol{R}_C^W\boldsymbol{\Sigma}_{P_C^i}^{k}\boldsymbol{R}_W^C\big]\boldsymbol{\Sigma}_{P_i}^{\gamma\ \mathrm{T}} + \sum_{i=1}^{n}\sum_{j=1,j\neq i}^{n}\boldsymbol{\Sigma}_{P_i}^{\gamma}\boldsymbol{\Sigma}_{t^{k-1}}\boldsymbol{\Sigma}_{P_j}^{\gamma\ \mathrm{T}}\Big\}\Big[\Big(\sum_{i=1}^{n}\boldsymbol{\Sigma}_{P_i}^{\gamma}\Big)^{-1}\Big]^{\mathrm{T}} \tag{7.24}$$

当特征点位置的协方差矩阵较小时，可以用式

$$\begin{cases}\boldsymbol{\mu}_{t^k} = \dfrac{1}{n}\displaystyle\sum_{i=1}^{n}(\boldsymbol{\mu}_{P_W^i}^{k-1} - \boldsymbol{R}_C^W\boldsymbol{\mu}_{P_C^i}^{k}) \\ \boldsymbol{\Sigma}_{t^k} = \Big(1 - \dfrac{1}{n}\Big)\boldsymbol{\Sigma}_{t^{k-1}} + \dfrac{1}{n^2}\displaystyle\sum_{i=1}^{n}(\boldsymbol{\Sigma}_{P_W^i}^{k-1} + \boldsymbol{R}_C^W\boldsymbol{\Sigma}_{P_C^i}^{k}\boldsymbol{R}_W^C)\end{cases} \tag{7.25}$$

对式(7.18)、式(7.19)的 $\boldsymbol{\mu}_t^k$ 及 $\boldsymbol{\Sigma}_{t^k}$ 进行近似，从而降低算法的运算量。

获得 k 时刻相机位置 $\boldsymbol{t}_k$ 的期望 $\boldsymbol{\mu}_k$ 以及协方差阵 $\boldsymbol{\Sigma}_{t_k}$ 之后，可以更新特征点在 k 时刻世界坐标系下的位置期望和协方差阵。

$$\begin{cases}\boldsymbol{\mu}_{P_W^i}^{k} = \boldsymbol{R}_C^W\boldsymbol{\mu}_{P_C^i}^{k} + \boldsymbol{\mu}_{t^k} \\ \boldsymbol{\Sigma}_{P_W^i}^{k} = \boldsymbol{R}_C^W\boldsymbol{\Sigma}_{P_C^i}^{k}\boldsymbol{R}_W^C + \boldsymbol{\Sigma}_{t^k}\end{cases} \tag{7.26}$$

结合式(7.24)～式(7.26)可看出，相机的位置协方差阵随时间而累积，视觉里程计存在累积误差。

7.2.1.3 特征点位置的一致化更新

由于观测噪声的存在，特征点位置的观测值不可避免地含有随机误差。为了提高特征点空间位置的一致性，降低视觉里程计累积误差，在此采用卡尔曼滤波对特征点的空间位置进行一致化更新。

取 k 时刻特征点位置的预测值为 $k-1$ 时刻 W 坐标系下的坐标，即

$$\begin{cases}\hat{\boldsymbol{\mu}}_P^k = \boldsymbol{\mu}_{P_W}^{k-1} \\ \hat{\boldsymbol{\Sigma}}_P^k = \boldsymbol{\Sigma}_{P_W}^{k-1}\end{cases} \tag{7.27}$$

观测值为 k 时刻特征点 P 在 W 坐标系下的观测坐标 $\boldsymbol{P}_{W'}^k$。$\boldsymbol{P}_{W'}^k$ 的不确定性按照式(7.14)进行计算，则特征点 P 的位置更新方程如下：

$$\begin{cases}\boldsymbol{K}_k = \hat{\boldsymbol{\Sigma}}_P^k(\hat{\boldsymbol{\Sigma}}_P^k + \boldsymbol{\Sigma}_{P_{W'}}^k)^{-1} \\ \boldsymbol{\mu}_{P_W}^k = \hat{\boldsymbol{\mu}}_P^k + \boldsymbol{K}_k(\boldsymbol{\mu}_{P_{W'}}^k - \hat{\boldsymbol{\mu}}_P^k) \\ \boldsymbol{\Sigma}_{P_W}^k = (\boldsymbol{I} - \boldsymbol{K}_k)\hat{\boldsymbol{\Sigma}}_P^k\end{cases} \tag{7.28}$$

经过卡尔曼滤波，特征点的位置不确定性有所减小。由于 k 时刻传感器位置的不确定性

的更新依赖于 $k-1$ 时刻特征点位置的不确定性，因而对特征点位置的卡尔曼滤波不仅提高了特征点位置的一致性，也提高了传感器位置的一致性。

7.2.2　基于空间位置不确定性约束的改进闭环检测算法

为了提高闭环检测的实时性和准确率，本节提出了基于空间位置不确定性约束的改进闭环检测算法。首先根据视觉里程计累积误差模型，对相机的位姿不确定性进行实时更新；在此基础上，给出一定置信度下，参与闭环检测的历史场景的空间位置约束；然后根据位置约束筛选出满足约束条件的历史场景；最后对筛选出的历史场景依次进行相似性分析，找到候选闭环。闭环检测过程如图 7.19 所示。

相比于已有的位置约束方法，本节构建了特征点空间位置的协方差矩阵与相机空间位置的协方差矩阵之间的互依赖关系，完善了视觉里程计的三维误差模型。在闭环检测环节，能根据闭环结果对里程计误差予以修正，并对闭环检测范围作出相应调整。该方法既能反映闭环检测对误差修正的真实情况，又能通过闭环结果缩小闭环检测范围。

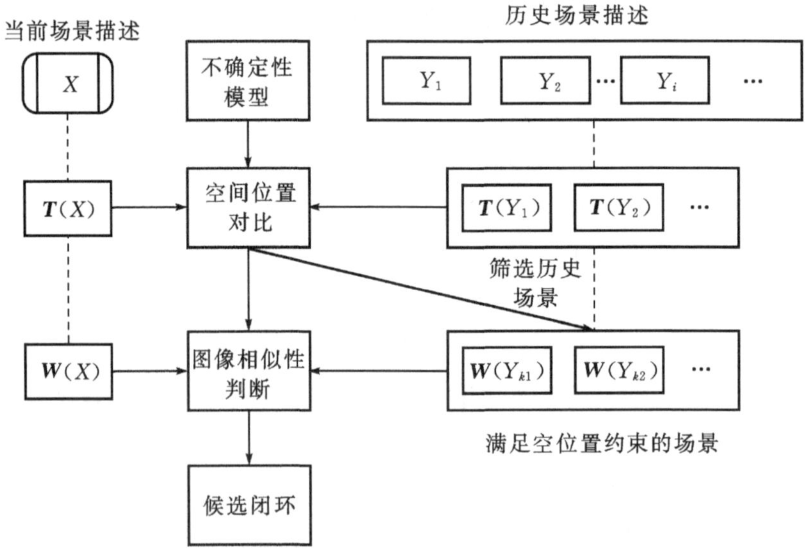

图 7.19　空间位置不确定性约束下的闭环检测方法示意图

7.2.2.1　空间约束下的闭环检测算法

闭环检测是在场景描述的基础上，通过某种相似性度量判断机器人是否处于已访问过的地方。为了提高闭环检测的实时性与准确率，7.2.2 节构建了视觉里程计累积误差模型，下面基于该误差模型，在满足一定置信度的空间范围内选择参与闭环检测的历史场景。

1)*视觉词典的构建*

为了提高视觉词典的表征能力和检索效率，当视觉特征总数较少时，视觉词典为增量式构建；当视觉特征总数较多时，为了保证算法的实时性，将不再对视觉词典进行调整。

设视觉词典树为 L 层 k 分支树。当视觉特征总数 n_W 满足 $n_W \leqslant T_{word} \leqslant T_{word}k^L$ 时，对每个分支递归地采用 K 均值聚类，并根据新的聚类结果，对相关的场景描述向量进行更新。其中，T_{word} 为视觉词典比例阈值。

当 $n_W > T_{\text{word}} k^L$ 时，不再对视觉词典进行调整，而只将新的视觉特征纳入相应的已有类别当中。

2）携带空间位姿的视觉场景描述

本节所使用的场景描述由两部分组成：用于描述视觉场景的基于 BoW 的场景描述向量，和场景拍摄时相机的空间位姿描述。前者用于闭环检测的场景相似度对比，后者用于判断该场景是否满足当前闭环检测的空间位置约束。

7.1.2.1 中介绍了场景描述向量。在此基础上，加入拍摄图像 X 时的空间位姿矩阵，得到携带空间位姿的视觉场景描述

$$\boldsymbol{D}(X) = \{\boldsymbol{W}(X), \hat{\boldsymbol{T}}(X)\} \tag{7.29}$$

其中，$\hat{\boldsymbol{T}}(X)$ 为拍摄图像 X 时相机的位姿矩阵。

3）基于空间位置不确定性约束的待闭环检测场景选取

为了提高闭环检测的实时性、降低误检测率，本节将视觉里程计的累积误差作为参与闭环检测的历史场景的空间约束，从而将闭环检测限制在极小的场景集内。

为了平衡闭环检测的实时性与召回率，采用视觉里程计不确定性的 3 倍标准差作为参与闭环检测的历史帧数据空间约束。考虑到闭环产生时，机器人位姿相对于历经点允许存在合理的偏移，闭环检测的范围在视觉里程计不确定性模型 3 倍标准差的基础上再扩大距离 β。

设 $\hat{\boldsymbol{t}}_Y$ 为历史帧 Y 的位置估计，σ 为 $\boldsymbol{t}^k$ 的标准差（注意三维空间 σ 为变化值，与 $\hat{\boldsymbol{t}}_Y - \boldsymbol{\mu}_{t^k}$ 方向有关），假设 $\hat{\boldsymbol{t}}_Y$ 处于入选区域的边界上，有

$$\left| \hat{\boldsymbol{t}}_Y - \boldsymbol{\mu}_{t^k} \right| = 3\sigma + \beta \tag{7.30}$$

进而

$$1 - \frac{\beta}{\left| \hat{\boldsymbol{t}}_Y - \boldsymbol{\mu}_{t^k} \right|} = \frac{3\sigma}{\left| \hat{\boldsymbol{t}}_Y - \boldsymbol{\mu}_{t^k} \right|} \tag{7.31}$$

考虑到当 $\hat{\boldsymbol{t}}_Y - \boldsymbol{\mu}_{t^k}$ 确定时

$$(\hat{\boldsymbol{t}}_Y - \boldsymbol{\mu}_{t^k})^{\mathrm{T}} \boldsymbol{\Sigma}_{t^k}^{-1} (\hat{\boldsymbol{t}}_Y - \boldsymbol{\mu}_{t^k}) = \frac{\left| \hat{\boldsymbol{t}}_Y - \boldsymbol{\mu}_{t^k} \right|^2}{\sigma^2} \tag{7.32}$$

得到选入边界

$$\sqrt{(\hat{\boldsymbol{t}}_Y - \boldsymbol{\mu}_{t^k})^{\mathrm{T}} \boldsymbol{\Sigma}_{t_k}^{-1} (\hat{\boldsymbol{t}}_Y - \boldsymbol{\mu}_{t^k})} \left(1 - \frac{\beta}{\left| \hat{\boldsymbol{t}}_Y - \boldsymbol{\mu}_{t^k} \right|}\right) = 3 \tag{7.33}$$

则参与闭环检测的历史帧 Y 的位置需满足

$$\sqrt{(\hat{\boldsymbol{t}}_Y - \boldsymbol{\mu}_{t^k})^{\mathrm{T}} \boldsymbol{\Sigma}_{t^k}^{-1} (\hat{\boldsymbol{t}}_Y - \boldsymbol{\mu}_{t^k})} \left(1 - \frac{\beta}{\left| \hat{\boldsymbol{t}}_Y - \boldsymbol{\mu}_{t^k} \right|}\right) < 3 \tag{7.34}$$

为了避免实际误差大于估计误差，参数可以视场景大小而定。现给出 β 取值的两种参考：

（1）β 与历史场景深度相关，即

$$\beta = \overline{\gamma d}$$

其中，$\overline{d}$ 表示历史场景特征点深度数据的随机抽样均值，可迭代更新；$\gamma(\gamma \geqslant 1)$ 为场景范围参数，由使用者根据经验确定。γ 越小，闭环检测的范围越小，忽略闭环的可能越大。

（2）β 与当前场景的显著程度相关，即

$$\beta = \eta / \overline{w}_i,\ w_i \in X$$

其中，η 为归一化参数。该式表示：场景越常见，出现感知歧义的可能性越大，所允许的闭环检测范围越小。

同时，为防止当前场景的邻近关键帧被误认为闭环，满足式(7.34)的邻近关键帧不能参与闭环检测。

下面，对式(7.34)筛选出的历史场景集$\{Y_{r1}, Y_{r2}, \cdots\}$进行外观匹配。

4)基于场景外观相似性的得分匹配

因空间位置约束剔除了大多数可能的感知歧义场景，限制了场景外观的比较范围，故相对于 RTAB-MAP 而言，改进算法的场景外观相似性检测所面临的情况更为简单。

对于场景 X 和 Y，本节使用的相似性得分函数为

$$S(X,Y) = \frac{1}{\| \boldsymbol{W}(X) - \boldsymbol{W}(Y) \| + 1} \tag{7.35}$$

该函数计算简单，且得分控制在(0,1]之间，函数值越大，图像越相似。在满足空间约束的历史场景集中，选取得分最高的历史场景作为候选闭环，进而通过闭环确认选择正确的闭环场景。

7.2.2.2 闭环确认

候选闭环中所存在的误正闭环，不仅不能修正机器人位姿估计的累积误差，还会破坏已构建地图的一致性，因此剔除误正闭环也是闭环检测中的一个十分重要的环节。由于 7.2.2.1 节通过空间约束排除了绝大多数可能的误正闭环，因而在闭环确认环节无需采用时间连续性验证，只考虑其是否满足对极几何约束。

闭环发生的两幅图像通常是对同一场景的不同视角成像，因此应当满足对极几何约束。计算发生闭环的两幅图像间的基础矩阵，根据内点数的比例可判断二者是否满足对极几何约束。若不满足，则认为该闭环为误正闭环，从闭环候选中删除。

在闭环获得确认后，应当根据所确认的闭环结果 Y 修正视觉里程计的协方差矩阵：

$$\begin{aligned} \boldsymbol{\Sigma}_{t^k} = & \Big(\sum_{i=1}^{n} \boldsymbol{\Sigma}_{\boldsymbol{P}_i}^{\gamma}\Big)^{-1} \Big[\sum_{i=1}^{n} \boldsymbol{\Sigma}_{\boldsymbol{P}_i}^{\gamma} \big(\boldsymbol{\Sigma}_{\boldsymbol{P}_{\mathrm{W}}^{i}}^{Y_i} + \boldsymbol{R}_{\mathrm{C}}^{\mathrm{W}} \boldsymbol{\Sigma}_{\boldsymbol{P}_{\mathrm{C}}^{i}}^{k_i} \boldsymbol{R}_{\mathrm{W}}^{\mathrm{C}}\big) \boldsymbol{\Sigma}_{\boldsymbol{P}_i}^{\gamma\ \mathrm{T}} + \\ & 2\sum_{i=1}^{n-1} \sum_{j=i+1}^{n} \boldsymbol{\Sigma}_{\boldsymbol{P}_i}^{\gamma} \boldsymbol{\Sigma}_{t^Y} \boldsymbol{\Sigma}_{\boldsymbol{P}_j}^{\gamma\ \mathrm{T}}\Big] \Big[\Big(\sum_{i=1}^{n} \boldsymbol{\Sigma}_{\boldsymbol{P}_i}^{\gamma}\Big)^{-1}\Big]^{\mathrm{T}} \end{aligned} \tag{7.36}$$

其中

$$\boldsymbol{\Sigma}_{\boldsymbol{P}_i}^{\gamma} = \big(\boldsymbol{I} + \boldsymbol{\Sigma}_{\boldsymbol{P}_{\mathrm{W}}^{i}}^{Y_i} + \boldsymbol{\Sigma}_{\boldsymbol{P}_{\mathrm{W}}^{i}}^{k_i}\big)^{-1}$$

此外，由于 $\boldsymbol{\Sigma}_{\boldsymbol{P}_{\mathrm{W}}^{i}}^{Y_i}$ 在卡尔曼滤波过程中丢失，此处替代其真值的估计值为

$$\hat{\boldsymbol{\Sigma}}_{\boldsymbol{P}_{\mathrm{W}}^{i}}^{Y_i} = \boldsymbol{\Sigma}_{t^Y} \boldsymbol{\Sigma}_{t^k}^{-1} \boldsymbol{\Sigma}_{\boldsymbol{P}_{\mathrm{W}}^{i}}^{k_i} \boldsymbol{\Sigma}_{t^k}^{-1} \boldsymbol{\Sigma}_{t^Y} \tag{7.37}$$

注意到 $\boldsymbol{\Sigma}_{t^Y}$ 为确认发生闭环的历史场景 Y 的位置协方差阵，必然在 $k-1$ 时刻以前，必定小于 $\boldsymbol{\Sigma}_{t^{k-1}}$，从而在发生闭环时 $\boldsymbol{\Sigma}_{t^k} < \boldsymbol{\Sigma}_{t^{k-1}}$。

至此，参与闭环检测的场景范围由于闭环的产生而减小，从而有效控制了闭环检测的时间上限。

7.2.3 实验与分析

实验所用传感器为 Kinect，运行计算机配置：CPU 为 i3 处理器，主频为 2.5GHz，内存 4GB，不使用 GPU 加速，系统为 Ubuntu12.04。为了客观地评价算法性能，分别使用公共的 TUM 验证数据集和实际场景数据进行实验。综合考虑稳定性和实时性，实验一律选用

SURF 特征。

7.2.3.1　RGB-D SLAM 数据集实验

实验所用的数据集为 RGB-D SLAM 公共数据集 rgbd_dataset_freiburg1_room 和 rgbd_dataset_freiburg2_pioneer_slam3，对比算法采用 IAB-MAP，FAB-MAP 和 RTAB-MAP。所用数据集中，前者为复杂室内场景数据集，后者为大范围多歧义场景数据集。

1)复杂室内场景数据集实验

图 7.20 所示为改进算法对于复杂室内场景数据集的建图效果，闭环检测结果如图 7.21 所示，图 7.22 为改进算法与其他闭环检测算法的实时性对比以及准确率-召回率曲线。

图 7.21 中，圈出的部分为局部闭环，连线部分为全局闭环。由图 7.21 和图 7.22 可看出，对于复杂室内场景，改进算法具有良好的建图效果，且能有效地检测与提取出正确的闭环。

图 7.20　复杂室内场景数据集测试点云图

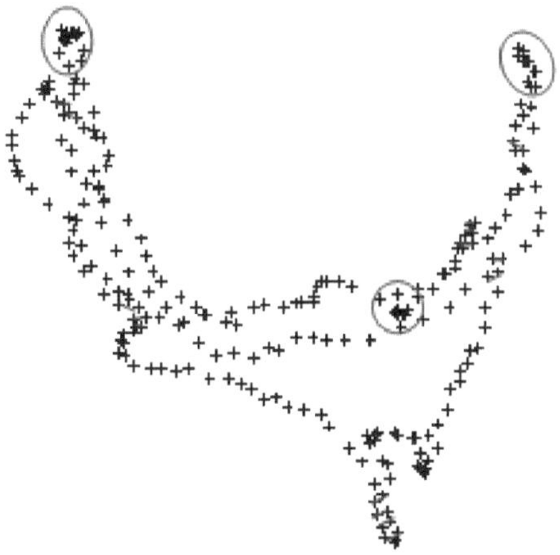

图 7.21　复杂室内场景数据集闭环检测轨迹图

在实时性方面，IAB-MAP 与 FAB-MAP 均使用所有历史信息进行闭环检测，因此随着历史帧数据的增加，每一帧数据的闭环检测时间将逐渐增加。RTAB-MAP 设定了时间阈值，并基于闭环概率进行短期内存管理，控制其闭环检测时间。300 帧数据后 RTAB-MAP 的闭环检测时间不再增加，但本节的改进算法实时性依然高于 RTAB-MAP，这是由于局部闭环以及全局闭环的出现修正了视觉里程计，缩小了其后续的闭环检测范围。

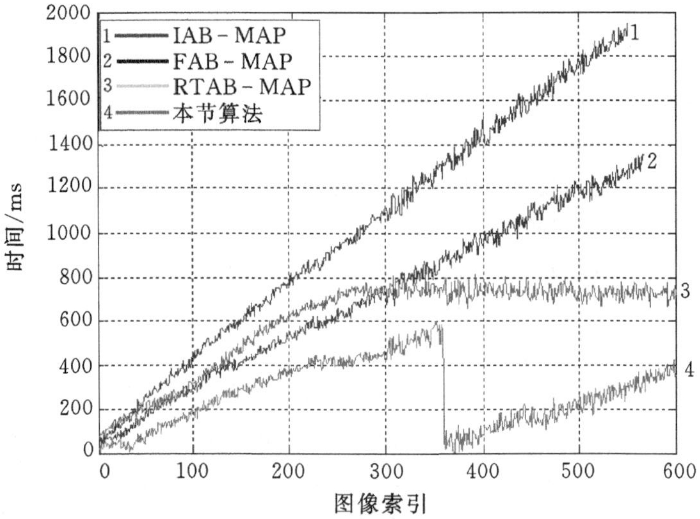

(a)算法实时性对比曲线

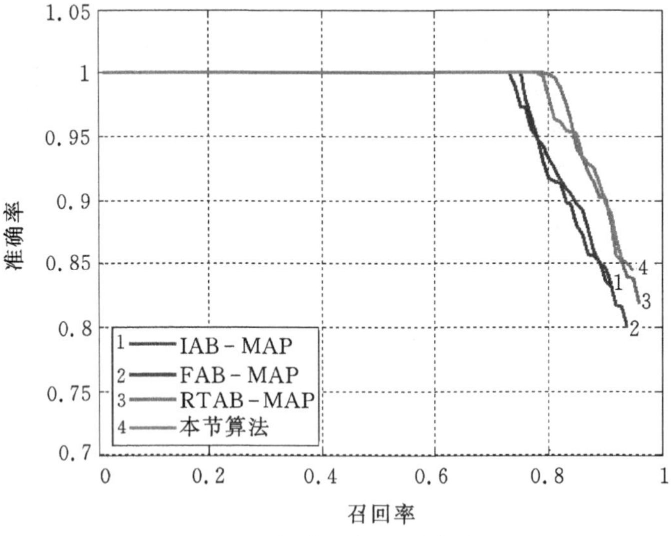

(b)准确率-召回率对比

图 7.22　复杂室内场景数据集实验结果对比

在准确率方面，由于该数据集规模较小，且不存在歧义场景，因而 4 种闭环检测方法在该数据集上均表现出较好的性能，并无太大差异。

2)大规模多歧义场景数据集实验

图 7.23 所示为改进算法对于大规模多歧义场景数据集的建图效果，图 7.24 所示为视觉里程计的输出与闭环检测结果，图 7.25 展现了加入改进算法的闭环校正前后里程计误差的对比，图 7.26 展示了 IAB-MAP，FAB-MAP，RTAB-MAP 及本节改进算法进行数据集测试时闭环检测的实时性对比，以及准确率-召回率对比曲线。

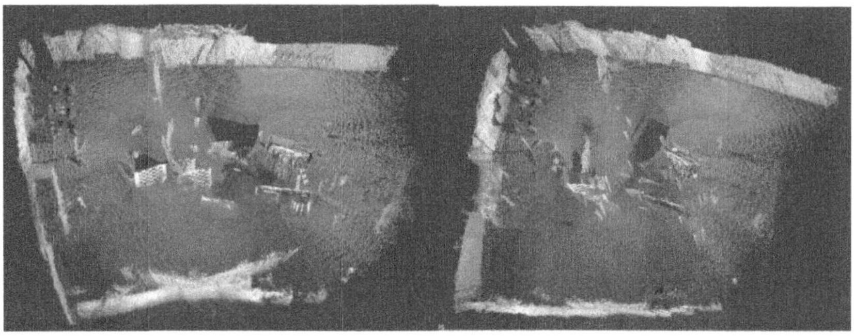

(a)无半环检测　　(b)加入本节闭环检测

图 7.23　大规模多歧义场景数据集测试点云图

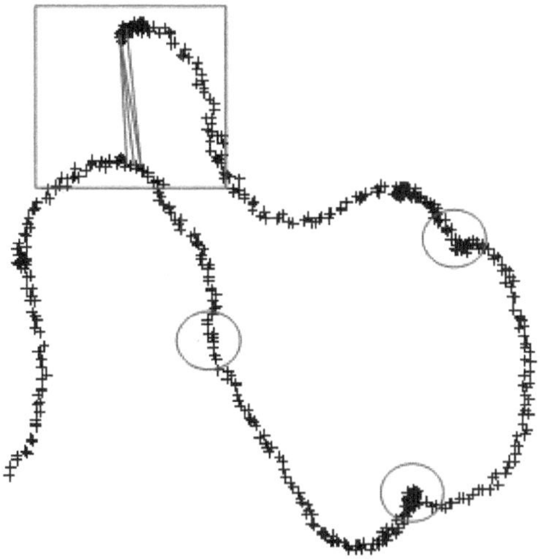

图 7.24　大规模多歧义场景数据集闭环检测轨迹图

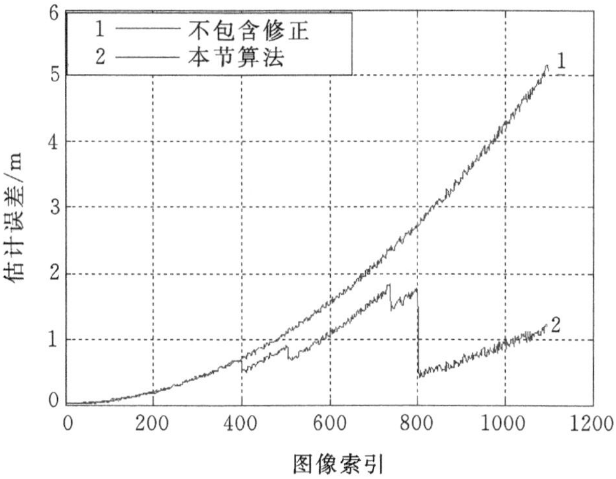

图 7.25　加入闭环校正前后里程计误差对比图

根据图 7.23 和图 7.24 可以看出，对于大规模多歧义场景，尽管视觉里程存在较大漂移，且数据集存在跳帧现象，改进方法仍然具有较好的建图效果，且能有效地检测与提取出正确的闭环——包括局部闭环与全局大闭环。图 7.25 反映了改进闭环检测对里程计误差的修正效果，验证了改进闭环检测策略对里程计误差修正的有效性。

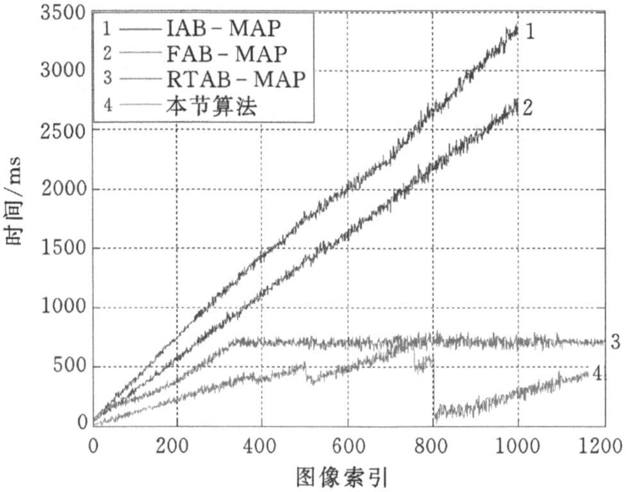

(a)算法实时性对比

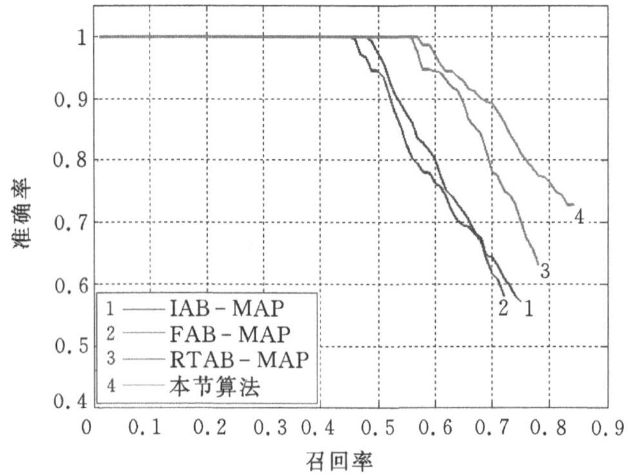

(b)准确率-召回率对比曲线

图 7.26　大规模多歧义场景数据集结果对比

由图 7.26(a)可以看出，在实时性方面，改进算法的每帧闭环检测时间明显小于 IAB-MAP 与 FAB-MAP，且在大部分时间均小于 RTAB-MAP，体现了改进算法在实时性上的提高。

在准确率方面，由于实验所用数据集包含较多的歧义场景，而改进算法给出了闭环检测规模所满足的空间约束，排除了大量歧义场景。从图 7.26(b)可以看出，相比于其他 3 种方法，该方法具有明显优势。

综上所述，在实时性方面，本节的改进算法在复杂室内场景 SLAM 中的表现明显优于其他几种方法，在大规模多歧义场景的 SLAM 中也有相当的优势。在准确率方面，本节的改进算法能有效克服感知歧义对闭环检测的影响，提高了闭环检测的准确率。

7.2.3.2　实际场景实验

以大范围多歧义室内环境——楼道——作为实验的实际场景。其外观如图 7.27 所示，场景规模为 28m×3m。相对于 Kinect 有限的深度范围而言，该场景规模较大且存在较多的感知歧义，对于闭环检测极具挑战性。

图 7.27　楼道实际场景

从图 7.28 可以看出，即使场景规模较大且存在较多的感知歧义，点云的拼接效果依然很好，改进闭环检测算法检测出了正确的闭环，验证了算法在大范围多歧义场景中的有效性。

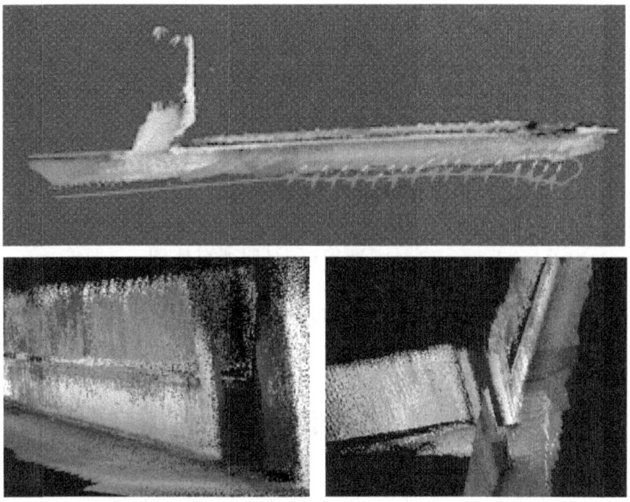

图 7.28　楼道场景点云地图

分别利用 IAB-MAP，FAB-MAP 和 RTAB-MAP 对相同场景进行闭环检测，对比改进算法及其他方法的实时性以及准确率-召回率，结果如图 7.29 所示。

从图 7.29 中可以看出，针对楼道这样的大范围多歧义室内环境，改进算法在实时性方面依然有一定的优势，在准确率方面也明显高于其他 3 种方法，验证了该算法的有效性。

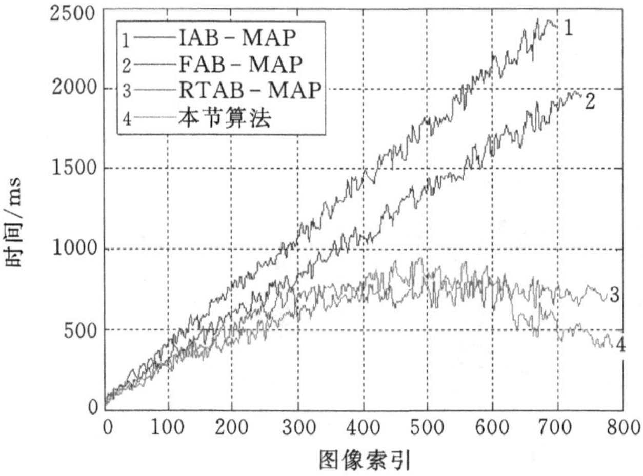

(a)实时性对比图

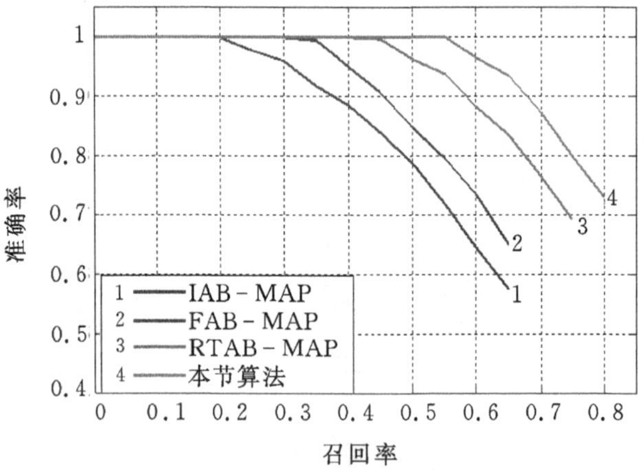

(b)准确率-召回率对比图

图 7.29　楼道场景实验结果对比

7.3　基于场景显著区域的闭环检测算法

7.2 节介绍了基于空间位置不确定性约束的改进闭环检测算法。该算法由于对里程计误差模型的依赖，存在着应用条件上的局限性，尤其是当机器人的 SLAM 过程出现中断，且被人为移动至一个未知位置，即出现“绑架”问题时，算法很有可能失效，此时需要一个更具全局搜索能力的闭环检测算法。

由于检索效率的原因，当前的全局搜索闭环检测算法大多采用基于 BoW 的索引结构，其相关研究的实验对象倾向于对路径一致、观测视角相近的闭环进行检测，而对于在实际情况中经常出现的路径不一致和大视角变化下的闭环检测的研究却相对较少。

如图 7.30 所示，出现路径不一致以及大视角变化的闭环时，由于视线遮挡和观测范围受限等因素，容易导致观测图像之间的显著差异和闭环图像不连续。此时，传统的基于图像与图像匹配的闭环检测方式将难以检测到闭环的发生。针对该问题，本节考虑将单幅图像分解为若干个显著区域,并将连续 l 个关键帧的显著区域构成一个场景,采用图像到场景的闭环检测策略,从而克服闭环检测时因观测视角不同所带来的困难。

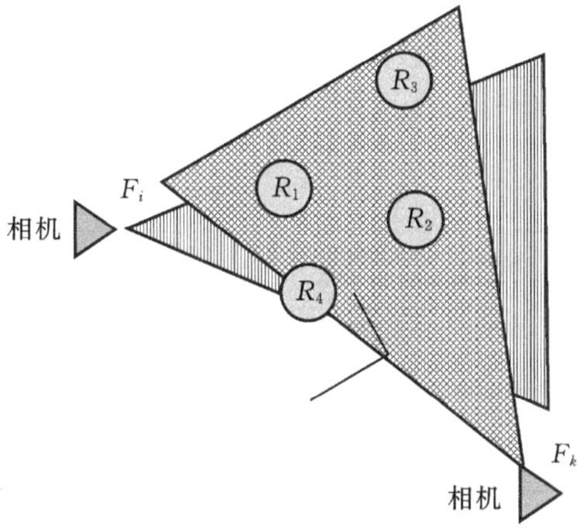

图 7.30　大视角闭环下的观测显著差异问题

如图 7.31 所示,所定义的场景描述由 4 个级别构成:基于 BoW 的视觉单词、显著区域、关键帧以及场景。其中,显著区域是由特征较为密集的区域内的视觉单词组成的集合,场景由若干个关键帧的显著区域组成。其详细构建过程将在 7.3.3 节予以介绍。下面首先讨论所采用的闭环概率模型。

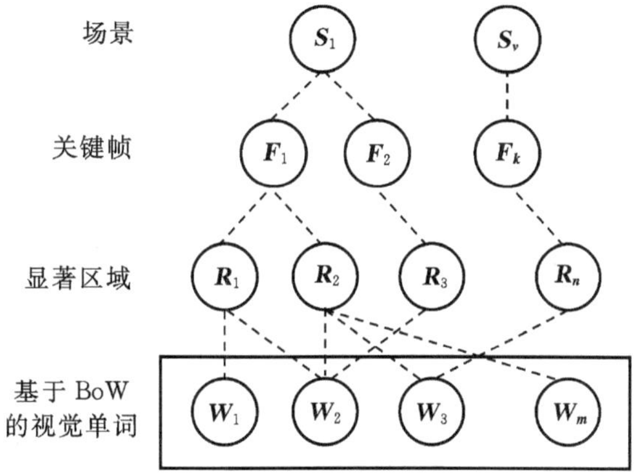

图 7.31　定义的场景描述结构

7.3.1　闭环概率模型

本节在概率框架下研究基于场景显著区域的闭环检测问题,如图 7.32 所示。首先对所采集的图像进行特征提取,其次根据特征跟踪率与 RGB 统计直方图判断是否为关键帧,随后分别进行图像特征单词化与显著区域选取,之后更新从单词到场景显著区域的增量式逆向索引,并根据逆向索引检索预闭环场景,最后通过 Bayesian 更新计算各个预闭环场景的闭环概率。

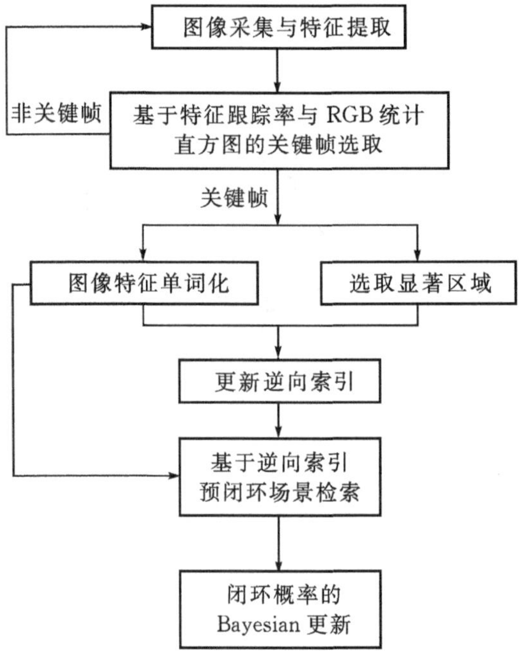

图 7.32 基于场景显著区域的闭环检测流程

对于闭环概率模型问题，RTAB-MAP 采用 Bayesian 滤波对闭环概率进行更新。该方法较为简单，闭环概率更新的计算量较小，但文中并未说明归一化参数的选取问题。FAB-MAP 则提供了闭环概率更新的全概率模型：

$$P(S_i \mid F^k) = \frac{P(F_k \mid S_i, F^{k-1})P(S_i \mid F^{k-1})}{P(F_k \mid F^{k-1})} \tag{7.38}$$

式(7.38)表示在前 k 个关键帧 F^k 下，k 时刻图像与历史场景 S_i 发生闭环的概率。其中，F_k 为 k 时刻关键帧；$P(F_k|S_i,F^{k-1})$为闭环观测概率；$P(S_i|F^{k-1})$为闭环先验概率；$P(F_k|F^{k-1})$为与歧义场景相关的归一化参数。

相比于 RTAB-MAP 采用的 Bayesian 滤波方式，式(7.38)较为完整地体现了闭环概率的迭代过程。但是，由于此处的应用环境为帧到场景的闭环，在估计 k 时刻与场景 S_i 发生闭环 $L_k=i$ 的概率时，历史关键帧集合 F^k 与历史场景集合 S^v 之间的关系都已知。因此，下面给出基于关键帧和场景的闭环概率模型更为完整的表述形式：

$$P(L_k = i \mid S^v, F^k) = \frac{P(F_k \mid L_k = i, S^v, F^{k-1})P(L_k = i \mid S^v, F^{k-1})}{P(F_k \mid S^v, F^{k-1})} \tag{7.39}$$

其中，F_k 为 k 时刻关键帧，k 与 v 都从 0 开始标记。为了计算闭环的观测概率，假设各个关键帧的观测之间相互独立，得到

$$P(F_k \mid L_k = i, S^v, F^{k-1}) = \frac{P(F_k \mid S^v, F^{k-1})P(L_k = i \mid F_k, S^v)}{P(L_k = i \mid S^v)} \tag{7.40}$$

将式(7.40)代入式(7.39)，得到

$$P(L_k = i \mid S^v, F^k) = \frac{P(L_k = i \mid F_k, S^v)P(L_k = i \mid S^v, F^{k-1})}{P(L_k = i \mid S^v)} \tag{7.41}$$

其中，$P(L_k=i|F_k,S^v)$为闭环观测概率；$P(L_k=i|S^v,F^{k-1})$为闭环先验概率；$P(L_k=i|S^v)$表示拓扑闭环概率。

7.3.1.1　闭环观测概率

为了计算闭环观测概率，首先分析基于场景显著区域的闭环观测概率的具体含义。

$$P(L_k=i|F_k,S^v) \tag{7.42}$$

式(7.42)表示：在已知当前观测 F_k 与历史场景集 S^v 时，F_k 与场景 S_i 发生闭环的概率。由于场景 S_i 与关键帧 F_k 由其包含的显著区域描述，闭环观测概率完全依赖于 S_i 与 F_k 包含的显著区域的相似度：

$$\begin{aligned} P(L_k=i|F_k,S^v) &= P(R\in S_i|R\in F_k,F_k,S_i) \\ &= P(R'\in S_i|R'=R,R\in F_k,F_k,S_i)P(R'=R|R\in F_k,F_k,S_i) \end{aligned} \tag{7.43}$$

其中，$P(R'\in S_i|R'=R,R\in F_k,F_k,S_i)$表示与场景匹配的显著区域属于该场景的概率，该概率与对显著区域观测的一致性相关，本节将其解释为显著区域满足观测几何约束的概率；$P(R'=R|R\in F_k,F_k,S_i)$表示显著区域的匹配概率，该概率采用显著区域所包含的视觉单词的相似性进行度量。

式(7.43)中的两个概率将在第 7.3.3 节中予以讨论。下面介绍闭环先验概率的计算。

7.3.1.2　闭环先验概率

闭环先验概率表示当前时刻的闭环概率与历史闭环概率之间的关系，该概率还与闭环场景 S_i 的邻接拓扑关系有关：

$$\begin{aligned} P(L_k = i \mid S^v,F^{k-1}) &= \sum_j P(L_k = i \mid L_{q(j)} = j,S^v,F^{k-1})P(L_{q(j)} = j \mid S^v,F^q) \\ &= \sum_j P(L_k = i \mid L_{q(j)} = j,S^v)P(L_{q(j)}) = j \mid S^v,F^q) \end{aligned} \tag{7.44}$$

其中，$P(L_k=i|L_{q(j)}=j,S^v)$表示在 S^v 所描述的拓扑关系下，当场景 S_j 在 $q(j)$时刻发生闭环时，S_i 在 k 时刻发生闭环的条件概率；$P(L_{q(j)}=j|S^v,F^q)$表示历史场景 S_j 在上次出现闭环观测的 $q(j)$时刻的闭环概率。

RTAB-MAP 与式(7.44)采用了类似的闭环先验概率计算方式，所不同的是，RTAB-MAP 仅考虑了相邻时刻的闭环概率对当前概率的影响，而式(7.44)则考虑了所有场景上一次出现闭环的概率对当前闭环概率的影响。由于对某个场景及其邻接场景的闭环观测不一定连续出现，相比而言，式(7.44)的闭环先验概率的计算方式对于非一致路径闭环，尤其是对路径多段交叉的闭环有着更高的召回率。

引入 $L=-1$ 表示关键帧没有与任何场景发生闭环的情形，则 $P(L_k=i|L_{q(j)}=j,S^v)$的计算分为 4 种情形。下面分别予以介绍：

1)$P(L_k=-1|L_{q(j)}=j,S^v)$

该概率表示当 $q(j)$时刻图像与 S_j 发生闭环的条件下，k 时刻图像未与任何历史场景发生闭环的概率。该概率可以看作由 $q(j)$时刻到 k 时刻相机从已知范围 S^v 内离开的概率。随着时间的推移，一方面已探索范围 S^v 不断扩大，另一方面与已知范围相接触的未知范围也不断扩大，在该概率上两者作用相反。鉴于当前场景不参与闭环检测，为了简化问题，认为该概率与单个历史场景的规模成反比，其定义为

$$P(L_k) =-1 \mid L_{q(j)} = j, S^v) = \frac{1}{n_F} \tag{7.45}$$

其中，n_F 表示单个历史场景包含的关键帧个数。

2) $P(L_k=i|L_{q(j)}=j,S^v),i\neq-1$

该概率表示当 $q(j)$ 时刻图像与 S_j 发生闭环的条件下，k 时刻图像与历史场景 S_i 发生闭环的概率。因 $q(j)$ 到 k 时刻相机所能到达的场景与运动范围相关，故该概率与 S_i，S_j 之间的拓扑距离有关，并定义其满足标准差为

$$\sigma_t=1.6\sqrt{\frac{k-q(j)}{n_F}}$$

的正态分布。

此外，$P(L_k=j|L_{q(j)}=j,S^v)$需要根据 $P(L_k=-1|L_{q(j)}=j,S^v)$进行归一化，即

$$\begin{aligned}\sum_{i\neq-1}P(L_k = i \mid L_{q(j)} = j,S^v) &= 1-P(L_k =-1 \mid L_{q(j)} = j,S^v)\\ &= 1-\frac{1}{n_F}\end{aligned} \tag{7.46}$$

3) $P(L_k=-1|L_q=-1,S^v)$

该概率表示在 q 时刻图像未发生闭环的条件下，k 时刻图像也未发生闭环的概率。根据已有文献，该概率直接赋值为

$$P(L_k=-1|L_q=-1,S^v)=0.9 \tag{7.47}$$

4) $P(L_k=i|L_q=-1,S^v),i\neq-1$

由于

$$\sum_i P(L_k = i \mid L_q = j,S^v) = 1 \tag{7.48}$$

且闭环检测范围不包含当前帧所在场景 S_v，因此

$$P(L_k = i \mid L_q =-1,S^v) = \frac{0.1}{v},\quad i\neq-1 \tag{7.49}$$

7.3.1.3　拓扑闭环概率

拓扑闭环概率表示因场景的邻接关系而出现闭环的概率，该概率与场景的闭环转移概率和邻接拓扑结构有关：

$$P(L_k = i \mid S^v) = \sum_j P(L_k = i \mid L_{q(j)} = j,S^v)P(L_{q(j)} = j \mid S^v) \tag{7.50}$$

记

$$p_i=P(L_k=i|S^v),\quad a_{i,j}=P(L_k=i|L_{q(j)}=J,S^v)$$

将 7.3.1.2 节所给出的闭环拓扑先验概率代入式(7.50)，得到

$$\begin{cases}p_i = \sum\limits_{j\neq-1}a_{i,j}p_j + a_{i,-1}p_{-1}\\ \sum\limits_i p_i = v\end{cases} \tag{7.51}$$

其中，v 为历史场景个数，进而

$$p_i = \sum_{j\neq-1}(a_{i,j} - a_{i,-1})p_j + va_{i,-1},\quad i\neq-1 \tag{7.52}$$

记

$$\boldsymbol{B}=\{(a_{i,j}-a_{i,-1},i,j\neq -1)\},\boldsymbol{c}=\{a_{i,-1},i\neq -1\},\boldsymbol{p}=\{p_i,i\neq -1\}$$

由式(7.31)得到

$$\boldsymbol{p}=\boldsymbol{B}\boldsymbol{p}+\boldsymbol{c} \tag{7.53}$$

从而解得各个场景的拓扑闭环概率 $\boldsymbol{p}=\{p_i,i\neq -1\}$。由式(7.50)可以看出：场景 S_i 的邻近节点越多，邻近节点到 S_i 的闭环转移概率越大，则 S_i 的拓扑闭环概率越高。这与通常情况下多段路径交汇处的闭环概率较高的实际相一致。

7.3.2　显著区域选取与场景描述

出现大视角的闭环时，不同视角的观测因其视线遮挡和背景不同，会造成单幅图像观测范围和观测结果的显著差异。因此，需要融合连续图像的信息构成场景，并采用图像到场景的闭环检测方式代替传统的基于图像间匹配的闭环检测。

在闭环检测的应用背景下，图像融合有两种常用方法。其一是直接融合图像特征。该方法相对较为简单，但由于使用了所有的图像特征，产生了信息冗余，且容易在图像融合过程中对同一特征重复度量，直接导致其对场景的描述出现偏差。其二是将分布较为密集的特征聚集为一个显著区域表示。该方法仅使用部分特征，所使用的信息较少，且能根据显著区域观测时所应满足的对极几何关系提高对歧义场景的分辨能力。尽管显著区域法有着多种优势，但该方法存在对显著区域的选取策略问题，其实现相对较为繁琐。下面首先讨论本节采用的显著区域选取策略。

7.3.2.1　显著区域的选取与场景描述

显著区域的选取主要依赖 SURF 特征的分布状况。其选取过程如图 7.33 所示。

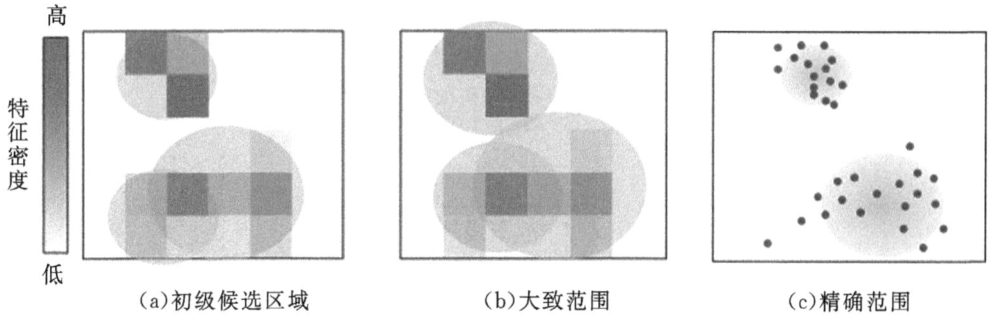

(a)初级候选区域　(b)大致范围　(c)精确范围

图 7.33　基于特征分布的显著区域选取过程

首先，选取特征分布密度均值局部极大的区域为初级候选区域。随后，根据初级候选区域包含的网格特征分布密度，计算大致的显著区域中心坐标：

$$\boldsymbol{p}_{\mathrm{F}}^{R}=\frac{\sum_{i}\rho^{i}\,\boldsymbol{p}_{\mathrm{F}}^{i}}{\sum_{i}\rho^{i}} \tag{7.54}$$

其中，$\boldsymbol{p}_{\mathrm{F}}^{R}$ 表示显著区域 R 的中心在图像坐标系 F 下的坐标；$\boldsymbol{p}_{\mathrm{F}}^{i}$，$\rho^{i}$ 分别为初级候选区域所包含的第 i 个网格的中心坐标及其 SURF 特征分布密度。

在获得大致的显著区域中心坐标后，需获得显著区域的大致半径。根据显著区域表示特征较为集中的区域的实际情况，此处采用半径增长法确定其大致半径。由式(7.54)得到的 $\boldsymbol{p}_F^R$ 为中心逐渐增大显著区域半径，直到其半径边界上的网格特征分布密度都低于区域的平均特征分布密度，或半径达到预设的最大值。

在获得显著区域的大致范围后，需进一步计算其精确值。显著区域的精确范围采用改进的均值漂移算法求解，具体流程如图 7.34 所示。

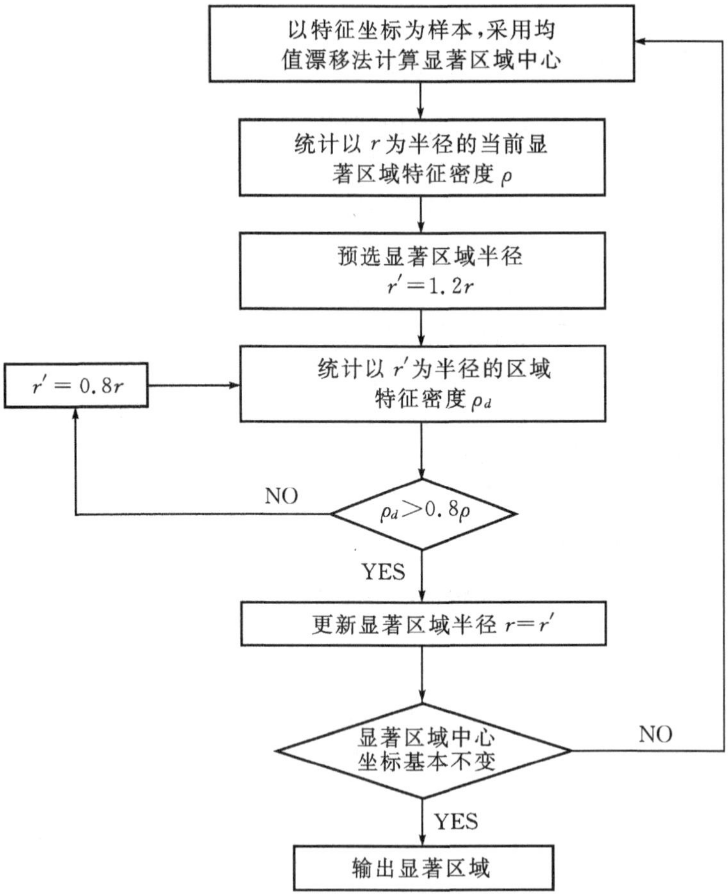

图 7.34 求解显著区域精确范围的均值漂移算法流程图

将基于特征分布的显著区域选取方法分别与分水岭算法、基于 DCT 变换的图像分割进行比较，结果如图 7.35 所示。

由图 7.35 可以看出，从分割效果来看，基于 DCT 变换的图像分割效果最好，但该算法对噪声敏感，并且需要预先设定提取目标的尺寸，导致分割结果关于观测距离变化的鲁棒性较差。此外，其对像素为 240×320 的图像处理时间长达 0.2s，无法满足实时性的需求。分水岭算法速度最快，但并未按照目标物体分割区域，且需要采用其他算法预先分析种子点，效果较差。相比而言，基于特征分布的显著区域选取算法成功地从图像中分割出了富含特征的稳定区域，且用时较短，达到了提取图像显著区域的目的。

在获得显著区域后，采用 BoW 将显著区域范围内的 SURF 特征描述向量单词化，采用视觉单词描述显著区域，进而由若干关键帧的显著区描述场景。

下面介绍所使用的关键帧选取方法。

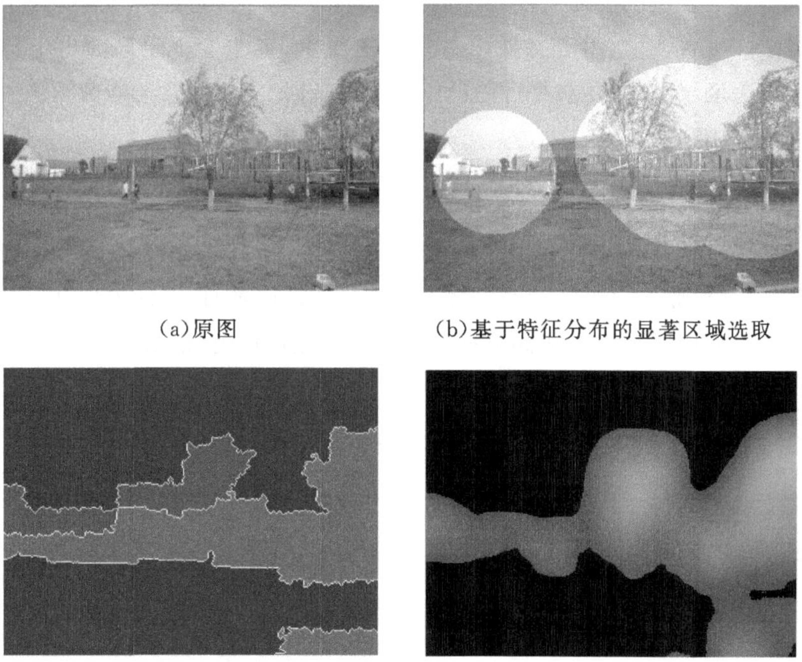

(a)原图　　(b)基于特征分布的显著区域选取

(c)分水岭算法分割结果　　(d)基于 DCT 变换的分割结果

图 7.35　图像分割算法效果对比图

7.3.2.2　关键帧的选取

与传统的基于位姿变化和简单采样的关键帧选取不同，本节的关键帧选取依赖于当前图像与上一关键帧之间的相似度。为了提高相似度计算结果的可靠性，采用基于特征跟踪率与 RGB 统计直方图的双重参考策略。其相似度函数定义为

$$\gamma = \alpha_{\text{SURF}}\left[\left(1-\frac{m_M}{\max(m_k,m_c)}\right)+\frac{1}{\max(m_k,m_c)}\sum_{i=1}^{m_M}\|\boldsymbol{x}_i^k-\boldsymbol{x}_i^c\|\right]+\alpha_{\text{color}}|h_k-h_c| \quad (7.55)$$

其中，α_{SURF}为 SURF 特征匹配的得分权重；α_{color}为图片色彩直方图匹配的得分权重，且 $\alpha_{\text{SURF}}+\alpha_{\text{color}}=1$；$m_k$ 与 m_c 分别为第 k 个关键帧与当前图片的 SURF 特征数目；m_M 表示两幅图片匹配的 SURF 特征个数；$\boldsymbol{x}_i^k$ 与 $\boldsymbol{x}_i^c$ 为匹配的 SURF 特征描述向量；h_k，h_c 表示两幅图像的 RGB 统计直方图。所采用的 SURF 特征跟踪方法参考 ORB-SLAM2 的特征跟踪方法。

在式(7.55)中，α_{SURF}越大，SURF 特征的差异对于关键帧选取的影响越大，RGB 统计直方图的差异对关键帧选取的影响越小。为保证 SURF 特征数目较少时，特征匹配过程中的随机因素容易影响关键帧选取的合理性，应当根据 SURF 特征数目适当调整 α_{SURF}，因此选取

$$\alpha_{\text{SURF}} = \frac{1}{2}-\frac{1}{2}\exp\left(-\frac{\min(m_k,m_c)}{m_e}\right) \quad (7.56)$$

其中，m_e 表示期望的 SURF 特征提取个数。

根据实验效果，关键帧选取条件为 $\gamma>0.3$。

7.3.3 基于逆向索引的预匹配场景选取

为了计算闭环概率，首先需要选取出与当前图像 F_k 可能发生闭环的历史场景。由于历史场景由若干显著区域组成，要获得可能的闭环场景，首先需要搜索与当前图像中各个显著区域匹配的历史显著区域。

BoW 采用单词描述图像，降低了图像匹配的计算量，但仍未解决从巨量历史图像中快速搜索相似图像的问题。本节的闭环检测算法借鉴由 BoW 扩展的逆向索引技术实现预匹配历史场景的快速检索，如图 7.36 所示。逆向索引的方法为：在 BoW 中标记每一个单词出现过的显著区域及场景，当需要对当前时刻图像搜索可能的闭环场景时，只需根据其显著区域包含的单词检索在 BoW 的某一层级中，相同单词个数满足一定比例的预匹配显著区域，进而将各个预匹配显著区域出现的场景作为预匹配历史场景。

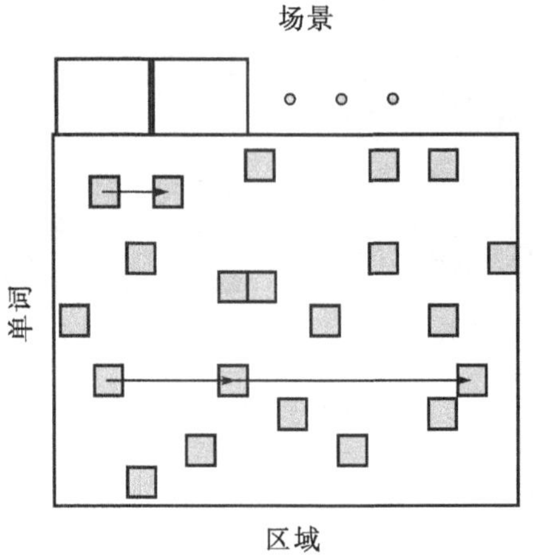

图 7.36 基于逆向索引的预匹配场景检索

根据图 7.36 方式获得预匹配场景后，还需要剔除掉包含的预匹配显著区域明显少于当前图像显著区域个数的场景，余下的场景继续参与闭环概率的计算。

7.3.4 显著区域匹配概率的计算

要获得闭环观测概率，需要计算发生闭环时各个显著区域的匹配概率。根据 7.3.1.1 节式(7.43)，将显著区域的匹配概率分为两部分：基于 BoW 得分的匹配概率与观测几何匹配概率。由于两种概率计算所依赖的信息相互独立，显著区域 R 与 R' 之间的匹配概率为

$$P(L_k = i \mid F_k, S^v) = P(R' = R \mid R \in F_k, F_k, S_k) P(R' \in S_i \mid R' = R, R \in F_k, F_k, S_i) \tag{7.57}$$

其中，$P(R'=R|R\in F_k, F_k, S_i)$ 为基于 BoW 单词的显著区域匹配概率；$P(R'\in S_i|R'=R, R\in F_k, F_k, S_i)$ 为显著区域满足观测几何约束的概率，故将其称为观测几何匹配概率。下面分别对两种概率予以探讨。

7.3.4.1 基于 BoW 单词的显著区域匹配概率

要获得基于 BoW 单词的显著区域匹配概率，首先需要给出基于 BoW 单词的显著区域匹

配评分函数。根据分层 TF-IDF 熵金字塔得分匹配方法，显著区域 R 与 R' 之间的匹配得分满足

$$\begin{cases}\phi(R,R') = \varphi^L(R,R') + \sum_{l=1}^{L-1} \dfrac{1}{k^{L-l}}(\varphi^l(R,R') - \varphi^{l+1}(R,R')) \\ \varphi^l(R,R') = \sum_{i=1}^{k^l} \min\{w_i^l(R), w_i^l(R)'\} \\ w_i^l(X) = \dfrac{n_i}{n}\log\dfrac{N}{N_i}\end{cases} \tag{7.58}$$

其中，$\phi(R,R')$为 TF-IDF 匹配得分；$\varphi^l(R,R')$为显著区域在第 l 层匹配得分；n_i 表示显著区域 X 中第 i 个单词的出现个数；N_i 为该单词出现过的显著区域个数；n 为某个显著区域 X 包含的单词个数；N 表示显著区域的总数。

由于该评分函数为非归一化函数，且易受感知歧义干扰，因而直接计算闭环概率较为困难。因此，采用该函数的归一化形式

$$\begin{cases}\phi(R,R') = \varphi^L(R,R') + \sum_{l=1}^{L-1} \dfrac{1}{k^{L-l}}(\varphi^l(R,R') - \varphi^{l+1}(R,R')) \\ \varphi^l(R,R') = 1 - \dfrac{1}{2}\left|\dfrac{\boldsymbol{W}^l(R)}{\boldsymbol{W}^l(R)} - \dfrac{\boldsymbol{W}^l(R')}{\boldsymbol{W}^l(R')}\right|^2 = \dfrac{\boldsymbol{W}^l(R)^{\mathrm{T}}\boldsymbol{W}^l(R')}{|\boldsymbol{W}^l(R)||\boldsymbol{W}^l(R')|} \\ \boldsymbol{W}^l(X) = \{w_i^l\} \\ w_i^l(X) = \dfrac{n_i}{n}\log\dfrac{N}{N_i}\end{cases} \tag{7.59}$$

其中，$\boldsymbol{W}^l(X)=\{w_i^l\}$表示显著区域 X 的在 BoW 第 l 层的视觉描述向量；$|\boldsymbol{W}^l(X)|$表示视觉描述向量 $\boldsymbol{W}^l(X)$的模。经过归一化处理，分层 TF-IDF 熵金字塔得分在[0,1]之间，且得分越大，显著区域越相似。根据式(7.59)的匹配得分结果，基于 BoW 匹配得分的显著区域匹配概率为

$$P(R' = R \mid R \in F_k, F_k, S_i) = \begin{cases}\dfrac{\phi(R,R') - \sigma_\phi}{\mu_\phi}, \phi(R,R') \geqslant \sigma_\phi + \mu_\phi \\ 1, \text{else}\end{cases} \tag{7.60}$$

其中，μ_ϕ，σ_ϕ 为与 R 相关的所有匹配得分的均值与方差。

7.3.4.2　观测几何匹配概率

根据 7.3.2.1 节，场景 S_i 中保存了在每一个关键帧中出现的显著区域的归一化观测坐标 $\boldsymbol{p}_{\mathrm{O}}^R$。若当前图像 F_k 与历史场景 S_i 相匹配，且较多的显著区域包含于 S_i 中某一个关键帧 $F_h \subset S_i$，则两幅图像中相匹配的显著区域 $R_i \in F_k$，$R'_i \in F_h$ 必须满足几何约束

$$\begin{cases}\boldsymbol{P}_{\mathrm{C}}^h = \boldsymbol{R}_k^h \boldsymbol{P}_{\mathrm{C}}^k + \boldsymbol{t}_k^h \\ \dfrac{r_h}{d_h} = \dfrac{r_k}{d_k}\end{cases} \tag{7.61}$$

其中，$\boldsymbol{P}_{\mathrm{C}}^h$，$\boldsymbol{P}_{\mathrm{C}}^k$ 分别为 h，k 时刻相机坐标系下显著区域中心的空间坐标；$\boldsymbol{R}_k^h$，$\boldsymbol{t}_k^h$ 分别为相机位姿的旋转与平移变换；r_h，r_k 分别表示两个显著区域观测半径；d_h，d_k 分别表示两个显著区域中心到相机平面的距离。

取归一化投影坐标为 $P_{\mathrm{O}} = \dfrac{1}{d}P_{\mathrm{C}}$，得到

$$\begin{bmatrix} P_{Ox}^{h} \\ P_{Oy}^{h} \\ 1 \end{bmatrix} = \frac{r_k}{r_h} \begin{bmatrix} \boldsymbol{R}_k^h(1) \\ \boldsymbol{R}_k^h(2) \\ \boldsymbol{R}_k^h(3) \end{bmatrix} \boldsymbol{P}_O^k + \frac{1}{d_h} \begin{bmatrix} t_{kx}^h \\ t_{ky}^h \\ t_{kz}^h \end{bmatrix} \tag{7.62}$$

其中，P_{Ox}^h，P_{Oy}^h 为 $\boldsymbol{P}_O^h$ 在 x，y 方向上的分量；t_{kx}^h，t_{ky}^h，t_{kz}^h 分别为 $\boldsymbol{t}_k^h$ 在 x，y，z 方向上的分量；$\boldsymbol{R}_k^h(i)$ 为旋转矩阵 $\boldsymbol{R}_k^h$ 的第 i 行。由式(7.62)第三行得到

$$\frac{1}{d_h} = \frac{1}{t_{kz}^h} - \frac{r_k}{t_{kz}^h r_h} \boldsymbol{R}_k^h(3)\, \boldsymbol{P}_O^k \tag{7.63}$$

将式(7.63)代入式(7.62)，得到

$$\begin{bmatrix} P_{Ox}^{h} \\ P_{Oy}^{h} \end{bmatrix} = \frac{r_k}{r_h} \begin{bmatrix} \boldsymbol{R}_k^h(1) - \dfrac{t_{kx}^h}{t_{kz}^h} \boldsymbol{R}_k^h(3) \\ \boldsymbol{R}_k^h(2) - \dfrac{t_{ky}^h}{t_{kz}^h} \boldsymbol{R}_k^h(3) \end{bmatrix} \boldsymbol{P}_O^k + \begin{bmatrix} \dfrac{t_{kx}^h}{t_{kz}^h} \\ \dfrac{t_{ky}^h}{t_{kz}^h} \end{bmatrix} \tag{7.64}$$

将式(7.64)表示为矩阵与向量形式：

$$\begin{cases} \boldsymbol{P}_O^h = \dfrac{r_k}{r_h} \boldsymbol{\psi}_k^h \boldsymbol{P}_O^k + \boldsymbol{\tau}_h \\ \boldsymbol{\psi}_k^h = \begin{bmatrix} \boldsymbol{R}_k^h(1) - \dfrac{t_{kx}^h}{t_{kz}^h} \boldsymbol{R}_k^h(3) \\ \boldsymbol{R}_k^h(2) - \dfrac{t_{ky}^h}{t_{kz}^h} \boldsymbol{R}_k^h(3) \end{bmatrix} \\ \boldsymbol{\tau}_h = \begin{bmatrix} \dfrac{t_{kx}^h}{t_{kz}^h} & \dfrac{t_{ky}^h}{t_{kz}^h} \end{bmatrix}^{\mathrm{T}} \end{cases} \tag{7.65}$$

从而将图像中各个显著区域的归一化误差均值作为观测几何目标函数：

$$\min_{\psi_k^h, \tau_h} f = \frac{1}{n_F^R} \sum_{i=1}^{n_F^R} \left| \frac{r_k}{r_h} \boldsymbol{\psi}_k^h \boldsymbol{P}_O^k + \boldsymbol{\tau}_h - \boldsymbol{P}_O^h \right|^2 \tag{7.66}$$

其中，n_F^R 为历史关键帧 F_h 与当前关键帧 F_k 中匹配的显著区域个数。式(7.66)至少需要 3 对匹配显著区域求解。若匹配显著区域低于 3 对，取 $f=0.4$。

最终得到观测几何匹配概率

$$P(R' \in S_i \mid R' = R, R \in F_k, F_k, S_i) = \exp\{-\frac{f^2}{2\sigma_f^2}\} \tag{7.67}$$

其中，f 为式(7.66)所述的目标函数值；$\sigma_f = \dfrac{0.1}{\sqrt{n_F^R}}$。

7.3.5 实验与分析

实验所用传感器为 Logitech Webcam C930e，运行计算机配置：CPU 为 i3 处理器，主频 2.5GHz，内存 4GB，不使用 GPU 加速，系统为 Windows7。为了能够客观评价算法性能，分别使用公共的 VSLAM 数据集和实际场景数据进行实验。实验所用 BoW 为 5 层 4 分支树，所用特征为 SURF，对比算法采用 FAB-MAP2.0。

7.3.5.1 VSLAM 数据集实验

实验所用数据集为 KITTI 数据集，属于城市及郊区公路数据集，包含较多的相似建筑。

移动平台的运动轨迹如图7.37(a)中的灰色轨迹所示,其中黑色线段表示实际闭环路段。基于场景显著区域的闭环检测算法获得的高概率闭环路段如图7.37(a)的黑色轨迹所示,其闭环概率大于90%。从图7.37可以看到,绝大多数高概率闭环都集中于实际闭环路段。

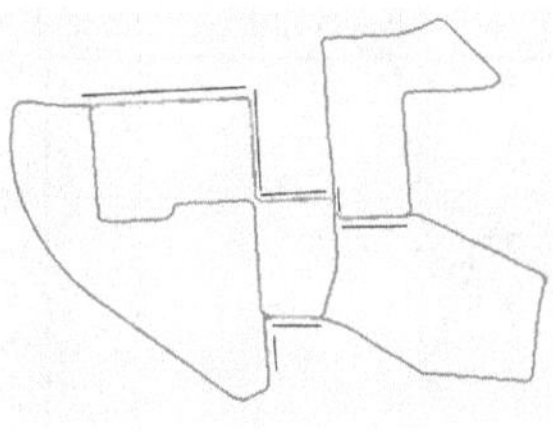

(a)实际闭环路段

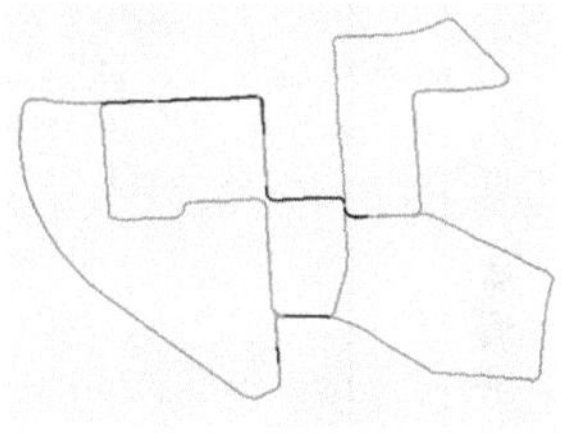

(b)高概率闭环路段

图7.37 KITTI数据集实验的高概率闭环分布

图7.38是基于场景显著区域的闭环检测算法在KITTI数据集中的闭环实例图像,图中灰色小圆圈表示检测到的SURF特征,SURF特征附近的线段为该SURF特征相对于其参考关键帧的跟踪轨迹(不是闭环的几何验证基线),白色大圆圈区域为根据7.3.2节算法获得的场景显著区域。从图7.38中可以看出,实时图像与闭环的历史关键帧的显著区域之间存在着较好的对应关系。

(a)实时图像

(b)闭环的历史关键帧

图7.38 基于显著区域匹配的闭环图像

图7.39所示为各个闭环检测算法KITTI数据集实验的准确率-召回率曲线。从图中可以看出,在准确率-召回率上,基于场景显著区域的闭环检测算法总体上优于基本FAB-MAP2.0,但与包含闭环几何验证的FAB-MAP2.0在高准确率方面存在一定差距。这主要是因为闭环几何验证剔除了FAB-MAP2.0中出现的高闭环概率误闭环,从而保证了其较高的闭环准确率。

图7.40所示为各个算法数据集实验的闭环检测用时。可以看到,基于场景显著区域的闭环检测算法用时大于基本FAB-MAP2.0,但远小于包含闭环几何验证的FAB-MAP2.0(见图7.40(b)(c)的用时叠加)。主要因为FAB-MAP2.0所处理的图像个数小于基于场景显著区域的闭环检测算法所处理的显著区域个数,所以基本FAB-MAP2.0对闭环概率的计算较快;但FAB-MAP2.0在闭环几何验证环节需要检验所有高闭环概率图像的特征是否满足极几何

约束,因而相对于本节的算法其耗时较长。

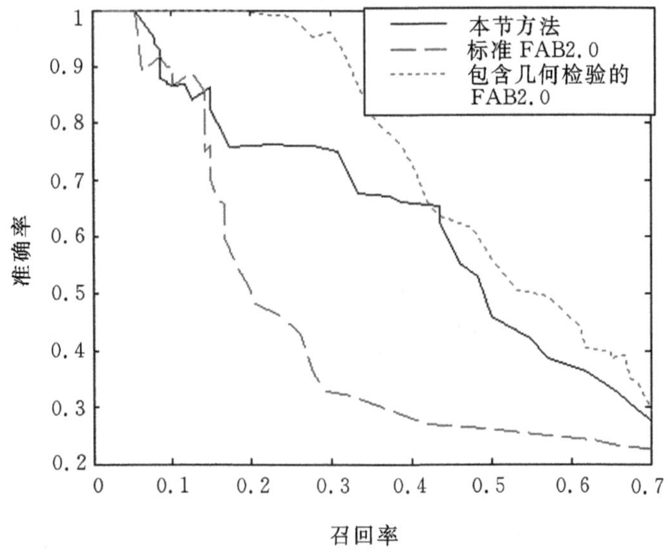

图 7.39　数据集实验准确率-召回率对比

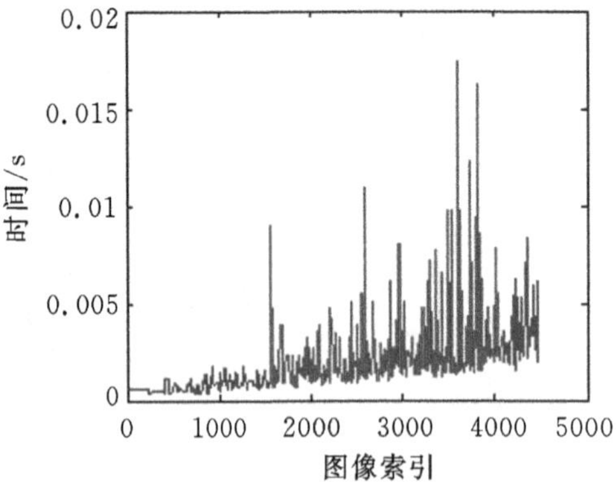

(a)本节算法闭环检测用时

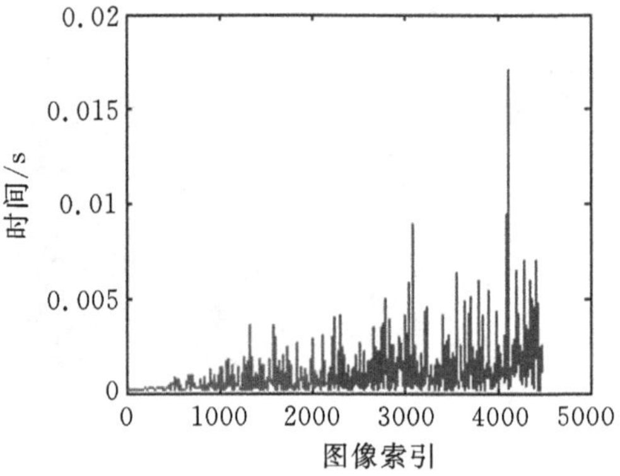

(b)基本 FAB-MAP2.0 用时

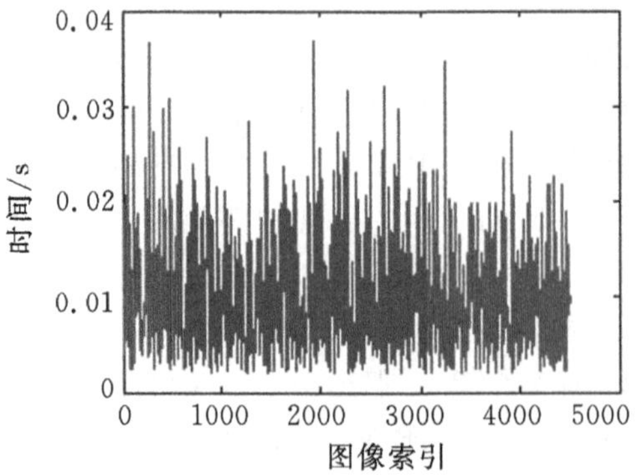

(c)FAB 闭环几何验证用时

图 7.40　数据集实验实时性对比

图 7.41 所示为在数据集实验过程中，特征提取及基于场景显著区域的闭环检测算法各环节的用时，其中特征提取用时不包括在闭环检测用时之内。由图 7.41 来看，闭环检测各环节中平均用时最长的是闭环概率的 Bayesian 更新。这是由于算法需要不断地更新闭环先验概率和拓扑闭环概率，以此满足对闭环观测不连续的非重合路径闭环进行有效检测的目的。将图 7.41(b)～图 7.41(d)与图 7.41(a)对比，可见基于场景显著区域的闭环检测算法各个环节的用时远小于 SURF 特征提取用时，算法满足实时性的要求。

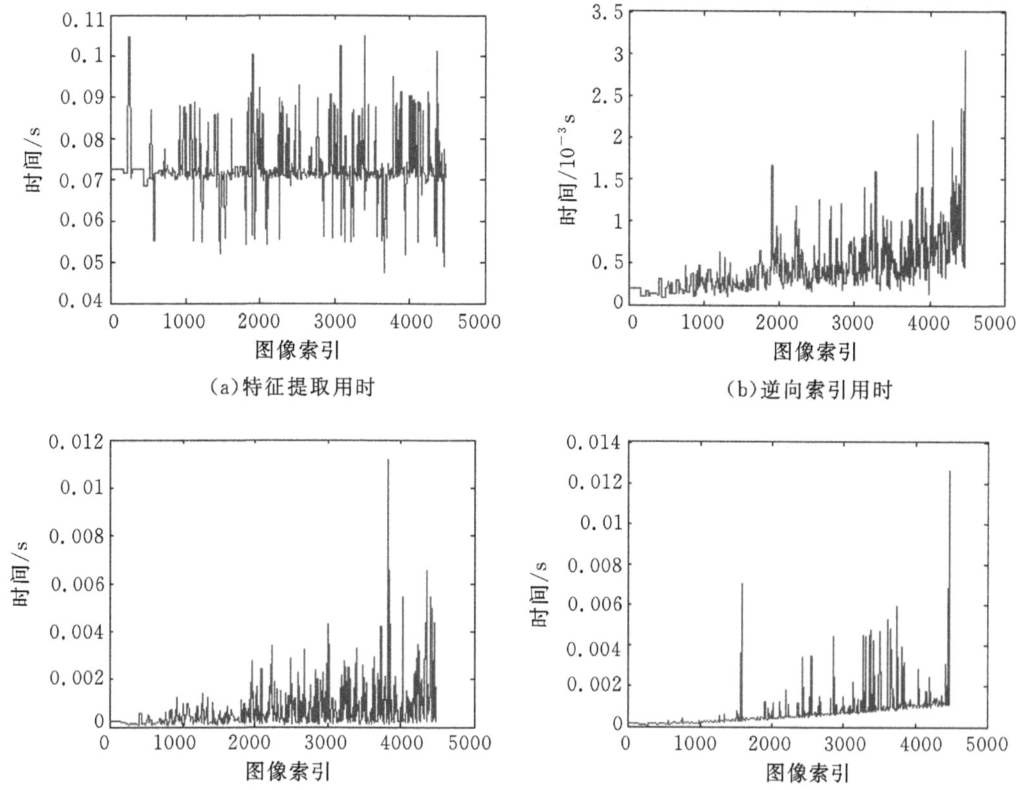

(a)特征提取用时　　(b)逆向索引用时

(c)显著区域匹配用时　　(d)闭环概率 Bayesian 更新用时

图 7.41　数据集实验各环节用时

7.3.5.2　实际场景实验

实际场景实验环境为西安世园会。如图 7.42(a)所示，其中黑色曲线为真实未闭环路径。图 7.42(b)中的黑色曲线为真实闭环路径。图 7.42(b)中的黑色曲线为基于场景显著区域的闭环检测算法获得的高概率闭环，其闭环概率大于 80%。数据采集方式为乘坐观光车和徒步行走采集。实验环境既包含城市街道场景，也包含园林场景，且部分不同地点的园林场景相似度较高(见图 7.43)。总地来讲，该实验环境对 VSLAM 闭环检测具有一定的挑战性。

对比图 7.42(a)，(b)可以看到，在林木丰富的场景中存在着少数较高概率的误闭环，这主要是由于所用视觉词典的规模较小，不足以区分相似园林所致。另外，正确的高概率闭环大多集中于建筑密集区域，这与该实验环境中的建筑可区分性大于园林场景可区分性的实际相一致。

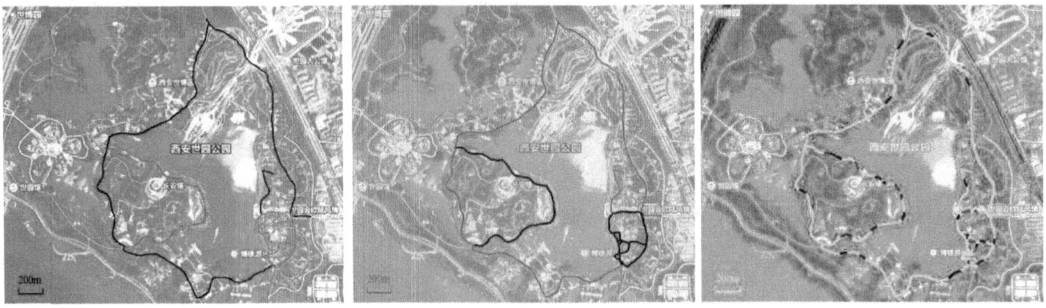

(a)真实未闭环路径　　(b)真实闭环路径　　(c)高概率闭环在地图上的分布

图 7.42　实际场景实验的真实路径与高概率闭环在地图上的分布

图 7.43　不同地点园林的相似场景

基于场景显著区域的闭环检测算法对大视角变化闭环的检测效果如图 7.44 所示，其中图 7.44(a)为实时图像，图 7.44(b)和图 7.44(c)为发生闭环的历史图像。图 7.44(a)中的左右两个显著区域分别与图 7.44(b)右侧的显著区域和图 7.44(c)右侧的显著区域相匹配。可以看到，尽管观测视角和距离发生了较大的变化，该闭环检测算法依然能够有效地检测出闭环的发生。

(a)实时图像　　(b)闭环历史图像(左)　　(c)闭环历史图像(右)

图 7.44　大视角变化闭环的检测结果

实际场景实验的准确率-召回率对比曲线如图 7.45 所示。从图中可以看出，在准确率-召回率上，基于场景显著区域的闭环检测算法优于基本 FAB-MAP2.0，但与包含闭环几何验证的 FAB-MAP2.0 存在相当差距。基于显著区域的闭环检测算法在准确率-召回率方面优于基本 FAB-MAP2.0 的原因有两个：其一是基于显著区域的匹配对图像视角一致性的要求较低，从而极大地提高了闭环检测的召回率；其二是显著区域的观测几何匹配在一定程度上提高了闭环检测准确率。相比于包含闭环几何验证的 FAB-MAP2.0，基于场景显著区域的闭环检测算法的差距主要由于 FAB-MAP2.0 闭环几何验证环节剔除了大量的类似于图 7.43 所示的歧义场景，从而保证了相当的准确率。

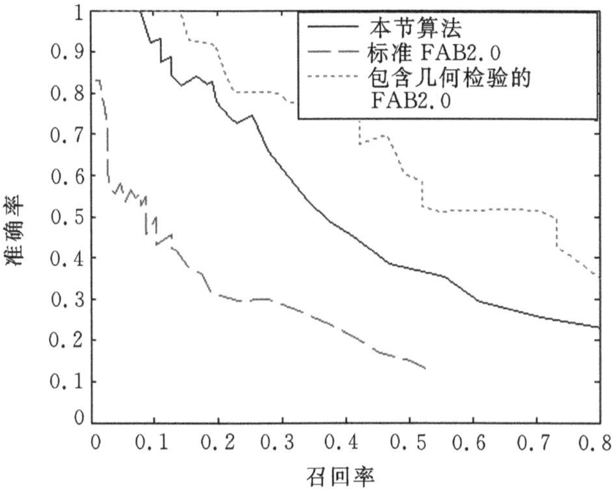

图 7.45　实际场景实验准确率-召回率对比

图 7.46 反映了实际场景实验过程中基于显著区域的闭环检测算法的各环节用时情况。从图中可以看到，算法耗时最长的环节是闭环概率的 Bayesian 更新。这是由于为了有效地检测到闭环观测不连续的闭环场景，算法需要不断更新闭环先验概率和拓扑闭环概率，而两者的计算量随着拓扑节点数量线性增长所致。

以上内容分析研究了在路径不一致和大视角变化的闭环条件下进行闭环检测的难点所在，指出了基于图像配准的传统 VSLAM 闭环检测在面对该问题时的应用局限性，并针对性地设计了基于场景显著区域的闭环检测算法。首先，设计了基于场景显著区域的闭环检测架构，构建了相应的闭环全概率模型，并提出了针对不连续闭环观测的闭环先验概率和拓扑闭环概率的计算方法。其次，介绍了关键帧与显著区域选取方法，以及基于逆向索引的预匹配场景搜索策略。随后，分别讨论了显著区域的基于 BoW 单词的匹配概率和观测几何匹配概率的计算，并将两者结合，从而提高了闭环检测算法对不同场景的分辨能力。数据集实验和实际场景实验表明，该闭环检测算法能够有效检测出不重合路径闭环以及大视角变化的闭环，在保证较高准确率的条件下，提高了闭环检测的召回率，实现了本节的预期目标。

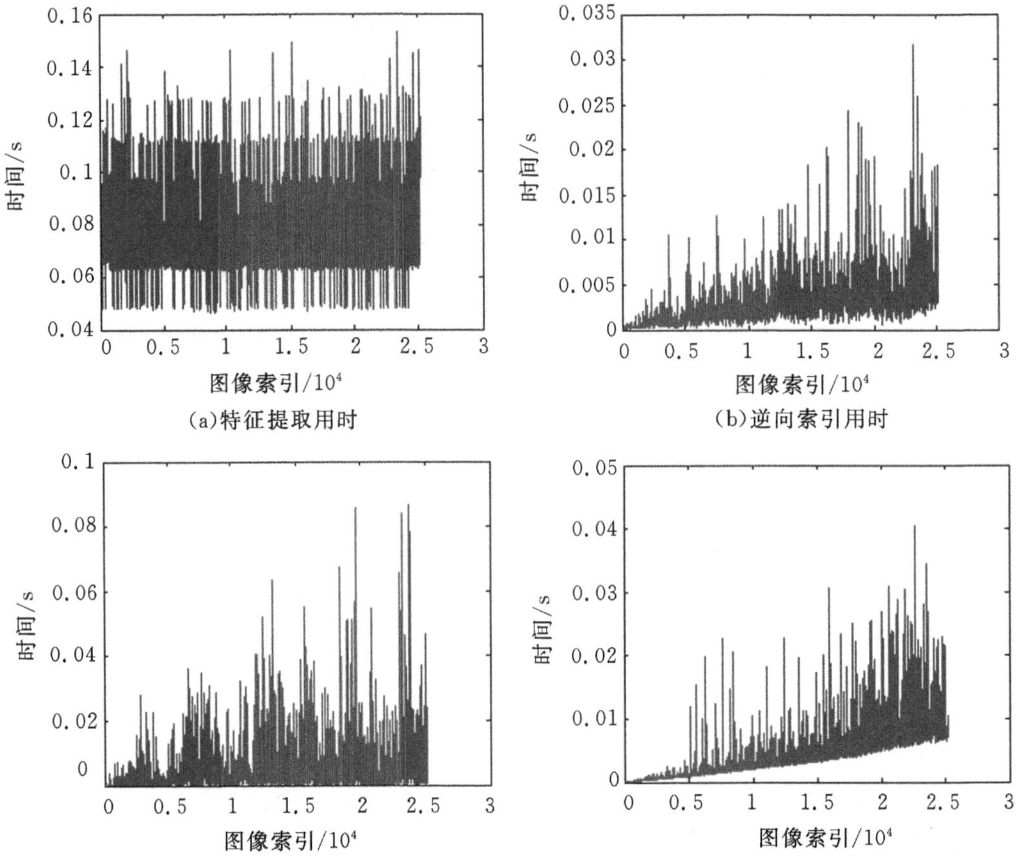

(a)特征提取用时　(b)逆向索引用时　(c)显著区域匹配用时　(d)闭环概率 Bayesian 更新用时

图 7.46　实际场景实验的各环节用时

7.4　本章小结

本章就三种改进的闭环检测方法进行了阐述:描述了一种基于历史模型集的改进闭环检测算法。一方面通过优化单个节点的相似性得分函数来改进金字塔 TF-IDF 得分匹配方法,从而提高闭环检测的准确率;另一方面使用帧到模型的闭环检测模式来减少每次闭环检测的比较次数,提高闭环检测的实时性。针对多歧义场景下的 VSLAM 闭环检测问题,构建了视觉里程计累积误差模型,并基于该模型给出了闭环检测的空间范围约束,随后根据闭环检测结果直接修正里程计累积误差,同时缩小闭环检测范围。通过数据集实验和实际场景实验,证明了算法能够有效提高多歧义场景下闭环检测的准确率。分析了在大视角变化下的闭环检测的特殊性,以及经典 VSLAM 闭环检测在解决该问题上的不足,并针对性地提出了基于场景显著区域的闭环检测算法。研究了场景显著区域基于 BoW 单词的匹配概率和在几何意义上的匹配概率,并通过实际场景实验验证了算法的有效性。

第 8 章　VSLAM 后端——鲁棒优化估计

与扩展卡尔曼滤波 SLAM、粒子滤波 SLAM 不同的是，Graph SLAM 是一种平滑方法，它综合考虑所有时刻环境观测数据得到的闭环以及里程计数据，从而对机器人轨迹进行纠正。Graph SLAM 由前端的图构建和后端的图优化组成。在图构建过程中，尽管一些学者对 Graph SLAM 前端的数据关联和闭环算法提出了改进方法，但仍然会不同概率地出现错误闭环，这些错误闭环使常规 Graph SLAM 算法不能收敛或者收敛到错误的结果。在大范围闭合环境中剔除数据关联和闭环算法引入的错误闭环逐渐成为了机器人 SLAM 的一个必要功能，称为鲁棒闭环。Graph SLAM 可以用于 2D 环境和 3D 环境。为方便算法对比，本章主要讨论 2D 环境下的 Graph SLAM 算法。读者也可以进一步拓展到 3D 环境中。

VSLAM 系统在得到正确的闭环检测结果后，将采用图优化方法提高地图的一致性。误闭环会引起位姿图中出现错误约束，导致图优化过程中已构建地图的一致性遭到破坏。因此，对于实际应用而言，研究能够排除误闭环或降低误闭环影响的鲁棒图优化算法显得尤为重要。对于图优化问题国内外学者已有较多的研究，主要有基于最小二乘法的优化方法，基于松弛迭代的优化方法，基于随机梯度下降的优化方法，以及基于流形的优化方法等。这些研究大多集中于降低计算的复杂度与提高稳定性，而针对鲁棒图优化进行研究的文献却相对较少。

8.1　自适应的 Graph SLAM 鲁棒闭环算法

针对错误闭环问题，Latif 提出了利用闭环集群内部以及外部的一致性检验来排除错误闭环的 RRR(Realizing，Reversing，Recovering)算法，但在大量错误闭环环境下耗费时间较长，实效性不好。Olson 采用一种多模态的高斯模型作为鲁棒的代价函数，为每个闭环添加一个无效假设，在优化过程中判定闭环是否有效，但在大量错误闭环环境下算法召回率较低。Niko 提出可变约束(Switchable Constrains，SC)算法，给每个闭环约束添加一个转换变量，控制约束对整个图的影响。在优化过程中，调整机器人位姿和转换变量，使鲁棒的代价函数最小。然而，此方法需要同时对两种参量进行优化，迭代次数较多，并需要手动设定一个常量，对不同的数据集适应性不好。本节在 Niko 思想的基础上，描述一种自适应的 Graph SLAM 鲁棒闭环算法。通过分析鲁棒闭环代价函数中参数对优化过程的影响，确定代价函数中的转换变量、原先需要手动设定的参量与其他可计算量的关系和计算方法，从而可以较好地运用于不同环境下的数据集，提高算法收敛速度，并具有较强的自适应性。

8.1.1　常规 Graph SLAM 鲁棒闭环算法

在 Graph SLAM 算法中，机器人位姿作为图中的节点，里程计约束以及闭环约束作为图中的边约束。令 $\boldsymbol{X}=(\boldsymbol{x}_1\cdots\boldsymbol{x}_n)^{\mathrm{T}}$ 为机器人位姿集合，$\boldsymbol{x}_i$ 为机器人在时刻 i 的位姿，$U=\{\boldsymbol{u}_{i,i+1},\boldsymbol{u}_{ij}\}$ 为约束边，其中 $\boldsymbol{u}_{i,i+1}$ 为第 i 个节点到第 $i+1$ 个节点的里程计约束，$\boldsymbol{u}_{ij}$ 为第 i 个节点到第 j 个节点的闭环约束，且 $j\neq i+1$ 。Graph SLAM 算法图结构如图 8.1 所示。

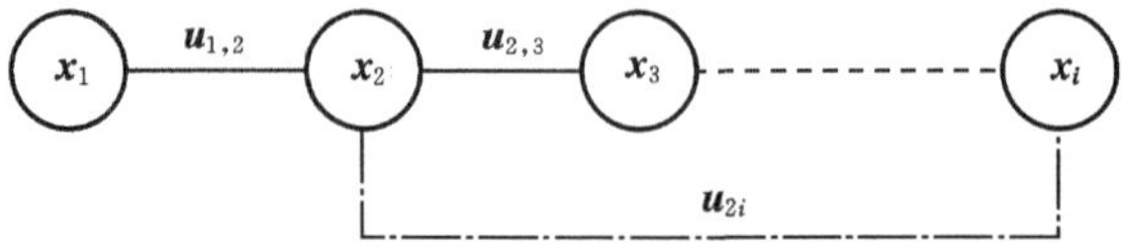

图 8.1　Graph SLAM 算法图结构

常规 Graph SLAM 算法由前端(front-end)和后端(back-end)组成，前端根据外部传感器输入的原始数据来确定图结构的节点位姿和边约束，后端则根据前端得到的节点和边信息，利用非线性最小二乘等方法对图结构进行优化，得到最大条件下满足约束的最优节点位姿。

令 $\boldsymbol{\gamma}_{mn}$ 和 $\boldsymbol{\Sigma}_{mn}$ 分别为从节点 m 到节点 n 的约束边 $\boldsymbol{u}_{mn}$ 观测均值向量以及协方差阵。在给定节点状态 $\boldsymbol{x}$ 和边约束 $\boldsymbol{u}_{mn}$ 下计算约束边引入的剩余误差 $\boldsymbol{e}_{mn}$ ：

$$\boldsymbol{e}_{mn}(\boldsymbol{x})=\boldsymbol{\gamma}_{mn}-\boldsymbol{f}_{mn}(\boldsymbol{x}) \tag{8.1}$$

其中，$\boldsymbol{f}_{mn}(\boldsymbol{x})$ 为利用节点位姿得到从节点 m 到节点 n 的转移向量。

所以，约束 $\boldsymbol{u}_{mn}$ 的引入误差为

$$\boldsymbol{d}_{mn}(\boldsymbol{x})^2=\boldsymbol{e}_{mn}(\boldsymbol{x})^{\mathrm{T}}\boldsymbol{\Sigma}_{mn}^{-1}\boldsymbol{e}_{mn}(x) \tag{8.2}$$

假定所有约束是独立的，得到所有边的引入误差为

$$D^2(\boldsymbol{x})=\sum\boldsymbol{d}_{mn}(\boldsymbol{x})^2=\sum\boldsymbol{e}_{mn}(\boldsymbol{x})^{\mathrm{T}}\boldsymbol{\Sigma}_{mn}^{-1}\boldsymbol{e}_{mn}(x) \tag{8.3}$$

对于式(8.3)，通常采用 Gauss-Newton 或 Levenberg-Marquadt 等非线性最小二乘方法，找到使所有边引入误差最小的节点 $\boldsymbol{X}^*$ ：

$$\boldsymbol{X}^*=\underset{\boldsymbol{X}}{\operatorname{argmin}}\sum\boldsymbol{e}_{mn}(\boldsymbol{x})^{\mathrm{T}}\boldsymbol{\Sigma}_{mn}^{-1}\boldsymbol{e}_{mn}(\boldsymbol{x}) \tag{8.4}$$

当约束中存在错误闭环时，采用常规 Graph SLAM 算法由于完全考虑错误闭环对整个图优化的影响，必定会造成算法结果与真实情况相距甚远。g^2o，iSAM 等 Graph SLAM 算法采用如 Huber、伪 Huber 等函数用作 SLAM 后端的鲁棒代价函数，以减小最小二乘问题中异常值的影响，其基本思想是将误差大于某一阈值的数据误差函数进行线性增长处理，其余数据误差函数仍然进行平方处理。但是，对于错误闭环这类严重影响 SLAM 结果的异常值，上述的鲁棒代价函数难以达到理想的排除异常效果。

由此，Niko 提出了一种错误闭环的排除算法——SC 算法，其基本思想是将里程计约束和闭环约束分开考虑，在计算过程中弱化甚至排除错误闭环对优化过程的影响。

首先将里程计约束 $\boldsymbol{u}_{i,i+1}$ 与闭环约束 $\boldsymbol{u}_{i,j}$ 分开考虑，得到里程计约束项和闭环约束项

$$\boldsymbol{X}^*=\underset{\boldsymbol{X}}{\operatorname{argmin}}\Big[\underbrace{\sum_i\|\boldsymbol{f}(\boldsymbol{x}_i,\boldsymbol{u}_i)-\boldsymbol{x}_{i+1}\|_{\boldsymbol{\Theta}_i}^2}_{\text{里程计约束项}}+\underbrace{\sum_{ij}\|\boldsymbol{f}(\boldsymbol{x}_i,\boldsymbol{u}_{ij})-\boldsymbol{x}_j\|_{\boldsymbol{\Lambda}_{ij}}^2}_{\text{闭环约束项}}\Big] \tag{8.5}$$

为调整每个闭环约束的影响力，将每个闭环约束项添加一个转换变量 $s_{ij}\in[0,1]$。s_{ij} 表示

对闭环的信任程度：当 s_{ij} 时，此闭环被认为是正确闭环，完全参与到最小二乘的计算过程；当 $s_{ij}=0$ 时，则认为此闭环为由闭环算法得到的错误闭环，在计算过程中不参与对节点位姿的调整。

$$\boldsymbol{X}^* = \underset{\boldsymbol{X}}{\operatorname{argmin}}\left[\sum_i \| \boldsymbol{f}(\boldsymbol{x}_i, \boldsymbol{u}_i) - \boldsymbol{x}_{i+1} \|_{\boldsymbol{\Theta}_i}^2 + \sum_{ij} \| s_{ij}(\boldsymbol{f}(\boldsymbol{x}_i, \boldsymbol{u}_{ij}) - \boldsymbol{x}_j) \|_{\boldsymbol{\Lambda}_{ij}}^2\right] \tag{8.6}$$

在计算初始时，每个约束的转换变量 s_{ij} 都是不确定量，需要通过优化过程进行改变，SC 算法将机器人位姿和转换变量共同作为最小二乘的求解变量，即

$$\boldsymbol{X}^*, \boldsymbol{S}^* = \underset{\boldsymbol{X},\boldsymbol{S}}{\operatorname{argmin}}\left[\sum_i \| \boldsymbol{f}(\boldsymbol{x}_i, \boldsymbol{u}_i) - \boldsymbol{x}_{i+1} \|_{\boldsymbol{\Theta}_i}^2 + \sum_{ij} \| s_{ij}(\boldsymbol{f}(\boldsymbol{x}_i, \boldsymbol{u}_{ij}) - \boldsymbol{x}_j) \|_{\boldsymbol{\Lambda}_{ij}}^2\right] \tag{8.7}$$

从式(8.7)可见，当所有闭环约束的转换变量为 0，即抛弃所有的闭环优化时，其代价函数值最小。然而，此时闭环约束完全没有参与到节点配置优化中，节点配置也未发生改变，所以有必要在式(8.7)基础上添加 s_{ij} 的惩罚项。

SC 算法通过对每个转换变量添加一个先验约束的方式来惩罚优化过程抛弃闭环的行为。首先假设接受每个闭环约束，s_{ij} 服从均值为 1，协方差为 Ξ_{ij} 的高斯分布，即 $s_{ij} \sim N(1, \Xi_{ij})$，$s_{ij}$ 从高斯分布中采样得到的初始值为 γ_{ij}。其中协方差 Ξ_{ij} 表示对闭环正确率的信任程度，Ξ_{ij} 越小，表示前端系统得到的闭环可信度越高，该闭环的初始转换变量就越靠近 1，即接受此闭环的可能性越大。然后先验约束利用优化过程中计算得到的 s_{ij} 与初始的 γ_{ij} 之间的 Mahalanobis 距离和该闭环的协方差计算得到惩罚项，阻止算法轻易地将闭环剔除。惩罚项的表达式为

$$E_{\text{penalty}} = \sum_{ij} \| \gamma_{ij} - s_{ij} \|_{\Xi_{ij}}^2 \tag{8.8}$$

在式(8.8)中，Ξ_{ij} 越大，由闭环约束 $\boldsymbol{u}_{ij}$ 引入的惩罚项越小，s_{ij} 偏离初始值 γ_{ij} 的可能性越大，即 $\boldsymbol{u}_{ij}$ 被抛弃的可能性越大。

至此，SC 算法综合里程计约束、闭环约束引入的误差项和先验约束引入的惩罚项，调整节点位姿。当代价函数最小时，认为此时的节点配置为最优的机器人路径。其基本思想如下式所示：

$$\begin{aligned}\boldsymbol{X}^*, \boldsymbol{S}^* = \underset{\boldsymbol{X},\boldsymbol{S}}{\operatorname{argmin}}\Big[&\sum_i \| f(\boldsymbol{x}_i, \boldsymbol{u}_i) - \boldsymbol{x}_{i+1} \|_{\boldsymbol{\Theta}_i}^2 + \\ &\sum_{ij} \| s_{ij}(\boldsymbol{f}(\boldsymbol{x}_i, \boldsymbol{u}_{ij}) - \boldsymbol{x}_j) \|_{\boldsymbol{\Lambda}_{ij}}^2 + \\ &\sum_{ij \neq mn} \| \gamma_{ij} - s_{ij} \|_{\Xi_{ij}}^2\Big]\end{aligned} \tag{8.9}$$

至此，对 Graph SLAM 的描述方式由图 8.1 变为图 8.2。

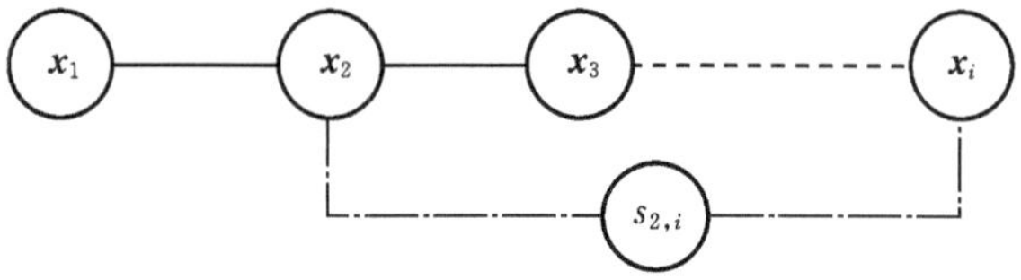

图 8.2　由 SC 算法获得的 Graph SLAM 图结构

然而，SC 算法在优化过程中要同时对参量 $\boldsymbol{X}$ 和 $\boldsymbol{S}$ 进行迭代计算，而每次迭代过程中参量

并非沿着误差最小方向发展，就需要多次迭代才能得到较优解。另外，SC 算法对附加项中设定的常量 Ξ 也没有给出进一步的说明。在 SC 算法实验过程中发现，不同的 Ξ 值对实验结果的准确性具有一定影响，甚至会导致算法收敛到错误结果。因此得出结论，采用固定 Ξ 值的 SC 算法无法得到最优效果，需要根据数据集的不同情况确定不同的 Ξ 值。

8.1.2 自适应的 Graph SLAM 鲁棒闭环算法

由于 SC 算法没有利用数据集信息对算法内部的参量进行确定，算法不能很好地适应不同数据集的计算需求，导致算法收敛速度较慢，甚至不能收敛到正确的结果。为进一步考虑代价函数中的转换变量 s 和 Ξ 对算法效果的影响，单独对一个闭环边 u_{mn} 的约束项及其附加项进行分析。令 $w=\Xi^{-1}$，将式(8.9)改写如下：

$$\begin{aligned}\boldsymbol{X}^*,\boldsymbol{S}^* = \underset{\boldsymbol{X},\boldsymbol{S}}{\operatorname{argmin}}\Big[&\sum_i \| f(\boldsymbol{x}_i,\boldsymbol{u}_i)-x_{i+1}\|^2_{\boldsymbol{\Theta}_i}+\\ &\sum_{ij\neq mn}\| s_{ij}(\boldsymbol{f}(\boldsymbol{x}_i,\boldsymbol{u}_{ij})-\boldsymbol{x}_j)\|^2_{\boldsymbol{\Lambda}_{ij}}+\\ &\sum_{ij\neq mn} w_{mn}\|(\gamma_{mn}-s_{ij})\|^2+\\ &\underbrace{\| s_{mn}(\boldsymbol{f}(\boldsymbol{x}_m,\boldsymbol{u}_{mn})-x_n)\|^2_{\boldsymbol{\Lambda}_{mn}}+w_{mn}\|(\gamma_{mn}-s_{mn})\|^2}_{h(s_{mn},\chi^2,w_{mn})}\Big]\end{aligned} \tag{8.10}$$

得到边 $\boldsymbol{u}_{mn}$ 的闭环约束项及其附加项之和 $h(s_{mn},\chi^2,w_{mn})$ 为

$$h(s_{mn},\chi^2,w_{mn}) = s_{mn}^2\chi^2|\boldsymbol{\Lambda}_{mn}{}^{-1}|+w_{mn}(1-s_{mn})^2 \tag{8.11}$$

其中，$\chi^2=\| f(\boldsymbol{x}_m,\boldsymbol{u}_{mn})-\boldsymbol{x}_n\|^2$。

当式(8.10)取得最优解时，其代价函数关于所有 s 的偏导数为 0，那么它对 s_{mn} 的偏导也为 0。由于代价函数中只有 h 含有 s_{mn} 项，因此其对转换变量 s_{mn} 的偏导数为 0。为具有一般性，下面省去节点下标 mn，令 $\Phi=|\boldsymbol{\Lambda}^{-1}|$，$h$ 对 s 求导，使其导数为 0，得到此时 s 值为

$$s=\frac{w}{\chi^2\Phi+w} \tag{8.12}$$

由此得到参量 s 的计算方法。

在式(8.12)中，χ^2 可通过计算求得，Φ 为已知量，而 w 未知。考虑到在优化过程中 w 与 χ^2，Φ 具有一定联系，令 $w=g(\chi^2,\Phi)$。分析式(8.12)可知

$$s\propto g(\chi^2,\Phi) \tag{8.13}$$

对 $g(\chi^2,\Phi)$ 中 χ^2 的考虑：当闭环正确时，此闭环约束应作为图优化的重要因素在优化过程中得到重视，即其 s 值应趋近于最大值 1，而此时通过计算得到的误差值 χ^2 较小，因此 s 应与 χ^2 保持负相关关系，即

$$s\propto g(\chi^2,\Phi)\propto\left(\frac{1}{\chi^2}\right) \tag{8.14}$$

同样闭环错误时亦是如此。

对 $g(\chi^2,\Phi)$ 中 Φ 的考虑：当闭环正确时，s 值应趋近于最大值 1。而对于一个正确闭环来说，其 $|\boldsymbol{\Lambda}|$ 值通常来说较小，即 Φ 值较大。因此，较大的 Φ 通过函数 $g(\chi^2,\Phi)$ 应计算得到较大的 s 值，s 与 Φ 为正相关关系，即

$$s \propto g(\chi^2, \Phi) \propto \Phi \tag{8.15}$$

同样对于错误闭环中的优化也是如此。

考虑到 s 与 χ^2,Φ 存在的内在联系,这里采用以下函数计算 w 值:

$$w = g(\chi^2, \Phi) = \frac{\Phi}{\chi^2} \tag{8.16}$$

将式(8.16)代入式(8.12),可得 s 的计算为

$$s = \frac{1}{\chi^4 + 1} \tag{8.17}$$

所以,最后将具有参数自适应性的 Graph SLAM 鲁棒闭环算法描述为

$$\begin{aligned} \boldsymbol{X}^* = \underset{\boldsymbol{X}}{\operatorname{argmin}}\Big[& \sum_i \| \boldsymbol{f}(\boldsymbol{x}_i, \boldsymbol{u}_i) - \boldsymbol{x}_{i+1} \|^2_{\boldsymbol{\Theta}_i} + \\ & \sum_{ij} \| s_{ij}(\boldsymbol{f}(\boldsymbol{x}_i, \boldsymbol{u}_{ij}) - \boldsymbol{x}_j) \|^2_{\boldsymbol{\Lambda}_{ij}} + \\ & \sum_{ij} w_{ij} \| 1 - s_{ij} \|^2 \Big] \end{aligned} \tag{8.18}$$

其中,s_{ij} 和 w_{ij} 分别通过式(8.17)和式(8.16)求得。

由此,得到了对于每个闭环约束 u_{ij} 计算 s_{ij} 和 w_{ij} 的方法,使得算法只需对节点 x 进行搜索。通过在每次迭代中应用 Φ^2 和最新的 χ^2 对 w 和 s 的更新,动态地改变约束边对节点的影响,使正确闭环能够逐步校正节点位置,并大大减弱异常闭环在整个优化过程中的影响力。因此,提出的算法可看作一种自适应的 SC 算法(Adaptive Switchable Constraints,ASC)。

8.1.3　实验仿真与分析

为进行算法对比,对公开的数据集 Manhattan,City10000 和 Bicocca 进行仿真。其中,数据集 Manhattan,City10000 为合成数据集,数据集 Bicocca 为真实采集得到的数据集。对于 Manhattan 合成数据集,采用初始位姿精度不同的 Manhattan_Olson 数据集和 Manhattan_g^{2}o 数据集(精度较高),以此检验初始位姿精度对算法收敛时间的影响。而从最后算法得到的机器人定位效果上看,两种数据集相似性较高,可见闭环约束可以一定程度上弥补初始位姿精度的不足。City10000 合成数据集从 iSAM 功能包中获得。Bicocca 真实数据集从 RRR 中获得。四个数据集节点与边的个数见表 8.1,机器人真实节点图见图 8.3。图 8.4 为原始数据中机器人节点与边。

表 8.1　数据集中节点与边的个数

数据集	节点数	边个数
City1000	10000	20687
Bicocca	8358	8405
Manhattan_Olson	3500	5598
Manhattan_g^{2}o	3500	5598

为了检验算法对前端产生的不同类型错误闭环的适应性,对每个数据分别添加四种类型的异常闭环,即随机闭环(Random,R)、局部闭环(Local,L)、随机组闭环(Random Grouped,RG)以及局部组闭环(Local Grouped,LG)。随机闭环在图中随机选取两个节点添加约束边。

局部闭环随机在局部区域添加闭环。组闭环则是添加具有一致性的若干闭环约束。采用这四种闭环用于模拟在真实环境中可能出现的错误闭环。这里使用 Vertigo 包(http://openslam.org/vertigo.html, 2012)提供的添加异常闭环工具。

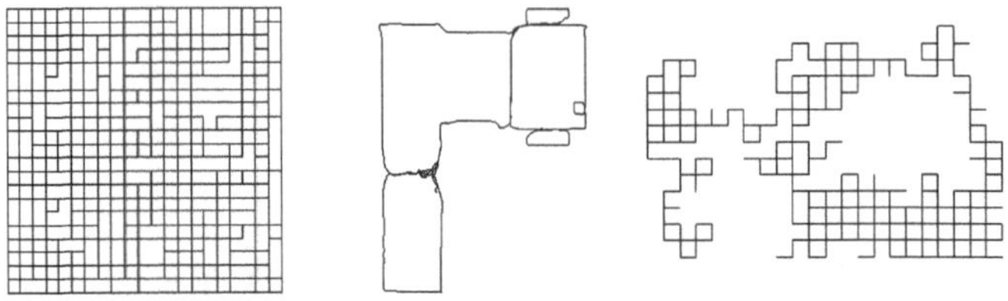

(a)City10000 (b)Bicocca (c)Manhattan

图 8.3 数据集节点真实位姿

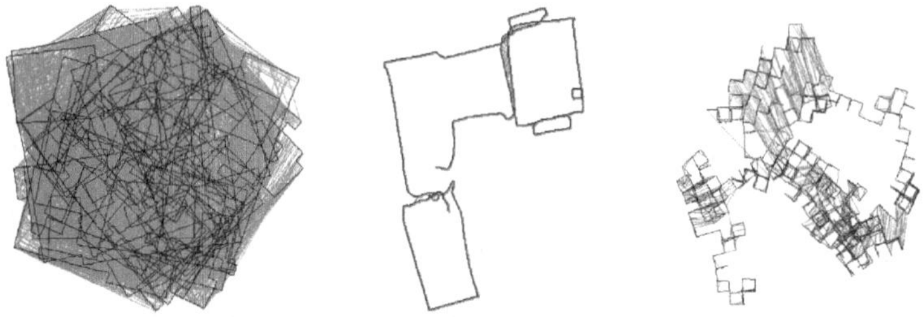

(a)City10000 (b)Bicocca (c)Manhattan

图 8.4 数据集原始节点(黑)与边(灰)

对数据集添加 500 个异常闭环约束后,利用常规 Graph SLAM 算法对含有异常闭环的数据集进行运算,得到结果节点和边,如图 8.5 所示。可见常规的 Graph SLAM 算法对闭环依赖性高,一旦闭环错误就会导致灾难性后果。因此,有必要应用 Graph SLAM 鲁棒闭环算法。

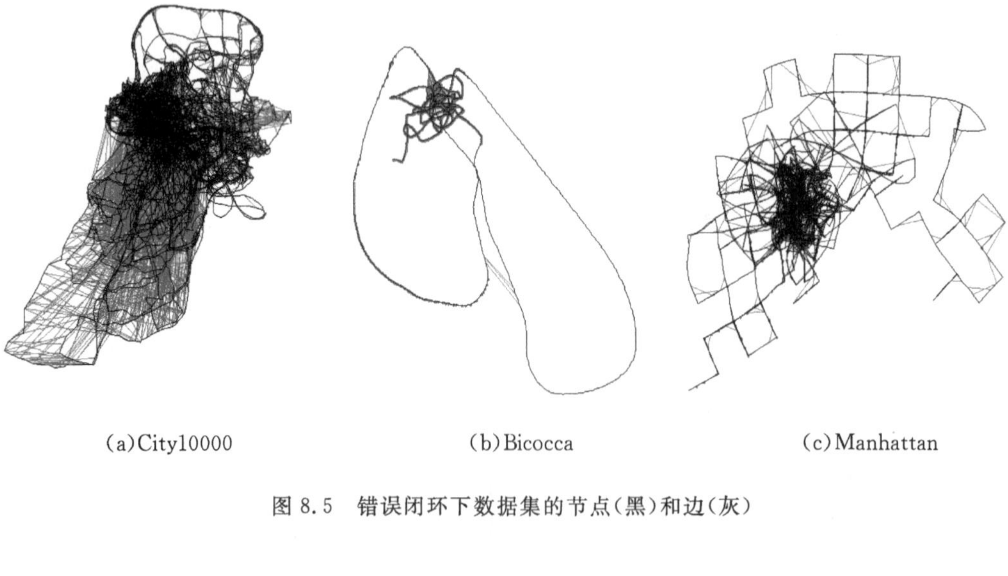

(a)City10000 (b)Bicocca (c)Manhattan

图 8.5 错误闭环下数据集的节点(黑)和边(灰)

对四个数据集分别添加四种不同类型(R,L,RG,LG)、不同数量(1000,2000,3000,4000)的异常闭环。采用 SC 算法和 ASC 算法对数据集进行计算,SC 算法中设定 $w=1$。当迭代优化中代价函数变化量小于阈值时,算法停止。由于两种算法得到的结果类似(除 Bicocca 数据集外),这里给出在 1000 个异常闭环下 ASC 算法得到的节点与边的结果,如图 8.6 所示。

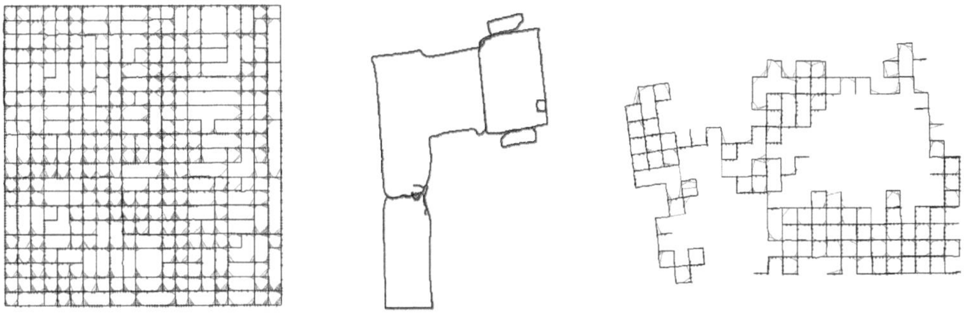

(a)City10000　　(b)Bicocca　　(c)Manhattan

图 8.6　ASC 算法结果节点(黑)和边(灰)

对比图 8.3 与图 8.6,可发现 City10000 节点拓扑正确性较高,而 Bicocca 和 Manhattan 则发生一定程度的拓扑倾斜现象。这是由于原始数据中部分节点误差较大,且缺少足够有效的闭环约束来纠正里程计误差。例如图 8.4 中 Bicocca 数据集,可发现其存在"绑架"现象,机器人轨迹发生跳变。而对于 Manhattan 数据集,观察图 8.7 发现,原始数据集中只有 A 区、B 区和 C 区存在有效的闭环约束,它们之间的连接部分 D 区却没有足够有效的闭环约束。从算法的结果来看,正是 D 区中的节点偏差导致节点拓扑产生倾斜。

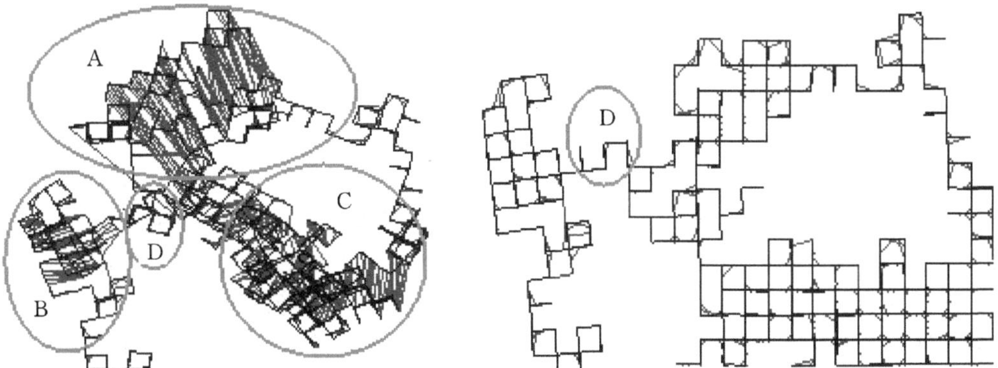

图 8.7　Manhattan 原始数据集与优化数据集图结构

由于一个节点的位姿误差会对接下来的所有节点的位姿都产生影响,采用 RMSE(Root Mean Square Error)值在评价节点图时不能有效评价其局部一致性,因此使用 RPE(Relative Pose Error)值衡量算法结果与真实数据的差距。其计算方法如下:

$$\mathrm{RPE}=\frac{1}{n}\sum_{ij}(\delta_{ij}-\hat{\delta}_{ij})^2 \tag{8.19}$$

其中,δ_{ij} 为计算得到的约束边两个端点 x_i 与 x_j 之间的相对转移量,$\hat{\delta}_{ij}$ 为真实节点 $\hat{x}_i$ 与 $\hat{x}_j$ 之

间的相对转移量。

由于 ASC 和 SC 算法结果类似(除 Bicocca 数据集),这里只给出在不同类型、不同数量的异常闭环下,ASC 算法的 RPE 值,如图 8.8 所示。

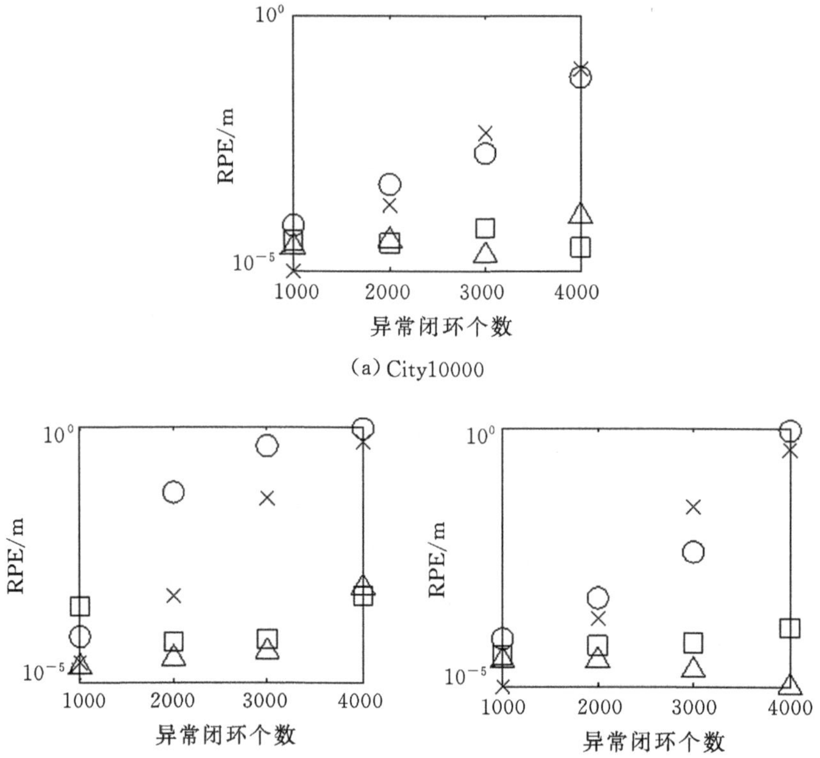

(a) City10000

(b) Manhattan

(c) Bicocca

× — 随机闭环; △ — 局部闭环; ○ — 随机组闭环; □ — 局部组闭环

图 8.8　ASC 算法的 RPE 值

对于 City1000,Manhattan 和 Bicocca 数据集,ASC 算法都可以较好地得到比较精确的图结构。通过实验发现,对于随机性的异常闭环(R,RG),SC 和 ASC 算法的 RPE 值随异常闭环数量上升都有一定增长,但相比常规 Graph SLAM 算法依然能够保持节点拓扑的一致性。而在对局部性闭环(L,LG)的实验中,SC 和 ASC 算法都可以达到非常好的效果,RPE 值在不同异常闭环数量下都能够保持相对稳定($10^{-5}\sim10^{-4}$ m),可见算法对局部性异常闭环的影响有很好的消除作用,体现了算法的有效性。

得到两种算法的收敛时间见表 8.2。从表 8.2 可见,在不同类型、不同数量的闭环异常下,ASC 算法的收敛时间明显优于 SC 算法。对于初始节点位姿精度不同的两种 Manhattan 数据集,相比 Olson 版本,g^2o 版本收敛时间较短。可见,对于 Graph SLAM 来说,要提高算法收敛速度,其前端的精确度是必须考虑的因素。

表 8.2 不同数量、不同类型错误闭环下算法对比时间

添加闭环数量	1000	2000	3000	4000
数据集_算法	**R**,L,**RG**,LG	**R**,L,**RG**,LG	**R**,L,**RG**,LG	**R**,L,**RG**,LG
City10000_SC	40.5,32.4,50.4,25.2	95.6,33.8,84.1,31.4	218.4,45.1,123.4,41.8	320.2,47.6,240.6,53.4
City10000_ASC	15.6,8.5,9.4,4.2	40.1,9.2,23.5,5.3	65.1,12.4,31.1,8.2	206.9,11.7,180.1,10.8
Bicocca_SC	—,—,—,—	—,—,—,—	—,—,—,—	—,—,—,—
Bicocca _ASC	2.1,0.9,1.7,1.0	2.5,1.1,2.4,1.4	3.7,1.7,3.4,1.3	5.1,2.7,6.8,2.4
Manhattan_Olson_SC	12.6,2.3,9.7,2.4	19.7,2.4,16.5,2.1	28.6,3.4,32.6,3.6	45.6,4.5,38.2,4.8
Manhattan_Olson_ASC	6.4,1.2,3.9,1.6	7.5,2.1,8.4,1.9	19.6,2.3,21.9,3.2	24.8,3.1,20.7,4.4
Manhattan_g^2o_SC	3.8,1.7,3.5,1.2	7.6,2.6,4.5,2.8	9.4,3.2,11.2,5.1	12.6,3.4,12.1,6.7
Manhattan_g^2o_ASC	2.1,1.1,2.3,0.9	4.5,1.7,3.2,1.6	6.5,1.9,5.7,2.6	8.4,2.2,7.5,4.1

另外，相比局部性的异常闭环(L,LR)，两种算法在处理随机性的异常闭环(R,RG)时，收敛时间随异常闭环数量上升都有很大增长。这是由于随机性错误闭环对整个图结构产生较大影响，使节点位姿几乎完全偏离真实位姿。因此，需要 SC 算法和 ASC 算法通过较多次数的迭代优化过程才能达到收敛。而局部性错误闭环只对局部区域的节点位姿产生负面影响，虽然使节点偏离真实情况，但仍处在其附近区域，相对来说需要的迭代次数较少。

为描述及观察方便，这里使用 Intel 数据集作为示范。真实的 Intel 数据集如图 8.9(a)所示。对其分别添加 100 个随机性闭环(如图 8.9 (b)所示)和 100 个局部闭环(如图 8.9(c)所示)。添加的错误闭环用于模拟在 Graph SLAM 前端由于闭环确认错误得到的错误约束。可见，随机性闭环是在整个机器人路径区域随机选取两个节点作为闭环约束的两个端点，模拟采用激光或视觉传感器在全局个别相似环境中得到的错误闭环约束，而局部闭环的一个端点则位于另一个端点的附近位置，模拟在局部相似环境中得到的错误闭环约束。

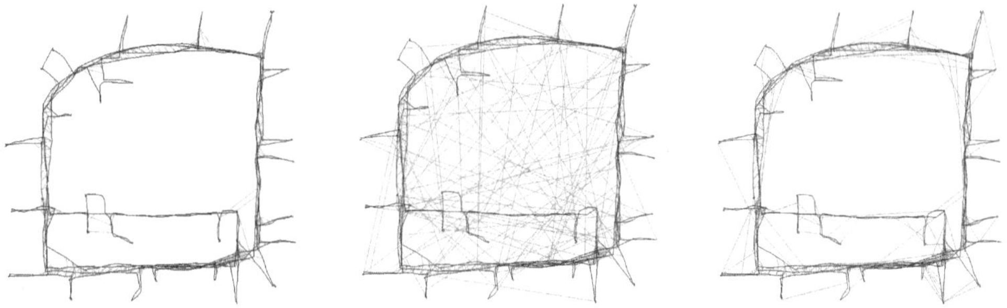

(a)真实 Intel 数据集节点与边　(b)添加 100 个随机性闭环的 Intel 数据集　(c)添加 100 个局部性闭环的 Intel 数据集

图 8.9 Intel 数据集

相对于随机性闭环来说，局部错误闭环产生的影响范围较小，对节点位姿的影响也有限，虽然使节点偏离真实节点位姿，但仍然在其附近(如图 8.10(a)所示)，可以较快地迭代计算来排除它的影响。而随机性闭环的影响较大，使节点几乎完全偏离真实节点位姿(如图 8.10(b)

所示)，要通过 Gauss-Newton 或 Levenberg-Marquadt 等迭代式的非线性最小二乘方法来收敛到最合理的位姿，相比局部性闭环来说，需要的迭代次数更多。这是添加随机性错误闭环时算法收敛时间长于添加局部性错误闭环时算法时间的主要原因。同样地，这也是在随机性错误闭环下 SC 和 ASC 算法的 RPE 值相对较高的主要原因。

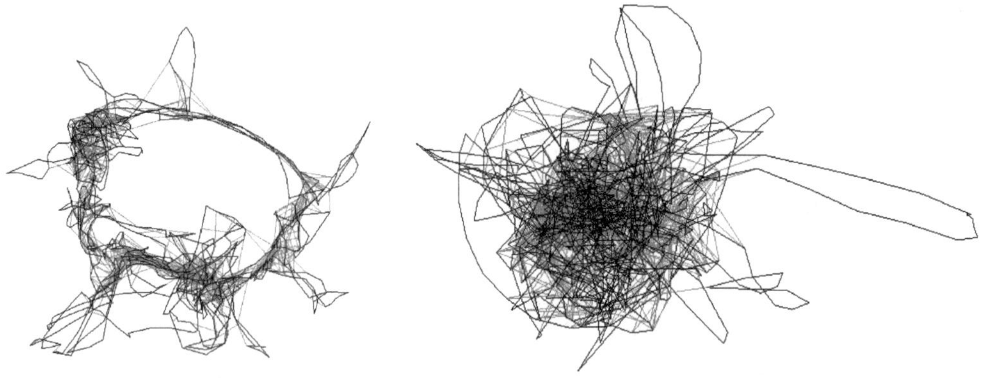

(a)添加 100 个局部性闭环的 Intel 数据集在常规 Graph SLAM 下的节点与边

(b)添加 100 个随机性闭环的 Intel 数据集在常规 Graph SLAM 下的节点与边

图 8.10　添加错误闭环后优化的 Intel 数据集

但总体说，无论对于随机性错误闭环还是局部错误闭环，ASC 算法收敛更快。而对于 Bicocca数据集，在标准参数设置下($w=1$)，SC 算法不能得到有效的 Bicocca 图结构，可见本节算法更具有鲁棒性。从算法效果的分析上看，ASC 算法相比 SC 算法具有收敛速度快、鲁棒性强的特点。

8.2　增量式的 Graph SLAM 鲁棒闭环算法

离线式的 Graph SLAM 算法不能很好地应用于实际的机器人系统，为此，Kaess 提出了一种增量式的平滑建图方法——iSAM 算法(Inctrmental Smoothing and Mapping)。iSAM 在计算非线性优化问题时，对信息矩阵进行 QR 分解，当新的量测信息到来时，算法应用上一步的矩阵信息增量地对信息矩阵进行更新，避免对所有的相关元素重新进行计算，提高运算效率。另外，iSAM 算法定期地对信息矩阵进行重新线性化计算，以减小由于线性化产生的累计误差。算法还需要对矩阵内部进行重排序，以保持信息矩阵的稀疏性。然而，尽管 iSAM 可以有效地处理在线 SLAM 问题，但对于位姿图 SLAM 问题，iSAM 往往假设其闭环正确，并未考虑其中的错误闭环给建图带来的负面影响，导致算法收敛到错误结果。

针对以上问题，在离线式的 Graph SLAM 鲁棒闭环算法以及增量式的 iSAM 算法框架的基础上，本节描述一种能够适应大范围环境并且排除错误闭环影响的增量式 Graph SLAM 鲁棒闭环算法——R-iSAM 算法(Robust Inctrmental Smoothing and Mapping)。与 iSAM 算法相同，R-iSAM 将优化过程分为增量式优化过程和离线式优化过程。当闭环约束来临时，R-iSAM在增量式优化过程中初步调整闭环对节点位姿配置的影响，使节点位姿处于合理状态，并在离线式优化过程中最终确定当前时期所有闭环的转换变量，精确判定闭环是否存在，从而排除错误闭环影响。与离线式鲁棒闭环算法每次迭代时计算所有闭环转换变量不同的是,该算法在增量式过程中只计算一个闭环的转换变量,在离线式过程中也只是对一个时期内闭环的转换变量进行计算,因而可以保证算法的快速性,满足在线 SLAM 算法的实时性需求。

8.2.1 增量式 Graph SLAM 算法

在 8.1 中对常规 Graph SLAM 问题描述为

$$\boldsymbol{X}^* = \underset{x}{\operatorname{argmin}} \sum \boldsymbol{e}_{mn}(\boldsymbol{x})^{\mathrm{T}} \boldsymbol{\Sigma}_{mn}^{-1} \boldsymbol{e}_{mn}(\boldsymbol{x}) \tag{8.20}$$

对于式(8.20),由于 $\boldsymbol{e}_{mn}$ 为非线性函数,常规的 Graph SLAM 算法通常采用 Gauss-Newton 或 Levenberg-Marquadt 等非线性最小二乘方法,找到使所有约束边引入误差最小的节点 $\boldsymbol{X}^*$ 增量,从而得到最终问题的求解,即

$$\begin{aligned} \Delta\hat{\boldsymbol{X}} &\approx \underset{\Delta \boldsymbol{X}}{\operatorname{argmin}} \sum_{u_{mn}\in U} \| \boldsymbol{e}_{mn} - \boldsymbol{H}_{mn}\Delta\boldsymbol{X} \|_{\boldsymbol{\Sigma}_{mn}}^2 \\ &= \underset{\Delta \boldsymbol{X}}{\operatorname{argmin}} \| \boldsymbol{J}\Delta\boldsymbol{X} - \boldsymbol{e} \|^2 \end{aligned} \tag{8.21}$$

其中

$$\boldsymbol{e} = \begin{bmatrix} \boldsymbol{\Sigma}_{12}^{-\frac{1}{2}} \boldsymbol{e}_{12} \\ \vdots \\ \boldsymbol{\Sigma}_{mn}^{-\frac{1}{2}} \boldsymbol{e}_{mn} \\ \vdots \end{bmatrix}, \quad \boldsymbol{J} = \begin{bmatrix} \boldsymbol{\Sigma}_{12}^{-\frac{1}{2}} \boldsymbol{H}_{12} \\ \vdots \\ \boldsymbol{\Sigma}_{mn}^{-\frac{1}{2}} \boldsymbol{H}_{mn} \\ \vdots \end{bmatrix}, \quad \boldsymbol{H}_{mn} = \frac{\partial f(\boldsymbol{x}_m, \boldsymbol{x}_n)}{\partial \boldsymbol{X}}$$

在 iSAM 算法中,对式(8.21)中的 $\boldsymbol{J}$ 进行 QR 分解,得到

$$\begin{aligned} \underset{\Delta \boldsymbol{X}}{\operatorname{argmin}} \| \boldsymbol{J}\Delta\boldsymbol{X} - \boldsymbol{e} \|^2 &= \underset{\Delta \boldsymbol{X}}{\operatorname{argmin}} \left\| \boldsymbol{Q}\begin{bmatrix} \boldsymbol{R} \\ \boldsymbol{0} \end{bmatrix}\Delta\boldsymbol{X} - \boldsymbol{e} \right\|^2 \\ &= \underset{\Delta \boldsymbol{X}}{\operatorname{argmin}} \left\| \begin{bmatrix} \boldsymbol{R} \\ \boldsymbol{0} \end{bmatrix}\Delta\boldsymbol{X} - \boldsymbol{Q}^{\mathrm{T}}\boldsymbol{e} \right\|^2 \\ &= \underset{\Delta \boldsymbol{X}}{\operatorname{argmin}} \left\| \begin{bmatrix} \boldsymbol{R} \\ \boldsymbol{0} \end{bmatrix}\Delta\boldsymbol{X} - \begin{bmatrix} \boldsymbol{d} \\ \boldsymbol{b} \end{bmatrix} \right\|^2 \\ &= \underset{\Delta \boldsymbol{X}}{\operatorname{argmin}} [\, \| \boldsymbol{R}\Delta\boldsymbol{X} - \boldsymbol{d} \|^2 + \| \boldsymbol{b} \|^2 \,] \end{aligned} \tag{8.22}$$

其中,令 $\boldsymbol{Q}^{\mathrm{T}}\boldsymbol{e} = [\boldsymbol{d}, \boldsymbol{b}]^{\mathrm{T}}$ 。

所以,式(8.22)转化为求解 $\Delta\hat{\boldsymbol{X}}$,使

$$\boldsymbol{R}\Delta\hat{\boldsymbol{X}} = \boldsymbol{d} \tag{8.23}$$

对于式(8.23),iSAM 可以采用 Gauss-Newton 或 Levenberg-Marquadt 等非线性最小二乘法,得到新的节点配置为

$$\hat{\boldsymbol{X}} = \boldsymbol{X} + \Delta\hat{\boldsymbol{X}} \tag{8.24}$$

当新的节点约束到来时,通常需要计算所有之前和现在节点的相关 Jacobian 矩阵。然而,这种方法在大环境下算法复杂度高。为节约计算量,iSAM 使用之前的 Jacobian 矩阵信息,增量地更新 QR 分解。

对 Jacobian 矩阵 $\boldsymbol{J}$ 进行 QR 分解，得到

$$\boldsymbol{J}=\boldsymbol{Q}\begin{bmatrix}\boldsymbol{R}\\ \boldsymbol{0}\end{bmatrix}=\begin{bmatrix}\boldsymbol{Q}_1 & \boldsymbol{Q}_2\end{bmatrix}\begin{bmatrix}\boldsymbol{R}\\ \boldsymbol{0}\end{bmatrix}=\boldsymbol{Q}_1\boldsymbol{R} \tag{8.25}$$

用之前的测量 Jacobian 矩阵信息更新，得到当前 Jacobian 矩阵：

$$\boldsymbol{J}_{\text{new}}=\begin{bmatrix}\boldsymbol{J}\\ \boldsymbol{\Sigma}_{\text{new}}^{-\frac{1}{2}}\boldsymbol{H}_{\text{new}}\end{bmatrix}=\begin{bmatrix}\boldsymbol{Q}_1 & \boldsymbol{0}\\ \boldsymbol{0} & \boldsymbol{I}\end{bmatrix}\begin{bmatrix}\boldsymbol{R}\\ \boldsymbol{\Sigma}_{\text{new}}^{-\frac{1}{2}}\boldsymbol{H}_{\text{new}}\end{bmatrix} \tag{8.26}$$

从式(8.26)可见，当新的测量值到来时，只需要继续计算矩阵 $\boldsymbol{\Sigma}_{\text{new}}^{-\frac{1}{2}}\boldsymbol{H}_{\text{new}}$，就可以利用由上一时刻 Jacobian 矩阵 $\boldsymbol{J}$ 分解得到的 $\boldsymbol{Q}_1$ 和 $\boldsymbol{R}$ 来计算新的 Jacobian 矩阵 $\boldsymbol{J}_{\text{new}}$。

同时对矩阵 $\boldsymbol{d}_{\text{new}}$ 的更新为

$$\boldsymbol{d}_{\text{new}}=\begin{bmatrix}\boldsymbol{d}\\ \boldsymbol{\Sigma}_{\text{new}}^{-\frac{1}{2}}\boldsymbol{e}_{\text{new}}\end{bmatrix} \tag{8.27}$$

从式(8.27)可见，当新的测量值到来时，只需要计算矩阵 $\boldsymbol{\Sigma}_{\text{new}}^{-\frac{1}{2}}\boldsymbol{e}_{\text{new}}$，就可以获得新的 $\boldsymbol{d}$ 矩阵。在 iSAM 算法中，Jacobian 矩阵 $\boldsymbol{J}$ 和矩阵 $\boldsymbol{d}$ 统称为信息矩阵。

至此，iSAM 算法通过利用之前的 Jacobian 矩阵 $\boldsymbol{J}$ 和 $\boldsymbol{d}$ 计算新约束到来时的新 Jacobian 矩阵 $\boldsymbol{J}_{\text{new}}$ 和 $\boldsymbol{d}_{\text{new}}$，有效地解决了大范围环境下机器人 SLAM 的计算效率问题。但是，由于 iSAM 算法对所有闭环约束的信任度相同，闭环错误对 iSAM 算法产生毁灭性影响，导致算法收敛到错误的结果。因此可以看出，iSAM 对不可避免的错误闭环鲁棒性较差，无法得到满意的 SLAM 结果。

8.2.2 增量式 Graph SLAM 鲁棒闭环算法

iSAM 算法在图优化过程中对里程计约束边和闭环约束边同等对待，而在实际的 SLAM 过程中，里程计约束准确度类似。而对于闭环约束，闭环产生和闭环确认不可能完全正确。虽然正确的闭环对机器人位姿节点的优化有相当大的作用，但错误的闭环也必定会使算法收敛到错误结果。可见，里程计约束和闭环约束在图优化中的作用和性质不尽相同。在 iSAM 算法的基础上，为每个闭环约束添加一个转换变量，在优化过程中同时优化机器人位姿节点和与闭环约束相关的转换变量 $s_{ij}\in[0,1]$，调整错误闭环对节点位姿的影响。另外，添加附加项 $w_{ij}\ \|1-s_{ij}\|^2$ 以避免闭环约束误差项被完全消除，无法利用正确闭环修正机器人位姿：

$$\begin{aligned}\boldsymbol{X}^*=\underset{\boldsymbol{X}}{\operatorname{argmin}}\Big[&\sum_i\|\boldsymbol{f}(\boldsymbol{x}_i,\boldsymbol{u}_i)-\boldsymbol{x}_{i+1}\|_{\boldsymbol{\Theta}_i}^2+\\ &\sum_{ij}\|s_{ij}(\boldsymbol{f}(\boldsymbol{x}_i,\boldsymbol{u}_{ij})-\boldsymbol{x}_j)\|_{\boldsymbol{\Lambda}_{ij}}^2+\\ &\sum_{ij}w_{ij}\ \|1-s_{ij}\|^2\Big]\end{aligned} \tag{8.28}$$

离线式的 Graph SLAM 算法在每步迭代中要对所有的节点和测量进行重计算，加大了矩阵计算量。而 iSAM 认为新的测量往往只对局部节点有影响，因此只用新的测量数据来增量地更新信息矩阵 $\boldsymbol{J}$ 和 $\boldsymbol{d}$。这个更新往往只对矩阵的小部分产生影响，因此相对离线式算法更加快速有效。然而，当新的节点和闭环约束到来时，矩阵重排序难以达到最优，导致矩阵稀疏度下降，算法处理时间加长，且随着 iSAM 增量式算法的进行，由 Jacobian 矩阵产生的线性化累计误差越来越大。因此，iSAM 定期执行离线算法，采用 COLAMD 方法对节点进行重新排

序，并重新计算关于所有节点的信息矩阵，从而提高矩阵稀疏度并降低增量式算法产生的线性化误差。

在 iSAM 算法的基础上，这里假设 R-iSAM 算法在每添加 N 个约束时执行一次离线式算法，每 N 个约束为一个时期。R-iSAM 执行增量式过程时，若当前时刻添加的约束为闭环约束，考虑到当前时期内当前时刻之前的闭环约束已经对节点优化产生作用，不再对其进行重复计算，仅对当前时刻闭环的转换变量进行计算。

因此，若当前时刻处理的约束为闭环约束 $\boldsymbol{u}_{ij\_now}^{k}$ ，R-iSAM 算法的增量式过程描述为

$$\begin{aligned}\boldsymbol{X}^{*} = \underset{\boldsymbol{X}}{\operatorname{argmin}}\Big[&\sum_{i}\|\boldsymbol{f}(\boldsymbol{x}_{i},\boldsymbol{u}_{i})-\boldsymbol{x}_{i+1}\|_{\boldsymbol{\Theta}_{i}}^{2}+\\&\sum_{ij\_pre}\|\boldsymbol{f}(\boldsymbol{x}_{i\_pre},\boldsymbol{u}_{ij\_pre})-\boldsymbol{x}_{j\_pre}\|_{\boldsymbol{\Lambda}_{ij}}^{2}+\sum_{j\_pre}w_{ij\_pre}\|1-s_{ij\_pre}\|^{2}+\\&\|s_{ij\_now}(\boldsymbol{f}(\boldsymbol{x}_{i\_now}^{k},\boldsymbol{u}_{ij\_now}^{k})-\boldsymbol{x}_{j\_now}^{k})\|_{\boldsymbol{\Lambda}_{ij}}^{2}+w_{ij\_now}\|1-s_{ij\_now}\|^{2}\Big]\end{aligned} \tag{8.29}$$

其中，$\boldsymbol{x}_{i\_new}^{k}$，$\boldsymbol{x}_{j\_new}^{k}$ 为当前时刻中被闭环的节点位姿；$\boldsymbol{x}_{i\_pre}$，$\boldsymbol{x}_{j\_pre}$ 为之前时刻被闭环的节点位姿；s_{ij_pre} 和 w_{ij_pre} 均为已经计算得到的常量。

在式(8.29)中，需要计算的量为机器人位姿 $\boldsymbol{X}^{*}$ ，转换变量 s_{ij_now} 和 w_{ij_now} 。其中，$\boldsymbol{X}^{*}$ 通过非线性最小二乘方法获得，s_{ij_now} 和 w_{ij_now} 通过式(8.17)和式(8.16)求得。

在 iSAM 离线式重新计算 Jacobian 矩阵和矩阵重排序以减小线性化误差以及提高稀疏度的基础上，R-iSAM 在离线式过程中对当前时期的所有闭环 $U^{k}=\{\boldsymbol{u}_{ij}^{k}\}$ 重新计算转换变量值 $S^{k}=\{s_{ij}^{k}\}$ ，并将其作为最终固定值，在以后的优化中不再对其进行计算。

因此，R-iSAM 离线式过程描述为

$$\begin{aligned}\boldsymbol{X}^{*} = \underset{\boldsymbol{X}}{\operatorname{argmin}}\Big[&\sum_{i}\|\boldsymbol{f}(\boldsymbol{x}_{i},\boldsymbol{u}_{i})-\boldsymbol{x}_{i+1}\|_{\boldsymbol{\Theta}_{i}}^{2}+\\&\mathrm{F}^{1:k-1}(\boldsymbol{x}_{i}^{1:k-1},\boldsymbol{x}_{j}^{1:k-1},\boldsymbol{u}_{ij}^{1:k-1})+\mathrm{F}^{k}(\boldsymbol{x}_{i}^{k},\boldsymbol{x}_{j}^{k},\boldsymbol{u}_{ij}^{k})\Big]\end{aligned} \tag{8.30}$$

其中，$\boldsymbol{x}_{i}^{1:k-1}$，$\boldsymbol{x}_{j}^{1:k-1}$ 为 $1:k-1$ 时期内被闭环的节点；$\boldsymbol{u}_{ij}^{1:k-1}$ 为相应的约束；$\boldsymbol{x}_{i}^{k}$，$\boldsymbol{x}_{j}^{k}$ 为第 k 时期中被闭环的节点位姿；$\boldsymbol{u}_{ij}^{k}$ 为相应的闭环约束。

$\mathrm{F}^{1:k-1}(\boldsymbol{x}_{i}^{1:k-1},\boldsymbol{x}_{j}^{1:k-1},\boldsymbol{u}_{ij}^{1:k-1})$ 为 $1:k-1$ 时期闭环引入的误差项，其具体表示为

$$\begin{aligned}\mathrm{F}^{1:k-1}(\boldsymbol{x}_{i}^{1:k-1},\boldsymbol{x}_{j}^{1:k-1},\boldsymbol{u}_{ij}^{1:k-1}) = &\sum_{ij}\|s_{ij}^{1:k-1}(\boldsymbol{f}(\boldsymbol{x}_{i}^{1:k-1},\boldsymbol{u}_{ij}^{1:k-1})-\boldsymbol{x}_{j}^{1:k-1})\|_{\boldsymbol{\Lambda}_{ij}}^{2}+\\&\sum_{ij}w_{ij}^{1:k-1}\|1-s_{ij}^{1:k-1}\|^{2}\end{aligned} \tag{8.31}$$

其中，$s_{ij}^{1:k-1}$，$w_{ij}^{1:k-1}$ 均为已经计算得到的常量。

$\mathrm{F}^{k}(\boldsymbol{x}_{i}^{k},\boldsymbol{x}_{j}^{k},\boldsymbol{u}_{ij}^{k})$ 为当前时期中若干闭环引入的误差项，其具体表示如下：

$$\mathrm{F}^{k}(\boldsymbol{x}_{i}^{k},\boldsymbol{x}_{j}^{k},\boldsymbol{u}_{ij}^{k}) = \sum_{ij}\|s_{ij}^{t}(\boldsymbol{f}(\boldsymbol{x}_{i}^{k},\boldsymbol{u}_{ij}^{k})-\boldsymbol{x}_{j}^{k})\|_{\boldsymbol{\Lambda}_{ij}}^{2}+\sum_{ij}w_{ij}^{k}\|1-s_{ij}^{k}\|^{2} \tag{8.32}$$

在式(8.30)中，需要计算的量为机器人位姿 $\boldsymbol{X}^{*}$ ，k 时期中若干闭环的转换变量 s_{ij}^{k} 以及其 w_{ij}^{k} 。

当一个时期的离线式过程结束后，若其中的闭环转换变量大于一个阈值，则认为是正确闭环，令其值为 1 且 $w=0$；，否则在以后的优化过程将其排除，令其值为 0 且 $w=0$。

至此，利用 R-iSAM 的增量式过程对当前时刻引入闭环的转换变量进行计算，以初步优化节点位姿，并在离线式计算过程中优化当前时期所有闭环的转换变量，精确计算闭环对节点配

置的影响程度，作为以后时期增量式以及离线式的优化基础。算法框架如下图 8.11 所示。

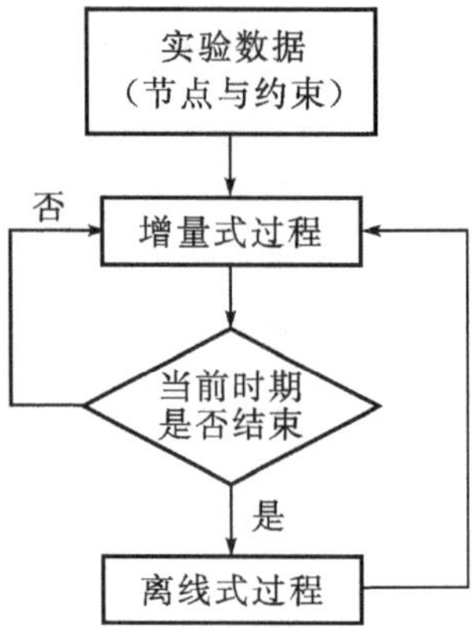

图 8.11　算法框架图

8.2.3　实验仿真与分析

为进行算法对比，继续使用第 8.1.3 节的 Manhattan(g^2o 版本)、Bicocca 和 City10000 数据集进行实验。

对数据集添加 100 个随机闭环约束后，利用 iSAM 算法对含有异常闭环的数据集进行运算，得到与真实情况差距巨大的节点图，如图 8.12 所示。可见，iSAM 算法对闭环依赖性高，虽然正确闭环可以较好地纠正里程计误差，然而一旦闭环错误就会导致灾难性后果，使 SLAM 过程失败。因此，有必要应用鲁棒闭环的增量式 Graph SLAM 算法，排除错误闭环影响。

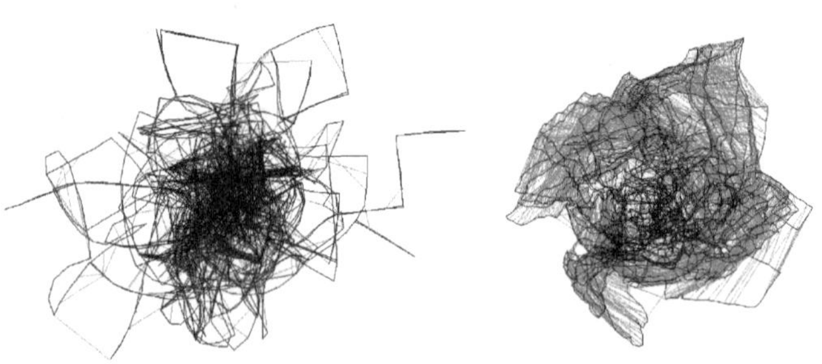

(a) Bicocca　　(b) Manhattan　　(c) City10000

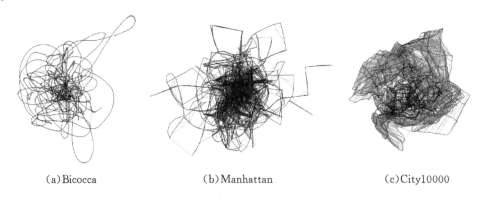

图 8.12　iSAM 算法下异常闭环结果节点

对三个数据集分别添加四种不同类型(R，L，RG，LG)、不同数量(500，1000，1500，2000)的异常闭环，采用提出的 R-iSAM 算法和 ASC 算法对含有错误闭环的三个数据集进行计算。R-iSAM 算法中设置每 100 个节点为一个时期。由此得到 R-iSAM 算法在不同数量、不同类型错误闭环下的单步节点平均收敛时间，以及在相同数据集下 ASC 算法进行离线式运算，最后得到正确节点配置的收敛时间(见表 8.3)。

由于离线式鲁棒闭环的 Graph SLAM 算法在迭代优化过程中需要考虑数据集内所有闭

环约束的影响，即每次迭代计算都需要计算所有闭环的转换变量，因此耗费时间长，无法在增量式 SLAM 中得以应用。而 R-iSAM 最多只需要在离线式过程中对一个时期内的若干个闭环的转换变量进行计算，大大减少了计算量，因此 R-iSAM 算法可以很好地满足增量式 SLAM 的实时性要求。

表 8.3　不同数量、不同类型错误闭环下算法下平均收敛时间

闭环添加数量	500	1000	1500	2000
数据集_算法(单位)	R,L,RG,LG	R,L,RG,LG	R,L,RG,LG	R,L,RG,LG
Bicacco_ASC (s)	1.8,0.8,1.7,0.8	2.1,0.9,1.7,1.0	2.2,0.9,1.9,1.1	2.5,1.1,2.4,1.4
Bicacco_R-iSAM (ms)	10, 8, 11, 7	16, 11, 19, 13	20, 14, 23, 16	26, 19, 27, 21
Manhattan_ASC (s)	2.2, 1.2, 2.8, 1.5	3.8, 1.7, 3.5, 1.6	5.4, 2.8, 5.2, 2.1	7.6, 2.6, 4.5, 2.8
Manhattan_R-iSAM (ms)	13, 9, 15, 10	19, 13, 21, 14	26, 18, 28, 19	38, 25, 37, 28
City_ASC (s)	32.4,21.5,38.1,19.5	40.5,32.4,50.4,25.2	78.5,35.3,71.2,32.1	95.6,338,84.1,31.4
City_R-iSAM (ms)	41, 27, 39, 24	67, 39, 59, 42	84, 53, 76, 59	112, 71, 104, 82

这里给出三个数据集在 1000 个 R 型异常闭环下的 R-iSAM 增量式节点配置结果，分别如图 8.13、图 8.14 和图 8.15 所示。

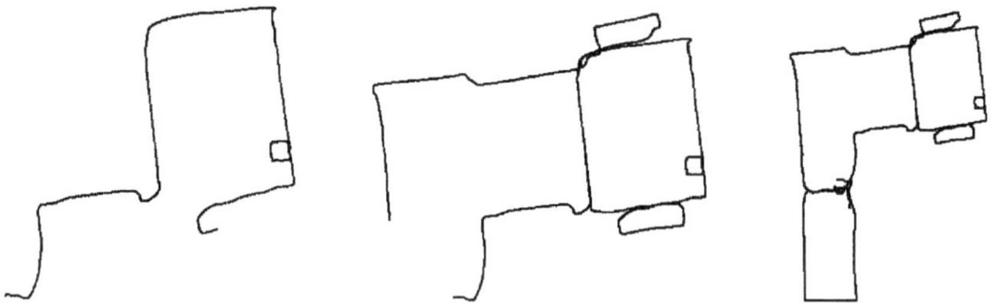

(a)3000 个节点　(b)6000 个节点　(c)8353 个节点

图 8.13　Bicocca 的 R-iSAM 增量式过程

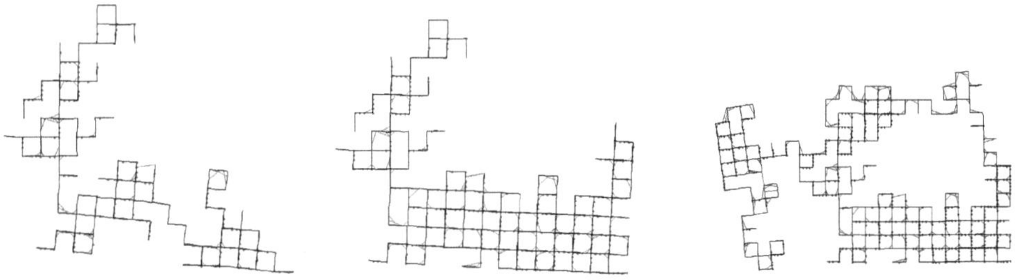

(a)1200 个节点　(b)2400 个节点　(c)3500 个节点

图 8.14　Manhattan 的 R-iSAM 增量式过程

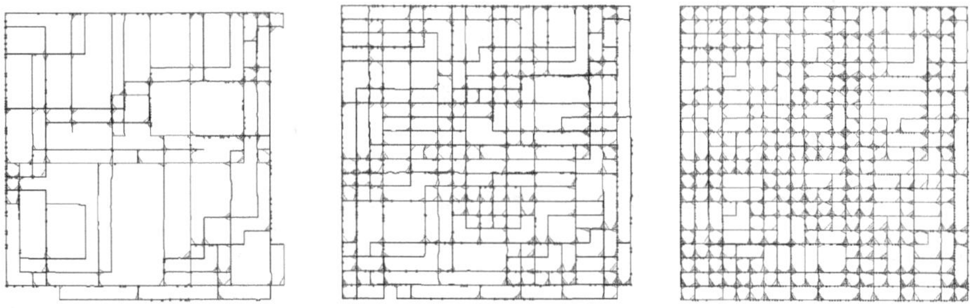

(a)3000 个节点　(b)6000 个节点　(c)10000 个节点

图 8.15　City10000 的 R-iSAM 增量式过程

同时给出三个数据集在不同数量、不同错误闭环下的 RPE 值，如图 8.16 所示。可见当前实验下，R-iSAM 算法在四种类型错误闭环下最后得到的 RPE 值范围均在 $10^{-4} \sim 10^{-3}$ m 之间。

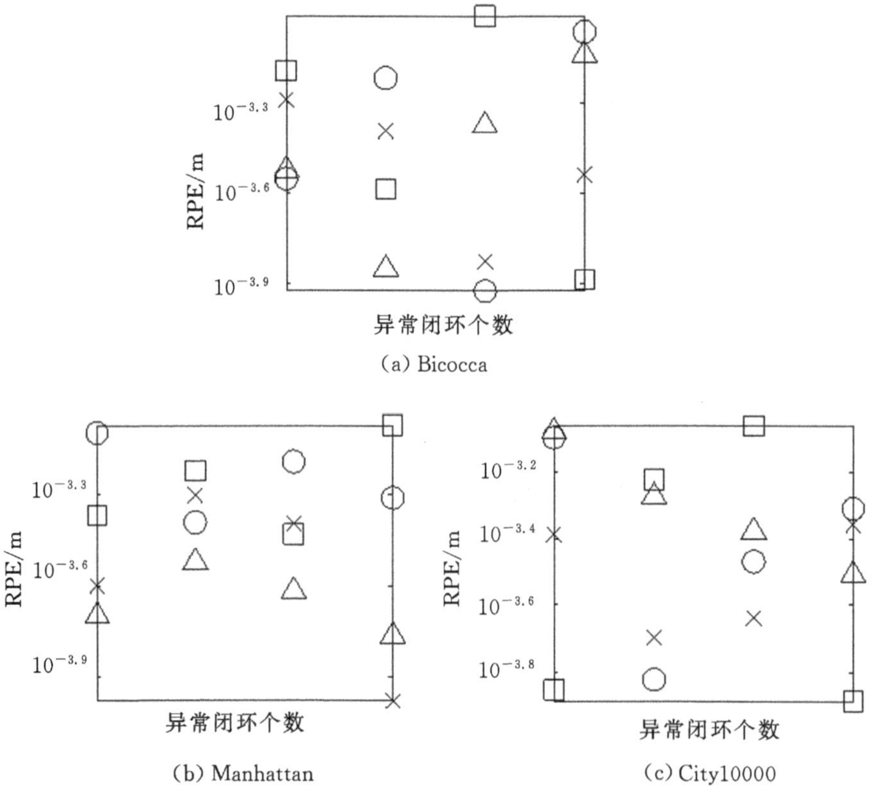

×—随机闭环；△—局部闭环；○—随机组闭环；□—局部组闭环

图 8.16　R-iSAM 算法在四种错误闭环下的 RPE 值

相对 8.1 节提出的离线式鲁棒闭环的 ASC 算法来说，R-iSAM 算法分散了闭环约束对优化节点的影响，使得算法对不同错误闭环下的数据集优化结果类似。另外，在 8.1 节的 ASC

算法中，局部性错误闭环（L，LG）下的 RPE 值在 $10^{-5}\sim10^{-4}$ m 之间，相比之下 R-iSAM 算法的精度略有下降。这是由于在优化过程中离线式的 ASC 算法能够充分运用所有正确的闭环对机器人位姿进行校正，而 R-iSAM 只是依次采用一个时期的闭环对位姿进行逐步修正，这也是 R-iSAM 算法为提高计算快速性的需要。R-iSAM 算法得到的节点之间相对关系依然比较准确，机器人节点的拓扑与真实拓扑具有很强的一致性，体现了算法在局部错误闭环条件下的可用性。当数据集存在大量随机性闭环（R，RG）时，ASC 算法的 RPE 值随着错误闭环数的上升而上升，例如当错误闭环数量为 2000 时，Manhattan 数据集的 RPE 值甚至达到 10^{-2} m。而 R-iSAM 算法的 RPE 值则保持相对稳定，说明增量式的鲁棒闭环算法在随机性错误闭环条件下相比离线式的 ASC 算法具有一定的优势。

以上内容在 iSAM 算法的基础上，利用 ASC 算法思想，提出一种能够有效消除错误闭环影响的增量式 Graph SLAM 算法 R-iSAM。利用算法的增量式过程逐步评价当前时刻闭环的有效性，并在离线式过程判断当前时期的闭环存在性，从而在鲁棒闭环的同时能够兼顾算法的实时性，以满足增量式 SLAM 的要求。实验证明，R-iSAM 在不同的数据集下都可以很好地排除不同类型的错误闭环干扰，具有较好的稳定性，能够恢复理想的机器人定位结果，且满足增量式算法的实时性要求。

8.3　基于非线性 0-1 规划的鲁棒图优化智能算法加速策略

在鲁棒图优化的相关研究中，M. Takeshi 将包含误闭环的图优化问题作为 Bayesian 网络，并采用最大期望算法（EM）求解。Y. Latif 提出了一种在线鲁棒图优化算法，将新出现的闭环与历史闭环的拓扑关系比较，并排除不一致的结果，具有较强的鲁棒性及较好的实时性。上述方法均在概率框架下研究对误闭环的识别问题，与上述方法不同的是，本节主要从 0－1 规划方面对该问题进行建模，并研究求解该问题的智能算法加速策略。

8.3.1　鲁棒图优化模型

尽管位姿图有着较高的应用前景，但传统的位姿图忽略了对误闭环的表述。在 VSLAM 闭环检测过程中，因感知歧义出现误闭环是一件难以避免的事情，尤其是对于仅使用图像外观信息的闭环检测。这里给出携带误闭环的位姿图描述：

$$\underset{\{x,\delta\}}{\operatorname{argmin}}\frac{1}{n+\eta\sum\limits_{ij}\delta_{ij}}\left[\sum_{i}\|\boldsymbol{f}(\boldsymbol{x}_i,\boldsymbol{x}_{i+1})-\boldsymbol{u}_{i,i+1}\|_{\boldsymbol{\Theta}_i}^2+\sum_{i,j}\delta_{ij}\|\boldsymbol{f}(\boldsymbol{x}_i,\boldsymbol{x}_j)-\boldsymbol{u}_{ij}\|_{\boldsymbol{\Lambda}_{ij}}^2\right] \tag{8.33}$$

其中，η 表示闭环权重且 $\eta\in[1,\eta_{\max}]$；δ_{ij} 等于 0 或 1，分别表示错误闭环和正确闭环。由于该目标函数同时包含连续量与离散量，难以直接求解，因此采用迭代方法计算。具体过程如图8.17所示。

鉴于已经有大量文献探讨连续变量 $\{\boldsymbol{x}\}$ 的求解方法，本文对该变量不予讨论，下面主要介绍采用智能算法求解 0－1 变量 $\{\delta\}$ 的过程。

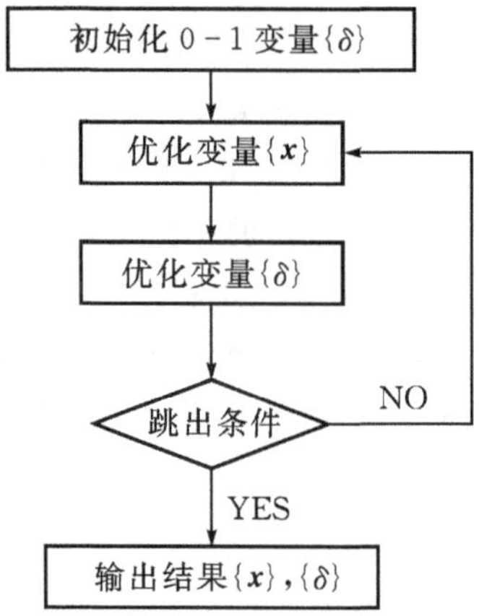

图 8.17　目标函数求解流程

8.3.2　改进的 Markov 邻域及智能算法加速方法

对于求解非线性 0－1 规划问题的智能算法，基于传统 Markov 过程的算法效率较低。对此，本节给出 Markov 过程的改进邻域，并基于改进邻域构建目标函数和约束条件的递推更新方法，从而降低算法计算量，提高算法效率。

作为准备工作，本节将目标函数式(8.33)中的$\{\delta\}$写为矩阵形式。由于正常状况下闭环数目较少，由位姿图中所有的节点之间的关系表示$\{\delta\}$的矩阵是稀疏矩阵，其优化效率不高，因此本节将 0－1 变量矩阵表示为密集形式——将出现过的闭环排列为一个向量 $\boldsymbol{\delta}$，即

$$\underset{\{\boldsymbol{x},\boldsymbol{\delta}\}}{\operatorname{argmin}} \frac{1}{n+\boldsymbol{l}^{\mathrm{T}}\boldsymbol{\delta}}\left[\sum_i \|\boldsymbol{f}(\boldsymbol{x}_i,\boldsymbol{x}_{i+1})-\boldsymbol{u}_i\|_{\boldsymbol{\Theta}_i}^2+\boldsymbol{\alpha}^{\mathrm{T}}\boldsymbol{\delta}\right] \tag{8.34}$$

其中，$\boldsymbol{l}$ 为元素全为 1 的向量；$\boldsymbol{\alpha}$ 为由各个闭环的位置误差 $\|\boldsymbol{f}(\boldsymbol{x}_i,\boldsymbol{x}_j)-\boldsymbol{u}_{ij}\|_{\boldsymbol{\Lambda}_{ij}}^2$ 组成的向量。鉴于向量是 $i_1\times i_2\times\cdots\times i_m$ 维矩阵在 $m=1$ 的特殊形式，下面分析 $i_1\times i_2\times\cdots\times i_m$ 维矩阵下的邻域构造问题。

8.3.2.1　改进的 Markov 邻域构造

对于求解非线性 0－1 规划问题的智能优化算法，其运算量大多集中于约束条件和目标函数的计算。要降低约束条件和目标函数的计算量，一种常用方法是在迭代过程中根据邻域的变化对其进行递推更新。要想获得较为理想的递推更新策略，首先需要一个具有良好性能的邻域规则。因此，针对智能优化算法中的新状态产生步骤，构造 Markov 邻域如下：

$$\begin{cases} N_1(\boldsymbol{G})=\{\boldsymbol{G}' \mid \boldsymbol{G}'=\boldsymbol{G},\text{except } \boldsymbol{G}'_{i_1,\dots,i_{k1},\dots,i_m}=0,\boldsymbol{G}'_{i_1,\dots,i_{k2},\dots,i_m}=1, \\ \quad \&\boldsymbol{G}_{i_1,\dots,i_{k1},\dots,i_m}=1,\boldsymbol{G}_{i_1,\dots,i_{k2},\dots,i_m}=0\} \\ N_2(\boldsymbol{G})=\{\boldsymbol{G}' \mid \boldsymbol{G}'=\boldsymbol{G},\text{except } \boldsymbol{G}'_{i_1,\dots,i_k,\dots,i_m}=1,\&\ \boldsymbol{G}_{i_1,\dots,i_k,\dots,i_m}=0\} \\ N_3(\boldsymbol{G})=\{\boldsymbol{G}' \mid \boldsymbol{G}'=\boldsymbol{G},\text{except } \boldsymbol{G}'_{i_1,\dots,i_k,\dots,i_m}=0,\&\ \boldsymbol{G}_{i_1,\dots,i_k,\dots,i_m}=1\} \end{cases} \tag{8.35}$$

$$N(\boldsymbol{G})=N_1(\boldsymbol{G})\cup N_2(\boldsymbol{G})\cup N_3(\boldsymbol{G})$$

该邻域构造在二维情形下的示例如图 8.18 所示。

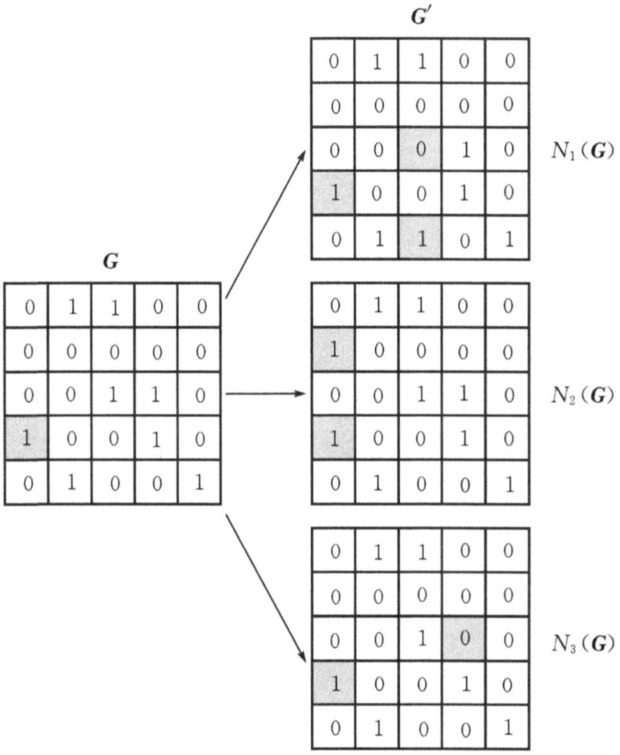

图 8.18　二维情形下改进邻域的示例

下面是 $N_1(\boldsymbol{G})$，$N_2(\boldsymbol{G})$，$N_3(\boldsymbol{G})$ 的具体说明：

$N_1(\boldsymbol{G})$：将矩阵 $\boldsymbol{G}$ 中任取一个值为 1 的元素与同行或者同列中任意一个 0 元素互换。

$N_2(\boldsymbol{G})$：将矩阵 $\boldsymbol{G}$ 中任意一个值为 0 的元素变为 1。

$N_3(\boldsymbol{G})$：将矩阵 $\boldsymbol{G}$ 中任意一个值为 1 的元素变为 0。

相对传统的非线性 0－1 规划问题的 Markov 邻域，本节所提出的邻域有如下改进：

(1)平衡了邻域过大引起的目标函数振荡、收敛缓慢，以及由于邻域过小而陷入局部极小尤其是严格约束下部分状态不可达的问题。

(2)可以实现目标函数和约束条件在迭代过程中递推更新，极大地减小了优化过程中的计算量。

下面首先给出基于改进邻域，降低复杂目标函数和约束条件计算量的递推更新策略，对本节构建的邻域下 Markov 链的状态可达性的分析将在后续章节中开展讨论。

8.3.2.2　约束条件和目标函数的递推更新

本节构建的改进 Markov 邻域，其目的在于减小智能算法优化过程的计算量，提高算法效率，而该目标的实现其核心在于约束条件与目标函数的递推化更新。下面介绍基于改进邻域的约束条件与目标函数递推更新方法。

实际问题中，非线性 0－1 规划问题的约束条件与目标函数中必然存在大量的和式。据此，将约束条件与目标函数拆解为如下形式的若干和式的函数：

$$\min\ f(\boldsymbol{G}) = f(\{\varepsilon_{S_r(\boldsymbol{G})}\})$$

$$\text{s. t.}\ \begin{cases} g_k(\boldsymbol{G}) = g_k(\{\varepsilon_{S_r(\boldsymbol{G})}\}) \leqslant 0, k = 1,2,\ \cdots, s \\ h_j(\boldsymbol{G}) = h_j(\{\varepsilon_{S_r(\boldsymbol{G})}\}) = 0, j = 1,2,\ \cdots, t \\ \boldsymbol{G}_{i_1,i_2,\cdots,i_m} \in \{0,1\},\ i_n = 1,2,\cdots,d_n \end{cases} \tag{8.36}$$

其中

$$\varepsilon_{S_r(\boldsymbol{G})} = \sum_{a_l \subset S_r} \varphi(\boldsymbol{G}_{(a_l)}) \tag{8.37}$$

式中，$S_r(\boldsymbol{G})$ 表示矩阵 $\boldsymbol{G}$ 内的某个区域；a_l 表示由规则 a 划分且包含在 S_r 内的的第 l 个子区域；$\varphi(\boldsymbol{G}_{(a_l)})$ 表示以区域 a_l 内 $\boldsymbol{G}$ 的元素为变量的某种函数 φ 。$\{\varepsilon_{S_r(\boldsymbol{G})}\}$ 表示由所有区域的函数和式构成的集合。

根据本章定义的 $N(\boldsymbol{G})$ 邻域，每次邻域变化只改变 $\boldsymbol{G}$ 中某一行或某一列的一个或两个元素的值。因此，在每次 $N(\boldsymbol{G})$ 变换后，只需更新少量与相应元素有关的和式的值，从而实现约束条件与目标函数值的递推更新。

在第 k 次状态更新时，若某一和式

$$\varepsilon_{S_r(\boldsymbol{G})} = \sum_{a_l \subset S_r} \varphi(\boldsymbol{G}_{(a_l)}) \tag{8.38}$$

中包含与 $N(\boldsymbol{G})$ 变换相关的两个元素 $\boldsymbol{G}_{i_1,i_2,\cdots,j,\cdots,i_m}$ ，$\boldsymbol{G}_{i_1,i_2,\cdots,j',\cdots,i_m}$ ，则和式的更新表示为

$$\varepsilon_{S_r(\boldsymbol{G})}(k) = \varepsilon_{S_r(\boldsymbol{G})}(k-1) + \sum_{\substack{a_l \subseteq S_r,\text{and} \\ (i_1,i_2,\cdots,j,\cdots,i_m)\text{or} \\ (i_1,i_2,\cdots,j',\cdots,i_m) \in a_l}} [\varphi(\boldsymbol{G}_{(a_l)}(k)) - \varphi(\boldsymbol{G}_{(a_l)}(k-1))] \tag{8.39}$$

进而，只需对包含该和式的约束条件以及目标函数值进行更新，且更新时只需计算以 $\{\varepsilon_{S_r(\boldsymbol{G})}\}$ 为变量的函数。容易看出，经过递推化，约束条件和目标函数值更新的运算量显著下降，提高了算法的运行效率。

8.3.2.3 改进邻域的 Markov 链状态可达性

Markov 链的状态可达性是智能算法全局搜索能力的重要体现。下面分析基于邻域规则的 *Markov* 链的状态可达性。

对于 0－1 规划问题，$\boldsymbol{G}_i \rightarrow \boldsymbol{G}_j$ 的可达性由其中每一个位置的 0 和 1 所决定。由于本章构建的邻域中，$N_2(\boldsymbol{G})$，$N_3(\boldsymbol{G})$ 改变 $\boldsymbol{G}$ 中 1 的个数，$N_1(\boldsymbol{G})$ 改变 $\boldsymbol{G}$ 中 1 的位置，从而 $N_1(\boldsymbol{G})$ 对 $\boldsymbol{G}$ 中值为 1 的元素起到了位置迁移作用，对状态间是否可达更具决定性。下面首先分析 $N_1(\boldsymbol{G})$ 下的状态可达性。

以 $\boldsymbol{G}$ 为二维矩阵为例，如图 8.19 所示。根据 $N_1(\boldsymbol{G})$ 的规则，深色灰格中的 1 可在横纵方向上移动到任意为 0 的位置，而满足约束条件的结果由浅色灰格表示。为了表征约束条件对 $N_1(\boldsymbol{G})$ 变换施加约束的严格程度，现作出定义如下：

定义 8－1 随机选取状态空间中的某一可行解 $\boldsymbol{G}$，任取 $\boldsymbol{G}' \in N_1(\boldsymbol{G})$，$\boldsymbol{G}'$ 满足约束条件的概率称为约束系数，以 ρ 表示，$\rho \in [0,1]$。

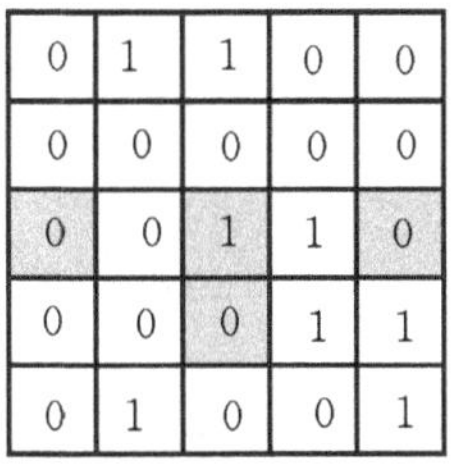

图 8.19　约束条件对 $N_1(\boldsymbol{G})$ 变换中某个元素 1 移动的约束

下面分析 $d_1 \times d_2$ 维解空间下 0－1 规划解的状态可达性，如图 8.20 所示。在 $d_1 \times d_2$ 维解空间，任意 2 个有且只有 2 个不同元素：

$$\begin{cases} \boldsymbol{G}'_{i_1,j_1} = 0, \boldsymbol{G}_{i_1,j_1} = 1, \boldsymbol{G}'_{i_2,j_2} = 1, \boldsymbol{G}_{i_2,j_2} = 0 \\ i_1 \neq i_2, j_1 \neq j_2 \end{cases} \tag{8.40}$$

的一对可行解，经过两次 N_1 邻域变换，相互可达的概率为

$$P_{X \leftrightarrow X'}(2) = 1 - (1 - \rho^2)^2 \tag{8.41}$$

其中，ρ^2 表示单条路径畅通的概率。

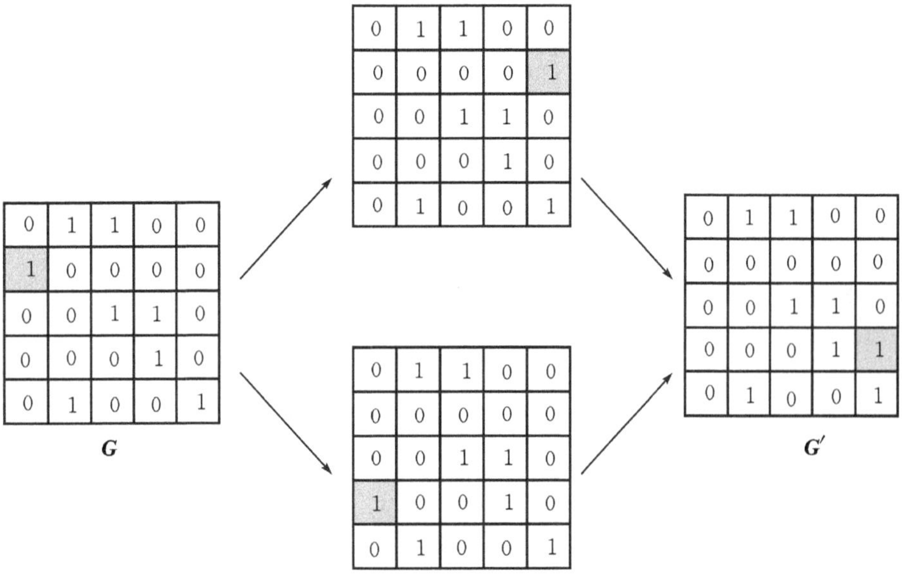

图 8.20　解在 $N_1(\boldsymbol{G})$ 规则下的状态变化

将此结论推广到 $d_1 \times d_2 \times \cdots \times d_m$ 维空间下的 0－1 规划问题，得到定理 8－1。

定理 8－1　矩阵 $\boldsymbol{G}$ 为 0－1 规划问题的解，其维数为 $d_1 \times d_2 \times \cdots \times d_m$，设在约束

$$\begin{cases} g_k(\boldsymbol{G}) \leqslant 0, k = 1,2, \cdots, s \\ h_j(\boldsymbol{G}) = 0, j = 1,2, \cdots, t \\ \boldsymbol{G}_{i_1,i_2,\cdots,i_m} \in \{0,1\}, \ i_l = 1,2,\cdots,d_l \end{cases} \tag{8.42}$$

下，$N_1(\boldsymbol{G})$ 邻域变换的约束系数为 ρ，则有且只有 2 个不同元素：

$$\begin{cases} \boldsymbol{G}'_{i_1,i_2,\cdots,i_m} = 0, \boldsymbol{G}_{i_1,i_2,\cdots,i_m} = 1 \\ \boldsymbol{G}'_{j_1,j_2,\cdots,j_m} = 1, \boldsymbol{G}_{j_1,j_2,\cdots,j_m} = 0 \\ i_l \neq j_l, l = 1,2,\cdots,m \end{cases} \tag{8.43}$$

的一对可行解 $\boldsymbol{G}$ 与 $\boldsymbol{G}'$，经过 m 步变换，相互可达的概率为

$$P_{\boldsymbol{G}\leftrightarrow\boldsymbol{G}'}(m) = 1-(1-\rho^m)^{m!} \tag{8.44}$$

证明　$\boldsymbol{G}$ 的任意元素都有 m 个坐标，$N_1(\boldsymbol{G})$ 邻域变换每次只对一个值为 1 的元素，在一个坐标方向上移动。又由于 $\boldsymbol{G}$ 与 $\boldsymbol{G}'$ 满足式(8.43)，$\boldsymbol{G}_i\leftrightarrow\boldsymbol{G}_j$ 至少需要 m 步变换。又每次 $N_1(\boldsymbol{G})$ 的变换结果满足约束式(8.42)的概率为 ρ，因而单条变换路径可行的概率为 ρ^m。m 个坐标有 $m!$ 种排列方式。若 $\boldsymbol{G}$ 与 $\boldsymbol{G}'$ 相互可达，各条变换路径至少有一条可行，得

$$P_{\boldsymbol{G}\leftrightarrow\boldsymbol{G}'}(m) = 1-(1-\rho^m)^{m!}$$

证毕。

若对 $\boldsymbol{G}$ 与 $\boldsymbol{G}'$ 值为 1 的元素的坐标不加限制，由定理 8-1 易得：

定理 8-1 推论　矩阵 $\boldsymbol{X}$ 为 0-1 规划问题的解，其维数为 $d_1\times d_2\times\cdots\times d_m$，设在约束

$$\begin{cases} g_k(\boldsymbol{G}) \leqslant 0, k = 1,2,\ \cdots,s \\ h_j(\boldsymbol{G}) = 0, j = 1,2,\ \cdots,t \\ \boldsymbol{G}_{i_1,i_2,\cdots,i_m} \in \{0,1\},\ i_l = 1,2,\cdots,d_l \end{cases} \tag{8.45}$$

下，$N_1(\boldsymbol{G})$ 邻域变换的约束系数为 ρ，则任意满足

$$\begin{cases} \boldsymbol{G}'_{i_1,i_2,\cdots,i_m} = 0, \boldsymbol{G}_{i_1,i_2,\cdots,i_m} = 1 \\ \boldsymbol{G}'_{j_1,j_2,\cdots,j_m} = 1, \boldsymbol{G}_{j_1,j_2,\cdots,j_m} = 0 \end{cases} \tag{8.46}$$

且其余元素相等的两个可行解 $\boldsymbol{G}$ 与 $\boldsymbol{G}'$，经过 m 步邻域变换，相互可达的概率为

$$P_{\boldsymbol{G}\leftrightarrow\boldsymbol{G}'}(m) \geqslant 1-(1-\rho^m)^{m!} \tag{8.47}$$

由定理 81 推论，可得到大于 m 的任意步数下，任意两个满足式(8.46)的可行解之间，相互可达的概率，如定理 8-2 所示。

定理 8-2　满足

$$\begin{cases} \boldsymbol{G}'_{i_1,i_2,\cdots,i_m} = 0, \boldsymbol{G}_{i_1,i_2,\cdots,i_m} = 1 \\ \boldsymbol{G}'_{j_1,j_2,\cdots,j_m} = 1, \boldsymbol{G}_{j_1,j_2,\cdots,j_m} = 0 \end{cases} \tag{8.48}$$

且其余元素相等的两个可行解 $\boldsymbol{G}$ 与 $\boldsymbol{G}'$，经过 $m+n$ 步 $N_1(\boldsymbol{G})$ 邻域变换 ($n\geqslant 0$)，相互可达的概率为

$$P_{\boldsymbol{G}\leftrightarrow\boldsymbol{G}'}(m+n) \geqslant 1-(1-\rho^{m+n})^{m!(\sum_{i=1}^{m}d_i-m)^n} \geqslant 1-\exp\left\{-\rho^m m!\left[\rho(\sum_{i=1}^{m}d_i-m)\right]^n\right\} \tag{8.49}$$

当 n 足够大时，若 $\rho(\sum_{i=1}^{m}d_i-m)>1$，有

$$P_{\boldsymbol{G}\leftrightarrow\boldsymbol{G}'}(m+n) \geqslant 1-\exp\left\{-\rho^m m!\left[\rho(\sum_{i=1}^{m}d_i-m)\right]^n\right\}\rightarrow 1 \tag{8.50}$$

证明　由定理 8-1 推论，在开始移动 $\boldsymbol{G}_{i_1,i_2,\cdots,i_m}=1$ 到目标位置之前，可以对该元素插入 n 个任意的 $N_1(\boldsymbol{G})$ 变换，每次变换都有 $\sum_{i=1}^{m}d_i-m$ 种可选方案。又因 m 步移动完成 $\boldsymbol{G}\leftrightarrow\boldsymbol{G}'$ 至

少有 $m!$ 条路径，故 $\boldsymbol{G}\leftrightarrow\boldsymbol{G}'$ 共有 $m!(\sum_{i=1}^{m}d_i-m)^n$ 条可选路径。由于每条路径的可行概率为 ρ^{m+n}，因而

$$P_{\boldsymbol{G}\leftrightarrow\boldsymbol{G}'}(m+n)\geqslant 1-(1-\rho^{m+n})^{m!(\sum\limits_{i=1}^{m}d_i-m)^n}=1-(1-\rho^{m+n})^{(-\frac{1}{\rho^{m+n}})[-\rho^{m+n}m!(\sum\limits_{i=1}^{m}d_i-m)^n]} \tag{8.51}$$

注意到函数

$$f(x)=1-(1-x)^{-\frac{k}{x}}\quad(0\leqslant x\leqslant 1)$$

为关于 x 的单调减函数，故

$$\begin{aligned}P_{\boldsymbol{G}\leftrightarrow\boldsymbol{G}'}(m+n)&\geqslant 1-(1-\rho^{m+n})^{(-\frac{1}{\rho^{m+n}})[-\rho^{m+n}m!(\sum\limits_{i=1}^{m}d_i-m)^n]}\\&\geqslant\lim_{r\to 0}1-(1-r^{m+n})^{(-\frac{1}{r^{m+n}})[-\rho^{m+n}m!(\sum\limits_{i=1}^{m}d_i-m)^n]}\\&=1-\exp\left\{-\rho^m m![\rho(\sum_{i=1}^{m}d_i-m)]^n\right\}\end{aligned} \tag{8.52}$$

从而，当 $\rho(\sum_{i=1}^{m}d_i-m>1)$ 且 $n\to+\infty$ 时，有

$$P_{\boldsymbol{G}\leftrightarrow\boldsymbol{G}'}(m+n)\geqslant 1-\exp\left\{-\rho^m m![\rho(\sum_{i=1}^{m}d_i-m)]^n\right\}\to 1 \tag{8.53}$$

证毕。

根据定理 82 易得，满足式(8.48)的 $\boldsymbol{G}$ 与 $\boldsymbol{G}'$，经过有限步 $N_1(\boldsymbol{G})$ 变换，相互可达的概率满足定理 8-3。

定理 8-3　当约束系数 ρ 满足 $\rho\ (\sum_{i=1}^{m}d_i-m>1)$ 时，满足关系

$$\begin{cases}\boldsymbol{G}'_{i_1,i_2,\cdots,i_m}=0,\boldsymbol{G}_{i_1,i_2,\cdots,i_m}=1\\\boldsymbol{G}'_{j_1,j_2,\cdots,j_m}=1,\boldsymbol{G}_{j_1,j_2,\cdots,j_m}=0\end{cases} \tag{8.54}$$

且其余元素相等的可行解 $\boldsymbol{G}$ 与 $\boldsymbol{G}'$，经过有限步 $N_1(\boldsymbol{G})$ 邻域变换，相互可达的概率趋近于

$$\begin{aligned}f=1-\prod_{k=1}^{\infty}[1-P_{\boldsymbol{G}\leftrightarrow\boldsymbol{G}'}(k)]&\geqslant\lim_{n\to\infty}P_{\boldsymbol{G}\leftrightarrow\boldsymbol{G}'}(m+n)\\&\geqslant\lim_{n\to\infty}1-\exp\left\{-\rho^m m![\rho(\sum_{i=1}^{m}d_i-m)]^n\right\}=1\end{aligned} \tag{8.55}$$

根据上述结论，对于一般化的 $\boldsymbol{G}$ 与 $\boldsymbol{G}'$，$N(\boldsymbol{G})$ 邻域下 Markov 过程的状态可达性由定理 8-4给出。

定理 8-4　设 $z_{G'}$ 为可行解 $\boldsymbol{G}'$ 中，值为 1 的元素的个数；Δz 为 $\boldsymbol{G}$ 与 $\boldsymbol{G}'$ 值为 1 的元素的个数之差。当约束系数满足 $\rho(\sum_{i=1}^{m}d_i-m)>1$ 时，任意可行解 $\boldsymbol{G}$ 与 $\boldsymbol{G}'$ 经过 $N(\boldsymbol{G})$ 邻域变换，在 $z_{G'}(m+n)+\Delta z$ 步以内相互可达的概率满足

$$P_{G\to G'}(z_{G'}(m+n)+\Delta z)\geqslant 1-\left\{1-\left[1-\exp\left\{-\rho^m m![\rho(\sum_{i=1}^{m}d_i-m)]^n\right\}\right]^{z_{G'}}\right\}^{z_{G'}!}$$
$$\approx 1-\left[z_{G'}\exp\left\{-\rho^m m![\rho(\sum_{i=1}^{m}d_i-m)]^n\right\}\right]^{z_{G'}!} \tag{8.56}$$

证明 首先采用 Δz 步 $N_2(\boldsymbol{G})$ 或 $N_3(\boldsymbol{G})$ 变换，使得矩阵中值为 1 的元素个数相同。其次，原矩阵与目标矩阵 $\boldsymbol{G}'$ 中，值为 1 的元素共有 $z_{G'}$！种配对方式。根据定理 8－2，对于每个值为 1 的元素，经过 $m+n$ 步 $N_1(\boldsymbol{G})$ 邻域变换，移动到目标位置的最小可行概率为

$$P_{\min}=1-\exp\left\{-\rho^m m![\rho(\sum_{i=1}^{m}d_i-m)]^n\right\} \tag{8.57}$$

进而，对 $z_{G'}$ 个元素移动的最小可行概率为

$$P_{\min}(Z_{G'})=\left[1-\exp\left\{-\rho^m m![\rho(\sum_{i=1}^{m}d_i-m)]^n\right\}\right]^{z_{G'}} \tag{8.58}$$

因值为 1 的元素配对方法有 $z_{G'}$！种，故当且仅当所有配对方法对应的移动策略失效时，$\boldsymbol{G}\to\boldsymbol{G}'$ 无法到达，其概率为

$$P_{G\nrightarrow G'}(z_{G'}(m+n)+\Delta z)\leqslant\left\{1-\left[1-\exp\left\{-\rho^m m![\rho(\sum_{i=1}^{m}d_i-m)]^n\right\}\right]^{z_{G'}}\right\}^{z_{G'}!} \tag{8.59}$$

从而

$$P_{G\to G'}(z_{G'}(m+n)+\Delta z)\geqslant 1-\left\{1-\left[1-\exp\left\{-\rho^m m![\rho(\sum_{i=1}^{m}d_i-m)]^n\right\}\right]^{z_{G'}}\right\}^{z_{G'}!}$$
$$\approx 1-\left\{1-\left[1-z_{G'}\exp\left\{-\rho^m m![\rho(\sum_{i=1}^{m}d_i-m)]^n\right\}\right]\right\}^{z_{G'}!}$$
$$=1-\left[z_{G'}\exp\left\{-\rho^m m![\rho(\sum_{i=1}^{m}d_i-m)]^n\right\}\right]^{z_{G'}!} \tag{8.60}$$

证毕。

由定理 8－4 可知，当约束条件不是非常苛刻，即满足 $\rho(\sum_{i=1}^{m}d_i-m)>1$ 且邻域变换步数足够大（n 足够大）时，在本章定义的 $N(\boldsymbol{G})$ 邻域下，任意两个可行解 $\boldsymbol{G}$ 与 $\boldsymbol{G}'$ 在 Markov 链上相互可达的概率非常大。这意味着，从任意初始状态出发，在 $N(\boldsymbol{G})$ 邻域下进行 Markov 过程，可以遍历绝大多数的可行解。

8.3.3 实验与分析

本节采用随机生成数据集，图优化中连续变量的优化采用 LM 算法，0－1 变量的优化采用粒子群算法。

实验采用 Windows 7 操作系统，CPU 为 Intel i3-M380，主频率为 2.53GHz，内存为 3GB。

8.3.3.1 数据集实验

对比实验所用 4 个数据集的基本参数如表 8.4 所示。第 1 项为各个数据集实验所用算例

的序号，第 2 项为数据集的里程，单位为 m，第 3 项表示随机产生的闭环个数，第 4 项为随机闭环中的正确闭环个数，第 5 项为里程计的漂移，单位为 m/s。载体运动速度为 1m/s。

表 8.4　对比实验所用数据集

序号	数据集规模/m	随机闭环个数	正确闭环个数	里程计漂移/(m/s)
1	100	30	4	0.02
2	100	60	13	0.05
3	400	60	4	0.02
4	400	120	23	0.05

各个数据集的图优化结果如图 8.21、图 8.23、图 8.25、图 8.27 所示。子图(a)到(d)分别为真实路径、里程计观测路径及随机闭环、非鲁棒图优化结果、鲁棒图优化结果及筛选的正确闭环。误差对比如图 8.22、图 8.24、图 8.26 所示。

算例 1

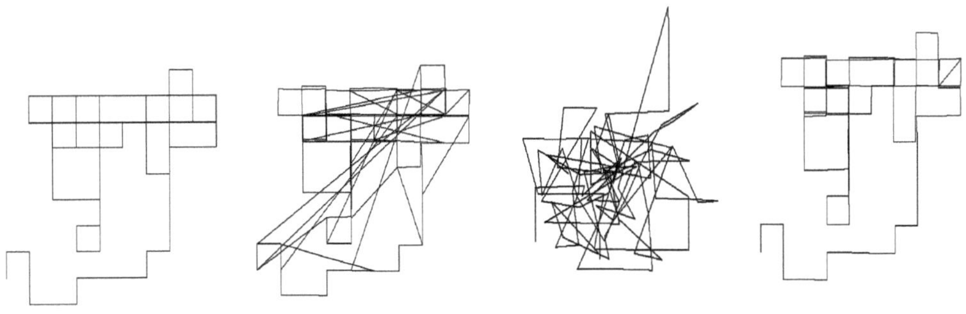

图 8.21　算例 1 非鲁棒图优化与鲁棒图优化算法的优化结果对比

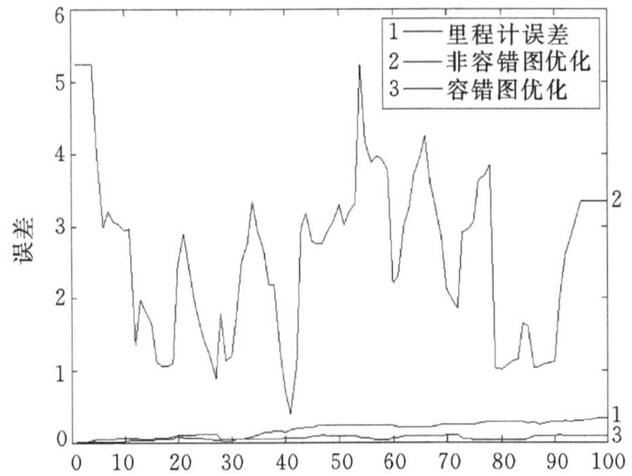

图 8.22　算例 1 误差对比图

对比图 8.21(b)、8.21(d)可以看出，鲁棒图优化算法有效剔除了算例 1 中的误闭环。结合图 8.21、图 8.22 可以看出，在存在大量误闭环的环境中，经典图优化算法显著失效，而鲁棒图优化算法总体上减小了里程计误差,起始部分误差增大的原因在于该路段因缺乏闭环导致的误差分摊。

算例 2

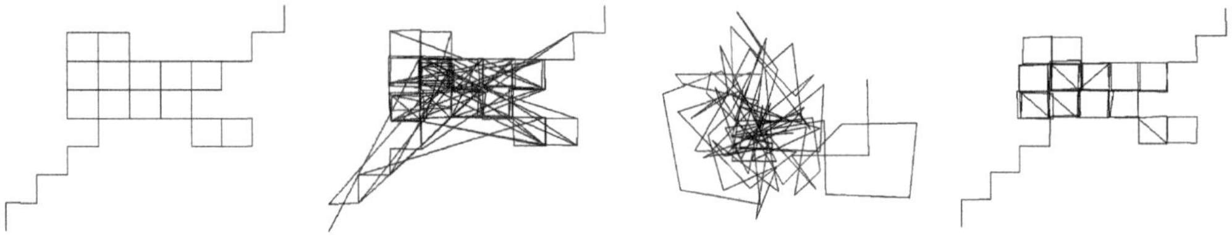

(a)真实路径　(b)里程计观测路径　(c)非鲁棒图优化结果　(d)鲁棒图优化结果

图 8.23　算例 2 非鲁棒图优化与鲁棒图优化算法的优化结果对比

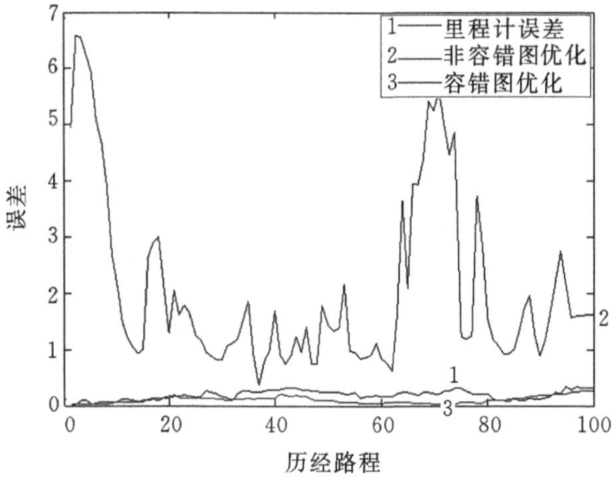

图 8.24　算例 2 误差对比图

对比图 8.23(b)、8.23(d)可以看出,鲁棒图优化算法有效剔除了算例 2 中的误闭环。结合图 8.23、图 8.24 可以看出,在存在大量误闭环的环境中,经典图优化算法显著失效,而鲁棒图优化算法总体上减小了里程计误差。

算例 3

算例 3 地图规模相对较大,且误闭环个数远大于正确闭环个数,剔除误闭环具有一定难度。

对比图 8.25(b)、8.25(d)可以看出,鲁棒图优化算法有效剔除了算例 3 中的误闭环。结合图 8.25、图 8.26 可以看出,在存在大量误闭环的环境中,经典图优化算法显著失效,而鲁棒图优化算法总体上减小了里程计误差。鲁棒图优化结果中部分误差超出里程计误差,主要是因为该地图规模较为庞大,且随机产生的闭环中的正确闭环数只有 4 个,远小于路径实际闭环数目,导致图优化过程中的有效校正不足。

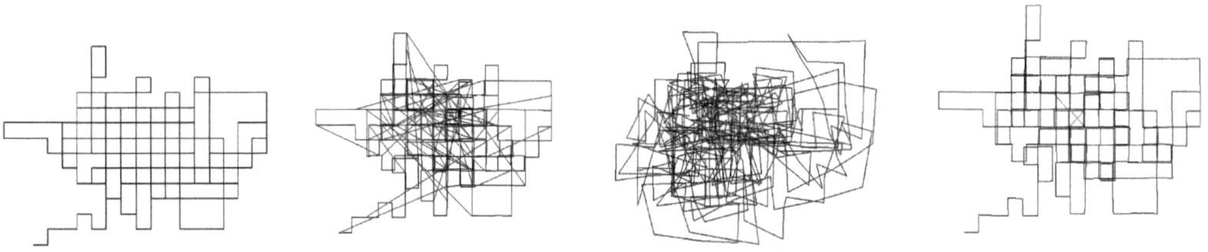

(a)真实路径　(b)里程计观测路径　(c)非鲁棒图优化结果　(d)鲁棒图优化结果

图 8.25　算例 3 非鲁棒图优化与鲁棒图优化算法的优化结果对比

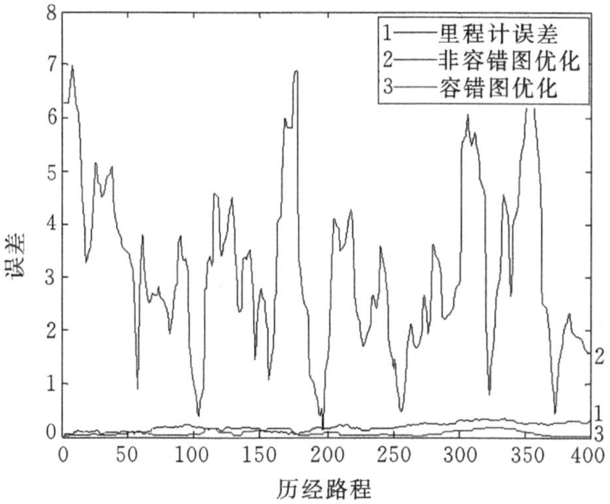

图 8.26　算例 3 误差对比图

算例 4

尽管算例 4 地图规模不大，但该数据集历经路程较长，路径大量重复，且里程计漂移较大，随机闭环中的正确闭环个数远小于路径真实闭环个数，对鲁棒图优化极具挑战。

对比图 8.27(b)、8.27(d)可以看出，鲁棒图优化算法有效剔除了算例 4 中的误闭环。结合图 8.27、图 8.28 可以看出，在存在大量误闭环的环境中，经典图优化算法显著失效，而鲁棒图优化算法总体上减小了里程计误差。鲁棒图优化结果中误差超出里程计误差的部分主要在起始部分，是因为在路径起始段不存在正确闭环，优化过程中闭环观测误差向该部分路径扩散所致。

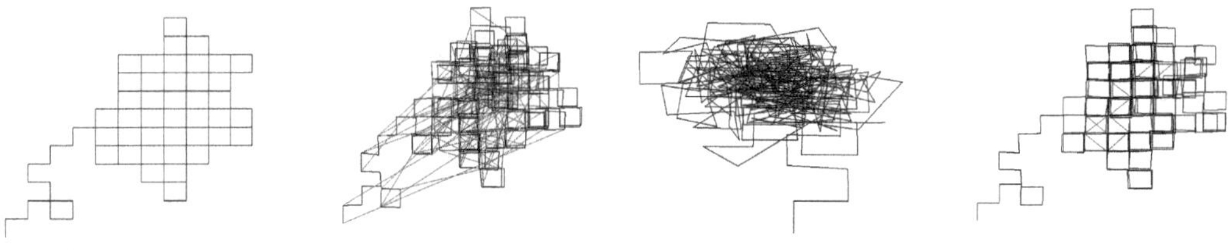

(a)真实路径　(b)里程计观测路径　(c)非鲁棒图优化结果　(d)鲁棒图优化结果

图 8.27　算例 4 非鲁棒图优化与鲁棒图优化算法的优化结果对比

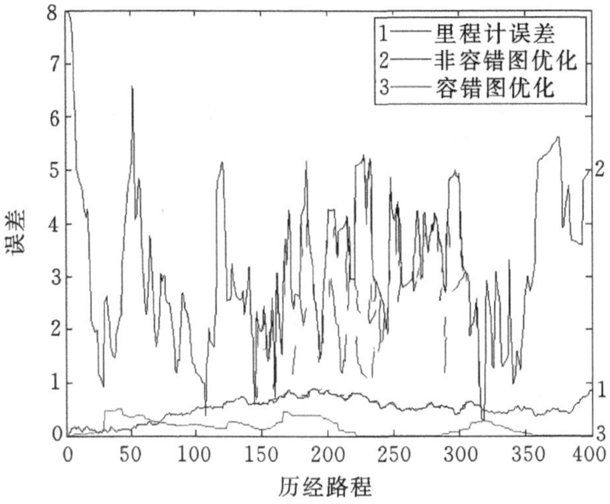

图 8.28　算例 4 误差对比图

8.3.3.2　算法耗时对比

图 8.29 是对 4 个数据集实验的 0－1 变量优化环节，本节的改进邻域加速 PSO 算法与经典 PSO 算法的 50 次实验平均耗时对比。图 8.29 中黑色表示传统 PSO 算法的优化用时，灰色表示本节加速算法的优化用时。

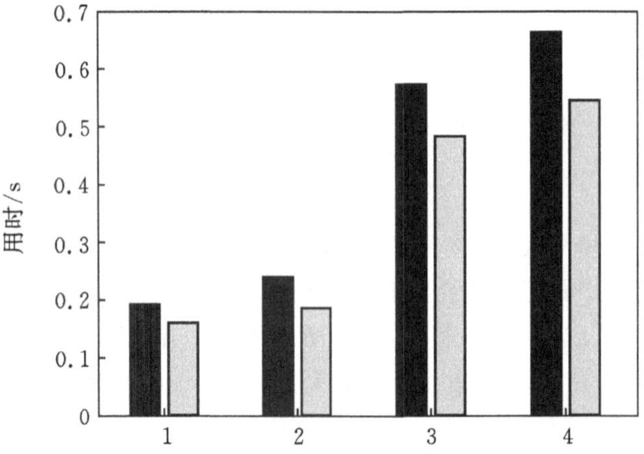

图 8.29　各个算例的耗时对比

由图 8.29 可以看出，0－1 规划的 PSO 优化算法耗时与随机闭环个数以及地图规模成正相关。各个算例中，改进邻域加速算法都比经典 PSO 算法平均用时下降了 15％以上，效率显著提高，展现了基于改进邻域的智能算法加速策略的有效性。

图优化作为 SLAM 的闭环检测后端优化环节，对减小机器人位姿估计的累积误差、提高地图的一致性至关重要。以上介绍了一种基于非线性 0－1 规划的鲁棒图优化智能算法加速策略，旨在提高图优化过程中对错误闭环的鲁棒性，并提高解决 0－1 规划问题的算法效率。首先，将鲁棒图优化问题分解为经典图优化问题与选取正确闭环组合的 0－1 规划问题。其次，给出了 0-1 规划智能算法优化过程通用的改进 Markov 邻域，并基于该邻域给出了约束条件和目标函数的递推更新策略，降低了迭代过程运算量。随后，从理论上分析了改进邻域的 Markov 链状态可达性及其所需满足的约束条件。对比实验表明，鲁棒图优化算法在地图存在大量误闭环的情形下，其优化过程依然具有较强的鲁棒性。算法耗时对比表明，相比于传统智能算法，智能算法加速策略对鲁棒图优化的 0-1 规划问题具有较好的加速效果。

8.4 本章小结

针对闭环检测错误问题，本章介绍了三种鲁棒优化方法：对鲁棒闭环算法进行改进，介绍一种自适应的 Graph SLAM 鲁棒闭环算法，提高了算法的收敛速度以及对不同数据集的适应性，并采用公开的数据集进行仿真实验，证明了算法的有效性。在增量式 SLAM 的基础上，融合了改进的鲁棒闭环算法，引入一种增量式 Graph SLAM 鲁棒闭环算法，使得机器人在增量式定位与建图的过程中能够排除闭环错误带来的干扰。通过对数据集进行仿真实验，证明了算法能够满足增量式的定位与建图，同时能够较好地排除错误闭环的影响。建立了针对误闭环问题的鲁棒图优化模型，引入了一种基于改进 Markov 邻域加速的非线性 0-1 规划求解方案，并从理论上证明了改进邻域的 Markov 链的状态可达性。

第 9 章　VSLAM 地图创建

VSLAM 的最终目的是建立能应用于机器人导航系统的地图，因此所构建的地图至少需要满足两个要求：一是地图适合应用于各种导航算法，如 A^*，D^* 等；二是地图要达到一定的精度，这样机器人方能躲避障碍，从而进行有效的路径规划。本章的目的是建立能够应用于机器人导航的三维地图和二维地图。

9.1　基于完整可见性模型的改进鲁棒 Octomap 地图构建

在近几年立体占用地图的研究中，Octomap 作为一种基于八叉树的地图表示方法，建立了体素的占用概率模型，提高了地图的表示精度，且其地图压缩方法极大地减少了地图对内存和硬盘的需求，代表了当前三维地图表示方法中的较高水准。Schauwecker 等人在 Octomap 的基础上提出了一种基于可见性模型和传感器深度误差模型的鲁棒 Octomap，并应用于基于双目立体相机的 SLAM 中，有效克服了传感器深度误差对地图精度的影响，并通过与 Octomap 比较体现了所提方法的有效性。然而，鲁棒 Octomap 的可见性模型未考虑相机和目标体素的相对位置关系，具有一定的局限性。在部分情况下，会导致建图精度不高。

本节针对鲁棒 Octomap 可见模型的局限性，描述一种基于完整可见性模型的改进鲁棒 Octomap，并将其应用于基于 Kinect 的 RGB-D SLAM 中。首先，考虑相机和目标体素的相对位置关系及地图分辨率进行可连通性判断，从而获得满足可连通性的相邻体素的个数及位置；其次，针对可连通性的不同情况，分别建立相机到目标体素的可见性模型，从而构建可适用于任何情况的完整可见性模型；再次，使用基于高斯混合模型的 Kinect 深度误差模型代替 Schauwecker 等人的简单深度误差模型，进一步提高地图精度；最后，结合贝叶斯公式和线性插值算法来更新八叉树中每个节点的实际占用概率，最终构建基于八叉树的立体占用地图，并进行对比实验。

9.1.1　鲁棒 Octomap 可见性模型分析

对于立体双目摄像头和 Kinect 等传感器，其深度值均具有较大的误差，对所建地图精度影响较大。在基于八叉树的地图中，部分区域由于遮挡造成不可见，因此这些区域的所有测量值均是有误差的。针对这两种情况，Schauwecker 等人提出了一种基于可见性模型和传感器深度误差模型的鲁棒 Octomap 并应用于基于双目立体相机的 SLAM 中，有效克服了传感器深度误差对地图精度的影响，提高了地图的精度。

9.1.1.1　鲁棒 Octomap 可见性模型

基于八叉树的地图表示方法就是使用小立方体的状态(空闲、占用、未知)来表示地图中的障碍物,其中每一个小立方体称为一个体素。当一个体素的状态为占用时,从传感器发射的射线打到该体素时就会在该体素返回,则在该体素另一端且与传感器和该体素成一条直线的体素就会被遮挡,即可见性为不可见。Octomap 作为一种基于八叉树的地图表示方法,建立了体素的占用概率模型,因此体素的可见性也可以用概率来描述。

假设体素 v 与体素 a,b,c 相邻,如图 9.1 所示。如果体素 a,b,c 状态均为占用,则体素 v 可视为局部闭合,称该事件为 C_v。事件 C_v 发生的概率与其相邻体素占用的概率有关,每一相邻体素占用的概率越大,事件 C_v 发生的概率就越大。本节采用三者中占用概率最小的作为事件 C_v 发生的概率,即

$$P(C_v)=\min\{P(O_a),P(O_b),P(O_c)\} \tag{9.1}$$

其中,$P(O_a)$,$P(O_b)$,$P(O_c)$分别表示体素 a,b,c 被占用的概率。

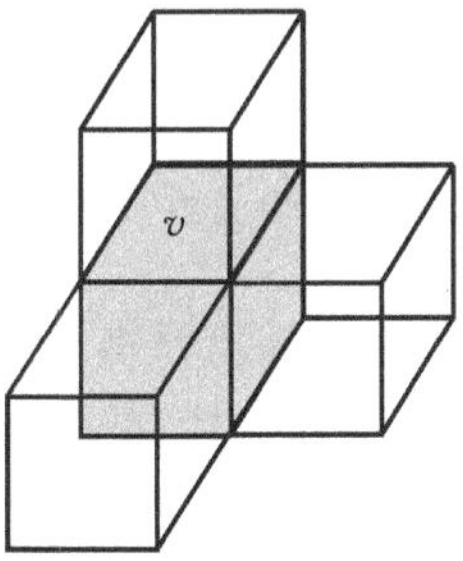

图 9.1　体素相邻模型

定义从传感器发出的射线 l 能穿过一系列体素到达体素 v_i 为事件 V_{v_i},即表示体素 v_i 可见。事件 V_{v_i} 发生的概率取决于事件 C_{v_i} 和事件 $V_{v_{i-1}}$,其中 v_{i-1} 表示沿射线方向靠近传感器一侧的体素 v_i 的前一个体素。因此,事件 V_{v_i} 发生的概率可通过以下公式求得:

$$\begin{aligned}P(V_{v_i})=&P(V_{v_i}\mid C_{v_i},V_{v_{i-1}})P(C_{v_i})P(V_{v_{i-1}})+P(V_{v_i}\mid \overline{C}_{v_i},V_{v_{i-1}})P(\overline{C}_{v_i})P(V_{v_{i-1}})+\\&P(V_{v_i}\mid C_{v_i},V_{v_{i-1}})P(C_{v_i})P(\overline{V}_{v_{i-1}})+P(V_{v_i}\mid \overline{C}_{v_i},\overline{V}_{v_{i-1}})P(\overline{C}_{v_i})P(\overline{V}_{v_{i-1}})\end{aligned} \tag{9.2}$$

其中,事件 $\overline{C}_{v_i}$ 表示事件 C_{v_i} 的互补事件;$P(V_{v_i}\mid C_{v_i},V_{v_{i-1}})$,$P(V_{v_i}\mid \overline{C}_{v_i},V_{v_{i-1}})$,$P(V_{v_i}\mid C_{v_i},\overline{V}_{v_{i-1}})$和 $P(V_{v_i}\mid \overline{C}_{v_i},\overline{V}_{v_{i-1}})$均为先验概率。

实际上,体素 v_{i-1} 不可见,则 v_i 必然不可见,因此式(9.2)后两项为 0,所以 $P(V_{v_i})$最终的计算式如下:

$$P(V_{v_i})=P(V_{v_{i-1}})[P(V_{v_i}\mid C_{v_i},V_{v_{i-1}})P(C_{v_i})+P(V_{v_i}\mid \overline{C}_{v_i},V_{v_{i-1}})P(\overline{C}_{v_i})] \tag{9.3}$$

其中,$P(V_{v_i}\mid C_{v_i},V_{v_{i-1}})$和 $P(V_{v_i}\mid \overline{C}_{v_i},V_{v_{i-1}})$为先验概率。

9.1.1.2　可见性模型的局限性分析

Schauwecker 虽然考虑了体素的可见性对地图精度的影响,但其可见性模型并未考虑相机与体素 v 的相对位置关系,导致计算出来的 $P(V_v)$是不准确的。下面举例说明该可见性模型的局限性。

如图 9.2 所示，假设相机位置为点 o，且 $P(O_a)=1$，$P(O_b)=0$，$P(O_c)=0$，即体素 a 完全占用，体素 b 和 c 完全空闲。则根据式(5.3)可以得出 $P(V_v)>0$，即表示体素 v 部分可见。而实际情况如图 9.2 中所示，体素 a 完全占用，因此射线无法穿过体素 a 到达体素 v。而射线从点 o 发出，沿直线经过体素 b 或 c 根本无法到达体素 v。因此，实际情况表示体素 v 不可见，即 $P(V_v)=0$。

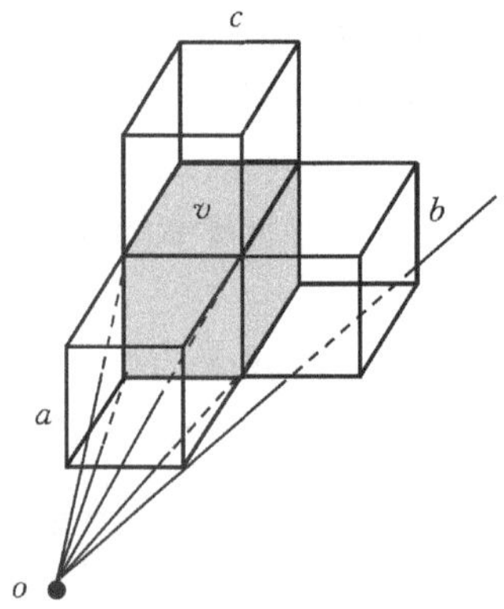

图 9.2　鲁棒 Octomap 可见性模型局限性分析示意图

通过分析可以看出，该方法中的可见性模型没有考虑相机与体素 v 的相对位置关系，不能表达所有情况下体素 v 的可见性，因此该模型具有一定的局限性，会对地图精度造成一定的影响。

9.1.2　完整可见性模型

本节针对 Schauwecker 等人的可见性模型的局限性，考虑相机与体素 v 的相对位置关系及地图分辨率，提出了一种完整可见性模型，可以准确描述体素 v 的可见性。此外，针对 Kinect 传感器的特点，采用基于高斯混合模型的深度误差模型代替其方法中的简单深度误差模型，更准确地表达 Kinect 传感器的深度值。基于以上两点，本节描述了一种基于完整可见模型和 Kinect 深度误差模型的改进鲁棒 Octomap，以克服传感器深度误差对地图精度的影响，进一步提高建图的精度。

9.1.2.1　可连通性判断

要判断一个体素(目标体素)的可见性，首先要判断目标体素、相邻体素以及相机三者的可连通性。若从相机发出的射线能够穿过目标体素的相邻体素而到达目标体素，则称目标体素、相邻体素和相机三者可连通；反之，则称三者不可连通。

目标体素的可见性取决于满足可连通性的相邻体素的可见性和占用状态，所以可连通性的判断要根据传感器和目标体素的相对位置及地图分辨率而定。根据传感器和目标体素的相对位置并考虑地图分辨率，可以确定满足可连通性的相邻体素的个数及其位置，总体上分为三种情况，如图 9.3 所示。其对应的满足可连通性的相邻体素的个数分别为 1 个、2 个、3 个。

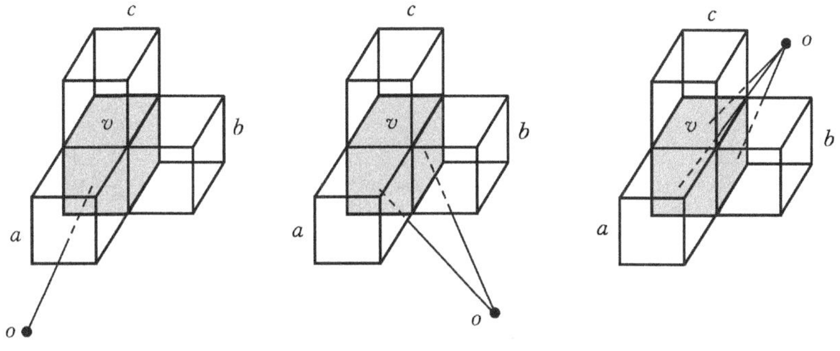

(a)　(b)　(c)

图 9.3　可连通性示意图

假设目标体素的中心坐标为(x_v, y_v, z_v)，相机的坐标为(x_o, y_o, z_o)，地图分辨率为 r，则可通过判断三者之间的关系确定相机和目标体素之间的可连通性情况，从而确定满足可连通性的相邻体素的个数及其位置。

情况(a)：若(x_v, y_v, z_v)，(x_o, y_o, z_o)和 r 满足下列公式

$$\begin{cases} |x_o - x_v| < \dfrac{r}{2} \\ |y_o - y_v| < \dfrac{r}{2} \end{cases} \tag{9.4}$$

$$\begin{cases} |y_o - y_v| < \dfrac{r}{2} \\ |z_o - z_v| < \dfrac{r}{2} \end{cases} \tag{9.5}$$

$$\begin{cases} |x_o - x_v| < \dfrac{r}{2} \\ |z_o - z_v| < \dfrac{r}{2} \end{cases} \tag{9.6}$$

其中之一，则可以判定相机和目标体素之间的可连通性为图 9.3 中的情况(a)。

情况(b)：若(x_v, y_v, z_v)，(x_o, y_o, z_o)和 r 满足下列公式

$$\begin{cases} |x_o - x_v| > \dfrac{r}{2} \\ |y_o - y_v| > \dfrac{r}{2} \\ |z_o - z_v| < \dfrac{r}{2} \end{cases} \tag{9.7}$$

$$\begin{cases} |x_o - x_v| > \dfrac{r}{2} \\ |y_o - y_v| < \dfrac{r}{2} \\ |z_o - z_v| > \dfrac{r}{2} \end{cases} \tag{9.8}$$

$$\begin{cases}|x_o - x_v| < \dfrac{r}{2} \\ |y_o - y_v| > \dfrac{r}{2} \\ |z_o - z_v| > \dfrac{r}{2}\end{cases} \tag{9.9}$$

其中之一，则可以判定相机和目标体素之间的可连通性为图 9.3 中的情况(b)。

情况(c)：若(x_v, y_v, z_v)，(x_o, y_o, z_o)和 r 满足公式

$$\begin{cases}|x_o - x_v| > \dfrac{r}{2} \\ |y_o - y_v| > \dfrac{r}{2} \\ |z_o - z_v| > \dfrac{r}{2}\end{cases} \tag{9.10}$$

则可以判定相机和目标体素之间的可连通性为图 9.3 中的情况(c)。

判断完相机和目标体素的可连通性情况之后，其对应的满足可连通性的相邻体素的个数也就随之确定了。然后，根据(x_v, y_v, z_v)，(x_o, y_o, z_o)和 r 的具体关系可以判断目标体素的位置。

9.1.2.2　完整可见性模型

通过判断目标体素的可连通性可知，目标体素的可见性取决于满足可连通性的相邻体素的可见性和占用状态。当满足可连通性的相邻体素可见且状态为空闲时，目标体素才可见。因此，本节根据可连通性的情况分类，分别针对每种情况建立目标体素的可见性模型，从而构建目标体素的完整可见性模型。下面分情况对目标体素的可见性模型进行讨论。

情况 1：当可连通性满足图 9.3(a)时，此时只有一个相邻体素满足可连通性条件，体素 v 可见就意味着体素 a 可见且其状态为空闲，这里假设某个体素的可见性与其是否占用相对独立，因此体素 v 的可见性概率 $P(V_v)$可通过下式计算获得：

$$P(V_v) = P(V_a\overline{O}_a) = P(V_a)P(\overline{O}_a) \tag{9.11}$$

情况 2：当可连通性满足图 9.3(b)时，此时有两个相邻体素满足可连通性条件，体素 v 可见就意味着体素 a，b 中至少有一个可见且状态为空闲，因此体素 v 的可见性概率 $P(V_v)$可通过下式计算获得：

$$\begin{aligned}P(V_v) &= P(V_a\overline{O}_a) + P(V_b\overline{O}_b) - P(V_a\overline{O}_a)P(V_b\overline{O}_b) \\ &= P(V_a)P(\overline{O}_a) + P(V_b)P(\overline{O}_b) - P(V_a)P(\overline{O}_a)P(V_b)P(\overline{O}_b)\end{aligned} \tag{9.12}$$

情况 3：当可连通性满足图 9.3(c)时，此时有三个相邻体素满足可连通性条件，体素 v 可见就意味着体素 a，b，c 中至少有一个可见且状态为空闲，因此体素 v 的可见性概率 $P(V_v)$可通过下式计算获得：

$$
\begin{aligned}
P(V_v) = & P(V_a\overline{O}_a) - P(V_b\overline{O}_b)P(V_c\overline{O}_c) + P(V_b\overline{O}_b) - P(V_a\overline{O}_a)P(V_c\overline{O}_c) + \\
& P(V_c\overline{O}_c) - P(V_a\overline{O}_a)P(V_b\overline{O}_b) + P(V_a\overline{O}_a)P(V_b\overline{O}_b)P(V_c\overline{O}_c) \\
= & P(V_a)P(\overline{O}_a) - P(V_b)P(\overline{O}_b)P(V_c)P(\overline{O}_c) + \\
& P(V_b)P(\overline{O}_b) - P(V_a)P(\overline{O}_a)P(V_c)P(\overline{O}_c) + \\
& P(V_c)P(\overline{O}_c) - P(V_a)P(\overline{O}_a)P(V_b)P(\overline{O}_b) + \\
& P(V_a)P(\overline{O}_a)P(V_b)P(\overline{O}_b)P(V_c)P(\overline{O}_c)
\end{aligned} \tag{9.13}
$$

通过考虑目标体素和地图分辨率，本节分情况建立了目标体素的可见性模型，从而形成目标体素的完整可见性模型。该模型能适用于任何情况，有效克服了 Schauwecker 的方法中可见性模型的局限性。

9.1.3 基于完整可见性模型的改进鲁棒 Octomap

要构建基于八叉树的三维地图，需要计算每个体素的实际占用概率 $P(O_v)$，从而确定该体素是否被占用，即该位置是否存在障碍。Octomap 是基于概率表示的八叉树，具有可更新性。本节在完整可见性模型和基于高斯混合模型的 Kinect 深度误差模型的基础上，结合贝叶斯公式和线性插值算法来更新八叉树中每个节点的实际占用概率。

Schauwecker 定义了一个事件 H，即相机的射线从体素 v 中反射。其研究表明，对于不可见体素 v，事件 H 发生的概率只与体素 v 的可见性有关，与体素 v 的状态无关，因此只将 $P(H|\overline{V}_v)$ 和 $P(\overline{H}|\overline{V}_v)$ 定义为一个先验概率。而对于可见体素 v，则事件 H 发生的概率与体素 v 的可见性和状态均有关，因此根据传感器属性将 $P(H|O_v,V_v)$，$P(H|\overline{O}_v,V_v)$，$P(\overline{H}|O_v,V_v)$ 和 $P(\overline{H}|\overline{O}_v,V_v)$ 定义为先验概率。

对于 Kinect 传感器的一条射线 l，假设其反射点为点 $q=(x,y,z)$，则射线 l 路过的体素的实际占用概率都要更新。对于远离 q 点的体素，显然射线 l 已经穿过，体素状态受 Kinect 深度误差影响较小，因此本节采用贝叶斯公式进行更新；而对于靠近 q 点的体素，其状态受 q 点深度值影响较大，因此本节采用线性插值方法进行更新。下面对两种情况进行详细分析。

对于远离 q 点的体素，实际占用概率更新方法采用贝叶斯公式，即

$$
P(O_v \mid M) = \frac{P(M \mid O_v)P(O_v)}{P(M)} \tag{9.14}
$$

其中，$M \in \{H, \overline{H}\}$；$P(O_v)$ 取上一次更新的结果，$P(O_v|M)$；$P(M|O_v)$ 和 $P(M)$ 均通过全概率公式求，即

$$
P(M \mid O_v) = P(M \mid \overline{V}_v)P(\overline{V}_v) + P(M \mid O_v, V_v)P(V_v) \tag{9.15}
$$

$$
\begin{aligned}
P(M) = & P(M \mid \overline{V}_v)P(\overline{V}_v) + P(M \mid O_v, V_v)P(V_v)P(O_v) + \\
& P(M \mid \overline{O}_v, V_v)P(V_v)P(\overline{O}_v)
\end{aligned} \tag{9.16}
$$

由于远离 q 点的体素可看作射线从其中穿过，因此事件 H 没有发生，式(9.14)中取 $M=\overline{H}$。

对于靠近 q 点的体素，其实际占用概率应当介于 $P(O_v|\overline{H})$ 和 $P(O_v|H)$ 之间，因此采用线性插值的方法进行计算，即

$$
P(O_v \mid M) = P(I_v)P(O_v \mid H) + P(\overline{I}_v)P(O_v \mid \overline{H}) \tag{9.17}
$$

其中，$P(I_v)$ 表示点 q 在障碍物内部的概率，根据 q 点的深度值及其不确定性可预先制作一个

$P(I_v)$的离散表，从而将其作为一个先验概率。而关于 q 点的深度值的不确定性，深度误差与深度值的平方成正比。但是，该模型成立的前提是各像素深度值相互独立，而实际上各像素不一定相互独立，因此该简单深度误差模型具有一定的不合理性。FVO 验证了高斯混合模型的 Kinect 深度误差模型相对于简单深度误差模型具有更高的可靠性，尤其是在物体边缘，基于高斯混合模型的深度误差模型表现出突出的优势，因此本节使用基于高斯混合模型的 Kinect 深度误差模型代替该方法中的简单深度误差模型，从而构建 $P(I_v)$的离散表。

当 SLAM 过程完成时，将通过式(9.16)和式(9.17)计算的八叉树每一节点的实际占用概率作为最终的占用概率，从而构建基于八叉树的立体占用地图。

9.1.4 实验及分析

本节以某实验室中的模拟室内场景为实际场景，如图 9.4 所示。使用本节的 RGB-D SLAM 算法进行建图，分别使用点云地图(见图 9.5)、鲁棒 Octomap(见图 9.6)和改进鲁棒 Octomap(见图 9.7)来表示地图。

图 9.4　模拟室内场景实物图

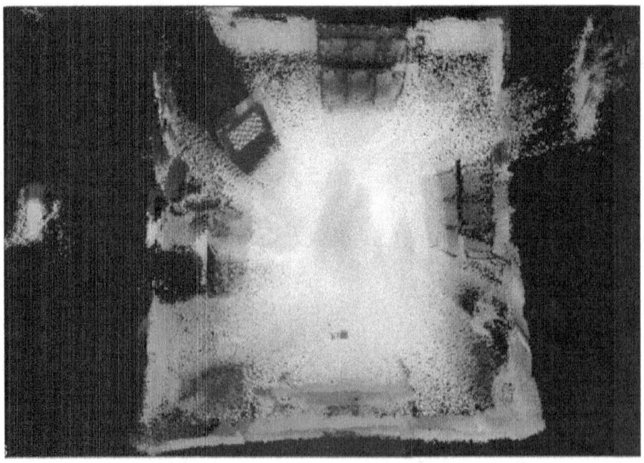

图 9.5　模拟室内场景点云图

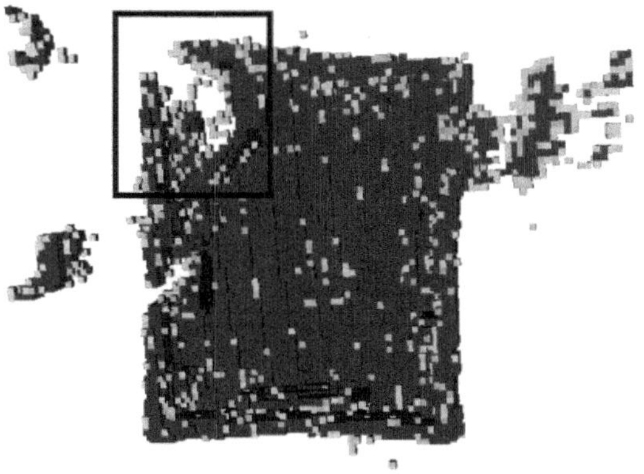

图 9.6　模拟室内场景鲁棒 Octomap

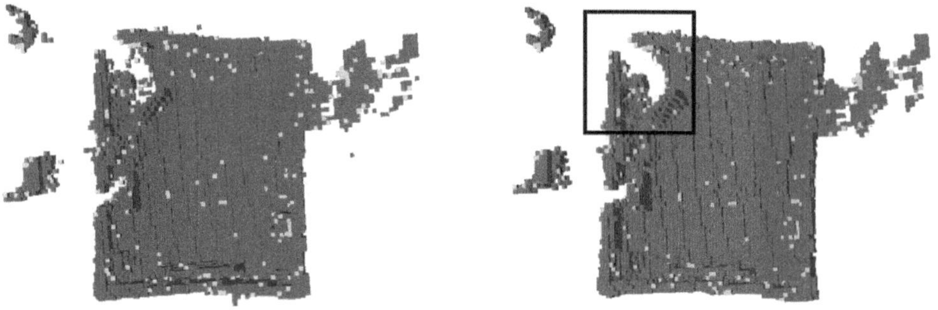

(a)仅高斯混合误差模型效果对比　(b)完整可见性模型＋高斯混合误差模型效果对比

图 9.7　模拟室内场景改进鲁棒 Octomap

本节实验中所用参数和鲁棒 Octomap 所用参数如表 9.1 所示。

表 9.1　实验参数表

鲁棒 Octomap	改进鲁棒 Octomap
$P(H\|O_v,\overline{V}_v)=0.05$	$P(H\|\overline{V}_v)=0.05$
$P(H\|\overline{O}_v,V_v)=0.43$	$P(H\|\overline{O}_v,V_v)=0.43$
$P(H\|O_v,V_v)=0.55$	$P(H\|O_v,V_v)=0.55$
$P(V_{v_i}\|C_{v_i},V_{v_{i-1}})=0.20$	
$P(V_{v_i}\|\overline{C}_{v_i},V_{v_{i-1}})=1.00$	

其中，鲁棒 Octomap 的参数选取是根据 J. V. Miro 的文献实验中的参数所得，而改进鲁棒 Octomap 的实验参数是根据经验调试获得的。

在图 9.6 和图 9.7 中，灰色的点表示占用概率 $P(O_v)$接近 0.5，即在该体素地图的不确定性较大；黑色的点表示确定的已占用体素，即 $P(O_v)$接近 1。对比图 9.6 和图 9.7(a)中地图的不确定性，可以明显地看出，鲁棒 Octomap 中灰色点数较多，地图不确定性较大；而在改进鲁棒 Octomap 中，灰色点数明显减少，主要体现在地图边缘部分，这与 FVO 验证的基于高斯混合模型的 Kinect 深度误差模型的优势相一致。因此，可以推断出，本节使用基于高斯混合模型的 Kinect 深度误差模型，极大地降低了地图的不确定性，提高了地图的精度，验证了本节方法的有效性。

目前针对地图的确定性问题，还没有公认的定量描述形式。为了更精确地描述本节算法对地图确定性的提高，提出一个定量描述地图确定性的公式

$$Q=\frac{2\sum_{i=1}^{N}\left|P(O_{v_i})-0.5\right|}{N} \tag{9.18}$$

其中，$P(O_{v_i})$表示体素 v_i 的占用概率；N 表示地图中的体素个数；Q 表示评价结果，其取值范围为 0～1。Q 越接近 1，表示地图的确定性越高。

使用上述评价方法对本节鲁棒 Octomap 和图 9.7(a)中的改进鲁棒 Octomap 的评价结果分别为 0.72 和 0.86，可以看出改进鲁棒 Octomap 较鲁棒 Octomap 确定性提高了 19.4%。

从实物图中可以看出，本节在实验场景中设置了遮挡的情况，如图 9.4 中标定板背面区域(图中黑色方框所示)。机器人在场景中获取环境信息时，标定板后面的区域无法获得，可以视为该区域为不可见。从建图结果可以看出，图 9.5 点云地图中，该区域中有极少的零星点云，是由于 Kinect 深度误差的不确定性所导致。而图 9.6 中标定板背后有明显的占用区域，可见在地图构建过程中，由于鲁棒 Octomap 可见性模型的局限性加上简单深度误差精度较低的影响，导致不可见区域中仍有部分占用区域。在图 9.7(b)中，标定板背后几乎没有可见区域，均视为未知区域，这与实际情况相符。通过对比可以看出，本节的完整可见性模型在适用范围上更加广泛，精度亦具有明显的改善。

9.2 动态场景下基于平面投影的导航地图构建方法

利用立体视觉传感器进行在线三维场景重建得到了越来越多的应用，它在增强现实(Augment Reality, AR)中可以实时地将三维物体模型融合在场景模型中，在机器人自动导航中可以迅速反馈环境信息给导航规划器等。Curless 和 Levoy 的立方体融合方法(Volumetric Fusion)以一个虚拟的立方体(Volume)表示环境结构，将立方体划分为 $N\times N\times N$ 的体元(Voxel)，每个体元中保存环境信息，以增量式更新方式，采用简单的加权平均融合方法进行场景重建；KinectFusion 采用 TSDF(Truncated Signed Distance Function)模型表示环境，基于 GPU 使用高度并行的算法运行，达到了非常高的实时性。但是，此类方法的缺点在于自由空间(即无障碍空间)也需要有相对应的体元，这些空间占用了大量不必要的计算机显存，不利于大场景的实时重建。基于点模型的表示方法只需要存储场景中物体或障碍物对应的地图点，能够克服占用计算机显存多的问题，并且降低了计算复杂度。Keller 和 Lefloch 等的动态场景下基于点模型的实时三维重建算法不仅降低了显存消耗，而且通过运动物体估计方法和点的管理机制，根据运动物体的变化对点模型进行更新，解决了由于物体运动造成运动估计不准确和重复创建物体对应点的问题，提升了算法的鲁棒性和精确度。

然而，使用三维地图进行导航和路径规划等任务复杂度很高，且对计算平台的性能要求高，因此，为了构建能够适用于导航任务的地图，本节选用二维地图作为最终的导航地图形式。常用的二维导航地图构建方法是基于激光的 SLAM 算法，然而，激光扫描范围仅限于单一平面，对环境的结构信息描述不够完整，地面移动机器人基于传统激光建图进行导航时容易发生

与悬挂物体或低矮物体的碰撞。因此，本节结合 Keller 的基于点模型的三维重建算法，在动态场景中进行三维重建，并将重建结果进行处理得到二维导航地图，应用于移动机器人的导航和路径规划等任务中。这一方式既保留了三维重建结果能够在动态场景中对三维环境结构信息完整且准确地描述的优点，又能够降低在基于地图进行路径规划等任务时的复杂度，并减少占用的计算机内存。

针对上述问题，首先采用 Keller 的基于点模型的三维重建算法生成三维点云，并在 6.3 节提出的基于场景流的运动物体检测的基础上，剔除三维点云中运动物体对应的点云；其次，提出地面点云筛选方法和地面平面方程评价方法，利用 RANSAC 算法，根据地面点云获得精确的地面平面方程；再次，通过将三维点云投影到地面平面中构建出栅格地图，并且在制备过程中在线利用贝叶斯方法以及线性插值算法更新栅格的占用状态；最后，根据栅格地图决策规则构建出可用于后续路径规划等任务的 0－1 栅格地图。实验表明，依照本节方法所制备的地图相较于传统建图方法制备的地图更完整地描述了环境的结构，在路径规划任务中的使用更加简便，具有更高的实用价值。

9.2.1　动态场景下三维点云的生成

9.2.1.1　三维点云的生成

对视觉里程计的研究，可以解得关键帧的位姿。由于关键帧的选取原则之一就是能够尽可能完整地描述场景的结构，所以由所有关键帧生成的点云可以作为当前场景对应的三维点云地图。

由于使用的是立体视觉传感器，因此在获取图像帧的同时可以获取深度信息。对具有深度的像素应用反投影模型，再结合当前关键帧的位姿，可以生成对应的地图点。生成的三维点云中的点具有如下属性：在世界坐标系中的坐标 $\boldsymbol{P}_{\mathrm{W}}$，法向量 $\boldsymbol{n}$，置信度 c，误差范围的半径 r，灰度值 h。假设当前关键帧的位姿为 $\boldsymbol{T}$，对应的李代数为 ξ，可以得到已知深度为 z_c 的像素 (u,v) 对应三维点 $\boldsymbol{P}_{\mathrm{W}}$ 为

$$\boldsymbol{P}_{\mathrm{W}}(u,v)=\begin{bmatrix}x_{\mathrm{W}}\\y_{\mathrm{W}}\\z_{\mathrm{W}}\end{bmatrix}=\boldsymbol{T}\cdot\hat{\boldsymbol{\pi}}^{-1}(u,v,z_c)=\exp(\xi^{\wedge})\cdot\begin{bmatrix}(u-c_x)\cdot z_c/f\\(v-c_y)\cdot z_c/f\\z_c\end{bmatrix}\tag{9.19}$$

该地图点对应的法向量为

$$\boldsymbol{n}(u,v)=\frac{(\boldsymbol{P}_{\mathrm{W}}(u+1,v)-\boldsymbol{P}_{\mathrm{W}}(u,v))\times(\boldsymbol{P}_{\mathrm{W}}(u,v+1)-\boldsymbol{P}_{\mathrm{W}}(u,v))}{\|(\boldsymbol{P}_{\mathrm{W}}(u+1,v)-\boldsymbol{P}_{\mathrm{W}}(u,v))\times(\boldsymbol{P}_{\mathrm{W}}(u,v+1)-\boldsymbol{P}_{\mathrm{W}}(u,v))\|_2}\tag{9.20}$$

初始误差范围的半径为

$$r=z_c/f\tag{9.21}$$

初始置信度取为

$$c=\exp(-\gamma^2/2\sigma^2)\tag{9.22}$$

其中，γ 为归一化后的深度数据；σ 一般取为 0.6。由于深度的不确定性随距离增大而增大，因此，置信度随深度增大而减小。

9.2.1.2　地图点的更新

在生成深度已知像素点对应的三维点之后，考虑到投影误差和图像畸变的影响，在误差范

围内寻找是否存在相似的地图点。若存在，则融合二者来更新地图点的相关属性，即位置 $\boldsymbol{P}_{\mathrm{W}}^{g}$ 、法向量 $\boldsymbol{n}^{g}$ 、置信度 c^{g} 、灰度值 h^{g} 和误差范围的半径 r^{g} 。三维点 $\boldsymbol{P}_{\mathrm{W}}$ 与其相似地图点 $\boldsymbol{P}_{\mathrm{W}}^{g}$ 之间需满足如下条件：

(1)二者的距离不超过 r ，即

$$\| \boldsymbol{P}_{\mathrm{W}} - \boldsymbol{P}_{\mathrm{W}}^{g} \|_2 \leqslant r \tag{9.23}$$

(2)二者的法向量夹角不超过 δ_n ，即

$$\frac{\boldsymbol{n} \cdot \boldsymbol{n}^{g}}{\| \boldsymbol{n} \|_2 \cdot \| \boldsymbol{n}^{g} \|_2} \geqslant \cos(\delta_n) \tag{9.24}$$

(3)二者的灰度值不超过 δ_h，即

$$h - h^{g} \leqslant \delta_h \tag{9.25}$$

(4)若满足上述三个条件的地图点有多个，则选择置信度最高的一个作为相似地图点。

如果未找到相似地图点，则将该三维点加入到点云地图中，否则，按照如下方法更新地图点的相关属性：

$$\boldsymbol{P}_{\mathrm{W}}^{g} \leftarrow \frac{c^{g}\boldsymbol{P}_{\mathrm{W}}^{g} + c\boldsymbol{P}_{\mathrm{W}}}{c^{g} + c} \tag{9.26}$$

$$\boldsymbol{n}^{g} \leftarrow \frac{c^{g}\boldsymbol{n}^{g} + c\boldsymbol{n}}{c^{g} + c} \tag{9.27}$$

$$h^{g} \leftarrow \frac{c^{g}h^{g} + ch}{c^{g} + c} \tag{9.28}$$

$$r^{g} \leftarrow \frac{c^{g}r^{g} + cr}{c^{g} + c} \tag{9.29}$$

$$c^{g} \leftarrow c^{g} + c \tag{9.30}$$

9.2.1.3　运动物体点云的处理

在场景中难以避免地存在运动物体，物体运动后若不及时将前一时刻的物体点云剔除掉，则在地图的不同位置会重复出现该物体的点云，而这是不符合实际情况的。因此，本节结合 6.3 节中基于场景流的运动物体检测获得的运动特征点集合 $\mathcal{P}$，采取如下措施选择运动物体在点云地图中的点的集合(记为 $\mathcal{D}$)。

(1)将运动特征点集合 $\mathcal{P}$ 对应的地图点(记为 $\mathcal{X}$)加入到运动物体点集合 $\mathcal{D}$ 中。

(2)对于地图点 $\boldsymbol{P}^{g} \in \mathcal{X}$，将与其的距离不超过 r^{g} 的地图点加入到运动物体点集合 $\mathcal{D}$ 中。由于基于场景流的运动物体检测的结果仅仅是属于运动物体的特征点，而这些特征点所对应的地图点只占该运动物体点云的一小部分，因此，将集合 $\mathcal{X}$ 中的各点邻近的地图点作为运动物体对应的地图点，这一措施有助于尽可能多地找到属于同一运动物体的地图点。另外，将与其的距离超过 r^{g} 但不超过 $5r^{g}$ 的地图点的置信度置为 1，由于在这一范围内的地图点属于运动物体的可能性较高，但仍不确定它是否属于运动物体，因此将其置信度降低对其进行考验：如果它属于静态物体，则能通过其后的多次观测后将置信度提高，否则会因为长时间处于低置信度状态，从而满足下述的条件(3)而被加入到集合 $\mathcal{D}$ 中。

(3)自生成时起到经过了 δ_f 帧关键帧的过程中，若地图点的置信度始终满足 $c^{g} < c_{\mathrm{stable}}$ ，则将其加入到集合 $\mathcal{D}$ 中，c_{stable} 一般取为 10。一个静态地图点在经过多次观测之后，其置信度会逐渐增大；而若一个地图点的置信度长时间保持在较低值，则说明它在多次观测的过程中由

于发生了运动没有被融合更新，则认为它是运动物体对应的地图点。

(4)对于满足 $c^g \geqslant c_{\text{stable}}$ 的地图点，当其与三维点融合更新后，将位于其前方(即在其与相机光心连线的邻近范围内)的地图点加入到集合 $\mathcal{D}$ 中。一个地图点的置信度较高，说明它被多次观测且融合更新，而若再次出现与之相似的三维点，则表示它未被遮挡，位于其前方的地图点应该已经发生了移动。

执行上述措施获得了运动物体点云 $\mathcal{D}$，将其从点云地图中剔除即可获得静态物体的点云地图。

9.2.2　地面平面方程的求解

假设机器人的工作环境除障碍物外是水平并且是平坦的。由于机器人的运动平面为平坦地面，通过沿地面平面的法线方向截取一定区域的点云来描述机器人的通行区域。然而，由于相机初始位姿是不定的，世界坐标系的 $O\text{-}XY$ 平面与地面平面不一定是平行的，所以，并不能简单地沿世界坐标系的某一维来截取点云。为了解决这一问题，提出基于随机采样一致性的地面平面方程求解方法。在三维点云地图生成的基础上结合图像梯度筛选出地面点云，以内点数作为评价标准，利用地面点云进行基于随机采样一致性的地面平面方程求解。

9.2.2.1　地面点云的筛选

为了对地面平面进行描述，选择一些包含丰富地面信息的图像帧作为地面关键帧 KF_g，对这些关键帧对应的地图点进行筛选，得出地面对应的地图点。

筛选的方法如下：

Step1：取地面关键帧中间区域用于下一步的计算；

Step2：计算地面关键帧中间区域的图像梯度；

Step3：对图像梯度进行直方图统计之后，选择数量最多的三种梯度所对应的地图点作为地面点云。

如图 9.8 所示，依据图像所对应的地图点集合，像素 (u,v) 对应的图像梯度为其法向量与其相邻像素法向量之间的夹角的余弦值：

$$g(u,v) = \cos(\beta) = \frac{\boldsymbol{n}(u,v) \cdot \boldsymbol{n}(u-1,v)}{\| \boldsymbol{n}(u,v) \|_2 \ \| \boldsymbol{n}(u-1,v) \|_2} \tag{9.31}$$

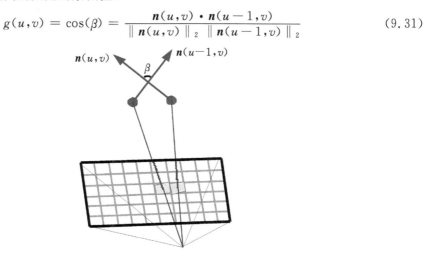

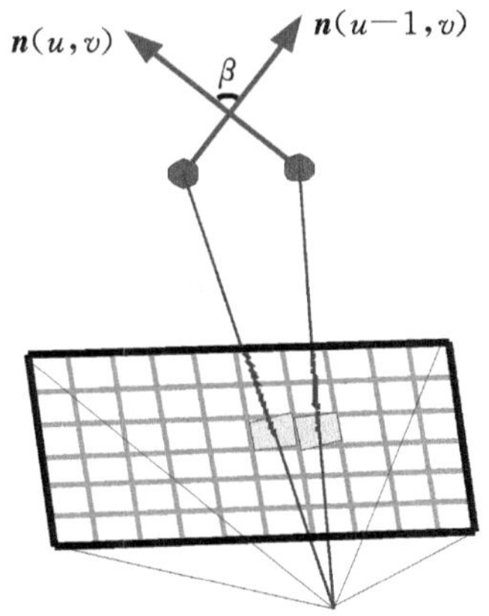

图 9.8　图像梯度

上述筛选方法中，Step1 能够减少非地面点云如墙壁等加入地面平面方程的计算，减小计算的误差；Step2 中所提出的图像梯度是地面关键帧与地面点云的一个重要特征，由于地面是一个平面，地面关键帧的地面部分应该具有相同或相近的图像梯度，因此可以根据点的位置关系来判断地面；Step3 保证了选择尽可能多且准确的地面点云用于方程求解，提高计算精度。

9.2.2.2　地面平面方程的评价

为了评价所求解得到的地面平面方程是否符合实际情况，有必要确定一种评价标准。基于 RANSAC 算法中的内点和外点的概念，本节将内点定义为距离地面平面在阈值范围内的地图点，反之定义为外点。将内点数 N_{in} 作为地面平面方程的评价标准，内点数越多，说明对应的平面方程越接近实际地面所在平面的方程。

如图 9.9 所示为三块地面点云对应于所求地面平面方程的内点定义示意图，其中，灰色的为内点，黑色的为外点。

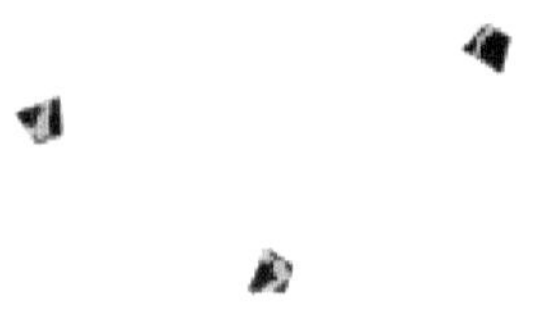

图 9.9　内点示意图

9.2.2.3　基于随机采样一致性的地面平面方程求解

从不同地面关键帧筛选出对应的地面点云后，可以利用这些点云中的地图点集合 $\mathcal{P}_i(i=1,\cdots,n)$ 来求解地面平面方程。用 (a,b,c,d) 表示如下地面平面方程：

$$ax+by+cz+d=0 \tag{9.32}$$

其中，a,b,c,d 为待求解参数。

本节提出一种精确求解地面平面方程的方法，其主要的步骤如下：

Step1：随机选择 3 个地面关键帧对应的地图点集合 $\mathcal{P}_1,\mathcal{P}_2,\mathcal{P}_3$。

Step2：从 $\mathcal{P}_1,\mathcal{P}_2,\mathcal{P}_3$ 各随机采样 3 个点，计算这 3 个点所在的平面方程 (a,b,c,d)。

Step3：计算 $\mathcal{P}_i(i=1,\cdots,n)$ 中每个地图点到 Step2 中解得的平面方程的距离，设定距离阈值为 $D_{\text{threshold}}$，并计算内点数 N_{in}。

Step4：重复 Step1～ Step3 若干次后，选取内点数最多的平面方程所对应的内点构成集合 P_{in}，利用该集合最小化优化函数 $F(a,b,c,d)$，获得地面平面方程

$$F(a,b,c,d)=\sum_{k=1}^{N_{\text{in}}} D_k \tag{9.33}$$

其中，D_k 表示集合 P_{in} 中第 k 个点到地面平面的距离。

通过上述步骤，使得在求解地面平面方程时使用的点为地图点中占绝大部分的内点，从而移除了外点的影响，提高了地面平面方程求解的精度。

9.2.3　二维导航地图构建

在获得地面平面方程之后，就可以依据地面平面方程对三维点云进行截取与投影，同时也就可以进行栅格地图的构建及导航地图的制备。下面对二维室内导航地图制备方法进行介绍。

9.2.3.1　三维点云投影

将地面平面分割成 $N \times N$ 的二维均匀栅格地图，每个栅格对应一组数据，描述栅格存在障碍的可能性。本节根据求得的地面平面方程，将环境的三维点云沿地面平面的法线方向投影到地面平面中，在投影过程中对平面中各栅格的占用状态进行计算与更新，构建出栅格地图。由于投影后悬空或低矮物体可以出现在该平面上，移动机器人在基于该地图进行后续的路径规划等任务时将可以避开悬空或低矮的物体，防止碰撞。

9.2.3.2　栅格状态的更新

如果用 O(Occupied) 表示栅格中有障碍，用 U(Unoccupied) 表示栅格没有障碍，用 $P(O)$，$P(U)$ 分别表示栅格有障碍、没有障碍的概率，那么对于某一栅格，有

$$P(O) + P(U) = 1 \tag{9.34}$$

假设栅格中有 n 个点，$n_{\max}$ 为当前探测范围内栅格中地图点数目的最大值，那么该栅格的占用状态为

$$P(U) = \begin{cases} 1, & n < n_l \\ 1 - \dfrac{n}{n_{\max}}, & n_l < n < n_h \\ 0, & n > n_h \end{cases} \tag{9.35}$$

$$P(O) = 1 - P(U) \tag{9.36}$$

在下一次探测到同一个栅格时，需要对该栅格的占用状态进行更新。若将栅格上一次的占用状态表示为 U_1，O_1，将当前的占用状态表示为 U_2，O_2，采用贝叶斯公式，有

$$\begin{cases} P(U_2 | U_1) = \dfrac{P(U_1 | U_2) P(U_2)}{P(U_1)} \\ P(U_2 | O_1) = \dfrac{P(O_1 | U_2) P(U_2)}{P(O_1)} \end{cases} \tag{9.37}$$

其中，$P(U_1 | U_2)$ 及 $P(O_1 | U_2)$ 为先验概率。

设定参数 λ，采用线性插值的方法对该栅格占用状态进行更新，有

$$\begin{cases} P(U_2) = \lambda P(U_2 | U_1) + (1 - \lambda) P(U_2 | O_1) \\ P(O_2) = 1 - P(U_2) \end{cases} \tag{9.38}$$

在进行栅格的占用状态的计算与更新之后，能够在线进行栅格地图构建。然而，由于在路径规划等任务中使用 0 - 1 栅格地图有助于减少计算量，使用效率更高，所以还需进行栅格地图决策。

9.2.3.3　栅格地图决策规则

为了生成移动机器人进行路径规划等任务时可以使用的地图，本节依据栅格地图决策规则生成 0 - 1 栅格地图。0 - 1 栅格地图将二维平面分割成均匀的栅格，每个栅格对应一个值：

1 表示该栅格中有障碍，0 表示该栅格中无障碍，−1 表示该栅格占用状态未知。

用 m 表示栅格的占用状态，设定阈值 m_l 和 m_h ，则决策规则为

$$m=\begin{cases}1, & P(O)>m_h \\ -1, & m_l<P(O)<m_h \\ 0, & P(O)<m_l\end{cases} \tag{9.39}$$

至此，依照决策规则可以将 9.2.3.2 节生成的二维均匀栅格地图转换成 0－1 栅格地图，所制备的地图可以供机器人进行路径规划、导航等任务。

9.2.4　实验与分析

以实验室中的模拟室内场景为实验场景（如图 9.10 所示），该场景范围为 8.0m × 5.0m。模拟室内场景内设置了悬空的盒子以及低矮的盒子，此设置用于检验两种方法进行地图构建时对环境信息能否完整描述，并且在地图构建过程中有人在其中走动，用于检验本节方法在动态场景下的鲁棒性。

图 9.10　模拟室内场景图

实验所用传感器为 Bumblebee 双目相机，使用移动机器人携带传感器，设置机器人线速度为 0.15m/s ，角速度为 0.15rad/s ，使机器人在场景中巡视一周，在线构建室内地图。传统激光建图使用的传感器为 Hokuyo(URG－04LX)激光，其参数为：扫描距离 20～5600mm ，扫描范围 240°，角度分辨率 0.36°，距离分辨率 1mm 。实验所用电脑配置：CPU 为 I7 处理器，主频 2.5GHz，内存 4GB，不使用 GPU 加速，系统为 Ubuntu14.04。

9.2.4.1　导航地图构建实验

使用本节方法进行三维场景重建，以点云地图（见图 9.11）来表示三维重建结果。其中，实验所用参数如表 9.2 所示。

如图 9.11 所示，基于本节方法构建的三维点云地图中成功描述了特别设置的两部分场景，从图中也可以看出构建的地图很好地剔除了运动物体点云，在三维点云地图中不仅没有出现运动物体点云重叠的情况，而且未将运动物体点云构建出来。

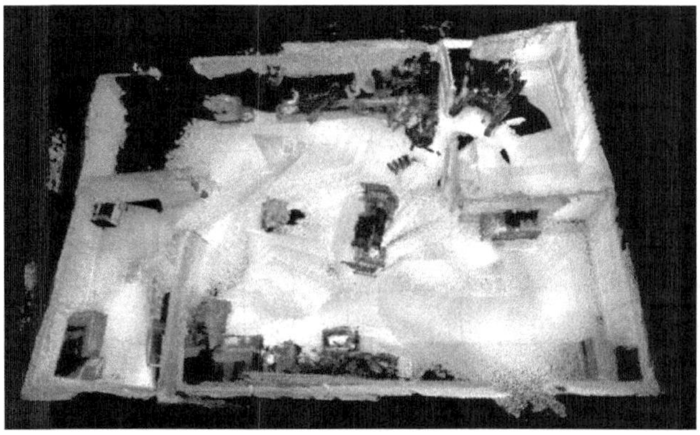

图 9.11　模拟室内场景点云图

表 9.2　实验参数表

参数	$P(O_1 \mid U_2)$	$P(O_1 \mid U_2)$	λ
参数值	0.90	0.10	0.50

图 9.12 中点云地图的视角与图 9.10 观察模拟室内场景的视角相反。在截取的点云中，机器人在没有点云的区域是可以自由通行的，这为制备可供导航的地图创造了条件。从图 9.12中可以看出，基于本节所提出的地面平面方程求解方法，很好地截取了距离地面 0.05～0.5m 范围内的三维地图，地面点云被全部截去，而且截出的平面是平行于盒子平面等平行于地面的平面的，说明本节的地面截取方法效果良好。如图 9.13 所示，截取部分投影到地面平面之后能够反映模拟室内场景中障碍物的情况。

图 9.12　点云地图截取效果图

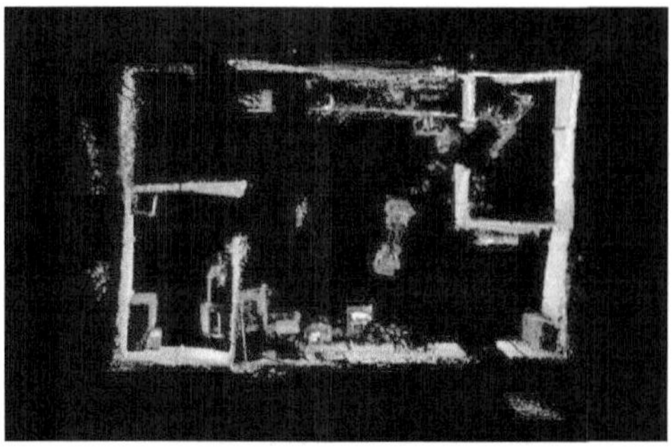

图 9.13　点云截取部分到地面平面的投影

本节进而采用 hectormapping 激光建图方法作为对比方法，该方法不依赖于里程计，建图精度较高。对比本节方法建图(见图 9.14(a))和传统激光建图(见图 9.14(b))，可以看出前者线条较粗。这是因为不同于传统激光建图仅限于描述单一平面，三维地图构建充分地描述了障碍物的整体结构。更重要的是，相对于后者，前者描述出了悬空物体和低矮物体，起到了充分描述环境结构的效果，这将提升路径规划等地图后续应用的鲁棒性。

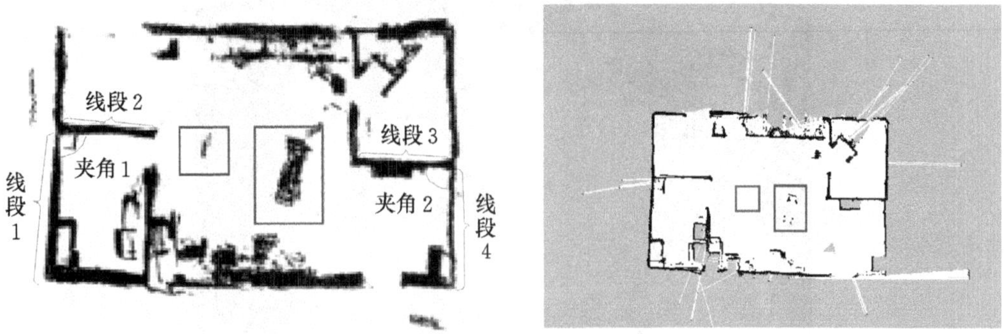

(a)基于 VSLAM 制备的导航地图　　(b)传统激光建图

图 9.14　基于两种方法制备的导航地图对比图

9.2.4.2　地图精度分析

为了评价建图的精度，使用长度误差与角度误差 (l_{error}, θ_{error}) 作为评价指标。分别从本节方法建图及传统激光建图中取出四段线段与两个夹角(见图 9.14(a))，对比实际场景得到误差值(见表 9.3)。

从建图的精度上来看，二者的建图精度相近且都较高，长度误差均在 0.06m 以内，角度误差均在 1.3°以内。因此，本节方法的测量误差比传统激光建图略小，这也说明了在路径规划等任务中本节方法建图能够实现传统激光建图的同等功能。

表 9.3　测量误差表

测量对象	实际值	传统激光建图		本节方法建图	
		测量值	误差	测量值	误差
线段 1	3.00m	3.06m	0.06m	3.04m	0.04m
线段 2	2.00m	2.02m	0.02m	1.98m	0.02m
夹角 1	90°	91.3°	1.3°	91.0°	1.0°
线段 3	2.00m	2.06m	0.06m	1.95m	0.05m
线段 4	2.45m	2.47m	0.02m	2.48m	0.03m
夹角 2	91°	91.9°	0.9°	91.9°	0.9°

9.2.4.3　地图的应用

为了检验两种方法建图的实用价值，分别利用两种方法构建出的地图进行路径规划实验。如图 9.15、图 9.16 分别为使用本节方法和传统激光建图方法构建的地图进行路径规划的结果。对比可知，后者规划的路径穿过了悬空物体，这将导致机器人运动时碰撞悬空物体，不能保证机器人安全到达目标点；而采用本节方法构建的地图规划出的路径避开了悬空物体，使机器人能够安全地到达目标点。

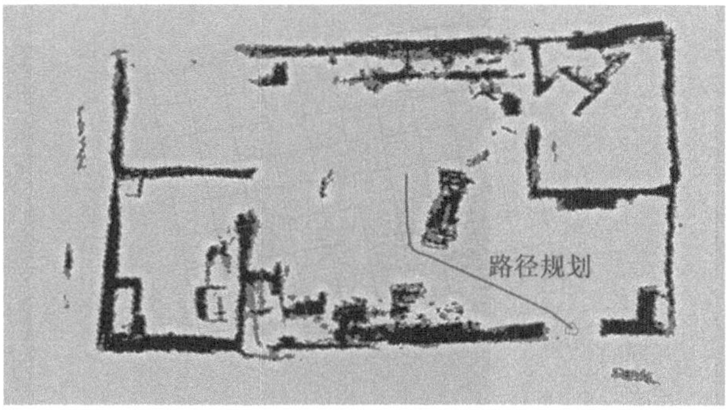

图 9.15　使用本节方法制备的的地图进行路径规划

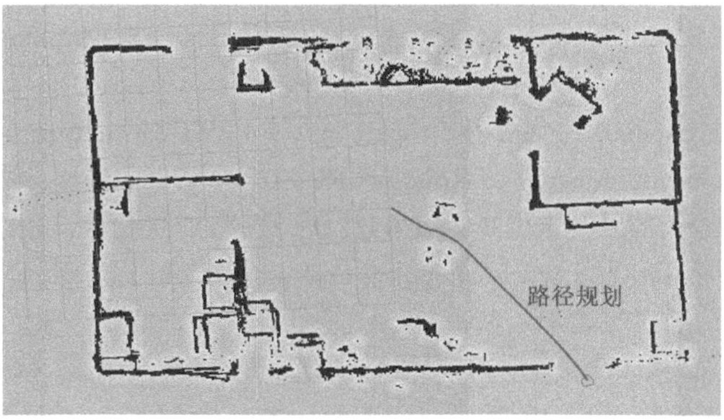

图 9.16　使用传统激光建图方法制备的的地图进行路径规划

实验表明，本节所提出的动态场景下基于平面投影的导航地图制备方法，能够在动态场景中保证构建的地图精度仍较高的前提下，更完整地描述环境结构，提升路径规划等地图后续应用的鲁棒性，相对传统激光建图应用价值更高。

9.3　本章小结

针对 VSLAM 中的地图构建问题，本章介绍了两种地图表示方法。描述了一种基于完整可见性模型的改进鲁棒 Octomap 构建方法并应用于本章的 RGB-D SLAM 中。一方面通过考虑相机和目标体素的相对位置以及地图分辨率进行完整可见性模型构建，提高 3D 地图精度；另一方面使用基于高斯混合模型的 Kinect 深度误差模型代替简单深度误差模型，克服深度误差对地图精度的影响，从而进一步提高地图精度。从提升二维导航地图实用性出发，在对立体视觉里程计的研究基础上，描述了动态场景下三维点云地图的生成方法，并设计了基于三维点云构建二维导航地图的方案。在动态场景下考虑和更新地图点的置信度及灰度值等属性对运动物体点云进行处理，同时提出一种地面平面方程求解方法，并基于求解结果将生成的静态物体三维点云进行平面投影，通过栅格状态更新及栅格地图决策规则生成完整描述环境结构的二维栅格地图。通过实际场景实验，验证了生成的二维地图更具有实用价值。

参考文献

[1]Thrun S, Burgard W, Fox D. Probabilistic Robotics[M]. Cambridge(MA): MIT Press, 2005.

[2]Tim Bailey, Juan Nieto, et al. Consistency of the FastSLAM algorithm[C]//Proceedings of the 2006 IEEE International Conference on Robotics and Automation. Orlando(Florida):IEEE,2006.

[3]Smith R C, Cheeseman P. On the representation and estimation of spatial uncertainty [J]. The international journal of Robotics Research, 1986, 5(4): 56－68.

[4]徐则中.移动机器人的同时定位和地图构建[D].杭州:浙江大学,2004.

[5]Elfes A. Sonar-based real-world mapping and navigation[J]. IEEE Journal on Robotics and Automation, 1987, 3(3): 249－265.

[6]Chatila R, Laumond J P. Position referencing and consistent world modeling for mobile robots[C]//Proceedings of the 1985 IEEE International Conference on Robotics and Automation. [S. l.]:IEEE, 1985: 138－145.

[7]Kuipers B,Byun Y T. A Robot Exploration and Mapping Strategy Based on a Semantic Hierarchy of Spatial Representations[J]. Journal of Robotics and Autonomous Systems, 1991, 8: 47－63.

[8]Delisa M P, Chae H J, Weigand W A, et al. Generic Model Control of Induced Protein Expression in High Cell Density Cultivation of Escherichia Coli Using online GFP-fusion Monitoring[J]. BioProcess and Biosystems Engineering, 2001, 24(2): 83－91.

[9]Yamuna K, Gangiah K. Adaptive Generic Model Control: Dual Composition Control of Distillation[J]. AICHEJ, 1991, 37(11): 1634－1642.

[10]王文晶.EKF-SLAM 算法在水下航行器定位中的应用研究[D].哈尔滨:哈尔滨工程大学,2007.

[11]秦永元,张洪钺,汪叔华.卡尔曼滤波组合导航原理[M].西安:西北工业大学出版社,2007:1－2.

[12]王志贤.最优状态估计和系统辨识[M].西安:西北工业大学出版社,2004:20－21.

[13]Smith R, Self M, Chesseman P. Estimating Uncertain Spatial Relationships in Robotics [J]. Machine Intelligence and Pattern Recognition,1988,5(5):435－461.

[14]Castellanos J A, Tardos J D, Schmidt G. Building a global map of the environment of a mobile robot: The importance of correlations[C]//IEEE International Conference on Robotics and Automation. [S. l.]:IEEE,1997:1053－1059.

[15]Huang Guoquan, Mourikis I Anastasios, Roumeliotis I Stergios. Analysis and Improvement of the Consistency of Extended Kalman Filter based SLAM[C]// Proceedings of the 2008 IEEE International Conference on Robotics and Automation. [S. l.]: IEEE, 2008:473 - 479.

[16]Julier S J, Uhlmann J K. A counter example to the theory of simultaneous localization and map building[C]//Proc. IEEE Int. Conf. Robotics and Automation. [S. l.]:IEEE, 2001:4238 - 4243.

[17]Bailey T, Nieto J, Guivant J, Stevens M, Nebot E. Consistency of the EKF-SLAM Algorithm[C]//Proceedings of the 2006 IEEE/RSJ International Conference on Intelligent Robots and Systems. [S. l.]:IEEE,2006:3562 - 3568.

[18]Frese U. A discussion of simultaneous localization and mapping[J]. Autonomous Robots, 2006,20:25 - 42.

[19]Thrun S, Bugard W, Fox D. A real-time algorithm for mobile robot mapping with applications to multi-robot and 3D mapping[C]//International Conference on Robotics and Automation. Anchorage(USA):[s. n.],2000:321 - 328.

[20]Montemerlo M, Thrun S, Koller D, Wegbreit B. FastSLAM: A factored solution to the simultaneous localization and mapping problem[C]//AAAI National Conference on Artificial Intelligence. [S. l.]:AAAI,2002:593 - 598.

[21]Doucet A, Freitas de N, Murphy K, Russell S. Rao-Blackwellised Particle Filtering for Dynamic Bayesian Networks[C]//Proeeedings of the Conference on Uncertainty in Artificial Intelligence. San Francisco(USA):[s. n.],2000:176 - 183.

[22]Handschin J E, Mayne D Q. Monte Carlo Techniques to Estimate the Conditional Expectation in Multi-stage Non-linear Filtering[J]. International Journal of Control, 1969, 9(5): 547 - 559.

[23]Gordon N, Salmond D J, Smith A F M. A Novel Approach to Nonlinear/Non-Gaussian Bayesian State Estimation[J]. IEEE Proceedings on Radar and Signal Processing, 1993, 140(2): 107 - 113.

[24]Sanjeev Arulam Palam, Simon Maskell, Neil Gordan, Tim Clap P. A Tutorial on Particle Filters for Onlinenon non-linear/non-gaussian Bayesian Tracking[J]. IEEE Transaetion on Signal Proeessing, 2002, 50(2): 174 - 188.

[25]Bergman N. Recursive Bayesian Estimation: Navigation and Tracking Application[D]. Linkoping(Sweden):Linkoping University, 1999.

[26]Doucet A,Godsill S, Andrieu C. On Seuqential Monte Carlo Sampling Methods for Beysian Filtering[J]. Statistics and Computing, 2000, 10(3): 198 - 209.

[27]Durrant-Whyte H, Bailey T. Simultaneous Localization and Mapping(SLAM):Part I [J]. IEEE Robotics and Automation Magazine, 2006, 13(2): 99 - 110.

[28]Tim Bailey, Juan Nieto, Eduardo Nebot. Consistency of the FastSLAM Algorithm [C]// Proceedings of the 2006 IEEE International Conference on Robotics and Automation. Orlando:IEEE, 2006.

[29]Chanki Kim, Rathinasamy Sakthivel, Wan Kyun Chung. Unscented FastSLAM:A Robust and Efficient Solution to the SLAM Problem[J]. IEEE Transactionson Robotics, 2008, 24(4): 808 - 820.

[30]Julier S, Uhlmann J, Durrantwhyte H F. A new method for the nonlinear transformation of means and covariances in filters and estimators[J]. IEEE Transactions on Automatic Control, 2000, 45(3):477 - 482.

[31]Pitt M K, Shephard N. Filtering via Simulation: Auxiliary Particle Filters[J]. Publications of the American Statistical Association, 1999, 94(446):590 - 599.

[32]Yin B, Wei Z, Zhuang X. Robust mobile robot localization using a evolutionary particle filter[M]//Computational Intelligence and Security. Berlin:Springer Berlin Heidelberg, 2005: 279 - 284.

[33]Moreno L, Munoz M L, Garrido S, et al. Evolutionary filter for mobile robot global localization[C]//IEEE International Symposium on Intelligent Signal Processing. Piscataway(NJ): IEEE, 2007: 891 - 896.

[34]Chatterjee A, Matsuno F. Improving EKF-based solutions for SLAM problems in Mobile Robots employing Neuro-Fuzzy Supervision[C]//2006 3rd International IEEE Conference on Intelligent Systems. [S. l.]:IEEE,2006: 683 - 689.

[35]朱磊,樊继壮,赵杰,吴晓光. 未知环境下的移动机器人 SLAM 方法[J]. 华中科技大学学报:自然科学版,2011,39(7):9 - 13.

[36]刘云龙,林宝军. 搜索能力自适应增强的群智能粒子滤波[J]. 系统工程与电子技术,2010,32(7) :1517 - 1521.

[37]Zhang L, Meng X J, Chen Y W. Convergence and consistency analysis for FastSLAM [C]//2009 IEEE Intelligent Vehicles Symposium. [S. l.]:IEEE, 2009: 447 - 452.

[38]Althaus P, Christensen H I. Behaviour Coordination in Structured Environments[J]. Advanced Robotics, 2003, 17(7):657 - 674.

[39]Montemerlo D, Roy N, Thrun S. Perspectives on standardization in mobile robot programming: The Carnegie Mellon navigation (CARMEN) toolkit[C]//IEEE International Conference on Intelligent Robots and Systems. [S. l.]:IEEE, 2003: 2436 - 2441.

[40]Grisetti G, Stachniss C, Burgard W. Improved techniques for grid mapping with rao-blackwellized particle filters[J]. IEEE Transactions on Robotics, 2007, 23(1): 34 - 46.

[41]Kennedy J, Eberhart R. Particle swarm optimization[C]//Proceedings of IEEE Int. Conf on Neural Networks. Perth:IEEEE, 1995:1942 - 1948.

[42]Grisetti G, Stachniss C, Burgard W. Improved techniques for grid mapping with rao-blackwellized particle filters[J]. IEEE Transactions on Robotics, 2007, 23(1): 34 - 46.

[43]Foix S, Alenya G, Torras C. Lock-in Time-of-Flight (ToF) Cameras: A Survey[J]. IEEE Sensors Journal, 2011, 11(9):1917 - 1926.

[44]Khoshelham K, Elberink S O. Accuracy and resolution of kinect depth data for indoor mapping applications[J]. Sensors, 2012, 12(2): 1437 - 1454.

[45]Cadena C, Carlone L, Carrillo H, et al. Past, Present, and Future of Simultaneous Lo-

calization and Mapping: Toward the Robust-Perception Age[J]. IEEE Transactions on Robotics, 2016, 32(6):1309 - 1332.

[46]Strasdat H, Montiel J M M, Davison A J. Real-time monocular SLAM: Why filter? [C]// IEEE International Conference on Robotics and Automation. [S. l.]: IEEE, 2010:2657 - 2664.

[47]Loke M H, Dahlin T. A comparison of the Gauss-Newton and quasi-Newton methods in resistivity imaging inversion[J]. Journal of Applied Geophysics, 2002, 49(3): 149 - 162.

[48]Lourakis M I A. A Brief Description of the Levenberg-Marquardt Algorithm Implemened by Levmar[J]. Foundation of Research & Technology, 2005,4:1 - 6.

[49]Chen C, Sargent D, Tsai C M, et al. Uniscale multi-view registration using double dog-leg method[C]// SPIE Medical Imaging. International Society for Optics and Photonics. Florida(USA):[s. n.], 2009:72611F.

[50]Agarwal S, Mierle K, et al. Ceres solver[EB/OL]. [2017 - 07 - 14]. http://ceres-solver. org.

[51]Kümmerle R, Grisetti G, Strasdat H, et al. G2o: A general framework for graph optimization[C]// IEEE International Conference on Robotics and Automation. [S. l.]: IEEE, 2011:3607 - 3613.

[52]Davis T A. Direct methods for sparse linear systems[M]//Society for Industrial and Applied Mathematics. Philadelphia(USA):[s. n.], 2006.

[53]Lowe D G. Distinctive image features from scale-invariant keypoints[J]. International Journal of Computer Vision, 2004, 60(2): 91 - 110.

[54]Bay H, Ess A, Tuytelaars T, et al. Speeded-up robust features (SURF)[J]. Computer Vision and Image Understanding, 2008, 110(3): 346 - 359.

[55]Rosten E, Drummond T. Machine learning for high-speed corner detection[C]// European Conference on Computer Vision. [S. l.]:Springer-Verlag, 2006:430 - 443.

[56]Rublee E, Rabaud V, Konolige K, et al. ORB: An efficient alternative to SIFT or SURF[C]//IEEE International Conference on Computer Vision. Piscataway(USA): IEEE, 2011: 2564 - 2571.

[57]Rosin P L. Measuring corner properties[J]. Computer Vision and Image Understanding, 1999, 73(2): 291 - 307.

[58]Calonder M, Lepetit V, Strecha C, et al. BRIEF: Binary Robust Independent Elementary Features[C]// European Conference on Computer Vision. [S. l.]:Springer-Verlag, 2010:778 - 792.

[59]林辉灿，吕强，张洋，等. 稀疏和稠密的 VSLAM 的研究进展[J]. 机器人，2016，38(5): 621 - 631.

[60]Mur-Artal R, Tardós J D. Fast relocalisation and loop closing in keyframe-based SLAM [C]// IEEE International Conference on Robotics and Automation. [S. l.]: IEEE, 2014:846 - 853.

[61]Galvez-López D, Tardos J D. Bags of Binary Words for Fast Place Recognition in Image Sequences[J]. IEEE Transactions on Robotics, 2012, 28(5):1188－1197.

[62]Mur-Artal R, Montiel J M M, Tardós J D. ORB-SLAM: A Versatile and Accurate Monocular SLAM System[J]. IEEE Transactions on Robotics, 2015, 31(5):1147－1163.

[63]Ohno K, Tadokoro S. Dense 3D map building based on LRF data and color image fusion [C]//IEEE/RSJ International Conference on Intelligent Robots and Systems. [S. l.]: IEEE,2005: 2792－2797.

[64]Engelhard N, Endres F, Hess J, et al. Real-time 3D visual SLAM with a hand-held RGB-D camera[C]//Proc. of the RGB-D Workshop on 3D Perception in Robotics at the European Robotics Forum. Vasteras(Sweden):[s. n.], 2011.

[65]Herbert M, Caillas C, Krotkov E, et al. Terrain mapping for a roving planetary explorer[C]//Proceedings of the 1989 IEEE International Conference on Robotics and Automation. [S. l.]:IEEE, 1989: 997－1002.

[66]Li X, Guo X, Wang H, et al. Harmonic volumetric mapping for solid modeling applications[C]//Proceedings of the 2007 ACM symposium on solid and physical modeling. [S. l.]: ACM, 2007: 109－120.

[67]Hornung A, Wurm K M, Bennewitz M, et al. OctoMap: An efficient probabilistic 3D mapping framework based on octrees[J]. Autonomous Robots, 2013, 34(3): 189－206.

[68]Klein G, Murray D. Parallel Tracking and Mapping on a Camera Phone[C]// IEEE International Symposium on Mixed and Augmented Reality. [S. l.]:IEEE, 2009:83－86.

[69]Engel J, Schöps T, Cremers D. LSD-SLAM: Large-Scale Direct Monocular SLAM [C]//European Conference on Computer Vision. [S. l.]:Springer,2014:834－849.

[70]Mur-Artal R, Tardos J D. ORB-SLAM2: An Open-Source SLAM System for Monocular, Stereo, and RGB-D Cameras[J]. IEEE Transactions on Robotics, 2017,33(5): 1255－1262.

[71]Triggs B, Mclauchlan P F, Hartley R I, et al. Bundle Adjustment-A Modern Synthesis [C]// International Workshop on Vision Algorithms: Theory and Practice. [S. l.]: Springer-Verlag, 1999:298－372.

[72]Glover A, Maddern W, Warren M, et al. OpenFABMAP: an open source toolbox for appearance-based loop closure detection[C] //Proceedings of IEEE International Conference on Robotics and Automation. Los Alamitos: IEEE Computer Society Press, 2012: 4730－4735.

[73]Engel J, Stückler J, Cremers D. Large-scale direct SLAM with stereo cameras[C]// IEEE/RSJ International Conference on Intelligent Robots and Systems. [S. l.]:IEEE, 2015:1935－1942.

[74]Caruso D, Engel J, Cremers D. Large-scale direct SLAM for omnidirectional cameras [C]//IEEE/RSJ International Confer-ence on Intelligent Robots and Systems. Piscataway(USA): IEEE, 2015: 141－148.

[75]Kerl C, Sturm J, Cremers D. Robust odometry estimation for RGB-D cameras[C]//

2013 IEEE International Conference on Robotics and Automation (ICRA). [S. l.]: IEEE, 2013: 3748 - 3754.

[76]Huang A S, Bachrach A, Henry P, et al. Visual odometry and mapping for autonomous flight using an RGB-D camera[C]//IEEE International Symposium on Robotics Research (ISRR). [S. l.]:IEEE, 2011: 1 - 16.

[77]Dryanovski I, Valenti R G, Xiao J. Fast visual odometry and mapping from RGB-D data [C]//2013 IEEE International Conference on Robotics and Automation (ICRA). [S. l.]:IEEE, 2013: 2305 - 2310.

[78]Sturm J, Engelhard N, Endres F, et al. A benchmark for the evaluation of RGB-D SLAM systems[C]//IEEE/RSJ International Conference on Intelligent Robots and Systems. Piscataway(USA): IEEE, 2012: 573 - 580.

[79]Maimone M, Cheng Y, Matthies L. Two years of Visual Odometry on the Mars Exploration Rovers: Field Reports[J]. Journal of Field Robotics, 2007, 24(3):169 - 186.

[80]Milella A,Siegwart R. Stereo-based ego-motion estimation using pixel tracking and iterative closest point[C]// IEEE International Conference on Computer Visual Systems. [S. l.]:IEEE, 2006:21 - 24.

[81]Comport A, Malis E, and Rives P. Accurate quadrifocal tracking for robust 3d visual odometry[C]// IEEE International Conferece on Robotics and Automation. [S. l.]: IEEE, 2007: 40 - 45.

[82] Zhang J, Kaess M, Singh S. Real-time depth enhanced monocular odometry[C]// IEEE/RSJ International Conference on Intelligent Robots and Systems. [S. l.]:IEEE, 2014:4973 - 4980.

[83]Nister D, Naroditsky O, Bergen J. Visual odometry[C]// Computer Vision and Pattern Recognition. [S. l.]:IEEE,2004: 652 - 659.

[84]Strasdat H, Davison A J, Montiel J M M, and Konolige K. Double window optimisation for constanttime visual SLAM [C]//IEEE International Conference on Computer Vision (ICCV). Barcelona(Spain):[s. n.],2011: 2352 - 2359.

[85]Geiger A, Lenz P, Stiller C, and Urtasun R. Vision meets robotics: The KITTI dataset [J]. The International Journal of Robotics Research, 2013, 32(11): 1231 - 1237.

[86]Mur-Artal R and Tardos J D. Fast relocalisation and loop closing in keyframe-based SLAM[C]//IEEE International Conference on Robotics and Automation (ICRA). Hong Kong:[s. n.],2014: 846 - 853.

[87]莫邵文，邓新蒲，王帅，等. 基于改进视觉背景提取的运动目标检测算法[J]. 光学学报，2016,(6):196 - 205.

[88]Burgard W, Brock O, Stachniss C. Simultaneous Localisation and Mapping in Dynamic Environments (SLAMIDE) with Reversible Data Association[C]// Robotics: Science & Systems. Atlanta(Georgia):Georgia Institute of Technology,2007:105 - 112.

[89]Hahnel D, Triebel R, Burgard W, et al. Map building with mobile robots in dynamic environments[J]. IEEE International Conference on Robotics and Automation, 2003

(2):1557 - 1563.

[90]Alcantarilla P F, Yebes J J, Almazán J, et al. On combining visual SLAM and dense scene flow to increase the robustness of localization and mapping in dynamic environments[C]// IEEE International Conference on Robotics and Automation. [S. l.]: IEEE, 2012:1290 - 1297.

[91]康铁非，宋永端，宋宇，等. 动态环境下基于旋转-平移解耦的立体视觉里程计算法[J]. 机器人，2014,(6):758 - 768.

[92]Dempster A, Lird N, Rubin D. Maximum likelihood from incomplete data via the EM algorithm[J]. Royal Statistical Society(Series B), 1997,39(1):1 - 3.

[93]Cummins M, Newman P. FAB-MAP: Probabilistic localization and mapping in the space of appearance[J]. The International Journal of Robotics Research, 2008, 27(6): 647 - 665.

[94]Angeli A, Filliat D, Doncieux S, et al. Fast and incremental method for loop-closure detection using bags of visual words[J]. IEEE Transactions on Robotics, 2008, 24(5): 1027 - 1037.

[95]Callmer J, Granström K, Nieto J, et al. Tree of words for visual loop closure detection in urban SLAM[C]//IEEE International Conference on Robotics and Automation. [S. l.]:IEEE, 2008: 8.

[96]李博，杨丹，邓林. 移动机器人闭环检测的视觉字典树金字塔 TF-IDF 得分匹配方法[J]. 自动化学报，2011, 37(6): 665 - 673.

[97]Labbé M, Michaud F. Appearance-based loop closure detection for online large-scale and long-term operation[J]. IEEE Transactions on Robotics, 2013, 29(3): 734 - 745.

[98]Estrada C, Neira J, Tardos J D. Hierarchical SLAM: Real-time accurate mapping of large environments[J]. IEEE Transactions on Robotics, 2005, 21(4): 588 - 596.

[99]Nister D. An efficient solution to the five-point relative pose problem[J]. IEEE Transactions on Pattern Analysis and Machine Intelligence, 2004, 26(6): 756 - 770.

[100]Angeli A, Filliat D, Doncieux S, et al. A Fast and Incremental Method for Loop-Closure Detection Using Bags of Visual Words[J]. IEEE Transactions on Robotics, 2008, 24(5): 1027 - 1037.

[101]Hou X, Harel J, Koch C. Image Signature Highlighting Sparse Salient Regions[J]. IEEE Transactions on Pattern Analysis & Machine Intelligence. 2012, 34(1):194 - 201.

[102]Latif Y, Cadena C, Neira J. Robust loop closing over time for pose graph SLAM[J]. The International Journal of Robotics Research, 2013, 32(14):1611 - 1626.

[103]Olson E, Agarwal P. Inference on networks of mixtures for robust robot mapping[J]. The International Journal of Robotics Research, 2013, 32(7): 826 - 840.

[104]Sunderhauf N, Protzel P. Switchable constraints for robust pose graph slam[C]// 2012 IEEE International Conference on Intelligent Robots and Systems. [S. l.]:IEEE, 2012: 1879 - 1884.

[105]Olson E, Leonard J, Teller S. Fast iterative alignment of pose graphs with poor initial

estimates[C]//IEEE International Conference on Robotics and Automation. [S. l.]: IEEE, 2006: 2262 - 2269.

[106]Kaess M, Ranganathan A, Dellaert F. iSAM: Fast incremental smoothing and mapping with efficient data association[C]//IEEE International Conference on Robotics and Automation. [S. l.]:IEEE,2007: 1670 - 1677.

[107]Sünderhauf N. Vertigo: Versatile extensions for robust inference using graphical models[DB/OL]. [2017 - 07 - 14]. http://openslam. org/vertigo. html.

[108]Burgard W, Stachniss C, Grisetti G, et al. A comparison of SLAM algorithms based on a graph of relations[C]//IEEE International Conference on Intelligent Robots and Systems. [S. l.]:IEEE, 2009: 2089 - 2095.

[109]Kümmerle R, Steder B, Dornhege C, et al. On measuring the accuracy of SLAM algorithms[J]. Autonomous Robots, 2009, 27(4): 387 - 407.

[110]Kaess M, Ranganathan A, Dellaert F. iSAM: Fast incremental smoothing and mapping with efficient data association[C]//IEEE International Conference on Robotics and Automation. [S. l.]:IEEE, 2007: 1670 - 1677.

[111]Davis T A, Gilbert J R, Larimore S I, et al. A column approximate minimum degree ordering algorithm[J]. ACM Transactions on Mathematical Software (TOMS), 2004, 30(3): 353 - 376.

[112]Takeshi M, Masatoshi S,Kousuke K. Particle Swarm Optimization for nonlinear 0 - 1 problems [C]// SMC 2008: 2008 IEEE International Conference on Systems: IEEE, Man and Cybernetics. Singapore: IEEE, 2008: 168 - 173.

[113]Schauwecker K, Zell A. Robust and efficient volumetric occupancy mapping with an application to stereo vision[C]// 2014 IEEE International Conference on Robotics and Automation (ICRA). [S. l.]:IEEE, 2014: 6102 - 6107.

[114]Dissanayake G, Zhou W Z. Vision-based SLAM using natural features in indoor environments[C] //Proceedings of the IEEE International Conference on Intelligent Networks, Sensor Networks and Information Processing. Melbourne (Australia): IEEE, 2005: 151 - 156.

[115]Durrant-Whyte H. Where am I? A tutorial on mobile vehicle localization[J]. Industrial Robot: An International Journal, 1994, 21(2): 11 - 16.

[116]Durrant-Whyte H, Bailey T. Simultaneous localization and mapping: Part I[J]. IEEE Robotics & Automation Magazine, 2006, 13(2): 99 - 107.

[117]Bailey T, Durrant-Whyte H. Simultaneous localization and mapping (SLAM): Part II [J]. IEEE Robotics & Automation Magazine, 2006, 13(3): 108 - 117.

[118]Leonard J J, Durrant-Whyte H F. Application of multi-target tracking to sonar-based mobile robot navigation[C]// Proceedings of the 29th IEEE Conference on Decision and Control. [S. l.]:IEEE, 1990: 3118 - 3123.

[119]Grisetti G, Stachniss C, Burgard W. Improved techniques for grid mapping with rao-blackwellized particle filters[J]. IEEE Transactions on Robotics, 2007, 23(1): 34 - 46.

[120]Kohlbrecher S, Stryk O V, Meyer J, et al. A flexible and scalable SLAM system with full 3D motionestimation[C]// IEEE International Symposium on Safety, Security, and Rescue Robotics. [S. l.]:IEEE, 2011:155 - 160.

[121]Cadena C, Carlone L, Carrillo H, et al. Simultaneous Localization and Mapping: Present, Future, and the Robust-Perception Age[J]. IEEE Transactions on Robotics, 2016,36(6):1309 - 1332.

[122]Ros G, Sappa A, Ponsa D, et al. Visual SLAM for driverless cars: a brief survey[C] //Proceedings of IEEE Workshop on Navigation, Perception, Accurate Positioning and Mapping for Intelligent Vehicles. Los Alamitos: IEEE Computer Society Press, 2012.

[123]Ozyesil O, Voroninski V, Basri R, et al. A Survey on Structure from Motion[J]. Acta Numerica, 2017, 26.

[124]Nistér D, Naroditsky O, Bergen J. Visual odometry[C] //[S. l.]: Proceedings of the 2004 IEEE Computer Society Conference on Computer Vision and Pattern Recognition. [S. l.]: IEEE, 2004.

[125]梁明杰，闵华清，罗荣华. 基于图优化的同时定位与地图创建综述[J]. 机器人，2013，35(4): 500 - 512.

[126]Lowry S, Sünderhauf N, Newman P, et al. Visual Place Recognition: A Survey[J]. IEEE Transactions on Robotics, 2016, 32(1):1 - 19.

[127]Gui J, Gu D, Wang S, et al. A review of visual inertial odometry from filtering and optimisation perspectives[J]. Advanced Robotics, 2015, 29(20): 1289 - 1301.

[128]Lowe D G. Distinctive image features from scale-invariant keypoints[J]. International Journal of Computer Vision, 2004, 60(2): 91 - 110.

[129]Bay H, Ess A, Tuytelaars T, et al. Speeded-up robust features (SURF)[J]. Computer Vision and Image Understanding, 2008, 110(3): 346 - 359.

[130]Rosten E, Drummond T. Machine learning for high-speed corner detection[C]// European Conference on Computer Vision. [S. l.]: Springer-Verlag, 2006:430 - 443.

[131]Rublee E, Rabaud V, Konolige K, et al. ORB: An efficient alternative to SIFT or SURF[C]//IEEE International Conference on Computer Vision. Piscataway(USA): IEEE, 2011: 2564 - 2571.

[132]Rosin P L. Measuring corner properties[J]. Computer Vision and Image Understanding, 1999, 73(2): 291 - 307.

[133]Calonder M, Lepetit V, Strecha C, et al. BRIEF: Binary Robust Independent Elementary Features[C]// European Conference on Computer Vision. [S. l.]: Springer-Verlag, 2010:778 - 792.

[134]Hartley R, Zisserman A. Multiple view geometry in computer vision[M]. 2nd ed. Cambridge(UK): Cambridge University Press, 2004.

[135]Cvišić I, Petrović I. Stereo odometry based on careful feature selection and tracking [C]// European Conference on Mobile Robots. [S. l.]:IEEE, 2015:1 - 6.

[136]Nister D. An Efficient Solution to the Five-Point Relative Pose Problem[C]//Transac-

tions on Pattern Analysis andMachine Intelligence. [S. l.]:IEEE, 2004:756 - 777.

[137]Buczko M, Willert V. How to distinguish inliers from outliers in visual odometry for high-speed automotive applications [C]// Intelligent Vehicles Symposium. [S. l.]: IEEE, 2016.

[138]Davison A J, Reid I D, Molton N D, et al. MonoSLAM: real-time single camera SLAM[J]. IEEE Transactions on Pattern Analysis & Machine Intelligence, 2007, 29 (6):1052.

[139]Klein G, Murray D. Parallel Tracking and Mapping on a camera phone[C]// IEEE International Symposium on Mixed and Augmented Reality. [S. l.]: IEEE, 2009:83 - 86.

[140]Mur-Artal R, Montiel J M M, Tardós J D. Orb-slam: a versatile and accurate monocular slam system[J]. IEEE Transactions on Robotics, 2015, 31(5): 1147 - 1163.

[141]Mur-Artal R, Tardos J D. ORB-SLAM2: An Open-Source SLAM System for Monocular, Stereo, and RGB-DCameras[J]. IEEE Transactions on Robotics, 2016(99):1 - 8.

[142]Triggs B, Mclauchlan P F, Hartley R I, et al. Bundle Adjustment - A Modern Synthesis[C]// International Workshop on Vision Algorithms: Theory and Practice. [S. l.]: Springer-Verlag, 1999:298 - 372.

[143]Strasdat H, Montiel J M M, Davison A J. Real-time monocular slam: Why filter? [C] //Proceedings of IEEE International Conference on Robotics and Automation. Los Alamitos: IEEE Computer Society Press, 2010: 2657 - 2664

[144]Galvez-López D, Tardos J D. Bags of Binary Words for Fast Place Recognition in Image Sequences[J]. IEEE Transactions on Robotics, 2012, 28(5):1188 - 1197.

[145]Strasdat H, Montiel J M M, Davison A J. Scale drift-aware large scale monocular SLAM[C]//Proceedings of Robotics: Science and Systems VI. Zaragoza(Spain):[s. n.],2010:73 - 80.

[146]Strasdat H, Davison A J, Montiel J M M, et al. Double window optimisation for constant time visual SLAM[C]//IEEE International Conference on Computer Vision. Piscataway(USA): IEEE, 2011: 2352 - 2359.

[147]Mur-Artal R, Tardós J D. Fast relocalisation and loop closing in keyframe-based SLAM[C]//IEEE International Conference on Robotics and Automation. Piscataway (USA): IEEE, 2014: 846 - 853.

[148]Kümmerle R, Grisetti G, Strasdat H, et al. G2o: A general framework for graph optimization[C]// IEEE International Conference on Robotics and Automation. [S. l.]: IEEE, 2011:3607 - 3613.

[149]Kerl C, Sturm J, Cremers D. Robust odometry estimation for RGB-D cameras[C]// IEEE International Conference on Robotics and Automation. [S. l.]: IEEE, 2013: 3748 -3754.

[150]Engel J, Schöps T, Cremers D. LSD-SLAM: Large-Scale Direct Monocular SLAM [C]//European Conference on Computer Vision. Springer:[s. n.], 2014:834 - 849.

[151]Engel J, Stückler J, Cremers D. Large-scale direct SLAM with stereo cameras[C]// LEEE/RSJ International Conference on Intelligent Robots and Systems. [S.l.]:IEEE, 2015:1935-1942.

[152]Caruso D, Engel J, Cremers D. Large-scale direct SLAM for omnidirectional cameras [C]//IEEE/RSJ International Conference on Intelligent Robots and Systems. Piscataway(USA): IEEE, 2015: 141-148.

[153]Engel J, Koltun V, Cremers D. Direct Sparse Odometry[J]. IEEE Transactions on Pattern Analysis & Machine Intelligence, 2016, 40(3):611-625.

[154]Engel J, Sturm J, Cremers D. Camera-based navigation of a low-cost quadrocopter [C]//IEEE/RSJ International Conference on Intelligent Robots and Systems. Piscataway (USA): IEEE, 2012: 2815-2821.

[155]Glover A, Maddern W, Warren M, et al. OpenFABMAP: an open source toolbox for appearance-based loop closure detection[C] //Proceedings of IEEE International Conference on Robotics and Automation. Los Alamitos: IEEE Computer Society Press, 2012: 4730-4735

[156]Civera J, Davison A J, Montiel J M M. Inverse depth parametrization for monocular SLAM[J]. IEEE Transactions on Robotics, 2008, 24(5): 932-945

[157]Forster C, Pizzoli M, Scaramuzza D. SVO: Fast semi-direct monocular visual odometry[C]//IEEE International Conference on Robotics and Automation. Piscataway (USA): IEEE, 2014: 15-22.

[158]Forster C, Zhang Z, Gassner M, et al. SVO: Semidirect Visual Odometry for Monocular and Multicamera Systems[J]. IEEE Transactions on Robotics, 2017, 33(2):249-265.

[159]Krombach N, Droeschel D, Behnke S. Combining Feature-based and Direct Methods for Semi-dense Real-time Stereo Visual Odometry[C]//International Conference on Intelligent Autonomous Systems. Shanghai(China):[s.n.], 2016.

[160]Geiger A, Ziegler J, Stiller C. StereoScan: Dense 3d reconstruction in real-time[C]// Intelligent Vehicles Symposium. [S.l.]: IEEE, 2011:963-968.

[161]Kurz D, Benhimane S. Gravity-aware handheld augmented reality[C]// 2011 10th IEEE International Symposium on Mixed and Augmented Reality (ISMAR). [S.l.]: IEEE, 2011: 111-120.

[162]Hwangbo M, Kim J S, Kanade T. Inertial-aided KLT feature tracking for a moving camera[C]// IEEE/RSJ International Conference on Intelligent Robots and Systems. [S.l.]:IEEE, 2009: 1909-1916.

[163]Ryu Y G, Roh H C, Chung M J. Video stabilization for robot eye using IMU-aided feature tracker[C]// 2010 International Conference on Control Automation and Systems (ICCAS). [S.l.]:IEEE, 2010: 1875-1878.

[164]Konolige K, Agrawal M, Sola J. Large-Scale Visual Odometry for Rough Terrain [C]//Hiroshima(Japan):ISRR,2007: 201-212.

[165]Falquez J M, Kasper M, Sibley G. Inertial aided dense & semi-dense methods for robust direct visual odometry[C]// 2016 IEEE/RSJ International Conference on Intelligent Robots and Systems (IROS). [S. l.]:IEEE, 2016: 3601 - 3607.

[166]Li M, Mourikis A I. High-precision, consistent EKF-based visual-inertial odometry [J]. The International Journal of Robotics Research, 2013, 32(6): 690 - 711.

[167]Bloesch M, Omari S, Hutter M, et al. Robust visual inertial odometry using a direct EKF-based approach[C]// 2015 IEEE/RSJ International Conference on Intelligent Robots and Systems (IROS). [S. l.]:IEEE, 2015: 298 - 304.

[168]Huai J, Toth C K, Grejner-Brzezinska D A. Stereo-inertial odometry using nonlinear optimization[C]// International Technical Meeting of the Satellite Division of the Institute of Navigation. Florida(USA):[s. n.], 2015:2087 - 2097.

[169]Mur-Artal R, Tardós J D. Visual-inertial monocular SLAM with map reuse[J]. IEEE Robotics and Automation Letters, 2017, 2(2): 796 - 803.

[170]Choi J W, Lee S H, Song H K, et al. Stable Stereo based EKF-SLAM in Dynamic Situation[C]// Electrical and Electronic Engineering. Melaka (Malaysia): [s. n.], 2015:10 - 13.

[171]Shimamura J, Morimoto M, Koike H. Robust VSLAM for dynamic scenes[C]// MVA2011 IAPR Conference on Machine Vision Applications. Nara(Japan): IAPR, 2011: 344 - 347.

[172]Alcantarilla P F, Yebes J J, Almazán J, et al. On combining visual SLAM and dense scene flow to increase the robustness of localization and mapping in dynamic environments[C]// IEEE International Conference on Robotics and Automation. [S. l.]: IEEE, 2012:1290 - 1297.

[173]康铁非,宋永端,宋宇,等. 动态环境下基于旋转-平移解耦的立体视觉里程计算法[J]. 机器人, 2014,(6):758 - 768.

[174]Tan W, Liu H, Dong Z, et al. Robust monocular SLAM in dynamic environments[C] //Proceedings of IEEE International Symposium on Mixed and Augmented Reality. Los Alamitos: IEEE Computer Society Press, 2013: 209 - 218.

[175]Fischler M A, Bolles R C. Random sample consensus: a paradigm for model fitting with applications to image analysis and automated cartography[J]. Communications of the ACM, 1981,24(6): 381 - 395.

[176]Jaimez M, Kerl C, Gonzalez-Jimenez J, et al. Fast odometry and scene flow from RGB-D cameras based on geometric clustering[C]// IEEE International Conference on Robotics and Automation. [S. l.]:IEEE, 2017.

[177]Sun Y, Liu M, Meng Q H. Improving RGB-D SLAM in dynamic environments: a motion removal approach[J]. Robotics & Autonomous Systems, 2017, 89:110 - 122.

[178]Cheng H D, Jiang X H, Sun Y, et al. Color image segmentation: advances and prospects[J]. Pattern Recognition, 2001, 34(12):2259 - 2281.

[179]Bolic M, Djuric P M, Hong S. Resampling algorithms and architectures for distributed

particle filters[J]. IEEE Transactions on Signal Processing, 2005, 53(7):2442 - 2450.
[180]Li S, Lee D. RGB-D SLAM in Dynamic Environments Using Static Point Weighting [J]. IEEE Robotics & Automation Letters, 2017, 2(4):2263 - 2270.
[181]Li S, Lee D. Fast Visual Odometry Using Intensity-Assisted Iterative Closest Point [J]. IEEE Robotics & Automation Letters, 2016, 1(2):992 - 999.
[182]Kim D H, Han S B, Kim J H. Visual Odometry Algorithm Using an RGB-D Sensor and IMU in a Highly Dynamic Environment[M]// Robot Intelligence Technology and Applications 3. [S. l.]:Springer International Publishing, 2015:11 - 26.
[183]Cummins M, Newman P. FAB-MAP: Probabilis-tic localization and mapping in the space of appearance[J]. The International Journal of Robotics Research, 2008, 27(6): 647 - 665.
[184]Cummins M, Newman P. Highly scalable appearance-only SLAM-FAB-MAP 2. 0 [C]// Robotics: Science and Systems. Seattle(USA):[s. n.],2009.
[185]Angeli A, Filliat D, Doncieux S, et al. Fast and incremental method for loop-closure detection using bags of visual words[J]. IEEE Transactions on Robotics, 2008, 24 (5): 1027 - 1037.
[186]李博，杨丹，邓林. 移动机器人闭环检测的视觉字典树金字塔 TF-IDF 得分匹配方法 [J]. 自动化学报，2011，37(6): 665 - 673.
[187]Labbé M, Michaud F. Memory management for real-time appearance-based loop closure detection[C]// 2011 IEEE/RSJ International Conference on Intelligent Robots and Systems (IROS). [S. l.]:IEEE, 2011: 1271 - 1276.
[188]Labbe M, Michaud F. Appearance-based loop closure detection for online large-scale and long-term operation[J]. IEEE Transactions on Robotics, 2013, 29(3): 734 - 745.
[189]刘国忠，胡钊政. 基于 SURF 和 ORB 全局特征的快速闭环检测[J]. 机器人，2017，39 (1):36 - 45.
[190]Lu Y, Song D. Robustness to lighting variations: An RGB-D indoor visual odometry using line segments[C]// IEEE/RSJ International Conference on Intelligent Robots and Systems. [S. l.]:IEEE, 2015:688 - 694.
[191]Zhang L, Koch R. Structure and motion from line correspondences: representation, projection, initialization and sparse bundle adjustment[J]. Journal of Visual Communication & Image Representation, 2014, 25(5):904 - 915.
[192]Kuse M, Shen S. Robust camera motion estimation using direct edge alignment and sub-gradient method[C]// IEEE International Conference on Robotics and Automation. [S. l.]:IEEE, 2016:573 - 579.
[193]Canny J. Finding Edges and Lines in Images[M]. Boston:Massachusetts Institute of Technology, 1983.
[194]Ling Y, Kuse M, Shen S. Edge alignment-based visual-inertial fusion for tracking of aggressive motions[J]. Autonomous Robots, 2017(3):1 - 16.
[195]Yu H, Mourikis A I. Vision-aided inertial navigation with line features and a rolling-

shutter camera[C]// IEEE/RSJ International Conference on Intelligent Robots and Systems. IEEE, 2015:892 - 899.

[196]李海丰，胡遵河，陈新伟. PLP-SLAM:基于点、线、面特征融合的视觉 SLAM 方法[J]. 机器人，2017，39(2):214 - 220.

[197]Fioraio N, Stefano L D. Joint Detection, Tracking and Mapping by Semantic Bundle Adjustment[C]// Computer Vision and Pattern Recognition. [S. l.]: IEEE, 2013: 1538 - 1545.

[198]Civera J, Gálvez-López D, Riazuelo L, et al. Towards semantic SLAM using a monocular camera[C]// IEEE/RSJ International Conference on Intelligent Robots and Systems. [S. l.]:IEEE, 2011:1277 - 1284.

[199]Civera J, Grasa O G, Davison A J, et al. 1-Point RANSAC for extended Kalman filtering: application to real-time structure from motion and visual odometry[J]. Journal of Field Robotics, 2010, 27(5):609 - 631.

[200]Kochanov D, Ošep A, Stückler J, et al. Scene flow propagation for semantic mapping and object discovery in dynamic street scenes[C]// IEEE/RSJ International Conference on Intelligent Robots and Systems. [S. l.]:IEEE, 2016.

[201]Vogel C, Schindler K, Roth S. Piecewise Rigid Scene Flow[C]// IEEE International Conference on Computer Vision. [S. l.]:IEEE, 2013:1377 - 1384.

[202]Ošep A, Hermans A, Engelmann F, et al. Multi-scale object candidates for generic object tracking in street scenes[C]// IEEE International Conference on Robotics and Automation. [S. l.]:IEEE, 2016.

[203]Salas M, Montiel J M M. Real-time monocular object SLAM[J]. Robotics & Autonomous Systems, 2016, 75:435 - 449.

[204]Ataer-Cansizoglu E, Taguchi Y. Object detection and tracking in RGB-D SLAM via hierarchical feature grouping[C]// IEEE/RSJ International Conference on Intelligent Robots and Systems. [S. l.]:IEEE, 2016:4164 - 4171.

[205]Taguchi Y, Jian Y D, Ramalingam S, et al. Point-plane SLAM for hand-held 3D sensors[C]// IEEE International Conference on Robotics and Automation. [S. l.]:IEEE, 2013:5182 - 5189.

[206]Baker S, Matthews I. Lucas-Kanade 20 Years On: A Unifying Framework[J]. International Journal of Computer Vision, 2004, 56(3):221 - 255.

[207]Forster C, Carlone L, Dellaert F, et al. On-Manifold Preintegration for Real-Time Visual—Inertial Odometry[J]. IEEE Transactions on Robotics, 2017, 33(1):1 - 21.

[208]Geiger A, Lenz P, Stiller C, et al. Vision meets robotics: The KITTI dataset[J]. International Journal of Robotics Research, 2013, 32(11):1231 - 1237.

[209]Sturm J, Engelhard N, Endres F, et al. A benchmark for the evaluation of RGB-D SLAM systems[C]//IEEE/RSJ International Conference on Intelligent Robots and Systems. Piscataway(USA): IEEE, 2012: 573 - 580.

[210]Burri M, Nikolic J, Gohl P, et al. The EuRoC micro aerial vehicle datasets[J]. The

International Journal of Robotics Research, 2016, 35(10): 1157 - 1163.

[211]Nikolic J, Rehder J, Burri M, et al. A synchronized visual-inertial sensor system with FPGA preprocessing for accurate real-time SLAM[C]// IEEE International Conference on Robotics and Automation. [S. l.]:IEEE, 2014:431 - 437.

[212]Kitt B, Geiger A, Lategahn H. Visual odometry based on stereo image sequences with RANSAC-based outlier rejection scheme[C]// Intelligent Vehicles Symposium. [S. l.]: IEEE, 2010:486 - 492.

[213]Furgale P, Rehder J, Siegwart R. Unified temporal and spatial calibration for multi-sensor systems[C]// IEEE/RSJ International Conference on Intelligent Robots and Systems. USA: IEEE, 2013:1280 - 1286.

[214]Michael Zollhöfer, Izadi S, Rehmann C, et al. Real-time non-rigid reconstruction using an RGB-D camera[J]. Acm Transactions on Graphics, 2014, 33(4):1 - 12.

[215]郭复胜，高伟. 基于辅助信息的无人机图像批处理三维重建方法[J]. 自动化学报，2013，39(6):834 - 845.

[216]Curless B,Levoy M. A volumetric method for buildingcomplex models from range images[C]// International Conference on Computer Graphics and Interactive Techniques. New Orleans(USA):[s. n.], 1996:303 - 312.

[217]Newcombe R A, Izadi S, Hilliges O, et al. KinectFusion: Real-Time Dense Surface Mapping and Tracking[C]//IEEE International Symposium on Mixed and Augmented Reality. [S. l.]:IEEE,2012:127 - 136.

[218]Keller M, Lefloch D, Lambers M, et al. Real-Time 3D Reconstruction in Dynamic Scenes Using Point-Based Fusion[C]// International Conference on 3dtv-Conference. [S. l.]:IEEE, 2013:1 - 8.

[219]Newcombe R A, Fox D, Seitz S M. DynamicFusion: Reconstruction and tracking of non-rigid scenes in real-time[C]// Computer Vision and Pattern Recognition. [S. l.]: IEEE, 2015:343 - 352.